Chefsache Frauen

Lizenz zum Wissen.

Sichern Sie sich umfassendes Wirtschaftswissen mit Sofortzugriff auf tausende Fachbücher und Fachzeitschriften aus den Bereichen: Management, Finance & Controlling, Business IT, Marketing, Public Relations, Vertrieb und Banking.

Exklusiv für Leser von Springer-Fachbüchern: Testen Sie Springer für Professionals 30 Tage unverbindlich. Nutzen Sie dazu im Bestellverlauf Ihren persönlichen Aktionscode **C0005407** auf *www.springerprofessional.de/buchkunden/*

Jetzt 30 Tage testen!

Springer für Professionals.
Digitale Fachbibliothek. Themen-Scout. Knowledge-Manager.

- Zugriff auf tausende von Fachbüchern und Fachzeitschriften
- Selektion, Komprimierung und Verknüpfung relevanter Themen durch Fachredaktionen
- Tools zur persönlichen Wissensorganisation und Vernetzung

www.entschieden-intelligenter.de

Springer für Professionals  Springer

Peter Buchenau

Herausgeber

Chefsache Frauen

Männer machen Frauen erfolgreich

 Springer Gabler

Herausgeber

Peter Buchenau
The Right Way GmbH
Waldbrunn, Deutschland

ISBN 978-3-658-07497-5   ISBN 978-3-658-07498-2 (eBook)
DOI 10.1007/978-3-658-07498-2

Die Deutsche Nationalbibliothek verzeichnet diese Publikation in der Deutschen Nationalbibliografie; detaillierte bibliografische Daten sind im Internet über http://dnb.d-nb.de abrufbar.

Springer Gabler
Einbandabbildung: fotolia.de
Lektorat: Claudia Hasenbalg

Gedruckt auf säurefreiem und chlorfrei gebleichtem Papier.

Springer Fachmedien Wiesbaden GmbH ist Teil der Fachverlagsgruppe Springer Science+Business Media (www.springer.com)

Geleitwort

gut

Müssen Frauen in Führungspositionen mehr leisten als Männer? Um es gleich zu sagen: Auf diese Frage gibt es keine allgemeingültige Antwort. Interessant ist jedoch, wie Frauen und Männer zu dieser Frage stehen. Die meisten Frauen sind sich sicher, dass sie mehr leisten müssen, um als Führungskraft akzeptiert zu werden. Männer sehen das ganz anders und können eher keinen Unterschied erkennen. Eines ist damit sicher: Unterschiedlich scheint vor allem die Wahrnehmung zu sein. Allerdings ist es ja gerade die subjektive Wahrnehmung, die das Verhalten im Beruf prägt.

Erst einmal ist es völlig unerheblich, ob es sich bei einer Führungskraft um eine Frau oder um einen Mann handelt. Die erforderlichen Qualifikationen und Fähigkeiten sind in beiden Fällen die gleichen – wenn da nicht die Sache mit der unterschiedlichen Wahrnehmung wäre. Die beeinflusst nicht nur das Verhalten, sondern auch das Denken. Und so kommen schnell all die bekannten Klischees ins Spiel, zumal weibliche Führungskräfte leider noch immer in der Unterzahl sind.

Einige Frauen haben ihre eigene Form des Umgangs gefunden: Sie treten betont maskulin und rational, sogar kühl auf. Oder sie machen das Gegenteil und rücken ihr Frausein in den Vordergrund. Beides scheint wenig hilfreich – führt es doch nur dazu, dass die bestehenden Klischees genährt werden. Obendrein ist es für jede Frau (wie für jeden Mann auch) eine Belastung, im Beruf eine bestimmte Rolle anzunehmen und diese dauerhaft spielen zu müssen. Die Lösung liegt meines Erachtens in einem souveränen Auftreten. Wenn eine Führungskraft souverän auftritt, werden sich weder die Mitarbeiter noch die anderen Führungskräfte die Frage nach dem Geschlecht einer Person stellen.

Souverän aufzutreten bedeutet für Führungskräfte, dass sie ihre kommunikativen Fähigkeiten bewusst einsetzen und gezielt verbessern. Schließlich besteht die Arbeit einer Führungskraft zu 80 % aus Kommunikation. Also ist hier ein wichtiger Ansatzpunkt, um mehr Souveränität auszustrahlen. Das gilt umso mehr, weil unsere Kommunikation von anderen mit unserer Persönlichkeit gleichgesetzt wird: Wer sich nicht gut ausdrücken kann, Mitarbeiter nicht versteht oder ihnen selbst unverständliche Anweisungen gibt, dem wird kaum jemand eine größere Führungskompetenz zuschreiben. Ganz anders, wenn Sie es verstehen, sehr bewusst und zielgerichtet zu kommunizieren und dabei auch ein Ohr für die Worte Ihrer Mitarbeiter und Kollegen haben. – Das gilt übrigens für Männer und Frauen in gleicher Weise. Und um aus meiner Praxis, vor allem aus den Seminaren mit

Führungskräften zu berichten: Es ist keineswegs so, dass Frauen zu viel und Männer zu wenig reden. Auch das ist nur ein Klischee. Doch beide machen in der Führungsarbeit unnötige Fehler.

Eine der wichtigsten Aufgaben von Führungskräften ist es heute, die individuellen Fähigkeiten und Bedürfnisse ihrer Mitarbeiter und Teams zu verstehen und im Sinne des Unternehmens zu nutzen. Ohne Kommunikation ist das schlichtweg nicht möglich. Als Führungskraft sind Sie in erster Linie ein Manager von Geschäftsbeziehungen. Um diese vielfältigen Beziehungen pflegen zu können – zumal in angespannten Situationen, wenn es Termindruck, Konflikte, Motivationsprobleme oder Kritik gibt –, brauchen Sie vor allem eine gekonnte Kommunikation und eine angemessene Rhetorik. Dies ist der Punkt, an dem viele Führungskräfte unabhängig vom Geschlecht noch Nachholbedarf haben.

Eine Folge ist im Extremfall eine verfehlte Führungsarbeit, insbesondere dann, wenn eine Führungskraft infolge mangelnder Kommunikation nicht mehr weiß, was im Unternehmen, im eigenen Team und in den Köpfen der Mitarbeiter vor sich geht. Damit wird auch die eigene Reputation beschädigt – und von einem souveränen Auftreten kann nicht mehr die Rede sein.

Wer dagegen erfolgreich kommuniziert, andere verstehen und überzeugen kann, strahlt Sicherheit und Vertrauenswürdigkeit aus. Das ist es, was von jeder Führungskraft erwartet wird. Und eine fehlerhafte Kommunikation, unbefriedigend verlaufende Gespräche, unverständliche Anweisungen führen zu Demotivation, Unzufriedenheit und verursachen nicht zuletzt Kosten! Von Ihrem Führungsstil hängt also viel ab – auch für Sie selbst. Schließlich ist auch Ihr persönliches Ansehen mit Ihrem Auftreten als Führungskraft verbunden.

Deshalb rate ich jeder Führungskraft: Hinterfragen Sie Ihre Kommunikation und nutzen Sie jede Gelegenheit, sie zu verbessern. Sie können schon dadurch etwas in Bewegung setzen, wenn Sie bewusst kommunizieren und sich fragen, was Sie bereits gut machen und wo vielleicht immer wieder Mankos auftreten. Wenn Sie souveräner kommunizieren, wird Ihnen das auch dabei helfen, insgesamt authentischer aufzutreten und Sie vor klischeebelasteten Wahrnehmungen schützen.

Obwohl Frauen und Männer unterschiedlicher Auffassung sind, wenn es darum geht, ob Frauen mehr leisten müssen als männliche Kollegen, sind sich beide doch über eines einig: Frauen setzen sich selbst mehr unter Druck, wenn sie neu in eine Führungsposition kommen oder ins höhere Management wechseln. Sie arbeiten mehr als in ihrer vorherigen Position und oft auch mehr als ihre männlichen Kollegen (obwohl sie es, wie zumindest die Männer behaupten, gar nicht müssten). Offensichtlich haben Frauen in Führungsposition also einen höheren Leistungsdruck.

Auch wenn sich die Wahrnehmung von Frauen und Männern an dieser Stelle nicht unterscheidet, hat die Sache doch Konsequenzen: Viele Frauen glauben, sie müssten mehr arbeiten als ihre männliche Kollegen, um das gleiche Ansehen zu genießen. Anders gesagt: Der Druck ist an dieser Stelle selbst erzeugt. Deshalb ist auch dies eine Frage der Persönlichkeit und damit des souveränen Handelns: Zur Souveränität gehört eben auch, nicht in allen Fällen das zu tun, wovon man glaubt, dass andere es erwarten. Nutzen Sie deshalb jede Gelegenheit, Ihre Persönlichkeit zu stärken und souveräner aufzutreten. Dann haben Sie vielen männlichen Führungskräften einiges voraus – denen fällt es nämlich nicht immer leicht, der weiblichen Konkurrenz souverän zu begegnen.

Was für weibliche Führungskräfte noch von Bedeutung ist, finden Sie in diesem Buch, das dieses facettenreiche Thema zur Chefsache macht und es von allen Seiten beleuchtet.

Eine erhellende Lektüre wünscht
Ihr
Stéphane Etrillard
Experte für persönliche Souveränität und Bestsellerautor
www.etrillard.com

Vorwort

Ein Buch nur von Männern geschrieben. Warum? Ich möchte mit dem Buch „Chefsache Frauen", welches Sie nun in Händen halten und mit dem zeitgleich erscheinenden Buch „Chefsache Männer" Tabus brechen. Es ist leider heute in unserer Business- und Sportleistungsgesellschaft immer noch stark verbreitet, dass sich Frauen lieber von Frauen trainieren, beraten, coachen oder mentoren lassen und Männer lieber von Männern. Und gerade heute ist das Thema Mann/Frau oder Frau/Mann hoch aktuell. Die von der Bundesregierung eingeführte Frauenquote in den Führungsetagen der Wirtschaft unterstützt dieses Thema und zündet zusätzlich Feuer an. Im Rahmen der Aus- und Weiterbildung von Erwachsenen herrscht aber immer noch Steinzeit.

Schauen wir mal in den Sport, zum Beispiel Fußball Bundesliga. Wenn Sie in der Bundesliga im oberen Drittel mitspielen wollen, benötigen Sie einen Trainer, der eine lange Bundesligaerfahrung hat. Spielen Sie sogar mit dem Gedanken der Meisterschaft, dann brauchen Sie einen Trainer mit Champions-League Erfahrung. Genauso ist es im Business. Wenn Sie als Business-Frau in der Liga der Gentlemen auf Vorstandsebene mitspielen wollen, benötigen Sie einen Trainer, Berater oder Coach, der lange in der Liga der Vorstandsgentlemen mitgespielt hat. Idealerweise jemanden, der selbst einmal Vorstand oder Geschäftsführer in einer Herrenliga war. Der die Regeln der Herren kennt. Leider haben dies eine Mehrzahl der weiblichen Nachwuchsführungskräfte oder auch potentielle weibliche Fachkräfte noch nicht realisiert. Doch, vielleicht haben Sie es sogar realisiert, aber Sie trauen sich nicht, denn Männer und Frauen ticken, arbeiten und denken anders. Und genau das, das Anderssein, also das Unbekannte, macht Ihnen Angst. Sie flüchten zu Vertrautem. Und aus dieser Angst heraus nehmen sich weibliche Fach- und Führungskräfte lieber weibliche Beraterinnen und Coaches. Oft ist dann ein Scheitern vorprogrammiert.

Bei den Männern ist es ebenso. Wenn da eine Frau und ein Mann mit gleichen Qualifikationen zur Beförderung anstehen, werden oft die Männer bevorzugt. Warum? Weil Männer hauptsächlich entscheiden. Daher wählt der Mann den Mann. Hier weiß der Entscheider, was auf Ihn zukommt, er wählt wieder das Vertraute. Der Entscheider stellt jemanden ein, der genauso wie er selbst die männlichen Spielregeln kennt. Würde er eine Frau wählen, hätte er Ungewissheit. Eine Frau denkt anders. Also kommt auch hier wieder die Angst vor dem Unbekannten zum Zuge. Schade eigentlich, viele weibliche

Nachwuchskräfte bleiben daher auf der Strecke, obwohl sie vielleicht besser oder interessanter für die Position gewesen wären.

Das ist total unbegründet. Ich selbst habe in großen Konzern mit Männern und Frauen als Vorgesetzte arbeiten dürfen. Es hat mich ungemein bereichert, beide Seiten kennenzulernen. Ich selbst habe heute auch Frauen in meinem Führungsteam. Gut ein Drittel der Vertriebsleiterpositionen sind mit Frauen besetzt und die Kombination Mann/Frau ist so bereichernd und gibt unwahrscheinlich viele Vorteile, speziell im Vertrieb. Daher bringen Sie die Besten zueinander und haben Sie keine Angst vor Mann und Frau. Lernen Sie die Spiel- und Verhaltensregeln des anderen Geschlechts kennen, es wird sich für Sie lohnen.

So beschreiben in diesem Buch „Chefsache Frauen" 18 Unternehmer, Geschäftsführer, Berater und Coaches, was Frauen aus Mannessicht in Männerdomänen erfolgreich macht. Ein Muss für jede Frau, die in den Gentleman-Club aufsteigen möchte. Falk S. Al-Omary, Christian Becker, Björn Begemann, Max Bormann, Thomas Brandtner, Peter Buchenau, Dr. Dirk Fisseler, Ralf Gasche, Michael von Kunhardt, Dr. Dieter Lederer, Eckhard Lienert, Paul Misar, Roman Patzelt, Dirk Schöttelndreier, Kurt Steindl, Christoph Teege, Claus Walter und Floris Weber geben Ihnen zahlreiche Tipps für Ihren Erfolg. Die Männer können Ihnen nur sagen, was Sie zu tun haben, umsetzen – liebe Frauen – müssen Sie es.

Im Schwesterbuch „Chefsache Männer" beschreiben dagegen 16 erfolgreiche Unternehmerinnen, Geschäftsführerinnen, Journalistinnen und Beraterinnen, was Männer aus weiblicher Sicht erfolgreich macht. Egal ob im Berufs- oder Privatleben. Hören Sie auf die Tipps von Barbara Blagusz, Monika Brett, Marlen Buder, Andrea Dohrmann, Suzanne Grieger-Langer, E. Chiara Hartmann, Brigitte Herrmann, Yvonne Natascha Heum, Regina Kmenta, Christina Linke, Silke Linsenmaier, Petra Polk, Sabine, Sabath, Sabine Schwind von Egelstein, Vanessa Weber und Nadine Wendt. Es wird sich für Sie, lieber Mann, lohnen.

Schlussendlich wünsche ich Ihnen nun, egal ob Frau oder Mann, viel Spaß, Erfolg und Umsetzungsstärke. Stellen Sie die festgefahrenen Regeln auf den Kopf!

Ihr Chefsache Ratgeber
Peter Buchenau
Waldbrunn, Mai 2015

Inhaltsverzeichnis

Mit Selbstinszenierung und kultivierter Eigen-PR an die Spitze

1

Karriereleitern sind weder männlich noch weiblich, sie wollen nur erklommen werden

Falk S. Al-Omary

Inhaltsverzeichnis

Das Thema Frauen in Führungspositionen ist ein thematischer Dauerbrenner. Kaum eine Debatte der vergangenen Jahre hat Politik, Medien und Massen derart stark bewegt wie die Diskussion über die Einführung einer gesetzlichen Frauenquote für die großen börsennotierten Unternehmen – und das nicht erst seit das Bundeskabinett im Jahr 2014 einen Gesetzentwurf vorgelegt hat, der für die Aufsichtsräte von Großunternehmen ab dem Jahr 2016 eine Frauenquote von 30 % vorschreibt. Über alle Berufsstände hinweg gibt es niemanden, der keine Meinung zu diesem Thema hat – ganz einfach deshalb, weil jeder entweder Frau oder Mann ist. So muss sich also jeder erwachsene Bundesbürger – zumindest hypothetisch – mit der Frage befassen, ob ein gesetzlich verordneter Support für Frauen Sinn macht oder nicht. Frauen nehmen heute in Deutschland mit 43 % fast gleichberechtigt am Arbeitsmarkt teil, knapp 50 % aller Hochschulabsolventen sind weiblich (Bundesministerium für Familie, Senioren, Frauen und Jugend 2014). Wenn Frauen annähernd die Hälfte der Akademiker und damit der potenziellen Führungskräfte stellen,

Falk S. Al-Omary ✉
Trupbacher Straße 17, 57072 Siegen, Deutschland
e-mail: post@al-omary.de

© Springer Fachmedien Wiesbaden 2015
P. Buchenau (Hrsg.), *Chefsache Frauen*, DOI 10.1007/978-3-658-07498-2_1

wieso bedarf es dann überhaupt eines Gesetzes, das sie auf diejenigen Posten bringt, die sie statistisch gesehen eh zu 50 % besetzen müssten?

Die Realität sieht folgendermaßen aus: Laut dem Managerinnen-Barometer des Deutschen Instituts für Wirtschaftsforschung (DIW Berlin) 2015 waren Frauen in Spitzenpositionen auch im vergangenen Jahr die Ausnahme: Ihr Anteil lag Ende des Jahres 2014 in den Vorständen der Top-200-Unternehmen bei gut 5 % – dies ist nur ein Prozentpunkt mehr als im vorherigen Jahr. In Bezug auf die 100 größten Unternehmen ist der Frauenanteil in der Chefetage sogar von knapp 5 auf gut 4 % gesunken. Wie kann das sein?

Im Wettbewerb um die nächsthöhere Sprosse auf der Karriereleiter kommt immer nur derjenige zum Zug, dem es gelingt, den Vorgesetzten von seinen Fähigkeiten, seiner Kompetenz und dem Mehrwert zu überzeugen, den er dem Unternehmen in der neuen Position bringt. Völlig unabhängig davon, ob im Einzelfall ein männlicher oder weiblicher Bewerber besser qualifiziert oder geeignet wäre – diese Überzeugungsarbeit gelingt im überwiegenden Teil der Fälle eher einem Mann. Und zwar schlicht und einfach deshalb, weil Männer lauter „Hier" schreien, wenn es um die Vergabe eines höheren Postens geht, weil sie sich effektiver in Szene setzen und ihre Vorzüge selbstbewusster ins rechte Licht rücken. Frauen, die Karriere machen wollen, sollten nicht darauf warten, dass die gesetzliche Frauenquote die langersehnte Wende bringt. Sie sollten sich vielmehr auf sich selbst besinnen, ihre Qualitäten und Fähigkeiten erkennen und benennen, klare Ziele formulieren und sich mit einer gehörigen Portion Selbstbewusstsein aktiv aufmachen in Richtung Erfolg. Viele Frauen sind gut, viele sogar besser, wie auch immer das gemessen wird, als Männer. Nur sind sie weniger sichtbar. Frauen sollten ihre Bescheidenheit ablegen, ohne ihren Charme zu verlieren. Dann haben sie alle Trümpfe in der Hand. Ihr „Hier" würde auch gehört werden und könnte zudem so viel sympathischer wirken als das der männlichen Kollegen und Wettbewerber auf der Karriereleiter.

1.1 Karrieren brauchen klare Worte und persönliches Format

Qualifizierte, gut ausgebildete Frauen treten oftmals schon zu Beginn ihrer Karriere auf der Stelle, weil sie ihr Licht unter den Scheffel stellen, wenn es um die Vergabe neuer Projekte, Aufgaben oder Beförderungen geht. Die Erwartung, sicherlich aber auch die häufig gemachte reale Erfahrung, dass den männlichen Kollegen im direkten Vergleich der Vorzug gegeben wird, schürt Selbstzweifel und führt zu Schweigen dort, wo klare Worte angebracht wären. Dieser Umstand kommt umso mehr zum Tragen, je größer das Unternehmen oder die Organisation ist, in der eine Frau mit Karriereambitionen beschäftigt ist. Denn: Wie sollen die Vorgesetzten einer Firma mit mehreren hundert oder gar tausend Mitarbeitern darauf aufmerksam werden, dass jemand gut oder geeignet ist, wenn er sich nicht zu Wort meldet? Sichtbarkeit ist alles. „Klappern gehört zum Handwerk", heißt es eben nicht umsonst.

Männer „brüllen", werden deswegen gehört, gesehen und befördert – während Frauen allzu oft unaufdringlich im Hintergrund bleiben und schweigen. Erfolg ist damit vor al-

Sichtbarkeit Frauen → Hintergrund

lem eines: eine Frage der erfolgreichen Selbstinszenierung. Nur, wer anderen zeigt, was er kann und zu leisten bereit bzw. im Stande ist und dies auch zum Ausdruck bringt, erhält die Chance, sich unter Beweis zu stellen. Diese Gesetzmäßigkeit kann auch die Frauenquote nicht aushebeln: Selbst, wenn sich Frauen im Einzelfall nicht mehr gegen männliche Wettbewerber durchsetzen müssen, weil eine Position mit einer Frau besetzt werden muss, gibt es Konkurrenz – nämlich mindestens durch die anderen Bewerberinnen. Karrieremachen gelingt nur mit einer gehörigen Portion Mut. Nur, wer seine eigenen Talente kennt, konsequent an diese glaubt, sie mutig weiterentwickelt, und diese in klaren Worten ausdrückt und für entsprechend kommunizierte Reichweite der eigenen Leistung sorgt, wird die Früchte der eigenen Arbeit ernten.

Macht, Erfolg und Karrieren entstehen auch und vor allem durch Sichtbarkeit. Und diese gilt es zu erhöhen. Eine gute Leistung wird erst dadurch bedeutend, dass sie im Unternehmen wahrgenommen wird. Frauen, die dafür sorgen, dass sie und ihre Leistungen gesehen werden, können aktiv verhindern, bei der nächsten Beförderung übersehen zu werden.

Sichtbarkeit ist eine Frage der Präsenz, der ganzheitlichen Selbstinszenierung der eigenen Persönlichkeit. Es ist die Kombination aus Körpersprache und Habitus, gelebter Identität, dem gesprochenen Wort und zur Schau gestellten Wissen und Werten und auch die Nutzung betriebsinterner Medien – vom Intranet bis hin zum viel zitierten Flurfunk. Frauen, die wissen, was sie wollen, bringen das mit ihrer gesamten Persönlichkeit zum Ausdruck: durch Gesten, Mimik, Haltung und klug gewählte Worte sowie das Spielen der kompletten Kommunikationsklaviatur.

Niemand legt Wert auf die Meinung von jemandem, der zu allem Ja und Amen sagt – das gilt auch für die Entscheidungsträger im Unternehmen. Meinungen sind dazu da, geäußert zu werden, was wiederum eine Chance ist, um aufzufallen – positiv und kompetent. Gefragt ist ein Selbstbewusstsein, ein gewisser Mut zur eigenen Meinung und Klarheit in der Sache, die sich in der Außenwirkung widerspiegelt. Wer die richtige Mischung aus Zielstrebigkeit im Argument und Gelassenheit im Ausdruck der eigenen Position gefunden hat und dies auch ausstrahlt, der wirkt entsprechend selbstbewusst und souverän.

Viele Frauen wollen im Beruf nach oben und haben sehr wohl das nötige Potenzial dazu. Sie trauen sich aber nicht, sich hartnäckig für sich selbst einzusetzen, und gehen etwaigen Konfrontationen aus dem Weg, weil diese ihrem Wunsch nach Harmonie entgegenstehen. Dabei sind es gerade kontroverse Diskussionen, in denen frau ihre Stärke und ihr Durchsetzungsvermögen unter Beweis stellen kann. Frauen drücken sich häufig indirekt aus und benutzen den Konjunktiv, um Nähe und ein gutes Arbeitsklima zu erzeugen. Auf Männer wirkt dies jedoch unsicher und bisweilen sogar unterwürfig. Formulierungen wie „Ich würde gern …“ oder „Ich könnte mir vorstellen, dass …“ sind schwach und kontraproduktiv. Frauen neigen dazu, sich nicht deutlich genug auszudrücken. Ein gravierender Unterschied zu Männern.

Übersicht

Um dem eigenen Standpunkt Gewicht zu verleihen und sich deutlich sichtbar zu machen, empfiehlt es sich auch für Frauen, folgende Aspekte in der persönlichen und geschriebenen Kommunikation stärker zu berücksichtigen:

- klare und prägnante Forderungen stellen und diese zum Ausdruck bringen,
- kurze, klare Sätze wählen – ein Mittel, das Männer manchmal präziser wirken lässt,
- auf Füllwörter verzichten – im Dialog und in Texten,
- mit fester Stimme und klaren Worten öfter mal Klartext sprechen,
- den festen Blickkontakt zum Gegenüber halten – das wirkt souverän,
- sich nicht unterbrechen lassen und Durchsetzungsstärke beweisen,
- den Konjunktiv vermeiden,
- sich körperlich groß machen, indem man aufrecht sitzt oder steht,
- den Fokus auf den Inhalt des Gesagten lenken,
- öfter von sich reden machen und auffallen – Meinungen müssen geäußert werden,
- auf „weiche" Formulierungen wie „Ich meine" oder „Könnten wir nicht …" verzichten – diese laden nur zum Widerspruch ein. Deutlicher ist ein glasklares „Ich will" oder „Ich erwarte",
- Aussagen und Forderungen begründen – das erhöht beim Gegenüber die Akzeptanz und verstärkt die eigene Position,
- eigene Ziele definieren und diese in Einklang mit denen des Teams und des Unternehmens bringen – das „Ich" und das „Wir" sollte im Idealfall kongruent sein,
- direkt zum Punkt kommen,
- deutliche Worte höflich verpacken – etwa durch den Klang der Stimme und weiblichen Charme. Das, was gesagt wird, sollte dabei aber unmissverständlich sein.

1.2   Bescheidenheit ist eine Zier … führt im Beruf aber nur selten zum Erfolg

Nur wenige loben sich gern selbst – das gehört sich einfach nicht. Oder etwa doch? Zumindest im Berufsleben ist Bescheidenheit absolut fehl am Platz – vornehme Zurückhaltung führt nur selten zum Erfolg. Falsche Bescheidenheit gilt als einer der Top-10-Karrierekiller, so das Ergebnis einer Studie der Unternehmensberatung ROC Deutschland (2014). Demnach machen 58 % der in Deutschland, Frankreich, Großbritannien und den USA befragten Arbeitnehmer die Erfahrung, dass derjenige, der nicht selbst auf sich aufmerksam macht, bei Förderprogrammen übergangen wird. Wer seine berufliche Position verbessern will, darf nicht bescheiden sein. Schließlich geht es darum, etwas ganz Besonderes zu empfehlen und zu verkaufen – nämlich sich selbst. Keine Frau sollte darauf

→ Bescheidenheit

bauen, dass der Chef per Zufall auf ihre Talente, Kompetenzen und Führungsqualitäten stößt – das wird nur in den seltensten Fällen passieren. Hier gilt ganz klar: Klappern gehört zum Handwerk, und Klappern ist Kommunikation – auch und besonders die der eigenen Leistung. Für Vorgesetzte ist es oftmals schwierig, die Stärken des Nachwuchses richtig einzuschätzen. Deshalb sollte sich keine Frau scheuen, ein positives Feedback, etwa vom Kunden, aktiv an die Chefetage weiterzuleiten. Wer Karriere machen will, muss mehr tun, als nur die erwartete Arbeit pünktlich und gewissenhaft abzuliefern: Er bzw. sie sollte etwa Aufgaben übernehmen, die für den Erfolg eines Projektes wichtig sind. Vor allen Dingen aber muss man die eigenen Erfolge für sich reklamieren. Dies bedarf eines gesunden Selbstbewusstseins. Bei Männern artet dies manchmal in übertriebene Selbstdarstellung, wenn nicht gar in Selbstüberschätzung aus – auch das ist der Karriere wenig zuträglich.

Wenn hier von Selbstbewusstsein und Selbstinszenierung die Rede ist, ist damit ein intelligentes und kreatives Selbstmarketing gemeint, das die realen Besonderheiten und Fähigkeiten der eigenen Person unterstreicht und sichtbar macht. Dabei sollte aber eines nicht zu kurz kommen: die persönliche Integrität. Bei aller Selbstdarstellung bleibt es wichtig, sich nobel zu verhalten, an seiner Reputation zu arbeiten und in beruflichen Beziehungen für die eigenen und die allgemein verbindlichen Werte sowie größtmöglichen Nutzen für alle Beteiligten einzustehen. Nicht zuletzt sind es Sympathie, Gradlinigkeit im Wirken, Seriosität, Wertschätzung, Souveränität und ein positives Auftreten, die über den beruflichen Erfolg entscheiden. Wer positiv auf andere wirken will, braucht persönliches Format – und zwar eines, das nicht aufgesetzt wirkt, sondern von innen kommt. Beim Vermarkten der eigenen Persönlichkeit gilt es, diejenigen Vorzüge zu *verkaufen*, die Nutzen stiften und Mehrwert liefern. Ziel ist es, die Menschen, insbesondere Kollegen, Vorgesetzte, Kunden, Partner und andere direkte oder indirekte Entscheider, für sich zu gewinnen, auch durch Kollegialität und Integrität.

Die berufliche Leistung wird durch Arbeitsergebnisse dokumentiert, die eigene Person aber muss vermarktet werden. In diesem Vermarktungsprozess ist Bescheidenheit fehl am Platz, die wohl durchdachte Selbstinszenierung dagegen spielt eine entscheidende Rolle. Selbstinszenierung und Persönlichkeitsmarketing sind indes weit mehr als das marktschreierische Auftreten, mit dem Männer oft versuchen, auf sich aufmerksam zu machen. Selbstinszenierung braucht Authentizität, die Kongruenz der inneren Welt mit dem nach außen dargestellten Schein. Schein und Sein sollten sich im Einklang befinden – sonst wird es nicht nur anstrengend mit der Selbstvermarktung, sondern auf Dauer auch unglaubwürdig. Verkaufen kann nur, wer echt ist, vermarktet werden kann letztendlich nur das, was ist oder zumindest realistisch sein könnte, nicht das, was sein sollte. Wettbewerber und Wettbewerberinnen werden im Zweifel genauer hinsehen, einen Blick hinter die Fassade riskieren. Da sollte das zur Schau gestellte dann zumindest einigermaßen standhalten. Es ist wichtig, die eigenen Stärken zu betonen – diese dürfen auch ins beste Licht gerückt und ausgeschmückt werden. Nur unwahr sollte es eben nicht sein. Damit liegen Authentizität, Echtheit und Erfolg eng beieinander. Dabei geht es weniger um die reine Wahrheit als vielmehr darum, die eigene Selbstdarstellung konsequent auch über einen langen Zeitraum hinweg glaubwürdig durchhalten zu können.

Frauen, die es nicht schaffen, sich und ihre Kompetenzen – ganz unbescheiden – nach außen zu tragen, werden bei der Besetzung von Führungsposten allzu oft übersehen und schlussendlich von der männlichen Konkurrenz überholt. Um es noch drastischer zu sagen: Wer beständig bescheiden im Hintergrund bleibt und die eigene Rolle und Bedeutung im System nicht deutlich zum Ausdruck bringt, gilt schnell als zu wenig engagiert, im schlimmsten Falle sogar als leicht ersetzbar oder gar überflüssig. Die eigene Kernbotschaft, die individuelle Relevanz und die eigenen Themen werden nur dadurch bedeutend und wirksam, dass sie gesehen, gehört und wahrgenommen werden. Dazu müssen die eigenen Ziele klar definiert sein. Für diejenige Frau, die nicht weiß, wo sie ankommen will, ist jeder Weg der falsche. Das gilt auch und insbesondere für die erfolgreiche Selbstvermarktung und Selbstinszenierung.

Ein klarer Fokus auf die eigenen Stärken ist deswegen unverzichtbar. Individualität und gelebte Identität wirken anziehend. Dazu gehören auch die eigenen Kompetenzen, die fachliche Expertise, die innere Haltung und die persönliche Leistung, die weit mehr sein kann als das Abliefern bestimmter Ergebnisse. Frauen, die dazu neigen, ihre eigene Leistung ständig mit denen der Kollegen zu vergleichen und sich auf Basis der dadurch vermeintlichen Erkenntnisse selbstkritisch zu geißeln, verlieren den Blick für die eigenen Stärken und sind schnell verunsichert. Das wiederum lässt sich nur schwerlich vor den Augen der Mitarbeiter, Kollegen und Vorgesetzen verbergen und führt mitunter dazu, dass frau nicht für voll genommen wird. Der Prozess, die Karriere in die richtige Richtung zu lenken, beginnt also mit einem wichtigen Schritt: dem wahrhaftigen Erkennen der eigenen Fähigkeiten und Kompetenzen, die dann ganz unbescheiden ins Außen kommuniziert werden müssen. Nur so kann etwa auch Kritik danach bewertet werden, ob sie angebracht ist – oder eben nicht. Generell sollten sich Frauen von Kritik nicht verunsichern oder einschüchtern lassen, sondern an ihr wachsen. Kritik bietet immer auch die Chance, sich selbst zu reflektieren und besser zu werden in dem, was man tut. Während Männer, die im Beruf kritisiert werden, eher aufbrausend und mitunter sogar aggressiv reagieren, haben Frauen mit ihrer vergleichsweise bedachten Art ein echtes As im Ärmel. Wer auch in hitzigen Situationen einen kühlen Kopf bewahrt, sachlich bleibt und konstruktiv argumentiert, demonstriert Stärke, Souveränität und echte Führungsqualitäten. Wer über eine gehörige Portion Selbstvertrauen verfügt, braucht sich nicht hinter Bescheidenheiten zu verstecken.

Zusammenfassung

- Selbstvertrauen wächst mit dem Wissen um die persönlichen Talente und Kompetenzen.
- Identität und Individualität sind vielschichtig, wirken aber immer anziehend, wenn sie konsequent gelebt und zum Ausdruck gebracht werden.

- Wer sich selbst vertraut, macht sich unabhängig von der Meinung anderer.
- Sich mit anderen vergleichen kann helfen, den eigenen Standort zu bestimmen, darf aber nicht dazu führen, andere zum Maßstab zu erklären. Letztlich zählen nur die eigenen Stärken, Leistungen und Kompetenzen.
- Wer von sich selbst und seinem Können überzeugt ist, kann seine Kompetenzen authentisch vermarkten.
- Bei aller Unbescheidenheit und Selbstdarstellung gilt es, nobel zu bleiben. Stellenbesetzungen und Beförderungen sind immer auch abhängig von zwischenmenschlichen Faktoren, insbesondere von Sympathie.

1.3   Doppelrolle vorwärts – Multitasking-Kompetenz als Karriereturbo

Eine Studie, die das Markt- und Sozialforschungsunternehmen Sinus Sociovision im Jahr 2010 für das Bundesfamilienministerium erhoben hat, kommt zu dem Ergebnis, dass drei Viertel der Männer in Führungspositionen verheiratet sind und Kinder haben. Für Männer ist dies ein Modell mit Leitbildcharakter, das jedoch offenkundig nur für sie selbst gilt: Die Frauen in Führungspositionen nämlich sind nur zu 53 % verheiratet, der überwiegende Teil lebt ohne Partner. Ist damit der Verzicht auf Familie auch heute noch der Preis, den Frauen zahlen müssen, wenn sie Karriere machen wollen? Keineswegs. So kommt die Erhebung nämlich auch zu der Erkenntnis, dass 56 % der Frauen in einer Managementposition Kinder im Haushalt haben und die Doppelbelastung als (alleinerziehende) Mutter und Geschäftsfrau erfolgreich meistern. Es ist gerade und insbesondere der Umstand, dass Frauen im Leben verschiedene Rollen innehaben, der sie für den beruflichen Aufstieg qualifiziert. Frauen sind nicht nur Angestellte oder Führungskräfte, sie tragen in der Regel auch die Hauptlast bei Kindern, Haushalt, der Pflege von Angehörigen und der Pflege gesellschaftlicher Beziehungen. Sie sind die Beziehungsmanager. Sie verfügen über soziale Kompetenzen, die Männern oft fehlen. Die Fähigkeit zur Motivation, zur Organisation, zum aktiven Zuhören und zum Delegieren sowie die Kenntnis vieler individueller Methoden des persönlichen Zeitmanagements sind nur einige der zahlreichen Soft Skills, mit denen Frauen nicht nur zuhause, sondern auch im Job punkten. Frauen sind in der Regel mehr Mütter, als Männer Väter, sie arbeiten gemeinhin einfühlsamer und effizienter – nur so ist der anspruchsvolle Spagat zwischen Familie und Beruf überhaupt möglich. Eben diese Doppelrolle bringt jedoch auch Herausforderungen mit sich, die weit über die logistischen Probleme der Vereinbarkeit von Job und Karriere auf der einen und Familie auf der anderen Seite hinausgehen.

Zwei Rollen sind zugleich zwei Angriffspunkte, denn Frauen müssen sich am Erfolg, zumindest aber am Funktionieren beider Systeme messen lassen, während sich der Erfolg eines Mannes meist einseitig an beruflichen Maßstäben misst. Man(n) schaut genau hin, ob es frau gelingt, beide Systeme intakt zu halten. Gibt es Probleme im heimischen Beziehungsgeflecht, etwa in Bezug auf die Kindererziehung, ist es die Frau, der dafür die Verantwortung zugeschrieben wird. Dies geht an der Realität natürlich vollends vorbei, schließlich spielen eine ganze Reihe von Faktoren eine Rolle beim Gelingen bzw. Nichtgelingen des familiären Zusammenspiels. Nichtsdestotrotz ist die Außenwirkung oftmals die, dass die Frau an dieser Stelle versagt habe. Sie gilt dann als überfordert. Ein Malus in den Augen Dritter, den sich Männer so schnell nicht zuschreiben lassen müssen.

Frauen müssen ihre Kompetenzen und Führungsqualitäten also in mehr Rollen unter Beweis stellen als Männer – sie werden generalistischer betrachtet, übrigens nicht nur von Männern, sondern auch von anderen Frauen. Von denen sogar teilweise noch viel kritischer in Bezug auf das Funktionieren ihrer verschiedenen Rollen. Selbst, wenn der Spagat gelingt, müssen sie sich gegenüber dem – oft unausgesprochenen – Vorwurf behaupten, Karriere und Familie seien nicht unter einen Hut zu bringen, ohne dass eine der beiden unter dem Gelingen der anderen leide. Das aber ist grundlegend falsch: Insbesondere und gerade wegen der verschiedenen Rollen, die Frauen ausfüllen, verfügen sie über weitaus mehr Karrierepotenzial, als dies bei vielen Männern der Fall ist. Sie sind oft besser organisiert, kommunikativer, diplomatischer und engagierter. Frauen, die Familie und Job gleichermaßen meistern, sind diszipliniert und hartnäckig. Sie denken unternehmerisch, handeln strategisch, reflektieren ihr Handeln und kommunizieren ihre Wünsche deutlicher. Damit ist der vermeintliche Nachteil der Doppelrolle zu guter Letzt ein klarer Wettbewerbsvorteil, den auch die Chefetage nicht ignorieren kann – vorausgesetzt natürlich, dass frau diese Trümpfe nicht nur spielt, sondern auch kommuniziert und bei der einen oder anderen Gelegenheit geschickt inszeniert.

Eine groß angelegte Studie der DeGroote Business School an der McMaster University in Kanada (Bart und McQueen 2013) ist zu dem Ergebnis gekommen, dass Frauen in Führungspositionen gegenüber den männlichen Kollegen einen entscheidenden Vorteil haben: Sie treffen bessere Entscheidungen. Die Fähigkeit von Frauen, auch im Falle widerstreitender Interessen faire Entscheidungen zu treffen, mache sie zu besseren Unternehmensführern, so das Ergebnis der Erhebung, für die 624 Vorstandsmitglieder beider Geschlechter beobachtet und befragt worden waren. Auch diese Fähigkeit steht unmittelbar in Zusammenhang mit dem Umstand, dass Frauen unterschiedliche Rollen ausfüllen. Nur, wer „gute" Entscheidungen trifft – durchdacht, diplomatisch und fair – meistert den Balanceakt im komplexen Gefüge aus Kindern, Familie und Karriere und hält die verschiedenen Systeme am Laufen. Und da auch Unternehmen in allererster Linie komplexe Systeme sind, können Frauen hier von ihren verschiedenen Rollen, ihrem Multitasking-Management und ihren Talenten profitieren.

Männer treffen im Allgemeinen ihre Entscheidungen nach festgelegten Abläufen und oft allein, während Frauen eine eher kooperative Arbeitsweise pflegen, um schlussendlich eine gerechte und für alle Seiten vertretbare Einigung zu finden. Die Debatte um Frauen in Führungspositionen bekommt damit einen ganz neuen Dreh: Immer mehr Entscheider erkennen nun den klaren Mehrwert, den eine weibliche Führung für den wirtschaftlichen Erfolg eines Unternehmens mit sich bringt. In der Summe sind es immer nur der Mehrwert und der Nutzen – für die Firma, die Mitarbeiter und die Chefetage – die darüber entscheiden, wer im Falle eines vakanten Führungspostens befördert wird. Umso wichtiger ist es, seinen eigenen Mehrwert und den individuell zu stiftenden Nutzen zu kennen und nach außen deutlich sichtbar zu zeigen, sich zu präsentieren und die eigenen Vorteile gegebenenfalls auch im Wettbewerb mit anderen zu inszenieren.

1.4   Egoselling – die eigene Marke kultivieren und pointiert darstellen

Frauen, die im Job vorankommen wollen, müssen sich klar und klug positionieren, die eigenen Vorzüge im System erkennen sowie persönlich und kommunikativ darstellen. Eine geschickte Selbstinszenierung, die auf einer solchen Positionierung basiert, ist immer und überall auf Wirkung ausgerichtet und begreift das Leben – insbesondere das berufliche – als große Bühne, die mannigfaltig bespielt werden will. Karrieremachen ist ein Verkaufsprozess, in dem derjenige, der eine höhere Position anstrebt, sich selbst verkaufen und durchsetzen muss. Frauen mit Karriereambitionen sind in der Außenwirkung ihr eigenes Produkt, das bestmöglich vermarktet werden will. Dazu bedarf es zunächst der unbedingten inneren Klarheit darüber, dass die eigene Persönlichkeit, das eigene Wissen und Können einmalig ist. Während es vielen Frauen schwer fällt, derart „groß" von sich zu denken, leben die meisten Männer dies mit einer ihnen angeborenen Selbstverständlichkeit. Unabhängig davon, ob ein großes männliches Ego im Einzelfall gerechtfertigt ist, oder nicht – die Wirkung des gleichen ist unbestritten. Das Interesse von Kollegen und insbesondere das der Vorgesetzten weckt nur derjenige, der überzeugend auftritt und seiner Persönlichkeit Gewicht verleiht. Für viele Frauen macht dies ein radikales Umdenken erforderlich. Wer Karriere machen will, muss laut sein, nicht leise. Es gilt, sein eigenes Selbst zu vermarkten. Graumäusigkeit schadet der Karriere. Egoselling lautet hier das Schlagwort.

Egoseller sind starke Markenpersönlichkeiten, die sich darüber im Klaren sind, dass man sie letztlich in ihrer Gesamtpersönlichkeit mit niemand anderem vergleichen kann – die Spitze der Persönlichkeitsentfaltung und Einmaligkeit. Ein echter Egoseller wird auch nicht mehr mit anderen verglichen. Egoseller kennen ihren Wert, den allein sie selbst bestimmen. Diese Erkenntnis ist insbesondere für Frauen ein großer mentaler Schritt, der aber gegangen werden muss, wenn die Karriere vorangetrieben werden soll. Frauen müssen ihre Vorzüge und ihre Bedeutung um ein Vielfaches deutlicher demonstrieren als Männer, wenn sie aufsteigen wollen.

Die Selbstinszenierung ist dann gelungen, wenn wir als Person authentisch, überzeugend, mitreißend und begeisternd wahrgenommen werden. Die eigentliche strategische Positionierung im Unternehmen, im Team und im System als Basis gekonnten Egosellings ist weitaus mehr als die reine Abgrenzung der eigenen Botschaft und der eigenen Themen und Kompetenzen von denen der anderen. Es ist vielmehr das Kultivieren der eigenen Identität und deren Entwicklung zu einem eleganten Gesamtkunstwerk: Werte, Haltun-

→ Egoselling

gen, Aussagen, Benehmen und Auftreten, sichtbare Symbole, ja selbst Mitgliedschaften, Auszeichnungen und Netzwerke – all das verschmilzt im Idealfall mit der eigenen Botschaft zu einer ganzheitlichen Personenmarke. Wer wirbt, verkauft – das gilt auch für die eigene Person, wenn es darum geht, sich selbst für einen höheren Posten zu empfehlen. Männer und Frauen, die es auf der Karriereleiter bis nach ganz oben geschafft haben, sind in der Regel Menschen, die sich gut vermarkten. Egoselling meint, auf sich aufmerksam zu machen und sich selbst, die eigenen Leistungen und Fähigkeiten in ein positives Licht zu rücken – als komplette Persönlichkeit mit Wiedererkennungswert, Charisma und einem vorauseilenden Renommee bis hin zum Nimbus der Unersetzbarkeit.

Wer ein Produkt verkaufen will, muss dessen Vorteile und Mehrwerte erkennen und diese im Zuge einer Vermarktungsstrategie benennen. Nichts anderes meint erfolgreiches Eigenmarketing. Nur, dass es hierbei nicht darum geht, ein Produkt zu vermarkten, sondern eben sich selbst. Dazu gehört auch der eigene Expertenstatus, der konsequent auch die Deutungshoheit der eigenen Leistungen und Erfolge nicht anderen überlässt, sondern eigene Maßstäbe definiert. Für viele Frauen ist dies wie schon erwähnt wahrscheinlich ein großer Schritt. Eine derartige kommunikative Erhöhung ist ihnen nicht angeboren. Umso wichtiger ist, das Ganze echt wirken zu lassen und weibliche Eloquenz nicht durch vermeintlich männliche Arroganz zu ersetzen. Es geht um ein neues Denken, das das Beste aus beiden Welten vereint.

1.5 Intelligent netzwerken – Frauen sind oft die wahren Entscheider

Die meisten Menschen, insbesondere aber Frauen, denken, Erfolg beruhe in erster Linie allein auf Leistung. Dabei liegt der wahre Schlüssel zum Erfolg meist in den richtigen Beziehungen. Eine erfolgreiche Karriere fußt auch auf einem guten Netzwerk. Das wiederum ist das Ergebnis einer zielgerichteten, langfristig ausgelegten sozialen Interaktion. Insbesondere innerhalb eines geschlossenen Systems wie dem eines Unternehmens kommt den persönlichen Kontakten zu Kollegen und Vorgesetzten eine große Bedeutung zu. Eine Erhebung des ... für Arbeitsmarkt- und Berufsforschung (Dietz et al. 2011), das jährlich 15.000 ...hmen befragt, belegt, dass persönliche Kontakte auch bei Stellenbesetzungen ein... ge Rolle spielen. Ein Arbeitgeber, der eine Stelle neu besetzen will, fragt in de... erst einmal im eigenen Betrieb nach geeigneten Bewerbern – und zwar diejeni... schen, denen er vertraut. Das Beziehungsgeflecht der Kollegen untereinander ist ... n entscheidender Faktor für die Karriere: Die einzelnen Personen eines guten ...s, das auf Vertrauen, Verständnis und Wertschätzung basiert, werden einander ... n, wenn sie vom Chef nach geeigneten Kandidaten für einen höheren Posten ge... rden. Erfolg steht damit unmittelbar in Zusammenhang mit positiven zwischenm... hen Beziehungen. Dies ist ein Trumpf, den sich jede Frau mit Karriereambitionen ...e machen kann. Frauen sind eben häufig die besseren Beziehungsmanager. Sie sind kommunikativer als Männer und pflegen in der Regel intensivere, persönlichere Kontakte zu ihren Kollegen. Ihnen gelingt es spielend, sich innerhalb eines Unternehmens ein gut funktionierendes Netzwerk aufzubauen – allein wegen des hohen Maßes an sozialer Kompetenz, über das sie verfügen. Die Krux an dieser Tatsache ist: Obwohl Frauen in der Regel kommunikationsstärker sind als Männer, nutzen sie ihre Kontakte weniger zielgerichtet für die Karriere als Männer dies tun. Frauen sollten sich die Vorteile klar vor Augen führen, die sie aufgrund ihrer ausgeprägten Social Skills gegenüber männlicher Konkurrenz haben, und diese bewusst ausspielen. Wichtig ist es, Kontakte nicht nur auf gleicher Ebene – etwa zu direkten Kollegen im eigenen Team oder in der zugeordneten Fachabteilung – zu knüpfen und zu pflegen, sondern Beziehungen auch zu hierarchisch höher gestellten Mitarbeitern auszubauen. Hierarchie- und abteilungsübergreifende Netzwerke stärken den eigenen Wissensvorsprung und sichern letztlich auch eine eigene Machtbasis. Wer viele Menschen kennt und über das relevante Wissen verfügt, hat einen eindeutigen Vorsprung, kann Entscheidungen beeinflussen und Karrieren beschleunigen – nicht nur, aber auch die eigene.

Unternehmenslenker, die einen geeigneten Kandidaten für eine verantwortungsvolle Stelle suchen, fahren mit einer weiblichen Besetzung oft besonders gut, weil Frauen einen generalistischeren Blick haben, als ihre männlichen Kollegen. Frauen sind eben Generalisten, Männer eher Spezialisten. Frauen strahlen durch ihre kommunikative Art Vertrauen aus – und erhalten im Gegenzug Vertrauen. Weil Frauen über Social Skills verfügen, die Männern meist fehlen, eignen sie sich besonders gut als Ansprechpartner für Kollegen, die mit Sorgen und Nöten, mitunter aber auch mit wertvollen Verbesserungsvorschlägen für eingefahrene Unternehmensstrukturen an sie herantreten. Frauen kön ˻˼˼˺ dieses Wissens nicht nur die innerbetrieblichen Netzwerke und Strukturen b ˺˺˺ chätzen, sie eignen sich auch hervorragend dazu, etwaige widerstreitende Intere ˺˺˺ hiedener Teams, einzelner Personen oder auch innerhalb der Geschäftsleitun ˺˺˺ n Nenner zu bringen. Je größer ein Unternehmen ist, desto vielschichtiger und ˺˺˺ r ist diese Aufgabe, schließlich will eine Vielzahl einzelner Befindlichkeiten ˺˺˺ n Hut gebracht werden. Wie erfolgreich ein Unternehmen oder eine einzelne ˺˺˺ g ist, hangt nicht zuletzt von internen Kommunikationsprozessen ab.

Frauen denken systemisch und blicken ganzheitlich auf das vers ˺˺˺ e Beziehungsnetz im Betrieb. Sie sitzen oft an den entscheidenden Schnittstelle ˺˺˺ istens dort, wo Kommunikation gefragt ist. Damit haben viele Frauen bereits ˺˺˺ ntvolle Position inne – auch, wenn sie nicht auf einem Managementposten sitzen. Frauen sind auch ohne formale Macht und ohne eine hierarchische Legitimation deswegen oft die wahren Entscheider im Hintergrund.

Dies ist ein unschätzbarer Vorteil für die Karriere, dessen sich Frauen bewusst sein müssen, um ihn für ihre erfolgreiche Laufbahn zu nutzen. Ihnen kommt damit im Unternehmen eine immens strategische Bedeutung zu, die sie sich nutzbar machen können, wenn sie diese Stärke richtig vermarkten. Vermarkten bedeutet auch in diesem Kontext neben sichtbar sein und gesehen werden, sich ansprechbar zu machen. Frauen, die ihre Karriere beschleunigen wollen, sollten sich deswegen auch organisieren: beispielsweise in Fachgremien, in Arbeitskreisen, in Projekten, in gewerkschaftlichen oder unternehmensinternen Gliederungen oder in beruflichen Projekten – aber auch im Privaten. Wer

sich innerhalb, aber auch außerhalb des Unternehmens profiliert – etwa durch ein öf-
fentlichkeitswirksames Ehrenamt – erhöht seine Chancen, von der Chefetage „gesehen"
zu werden, um ein Vielfaches. Hier wird quasi außerhalb der Wettbewerbssituation erfolgreich „über Bande" gespielt. Wer den Weg „über Bande" wählt, kann sich auch dem
Argwohn der Kolleginnen und Kollegen entziehen, falls es diesen geben sollte, und so eine weitere Duftmarke hin zu einer engagiert wirkenden, einmaligen und unvergleichlichen
Personenmarke setzen.

1.6 Frauen führen anders – Bienenkönigin statt Leitwolf

Ist der weibliche Karrieresprung gelungen, geht es an die Themen Führung und Management. Frauen führen anders als Männer. Viele Studien, die sich mit den Unterschieden der
männlichen und weiblichen Unternehmensführung befassen, kommen zum gleichen Ergebnis: Weder Männer noch Frauen können per se als die besseren Unternehmenslenker
bezeichnet werden. Nichtsdestotrotz unterscheiden sich die Strategien, die Männer und
Frauen in der Chefetage zum Erreichen der angestrebten Ziele verfolgen, in mannigfalti-
ger Art und Weise. Laut einer Erhebung des Verbands deutscher Unternehmen (VdU) aus
dem Jahr 2013 setzen weibliche Chefs andere Prioritäten als männliche. Ihnen ist die Bin-
dung zu Kunden und Mitarbeitern wichtiger, sie sind empathischer und kommunikativer,
während Männer sachlicher denken und klarer fokussieren. Männer sind wie schon gesagt
eben eher Spezialisten, Frauen eher Generalisten:

Männer konzentrieren sich auf ein bestimmtes Ziel, das sie dann mit großer Energie
verfolgen, während Frauen mehr das Große und Ganze im Blick haben. In Bezug auf
die Unternehmensführung bedeutet dies, dass Frauen einen umfassenderen Blick auf die
Vorgänge der einzelnen Abteilungen haben. Dies meint auch und im Besonderen die zwischenmenschliche Interaktion der Mitarbeiter untereinander. Frauen gelingt es dadurch
besser, sie im Sinne des Unternehmens zu führen. Weibliche Führungskräfte riskieren
mit ihrem generalistischen, weniger spezialisierten Blick zugleich aber auch, ihren Expertenstatus zu verwässern. Wer sich zu wenig spezialisiert, ist weniger identifizierbar im
Sinne der ihm zugeschriebenen Kompetenzen. Frauen, die ihre Führungsrolle bestmöglich ausfüllen wollen, sollten sich dieser Unterschiede bewusst sein – und sich die besten
Strategien aus männlicher *und* weiblicher Führungsweise zunutze machen, um einen Führungsposten bestmöglich auszufüllen und im Beruf weiter voranzukommen.

Männliche Führungskräfte treffen ihre Entscheidungen gern allein. Dort, wo Männer
zielbewusst und schnell ihre Schlüsse ziehen, lassen sich Frauen oft (Bedenk-)Zeit – auch,
um Problemstellungen im Team zu diskutieren. Männer, die ein Meeting einberufen, tun
dies in aller Regel nicht, um die Meinung der einzelnen Mitglieder in den Prozess der
Entscheidungsfindung einzubeziehen, sondern vielmehr, um sich die Bestätigung für ihre
Auffassung zu holen. Für Männer ist Zögern häufig gleichbedeutend mit Zweifeln. Und
wer zweifelt, droht Autorität einzubüßen. Soweit die männliche Logik. Der Leitwolf muss
wissen, wo es langgeht.

Weibliche Vorgesetzte agieren insgesamt personenorientierter: Sie stehen für gewöhnlich in engem Kontakt zu ihren Mitarbeitern und Kollegen, wissen um die kleinen und großen Befindlichkeiten und beziehen die Ansichten der Mitarbeiter bei der Suche nach Lösungen für etwaige Probleme mit ein. Während sich Männer im Management als die Spitze des Unternehmens, der Abteilung oder des Teams begreifen – ein eher hierarchisches und autoritäres Bild von Führung – sehen sich Frauen im Zentrum des Ganzen – also in der Mitte des Geschehens. Sie sind mehr Biene Maja, weniger Leitwolf.

Diese verschiedenen Sichtweisen auf ein und dieselbe Funktion fördern völlig verschiedene Verhaltensweisen zu Tage: Der männliche Führungsstil ist oftmals top-down – schließlich gilt es im Auge des männlichen Betrachters, eine Gruppe anzuführen. Die weibliche Sichtweise, eben in der Mitte zu stehen, ist hingegen eng verknüpft mit einem Wir-Gefühl – auch gegenüber Untergebenen. Es kommt also nicht von ungefähr, dass Frauen in verantwortungsvollen Positionen oftmals an wichtigen Schnittstellen sitzen, an denen Einfühlvermögen, kommunikatives Feingefühl und Social Skills im Allgemeinen gefragt sind – etwa an der Spitze des Personalbüros oder der Marketingabteilung.

Dies bedeutet keineswegs, dass Frauen auf diese Art der Managementposten festgelegt wären. Im Gegenzug bedeutet es ebenso wenig, dass Männer keine Personalverantwortung übernehmen können oder sollten. Niemand ist allein aufgrund seines Geschlechts für eine bestimmte Rolle im Management geeignet oder nicht. So unterschiedlich die Stile von Frauen und Männern in Führungspositionen auch sind: Keine ist im Grundsatz schlechter als die jeweils andere – sehr wohl aber anders. Frauen in Führungspositionen, die sich behaupten und weiter aufsteigen wollen, sollten sich unbedingt des Umstands bewusst sein, dass ein allzu „weiblicher Führungsstil" dazu führen kann, dass sie sich in den Augen der Entscheidungsträger mitunter für eine nur beschränkte Bandbreite von Leitungspositionen qualifizieren: diejenigen nämlich, in denen Kommunikation, soziales Engagement und das Verstehen anderer gefragt sind – eben im Marketing, im Recruiting oder in der Personalabteilung.

Führungspositionen, die Entscheidungsfreude, Durchsetzungsvermögen und beruflichen Biss erfordern, werden im Zweifelsfall eher an Männer vergeben, da ihnen genau diese Eigenschaften zugeschrieben werden. Frauen, die um diese Wirkweise wissen, können bewusst gegensteuern: Sie können zielgerichtet aus dem Facettenreichtum ihrer Fähigkeiten schöpfen, um sich bewusst mit einer Mischung männlicher und weiblicher Herangehensweisen bestmöglich für eine Vielzahl von Leitungsfunktionen zu qualifizieren. Frauen sollten daher rechtzeitig eine Bestandsanalyse der eigenen Talente erheben und diese gegebenenfalls – natürlich im Einklang mit den eigenen Fähigkeiten und Zielen – um eher „männliche" Attribute erweitern. Dazu zählt insbesondere die männliche Taktik der Selbstdarstellung. Männer sind mutiger, selbstbewusster, weniger bescheiden und ganz sicher sehr konkret, wenn es darum geht, die eigenen Leistungen ins rechte Licht zu rücken. In Bezug auf die Art und Weise, wie Männer ihren Chefposten ausfüllen, bedeutet dies, dass sie eine Aura der Unantastbarkeit erzeugen, die unmittelbar dazu führt, dass ihnen die Angestellten mit Respekt begegnen. Klare Ansagen suggerieren Stärke. Frauen hingegen wirken nahbarer, handeln sich damit aber im Zweifel auch mehr Diskussionen ein, die in der Folge mehr emotionale Energie erfordern. Das macht sie sicherlich eher zu Sympathieträgern – in der Mitarbeiterführung sollte der Kontakt indes nicht nur kollegial sein, sondern auch die Autoritäten und Entscheidungskompetenzen klar ersichtlich werden.

Gedanken, die Sie schon früh im Rahmen der Eigenvermarktung einsetzen sollten, wenn eine Karriere angestrebt wird. Auch wenn sich jede und jeder in einer Führungsrolle verändert oder verändern sollte, um diese optimal auszufüllen und das Team zu maximaler Performance zu bringen, so wird dennoch schon früh, also lange vor der Beförderung, geschaut, wer denn dieser Aufgabe gewachsen sein könnte. Führungskompetenz entsteht auch in der Aufgabe – persönliches Wachstum und Persönlichkeitsentwicklung in Sachen Führung vorausgesetzt. Das Zutrauen, die vorauseilende Reputation und das Image, dass er und vor allem sie eine gute Führungskraft sein könnte, muss vorher aufgebaut werden. Clevere Eigenvermarktung stellt also Führungskompetenzen schon unter Beweis, wenn sie noch gar nicht zwingend erforderlich sind. Durchsetzungsstärke, Markanz und Persönlichkeit gehören dazu – und das Streiten für die eigenen Ziele, die zum Unternehmen passen sollten. Wer sich also selbst perfekt inszeniert, hat nicht nur bessere Chancen gesehen zu werden, sondern empfiehlt und qualifiziert sich zugleich als angehende Führungskraft – eine nicht zu unterschätzende Dimension der Eigenvermarktung gerade in größeren Strukturen.

1.7 Mit der richtigen Strategie auf den Chefsessel

Bei einer Umfrage der Unternehmensberatung Baumann unter 300 Führungskräften der verschiedensten Branchen gaben im Jahr 2014 knapp zwei Drittel der Managerinnen an, einen männlichen Chef zu bevorzugen. Viele Frauen schätzen insbesondere die gradlinige und entscheidungsfreudige Art ihres männlichen Vorgesetzten. In einer britischen Studie, für die insgesamt 2000 Frauen in Voll- und Teilzeitanstellung zum gleichen Thema befragt worden waren (The Telegraph 2009), gab eine von sechs Frauen an, mit einer weiblichen Vorgesetzten gebe es ständig unterschwellige Spannungen. Nichtsdestotrotz lobten die Befragten auch, der weibliche Chef könne besser zuhören, besser delegieren und sorge zudem für ein besseres Betriebsklima. Natürlich spiegeln derartige Erhebungen immer nur ein subjektives Empfinden wider, das im jeweiligen Einzelfall von vielen verschiedenen Faktoren – nicht zuletzt der zwischenmenschlichen Sympathie und den handelnden Charakteren – abhängt. Die Tatsache aber, dass die befragten Frauen sehr wohl einen gemeinsamen Nenner finden, wenn es darum geht, männlichen und weiblichen Vorgesetzten bestimmte Attribute zuzuschreiben, zeigt, dass der Umgang mit Vorgesetzten unterschiedlichen Geschlechts bei Karriereambitionen unterschiedliche Strategien erfordert – eben je nachdem, ob der vorgesetzte Entscheidungsträger männlich oder weiblich ist.

Männer und Frauen in der Chefetage unterscheiden sich insbesondere in der Weise, wie sie mit ihren Mitarbeitern umgehen – aber auch darin, wie sie ihre Angestellten und deren Leistungen bewerten. Männer lieben harte Fakten: Zahlen, Daten und belastbare Beweise.

Frauen beurteilen ihre Mitarbeiter oft mehr nach deren sozialen Fähigkeiten – danach, ob sie teamfähig sind, Konflikte lösen und ihrerseits auf eine sozialkompetente Art Mitarbeiter führen können. Selbstverständlich werden sowohl männliche als auch weibliche Chefs in der konkreten Frage danach, welcher ihrer Mitarbeiter sich für eine höhere Stellung formal besser eignet, deren Qualifikationen checken – aber eben mit einem völlig anderen Bewertungsschema. Daraus ergeben sich grundlegend verschiedene Strategien, wenn es darum geht, einen Vorgesetzten oder eben eine Vorgesetzte von der persönlichen Eignung für eine Beförderung zu überzeugen.

Der Aufstieg in die Chefetage ist für viele Frauen auch deswegen schwieriger als für Männer, weil sie die Sprache nicht so perfekt und eindringlich beherrschen, die in der oft von Männern dominierten Führungsriege gesprochen wird. Frauen, die einen männlichen Vorgesetzten von ihrer Eignung für einen höheren Posten überzeugen wollen, müssen ihre Leistungen mit harten Fakten untermauern – mit Belegen, Zeugnissen, Zahlen, mit schriftlichen Empfehlungen oder zu Papier gebrachtem Feedback. Der männliche Chef will auf logischer Basis, auf der Kopfebene davon überzeugt werden, dass sich ein bestimmter Mitarbeiter für eine bestimmte Aufgabe eignet und die Fakten sprichwörtlich handfest gegeneinander abwägen. Er benötigt konkrete Informationen und Inhalte, anhand derer sich Leistungen und Erfolge tatsächlich messen und belegen lassen.

Frauen sollten darauf vorbereitet sein, dass der Chef Belege für Fähigkeiten und Kompetenzen einfordert, die er mit denen etwaiger anderer Bewerber abgleichen wird. Im (Bewerbungs-)Gespräch geht es dem männlichen Vorgesetzten also nicht nur, aber auch darum, *wie* sich eine Frau verkauft, als vielmehr um die *beweisbaren* Vorteile und Fähigkeiten, die sie mitbringt.

Eine weibliche Führungskraft wird von einem potentiellen Anwärter auf eine höhere Stelle dieselben Qualifikationen und Kompetenzen fordern. Sie wird sich aber ganz anders auf die Suche nach Beweisen dafür machen: nämlich persönlich. Sie wird auch ganz anders fragen, um menschliche Potentiale besser zu ergründen. Mit „persönlich" ist hier der ureigenste Wortsinn gemeint: Eine Chefin wird im direkten Gespräch zwischen den gesprochenen Zeilen lesen, um diffizil herauszufinden, wie es um die Fähigkeiten eines Bewerbers wirklich bestellt ist. Das Zwischenmenschliche spielt hier eine viel bedeutsamere Rolle. Die Vorgesetzte wird die richtige Person für einen vakanten Posten nach weicheren Faktoren bemessen, subtiler als dies ihr männlicher Kollege tun würde. Frauen können so in Verhandlungen mit der Chefin mit eben jenen Strategien punkten, die ihnen naturgemäß am besten liegen: mit einer wertschätzenden Kommunikation, einem sympathischen Auftreten und einer werteorientierten Haltung, die die Vertrauensbasis unterstreicht.

Für die Eigenvermarktung und Selbstinszenierung – langfristig und im Bewerbungsgespräch – heißt dies, wachsam sein. Die Strategie muss angepasst werden. Es gilt, die richtigen Argumente, Beurteilungspunkte, Referenzen, Beweise und etwaige Zeugen zu sammeln, die belegen, dass die eigene Persönlichkeit das Nonplusultra für die zu besetzende Position ist. Es gibt also Selbstvermarktungsstrategien für weibliche Chefs und welche für männliche – das sollte frühzeitig bedacht werden. Jede(r) ist schließlich auf andere

Weise zu beeindrucken und zu gewinnen. Das bedeutet auch, sich anzupassen. Und Anpassung ist sicher eher ein weibliches als ein männliches Attribut.

1.8   Selbst und ständig ist die Frau

Der überwiegende Teil der berufstätigen Frauen arbeitet heute im Angestelltenverhältnis. Im Jahr 2011 war lediglich ein Drittel aller Unternehmensgründer weiblich. Das hat eine Untersuchung des Instituts für Mittelstandsforschung Bonn ergeben. In Gründerseminaren äußern Frauen immer wieder die gleichen Bedenken: Die Angst, Familie und Selbstständigkeit nicht unter einen Hut zu bekommen und schließlich in mindestens einer dieser Disziplinen zu versagen. Dabei können gerade Selbstständige sehr familienfreundlich arbeiten. Frauen, die ihr eigener Chef sind, sind vor allem eines: flexibel. Sie können selbst entscheiden, wann sie arbeiten und wie viel. Oftmals braucht es – eine gute Geschäftsidee vorausgesetzt – nur eine Portion Mut, um die ersten Schritte in Richtung erfolgreiche Selbstständigkeit zu gehen. Umfragen der Industrie- und Handelskammern belegen nämlich auch: Firmen, die von Frauen gegründet werden, sind in der Mehrzahl langlebiger als die Unternehmen der männlichen Kollegen. Frauen sind gründlicher, vorsichtiger und solider. Sie haben zudem ein feineres Gespür für Kunden, Mitarbeiter und Geschäftspartner.

Frauen, die sich in ihrem Beruf selbstständig machen, haben den klaren Vorteil, dass sie in puncto Karriere nicht vom Wohlwollen eines Vorgesetzten abhängig sind, der darüber entscheidet, wer befördert wird, und wer nicht. Immer mehr Frauen entscheiden sich aus genau diesem Grund für die Selbstständigkeit: Sie sehen in der Firma, in der sie als Angestellte arbeiten, oft einfach keine Chance mehr, karrieremäßig voranzukommen. Frauen, die danach gefragt werden, welche Vorteile ihnen die Selbstständigkeit bringt, betonen den hohen Grad an persönlicher Freiheit, die Verwirklichung der eigenen Ideen und Ziele, das hohe Maß an Unabhängigkeit und insbesondere den Umstand, dass sie als ihr eigener Chef die Entscheidungshoheit besitzen – vor allem in Bezug auf die Vereinbarkeit von Familie und Beruf.

In ihrer „Gründerstudie 2014" ist die HypoVereinsbank der Frage nachgegangen, was Unternehmensgründerinnen erfolgreich macht, wie sie führen und wie sie arbeiten. Der Erhebung zufolge stufen sich 70 % aller Gründerinnen als lösungsorientiert ein. 75 % der Befragten gaben an, ihr Erfolg beruhe nicht zuletzt darauf, dass sie gut zuhören, gut mit Menschen umgehen und leicht Entscheidungen treffen können. Als die größte Herausforderung sahen die meisten Studienteilnehmerinnen die Bereiche Vertrieb und Marketing bzw. Kundengewinnung an. Die Selbstständigkeit bringt also – neben allen Vorteilen – auch Anforderungen und Herausforderungen mit sich, die Frauen zu Beginn einer selbstständigen beruflichen Laufbahn nicht unterschätzen sollten. Der Erfolg der Selbstständigkeit ist naturgemäß unmittelbar abhängig von der Auftragslage. Diese wiederum hängt von etwas sehr Subtilem und einer bestimmten Kompetenz ab: einem guten Image und verkäuferischem Talent.

Selbstständige wirken fast ausschließlich durch ihre eigene Person – insbesondere dann, wenn die eigentliche unternehmerische Tätigkeit eng mit der eigenen Persönlichkeit verzahnt ist. Das ist bei vielen Dienstleistungen der Fall, etwa im Handel und in der Weiterbildung oder bei „Wissensberufen" wie Unternehmensberatungen oder in Teilen des Handwerks. Damit ist die selbstständige Frau quasi ihre eigene Marke. Der Außenwirkung kommt so eine zentrale Bedeutung zu. Sie muss wohlüberlegt entwickelt, weiterentwickelt und gepflegt werden. Ziel ist ein effektives Sogmarketing, bei dem der Kunde von sich aus auf das Unternehmen, die Person und das eigene Leistungsangebot aufmerksam wird und Angebote möglichst von selbst nachfragt. Verkaufen können ist das eine – vor allem sich selbst und die eigene Expertise, sich und das eigene Tun begehrlich und anziehend machen, ist das andere. Auch hier sind Egoseller-Tugenden gefragt: eine klare Positionierung, Marktpräsenz, Publizität, Markanz und das deutliche Bewusstsein, unvergleichlich, einmalig und in keiner Weise austauschbar zu sein.

Frauen sind in aller Regel keine Verkäufer – oder besser gesagt, viele Frauen halten sich nicht dafür. Verkaufen gilt als hart, rau und wird oft mit den Attributen eines Kampfes verbunden. Verkaufen kann aber auch weiblich sein, etwa im Sinne einer echten Bedarfsklärung und einer empathischen Beratung. Weiblicher Vertrieb ist eben anders und kann genauso erfolgreich sein – vielleicht sogar noch erfolgreicher. An dieser mentalen Hürde scheitern aber viele Frauen. Sie sehen die Themen Vertrieb und Selbstvermarktung eher kritisch. Sie haben hier häufig eine Art natürliches Understatement. Männliche Selbstständige sind da in der Regel weitaus offensiver. Weibliche Unternehmen müssen deswegen auch keineswegs „weicher" sein – denn in Verhandlungen ist das kommunikative und kreative Repertoire oft größer. Das Prinzip „hart in der Sache, verbindlich im Ton" lässt weibliche Vertriebsmuster sogar eher zu. Kundenbindung, auch in schwierigen Situationen, fällt Frauen sichtlich leichter.

Kompromisslos, vielleicht sogar kompromissloser als Männer, müssen Frauen sein, wenn es um die eigene Persönlichkeitsinszenierung geht. Und sie haben dafür vielmehr Waffen: Eleganz, Chic und Noblesse sind zusätzliche Instrumente, die viele Männer eben nicht haben. Das alles gilt es einzusetzen für den Erfolg im eigenen Business. Instrumente, die die eigene Kompetenz und Expertise eher unterstreichen als konterkarieren und die weibliche Unternehmen für beide Geschlechter anziehend machen. Sicher auch ein Grund dafür, dass von Frauen gegründete und geführte Unternehmen im Schnitt langlebiger sind. Auch im Angestelltenverhältnis, aber vor allem in der Selbstständigkeit, sollten Frauen ihre Vorzüge ausspielen. Gutes Aussehen, charismatische Anziehungskraft und an der richtigen Stelle das „Frausein" darstellen, sorgt für zusätzlichen Support und mehr Umsatz – von Männern und anderen Frauen. Frauen können in Sachen „Marktschreiertum" und „Lautstärke" einiges von Männern lernen und übernehmen, umgekehrt haben Männer diesen Vorteil nicht. Sie können lernen, klar, aber viele Stilmittel des Erfolgs bleiben Frauen vorbehalten.

Karriereleitern und beruflicher Erfolg sind also weder männlich noch weiblich – sie wollen nur erklommen und erreicht werden. Jammern und Quoten nutzen nichts, sondern nur harte Arbeit und effektive Selbstvermarktung. Frau muss sagen, was sie will und einsetzen, was sie hat, um ihre Ziele zu erreichen. Weibliche Bescheidenheit ist dabei leider oft ein Karriere- und Ertragskiller.

1.9 Über den Autor

Falk S. Al-Omary ist der Experte für Selbstinszenierung, Medienreichweite und Egoselling. In mehr als 20 Jahren in politischen Ämtern und Mandaten und mehr als 50 Funktionen in Verbänden, Organisationen und Unternehmen hat er gelernt, wie strategisches Denken und Handeln in einem komplexen und meist rauen Umfeld funktioniert, wie sich starke Persönlichkeiten an die Spitze kämpfen und dort auch bleiben. Mit diesem Wissen leitet er heute seine eigene Unternehmensgruppe. Er ist Mentor, Marken- und Identitätsentwickler sowie zupackender Markenbotschafter für all diejenigen, die vor allem sich selbst verkaufen, sich mit ihrem Namen und ihrer Expertise durchsetzen und auf ein positives Meinungsklima sowie auf ein ihnen vorauseilendes Renommee angewiesen sind. Der Autor von „Bescheidenheit zieht Armut an" und anderen Werken rund um die Themen Marketing, PR und Selbstinszenierung arbeitet für viele prominente Persönlichkeiten sowie für namhafte Unternehmen und Eventveranstalter. Er sorgt dafür, dass Experten höhere Honorare mit ihrem Wissen und Können sowie maßgeschneiderten Produkten erzielen, ohne diese rechtfertigen zu müssen. Dafür spielt er die Klaviatur der Medien: von Print und Online über Radio und TV bis hin zu crossmedialen Kampagnen transportiert er Botschaften, Themen und Meinungen und sorgt so für starke Anziehungskräfte des Marktes. Der PR-Profi, Wirtschaftsjournalist, Autor, Top 100 Unternehmer, ausgebildete Business-Coach und professionelle Vortragsredner ist zudem gefragter Keynote-Speaker. Seine Vorträge und Workshops sind frech und spritzig, maximal provokant und ein schonungslos ehrlicher Blick hinter die Kulissen der Erfolgreichen.

Mehr unter www.al-omary.de.

Literatur

Bart, C., & McQueen, G. (2013). Why women make better directors. *International Journal of Business Governance and Ethics*, 8(1), 2013.

Baumann Unternehmensberatung Executive Search (2014). *Quoten-Rolle rückwärts: Die meisten Managerinnen wollen einen Mann als Chef!* https://www.baumann-ag.com/Newsdetailansicht. 57+M51ee3bb8fe2.0.html. Zugegriffen: 16. März 2015

Bschorr, S., Köster-Brons, C., Eich-Ehren, M., Petersen, O., & Winkler, A. (2013). *Mitten im Markt. Unternehmerinnenumfrage Frühjahr 2013*. Verband deutscher Unternehmerinnen (VdU)/Deutsche Bank.

Bundesministerium für Familie, Senioren, Frauen und Jugend (2014). *Gesetz für die gleichberechtigte Teilhabe von Frauen und Männern an Führungspositionen*. http://www.bmfsfj.de/BMFSFJ/Service/themen-lotse,did=88098.html. Zugegriffen: 16. März 2015

Dietz, M., Röttger, C., & Szameitat, J. (2011). Betriebliche Personalsuche und Stellenbesetzungen: Neueinstellungen gelingen am besten über persönliche Kontakte. *IAB-Kurzbericht, 26/2006*, 1.

Gfrerer, A., & Bürker, M. (2014). *Gründerinnen-Studie 2014. Deutschlands neue Unternehmerinnen. Was Gründerinnen erfolgreich macht, wie sie führen, wie sie arbeiten*. HypoVereinsbank, UniCredit Bank, mhmk Macromedia Hochschule für Medien und Kommunikation.

Holst, E., & Kirsch, A. (2015). *Managerinnen-Barometer 2015: Spitzengremien großer Unternehmen in Deutschland bleiben Männerdomänen*. Deutsches Institut für Wirtschaftsforschung (DIW).

ROC Group (2014). Karriere-Killer Bescheidenheit.

The Telegraph (2009). *Most women prefer working for men*. http://www.telegraph.co.uk/news/uknews/6020123/Most-women-prefer-working-for-men.html. Zugegriffen: 16. März 2015

Wippermann, C. (2010). *Frauen in Führungspositionen – Barrieren und Brücken*. Bundesverband Deutscher Unternehmensberater (BDU)/Sinus Sociovision.

Frauen im Projektmanagement

2

Christian Becker

Inhaltsverzeichnis

> **Beispiel**
>
> Sie sind eine erfolgreiche Projektmanagerin mit mehrjähriger Erfahrung im internationalen Umfeld. Ihr Lebenslauf in ausführlicher Fassung ist so umfangreich, dass er auch als gebundene Ausgabe gedruckt werden könnte. Aktuell arbeiten Sie als verantwortliche Gesamtprojektleiterin in einem „high visibility – high attention"IT-Projekt, das vor großen Herausforderungen steht:
>
> - Sie werden mehrmals pro Woche von verschiedenen Menschen kontaktiert, die von Ihrem Projekt gehört haben und wissen möchten, ob auch diese oder jene Anforderung berücksichtigt wurde; in den meisten Fällen kennen Sie die Fragesteller überhaupt nicht und wundern sich, wo diese eigentlich gewesen sind, als Ihr Auftraggeber die Anforderungsanalyse mit Ihnen abgestimmt hatte.
> - Das geplante Projektbudget ist bereits zu 50 % überzogen – und das Projekt bestenfalls zur Hälfte fertig.
> - Ihr wichtigster Teilprojektleiter ist seit drei Wochen krank.
> - Die Erfassung der Ist-Aufwände, die sie von allen Projektbeteiligten täglich einfordern, weisen große Lücken auf. Offenbar scheint der Begriff „täglich" in vielen Fällen Interpretationsspielraum zu gewähren.

Christian Becker ✉
Infobest Systemhaus GmbH, Max-Delbrück-Str. 20, 51377 Leverkusen, Deutschland
e-mail: christian.becker@infobest.de

© Springer Fachmedien Wiesbaden 2015
P. Buchenau (Hrsg.), *Chefsache Frauen*, DOI 10.1007/978-3-658-07498-2_2

- Der Projektkunde ist immer noch damit beschäftigt, die Teilabnahme der ersten Lieferstufe durchzuführen; was daran liegt, dass die dafür eingeplanten Kunden-Mitarbeiter angeblich Wichtigeres zu tun haben, als ihre Zeit mit Ihrem Projekt zu verschwenden.

Beim Projektlenkungsausschussmeeting (dieses Wort kann sich nur ein Mann ausgedacht haben) werden Sie vom Projektsponsor zum wiederholten Male zur Rede gestellt und um eine Stellungnahme gebeten. Etwas nervös sortieren Sie Ihre Unterlagen, in denen Sie gut strukturiert die einzelnen Problemfelder aufgelistet haben – schließlich gehen Sie nicht unvorbereitet zur Schlachtbank. Sie räuspern sich und beginnen mit einem kurzen Management Summary, als Ihr männliches Gegenüber Sie schroff unterbricht: „Diese Details interessieren mich nicht. Sie werden dafür bezahlt, Ergebnisse zu produzieren, also sehen Sie zu, dass Sie die Kuh vom Eis und das Projekt zum Fliegen kriegen, egal wie." Bilder von fliegenden Kühen laufen in Ihrem Kopfkino ab. Die Wörter Testosteron, Idiot, Macho und Schwachmat bilden beliebige Begriffskombinationen. „Warum" denken Sie, „warum kann ich nur nicht mit einer Frau über diese Dinge sprechen und versuchen die Probleme einfach zu lösen?"

Kommt Ihnen das vage bekannt vor?

Aber der Reihe nach. Lassen Sie uns zunächst überlegen, was eigentlich das besondere an Projekten ist und was diese Besonderheiten für Sie als Frau im Management bedeuten. Dann können wir besser analysieren und verstehen, welche Problemstellungen es gibt und wie Sie diese entweder vermeiden können oder – wenn Sie schon mitten in einer schwierigen Lage stecken – mit welchen Strategien Sie aus der Not eine Tugend machen.

2.1 Das Projekt: Der geplante Wahnsinn

Zur Definition von Projekten gibt es inzwischen meterweise Literatur. Mit beinahe religiösem Eifer haben sich ganze Glaubensgemeinschaften gebildet, die bestimmte Definitionen, Philosophien und Vorgehensmodelle in Projekten vertreten. Begriffe wie PEM Book, PMI oder Prince2 sind beliebte traditionelle Konzepte, die von „agilen Evangelisten" der Neuzeit um flexiblere und dynamischere Modelle ergänzt werden. Alle diese Methoden haben ihre Berechtigung und sollten erfahrenen Projektmanagerinnen im Ansatz bekannt sein. Es geht uns hier aber nicht um die Frage, welches dieser Modelle – nach welchen Kriterien auch immer – das Beste ist oder sich mehr als ein anderes für die Umsetzung von Projekten eignet. Wie mit allen Rezepten gilt auch hier: In allem steckt Wahres und Sinnvolles – und der Teufel im Detail; also hüten wir uns davor, ein Rezept für alle und jedes Projekt anwenden zu wollen. Lassen Sie uns darum fernab der Glaubensrichtungen ganz allgemein überlegen und festhalten, was wirklich allen Projekten gemein ist und worauf es ankommt:

2.1.1 Ziele und Inhalte definieren

Jedem Projekt liegt die Absicht zugrunde, mit einem bestimmten Einsatz an Ressourcen wie Zeit, Geld und Arbeitskraft ein bestimmtes Ziel zu erreichen. Das kann die Entwicklung einer neuen Software, der Bau eines Bürogebäudes oder die Installation eines Virenscanners auf 10.000 Arbeitsplätzen sein. Diese Zielsetzung muss am Anfang möglichst klar definiert und dokumentiert werden, wozu auch die Abgrenzung zu denjenigen Aspekten gehört, die explizit nicht Teil des Projektes sein sollen. Modernen Menschen ist dieser Vorgang auf Neudeutsch als Scoping bekannt: das Beschreiben von Projektumfang und -inhalt.

Eng verknüpft damit ist auch immer die konkrete Projektzielsetzung, für die typischerweise drei Aspekte in Betracht kommen und miteinander kombiniert werden:

1. Wie viel des geplanten Projektinhaltes bzw. -umfanges soll unbedingt erreicht werden und in welcher Qualität?
2. In welchem Zeitrahmen muss sich das Projekt bewegen, d. h. bis wann müssen bestimmte Ergebnisse (neudeutsch: Deliverables) geliefert werden?
3. Wie viel Budget steht maximal zur Verfügung?

Die konkrete Zielsetzung ist also immer eine Kombination dieser Elemente in dem Versuch, mit möglichst geringem Budget so viel (und gut) wie möglich in kürzester Zeit zu erreichen. Es leuchtet auf den ersten Blick ein, dass diese Zielparameter naturgemäß in Konflikt miteinander stehen und im wirklichen Leben selten alle gleichzeitig mit identischem Erfüllungsgrad realisiert werden können. Man spricht hier von dem „Zielkonflikt-Dreieck".

Eine Aufgabe der Zieldefinition ist also das Setzen entsprechender Prioritäten: Welches Ziel ist wichtiger als ein anderes? Muss das Budget unter allen Umstanden eingehalten werden, auch wenn nur die Hälfte der Inhalte fertig gestellt werden kann? Hat der Termin oberste Priorität, auch wenn die Budgets überzogen werden? Können beim Projektinhalt keine Kompromisse gemacht werden, egal wie lange es am Ende dauert und wie viel es kostet?

Die konkrete Zielsetzung für ein Projekt sollte also beschreiben, wie genau der Kompromiss aus Inhalt, Zeit und Budget aussieht. Dass dies in der Praxis häufig nicht geschieht, liegt meistens an politischen Befindlichkeiten: Niemand möchte von Anfang an die Möglichkeit in den Raum stellen, dass nicht alle Zielparameter maximal erfüllt werden können. Darum bleiben die Prioritäten im Zielkonflikt-Dreieck oft unausgesprochen und kommen erst zum Tragen, wenn das Projekt in Schwierigkeiten gerät und man de facto gezwungen ist, den einen oder anderen Parameter zugunsten eines anderen zu priorisieren.

2.1.2 Projektprozesse und -strukturen

Wie präzise der Inhalt eines Projektes zu Beginn beschrieben werden kann, ist bereits ein erster Indikator für die Art und Weise, wie ein Projekt geliefert, sprich umgesetzt werden kann. Wenn Sie z. B. in einem Software-Entwicklungsprojekt eine sehr präzise Vorstellung von allen Funktionalitäten, der Nutzeroberfläche, den Schnittstellen, etc. der zu entwickelnden Anwendung haben, kann diese Inhaltsdefinition in einer detaillierten Spezifikation erfolgen. Und je präziser und genauer diese Spezifikation ist und je weniger Änderungswünsche Sie im Laufe des Projektes erwarten, desto einfacher ist es, einen sehr klar strukturierten Prozess für die Umsetzung des Projektes anzuwenden.

All dem liegt der Ansatz zugrunde, schon am Anfang des Projektes die o. g. drei Ziele (Inhalt, Zeit und Budget) möglichst genau planen und vorhersehen zu können. Die Stichwörter hier sind: geringes Risiko, keine Überraschungen, jeder kennt das geplante Endprodukt.

Wenn Sie das zu produzierende Artefakt aber nur in groben Zügen erahnen können und die Produkt-Anforderungen sich erst im Laufe des Projektes ergeben oder stark verändern werden, ist es schlicht unmöglich, eine detaillierte Spezifikation am Anfang des Projektes zu erstellen. In diesem Fall sollte der Prozess zur Projektumsetzung eher agil und dynamisch sein: Also anfangs eine grobe Idee der gewünschten Anforderungen definieren und dann in kleinen Schritten bzw. Iterationen phasenweise die Inhalte verfeinern. So behalten Sie das Höchstmaß an Flexibilität und Transparenz, doch es lässt sich nicht schon am Anfang präzise ermitteln, welche genauen Inhalte mit welchem Budget bis wann fertig gestellt werden können. Stichwörter hier sind: hohe Flexibilität, viel Dynamik, Planung nur in kleinen Schritten.

Der grundlegende Prozess als Ablaufschema für die Projektumsetzung ist aber nur die halbe Wahrheit. Eine ganz andere Frage nämlich ist die nach der Präzision, mit der die Verzahnungen und Interaktionen innerhalb dieses Prozesses stattfinden, ganz egal wie starr oder dynamisch der Prozess sein mag. Was ich damit meine: Selbst in einem agilen Verfahren können Sie präzise definieren, dass am Ende einer jeden Iteration bestimmte Aktionen abgeschlossen sein müssen (z. B. Artefakte X und Y vollständig fertig und getestet sind) und dass Sie ohne den Input von Person Z (typischerweise dem Kunden) die nächste Iteration nicht definieren und anfangen dürfen. Damit haben Sie zwar ein agiles Verfahren, aber dennoch ein hohes Maß an Prozessintensität in dem Sinne, wie Abhängigkeiten, Vorbedingungen, Prüfungen und Freigaben gehandhabt werden.

Und umgekehrt könnten Sie auch in einem klassischen, starren Prozess versäumen, klare Übergänge zwischen den Phasen zu definieren, Eingangs- oder Ausgangskriterien für Phasen festzulegen oder zu bestimmen, welchen Input Sie an welchen Stellen von welchen Personen benötigen, um einen Schritt abzuschließen bzw. neu zu definieren. Kurz gesagt, Sie hätten dann einen strukturierten Prozessablauf, aber wegen der Unschärfe von Abhängigkeiten, Vorbedingungen, Prüfungen und Freigaben dennoch eine geringe Prozessintensität.

Und das ist es, worauf es letztlich ankommt: Wie hoch ist die Intensität oder der Strukturgrad Ihres Umsetzungsmodells. Die Prüffrage hierfür wäre: Weiß jeder Projektbeteiligte zu jedem Zeitpunkt, was von ihm erwartet wird, was er an Input wann benötigt und zu welchem Zeitpunkt (immer relativ zum Projektablauf) er welche Ergebnisse in welcher Form an wen zu liefern hat. Je klarer das Ja als Antwort ist, desto höher ist die Prozessintensität bzw. der Grad an Struktur in Ihrem Projekt.

2.1.3 Teams und Kommunikation

Ganz gleich, wie Ihre Prozesse aussehen und welche Ziele Sie mit dem Projekt verfolgen: Am Ende sind es Menschen, die es umsetzen müssen. Darum gilt: All business is people business. Und dementsprechend ist die Auswahl der Menschen, die das Projektteam bilden, eines der zentralen Themen in jedem Projekt. Dazu gehört natürlich auch die Überlegung, welche Rollen und Funktionen diese Menschen im Projekt wahrnehmen sollen und wie sie zur Erfüllung dieser Rollen miteinander und mit externen Personenkreisen kommunizieren müssen:

- Welche Art der regelmäßigen und geplanten Interaktion zwischen welchen Beteiligten sehen Sie vor?
- In welchem Maße und in welchen Fällen erlauben oder fordern Sie ad hoc Kommunikation zwischen wem?
- Wer kann wann an wen Probleme eskalieren?

Das sind nur einige der typischen Fragen, und Sie werden in den späteren Kapiteln erkennen, dass die Antworten darauf ganz entscheidend davon abhängen können, ob Sie von einer Frau oder einem Mann beantwortet werden. Am Ende wollen Sie vermeiden, dass Menschen in Funktionen eingesetzt werden, für die ihnen nicht nur das fachlich-technische Wissen fehlt, sondern auch die soziale und kulturelle Kompetenz, um die vorgesehenen Anforderungen zu erfüllen. Und diese sind bei Frauen und Männern – zum Glück – meist sehr unterschiedlich ausgeprägt.

2.1.4 Risikomanagement

Jedes Projekt unterliegt zahlreichen Risiken: Die Budgetsituation kann sich verändern, die gewählten Technologien, Materialien, Konzepte oder Methoden können am Ende nicht das gewünschte Ergebnis liefern, Mitglieder im Projektteam können ausfallen, Zulieferungen von Komponenten aus externen Quellen können sich verspäten, etc. Typisches Risikomanagement beschäftigt sich daher mit den Fragen:

- Welches sind die Risiken im Einzelnen?
- Wie wahrscheinlich ist ihr Eintreten?
- Wie groß wäre der Effekt, wenn sie eintreten?
- Was kann getan werden, um ein Eintreten der Risiken zu vermeiden oder ihre Auswirkung zu minimieren, wenn sie dann doch eintreten?

Der entscheidende Aspekt im Risikomanagement ist die Frage, welche Schwerpunkte wir setzen und welche Strategie wir verfolgen. Und das wiederum hängt sehr stark von der Zielsetzung des Projektes und den Präferenzen ab, welche wiederum von Frauen und Männern sehr unterschiedlich bewertet und wahrgenommen werden können.

Beispiel

Sie identifizieren das Risiko, dass ein Mitarbeiter keinen Spaß an seiner Rolle im Projekt hat und deshalb nicht optimal leisten wird. Ihr männlicher Kollege, dem Sie das berichten, weiß zunächst gar nicht, was Sie eigentlich wollen: „Spaß an der Arbeit" ist für ihn Luxus, entspringt dem typisch weiblichen Versuch, für alles und jeden Verständnis zu haben, und darf im Projekt keine Rolle spielen, kann also kein Risiko sein. Umgekehrt benennt er das Risiko, dass eine Technologie eingesetzt werden soll, die den Projektmitarbeitern noch nicht ausreichend bekannt ist – wozu Sie sich denken: Wenn die Leute motiviert sind und Spaß an der Arbeit haben, werden sie schnell lernen und alles meistern, auch noch den Umgang mit unbekannten Technologien.

2.1.5 Wandel

Gleiches gilt für Änderungen im Verlaufe eines Projektes: Je nach Ausgangslage werden Sie in Ihrem Projekt mit vielen und großen, oder weniger und kleineren Änderungen umgehen müssen. Die klassischen Fragen im Änderungsmanagement (neudeutsch: Change Management) sind:

- Lässt sich realistisch abschätzen, wie viele bzw. welche Änderungen es geben kann und wie gravierend sie sein können?
- Unterliegen Änderungen einem strengen Prozess im Projekt z. B. für Protokollierung und Genehmigung?
- Welche Personen sind im Änderungsmanagement an welcher Stelle involviert? Wer muss wen wann informieren und auf die Freigabe von wem warten, um Änderungen umzusetzen?
- Können die verschiedenen „Stakeholder" im Projekt mit dem erwarteten Maß an Änderung überhaupt umgehen? Sind Sie darauf vorbereitet? Bringen Sie die nötige Akzeptanz und Toleranz auf?
- Wie kann man das erwartete Maß an Änderung rechtzeitig allen Beteiligten kommunizieren und damit die Akzeptanz optimieren?

Die Grundfrage ist, wie Wandel in einem Projekt grundsätzlich wahrgenommen wird – eher als Risiko oder als Chance – und folglich, wie damit umzugehen ist. Daraus leiten sich die gesamte Strategie und Ausrichtung der Change-Management-Bemühungen in einem Projekt ab.

Interessanterweise finden sich in Change-Management-Prozessen – innerhalb aber auch außerhalb von Projekten – sehr häufig Frauen in führenden Rollen. Das hat damit zu tun, dass Wandel und die Vermittlung von Wandel an betroffene Mitarbeiter meistens gute „soft skills" voraussetzt: Verständnis, Einfühlungsvermögen, Geduld, Kommunikationsstärke – um nur einige zu nennen. Und in diesen Disziplinen sind Frauen generell besser unterwegs als Männer, wie wir noch im Detail sehen werden.

2.1.6 Das Besondere an Projekten

Nachdem wir nun einige der wesentlichen Merkmale von Projekten beschrieben haben, bleibt die interessante Frage: Was ist das Besondere an Projekten für die Betrachtung von weiblichen und männlichen Denkweisen und Verhaltensmustern?

Wie wir gesehen haben, gelten für Projekte einige sehr spezielle Rahmenbedingungen:

- Menschen müssen für einen definierten Zeitraum eng zusammenarbeiten, die sonst vielleicht nichts miteinander zu tun haben.
- Menschen im Projekt müssen mit Personen und Personengruppen außerhalb des Projektes interagieren, die sie vielleicht nicht kennen und mit denen sie vorher nichts zu tun hatten.
- Die Ziele, die mit einem Projekt umgesetzt werden sollen, sind manchmal unscharf oder unvollständig definiert, und oft bleibt unausgesprochen, was *wirklich* oberste Priorität genießt, wenn es im Projekt eng wird.
- Prozesse und Abläufe können sehr kompliziert sein und werden manchmal der Aufgabenstellung des Projektes nicht gerecht.
- Selbst wenn Prozesse für das Projekt definiert wurden, fehlt es oft an den Details, damit wirklich jeder weiß, was wann von wem wie zu tun ist.
- Was der eine als Risiko sieht, ist für den anderen eine interessante Herausforderung: Wie also sollen vermeintliche Projektrisiken bewertet werden und wie muss man mit ihnen umgehen?
- Menschen haben Angst vor Veränderung: Wie kann man sicherstellen, dass Änderung akzeptiert wird und dass sie in geordneten Bahnen verläuft?

„Naja", werden Sie sagen, „das muss jeder arbeitende Mensch auch außerhalb von Projekten leisten". Das stimmt im Ansatz natürlich, aber ein Projektumfeld ist wie ein „Teilchenbeschleuniger" für all diese Probleme und Herausforderungen. Während Sie in Ihrer Abteilung vielleicht genügend Zeit haben, um sich auch mit schwierigen Zeitgenossen in Ruhe anzufreunden oder zumindest den richtigen Umgang mit ihnen zu lernen, fehlt Ihnen diese Zeit oft im Projekt. Während Sie als Abteilungsleiterin lange an Prozessen und Strukturen feilen und diese mit den beteiligten Kollegen einüben können, müssen die Prozesse im Projekt schon beim ersten Mal rund laufen – oder das Projekt kann in eine substanzielle Schieflage geraten; „Trial and Error" ist nur sehr begrenzt möglich. Während Sie im klassischen Büroalltag über Monate und Jahre hinweg Allianzen schmieden und Verbündete suchen können, bleiben Ihnen im Projekt oft nur Tage und Wochen, um Ergebnisse auch gegen den Willen und die Interessen anderer durchzusetzen. Ich denke, der Punkt wird klar.

Das alles bedeutet, dass Projekte ein sehr hohes Maß an Konfliktpotential mit sich bringen. Und um in Projekten bestehen zu können, müssen Projektmitglieder im Allgemeinen und Projektleiter, -manager und sonstige -verantwortliche im Besonderen in der Lage sein,

- mit einer Zahl unbekannter und unterschiedlicher Menschen schnell umgehen zu können,
- diplomatisch und taktisch geschickt zu agieren,
- verdeckte Konfliktsituationen schnell zu erkennen und zu analysieren,
- offene Konflikte schnell und effizient zu lösen,
- die Sichtweisen und Befindlichkeiten verschiedener Menschen zu verstehen,
- gut und auf Augenhöhe zu kommunizieren.

Und genau bei diesen Fähigkeiten, die Ihnen in Projekten in verstärktem Maße abverlangt werden, unterscheiden sich Frauen und Männer deutlich voneinander. Ihr Talent, Probleme zu antizipieren, Konflikte zu lösen, diplomatisch zu agieren, fremde Menschen schnell einzuschätzen und allgemein effizient zu kommunizieren sind meistens sehr unterschiedlich ausgeprägt. Und daraus ergeben sich interessante Schlussfolgerungen und ein paar praktische Tipps, was Sie als Frau viel vehementer für sich in Anspruch nehmen können und wo Sie aufhören sollten, mit dem Kopf durch die Wand zu rennen.

2.2   Die weiblichen Talente

Im nächsten Schritt geht es darum zu analysieren, was genau dieses Talent oder die Summe aller Talente ausmacht, das Sie im Projektalltag dringend benötigen. Der Begriff Talent ist natürlich ein großes Wort und kann alles oder nichts bedeuten. Uns interessiert darum auf einer ganz konkreten und greifbaren Ebene, welches die Kernelemente sind, aus denen dieses Talent besteht: Welche einzelnen persönlichen Eigenschaften bilden seine Grundlage? Und dann wollen wir natürlich sehen, was an diesen Eigenschaften jeweils typisch weiblich ist und was typisch männlich. Begeben wir uns also auf eine Reise in die Welt der Stereotypen.

Es gab und gibt zahlreiche Typisierungsmodelle, um Menschen anhand bestimmter Eigenschaften oder Verhaltensmuster zu kategorisieren. Schon Hippokrates hat in der Antike anhand der Körpersäfte (!) vier vermeintliche Menschentypen charakterisiert, die heute noch im täglichen Sprachgebrauch vorkommen: Choleriker (aufgeregt, hitzig, reizbar), Phlegmatiker (träge, behäbig, wenig Antrieb), Sanguiniker (heiter, aktiv, freundlich) und Melancholiker (traurig, nachdenklich, introvertiert). Diese „Wissenschaft" ist heutzutage natürlich überholt und wird durch komplexere Typisierungsmodelle ersetzt. Groß in Mode sind aktuell z. B. die „Reiss Profile", welche anhand von 16 einzelnen sogenannten „Motivationen" Menschen in Typen einteilen. Mit Motivationen sind dabei Faktoren oder Themen gemeint, die für einen Menschen wichtig oder weniger wichtig sind, wie beispielsweise Familie, Sex, Essen, Macht, Sparen oder Neugier.

Etwas griffiger und praktikabler ist die „Big 5"-Methode, die sich auf nur fünf Kategorien zur Einordnung der menschlichen Wesensart beschränkt:

- Extraversion: wie extrovertiert oder introvertiert ist eine Person,
- Offenheit: wie offen ist jemand für neue Erfahrungen bzw. wie praktisch oder theoretisch ist er veranlagt,
- Verträglichkeit: ist jemand eher hart und unnachgiebig oder kooperativ und rücksichtsvoll,
- Gewissenhaftigkeit: agiert ein Mensch mehr spontan und unbeständig oder geplant und strukturiert,
- Neurotizismus (emotionale Instabilität): ist jemand ausgeglichen und entspannt oder empfindlich und emotional instabil.

Jedes dieser Typisierungsmodelle baut auf dem Grundsatz der Vereinfachung auf und versucht, einen praktischen Ansatz zu bieten, mit dem sich die Persönlichkeit eines Menschen greifen lässt. Aber in all diesen Fällen – Sie haben es bestimmt schon mit einem kritischen Augenwimpernaufschlag bemerkt – geht es um die Typisierung von Menschen allgemein, unabhängig von ihrem Geschlecht, und auch unabhängig von der Frage, ob diese Merkmale irgendeine Relevanz für den Umgang mit Projekten haben.

Auf der anderen Seite gibt es auch jede Menge unterhaltender Lektüre darüber, was typisch Frau und was typische Mann ist. Männer können angeblich besser einparken und Frauen länger reden. Männer reagieren oft aggressiver, Frauen legen mehr Wert auf Ihr Äußeres. Ganze Programme deutscher Kabarettisten leben von der Beschreibung solcher Stereotypen. Aber auch sie helfen uns wenig bei der Frage, was davon wirklich für das Überleben in Projekten hilfreich ist.

Ich möchte Ihnen daher eine andere Perspektive anbieten: Es gibt eine Reihe von persönlichen Eigenschaften, die meiner Erfahrung nach besonders wichtig dafür sind, um in Projekten bestehen zu können. Sie stellen sozusagen die einzelnen Bausteine dar, die in Summe das Talent beschreiben, das Ihnen im Projektalltag bei der Bewältigung der zitierten Herausforderungen hilft. Und in der Analyse dieser einzelnen Eigenschaften werden wir sehen, wie sie auf der Skala der weiblichen Stärken und Schwächen einzuordnen sind.

2.2.1 Teamfähigkeit

Kann jemand mit Kollegen wirklich zusammenarbeiten oder ist er eher ein Eigenbrötler, der ruhig seine Bahnen zieht? Teilt er Informationen mit anderen oder hortet er sie als sein persönliches Eigentum? Ist er in der Lage, Team-Entscheidungen mit zu tragen, auch wenn sie nicht seiner persönlichen Meinung entsprechen?

Frauen sind meiner Überzeugung nach durchschnittlich teamfähiger als Männer. Sie orientieren sich stärker an dem Gemeinwohl einer Gruppe als es Männer meist tun und sie sind schneller und in stärkerem Maße bereit, eigene Befindlichkeiten dem Team unterzuordnen. Damit sind Frauen ideal in solchen Projekten und Situationen aufgehoben, die von einem starken Team profitieren können. Dank ihrer weiblichen Management-Kompetenz sind sie meist besser als ihre männlichen Kollegen darin,

- ein Team aufzubauen und zu formen,
- zerstrittene und nicht-funktionale Teams wieder auf Kurs zu bringen,
- Gemeinsamkeiten zu finden und kleinste gemeinsame Nenner zu definieren, an denen sich alle Teammitglieder orientieren können,
- Teamidentität zu stiften und diese nach innen und außen zu kommunizieren,
- den Fokus von Einzelleistungen abzuschwächen und gemeinschaftlichen Erfolg in den Mittelpunkt zu rücken.

Soweit also ein klarer Punktsieg für das weibliche Gen beim Thema Teamfähigkeit. Aber Vorsicht: Es wäre natürlich zu schön, wenn es so einfach wäre. Folgende Situationen können es Frauen sehr schwer machen, ihre überlegene Teamfähigkeit effizient auszuspielen:

(1) Entgegen dem weit verbreiteten Glauben lassen sich nicht alle Aufgaben in einer (Projekt-)Gruppe am besten in Teams lösen. Experimente haben gezeigt, dass es Aufgabenstellungen gibt, die sich im Alleingang schneller und besser erledigen lassen als in einem Teamverbund. Dazu gehören z. B. Dinge, zu deren Erledigung wenig Kreativität gefragt ist und die vielmehr nach bekannten Mustern gezielt abgearbeitet werden können. Während ein Team also effizienter darin sein kann, einen neuen Lösungsansatz für ein bislang unbekanntes Problem zu finden, ist es fast immer schlechter darin, klare Lösungen in bekannten und definierten Prozessen einfach nur schnell abzuarbeiten. Natürlich können mehrere Personen, die parallel an einer Aufgabe arbeiten, insgesamt mehr erledigen als ein Einzelner; aber die Produktivität pro Kopf ist bei solchen Arbeiten im Team geringer als im Falle eines Individuums. Einer der Gründe dafür liegt darin, dass es in einer Gruppe immer einen bestimmten Abstimmungs- und Kontrollbedarf gibt, während eine Einzelperson diesen „Overhead"-Aufwand nicht betreiben muss. Eine andere Erklärung ist das sogenannte „soziale Faulenzen" oder auch Ringelmann-Effekt: In einer Gruppe fällt die Leistung des Einzelnen naturgemäß weniger auf, als wenn dieser alleine arbeiten würde und darum neigen manche Menschen dazu, sich innerhalb einer Gruppe weniger stark zu bemühen als wenn sie dieselbe Aufgabe eigenständig bewältigen müssten. Und

je vergleichbarer oder einförmiger die Aufgabe ist, die das Team lösen soll, desto weniger sticht die Einzelleistung heraus und desto größer ist der Hang zum sozialen Faulenzen.

Ein anderes Beispiel ist eine Situation, in der sich ein Problem nur durch einen radikalen Ansatz lösen lässt, wenn also der „Karren in den Dreck" gefahren wurde. Teams haben die klare Tendenz, stets Kompromisse zu finden, mit denen alle Mitglieder leben können. Stringente Maßnahmen, die per Definition bei vielen Teammitgliedern unbeliebt sind – aber oft notwendig zur wirklichen Lösung eines Problems sein können – sind fast nur durch einzelne Personen durchzusetzen. Teams sind durch ihre Bestrebung nach Konsens dafür nicht gut geeignet.

(2) Erfolgreiche Teambildung und Teamarbeit kann nur funktionieren, wenn Sie auch weitgehend die Kontrolle über das Umfeld haben, in dem Sie und Ihr Team funktionieren. Dazu gehören sowohl externe Instanzen wie Projektauftraggeber und Lenkungsausschüsse, die Macht über das Team ausüben können, als auch natürlich das Team selbst, in dem Sie agieren. Teamarbeit ist, wenn sie erfolgreich sein soll, ein sehr komplexer und fragiler Prozess, der leider allzu leicht von Querulanten torpediert werden kann. Wenn es also jemanden in Ihrem Team oder dem unmittelbaren Umfeld gibt, der aus welchen Gründen auch immer eine erfolgreiche Teamarbeit verhindern möchte, stehen Sie auch mit den allerbesten Absichten und der größten Teamfähigkeit leider meistens auf verlorenem Posten. Sie können Ihre Teamarbeit dann nur noch erfolgreich umsetzen, wenn Sie solche Personen aus dem Team ausschließen oder anderweitig kalt stellen können. Es ist andernfalls unglaublich schwierig, gegen Personen anzuarbeiten, deren Bestreben darin liegt, Ihre Teambemühungen zu unterlaufen.

Sie sind teamfähiger als Ihre meisten männlichen Kollegen. Spielen Sie diese Karte gezielt aus, wenn es darum geht, Teams zu gestalten, Ihre Arbeit zu verbessern und eine positive Teamidentität zu schaffen. Sie können eine Integrationsfigur sein und alle im Team durch Ihre positive Einstellung zum Teamgedanken inspirieren. Aber prüfen Sie auch genau, ob die jeweilige Aufgabe, um die sich das Team kümmert, auch wirklich am besten durch ein Team gelöst werden soll – oder ob ein Einzelner dafür besser geeignet ist. Mit anderen Worten: Versuchen Sie, nicht immer und in jeder Lage den Teamgeist heraufzubeschwören, nur weil Sie von Hause – bzw. von Geschlecht – aus teamfähiger sind. Und: Reiben Sie sich nicht an Teams auf, die durch andere Menschen torpediert und deren Arbeit unterwandert wird. Wenn eine solche Situation gegeben ist und Sie diese Lage nicht zum Positiven verändern können, können Sie auch durch den größten Teamgeist und unerschöpflichen Einsatz kaum gewinnen.

2.2.2 Führungskompetenz

Ist jemand in der Lage, andere anzuleiten und Verantwortung für sich und das Team zu übernehmen? Kann er Dinge klar benennen, auch wenn sie unangenehm sind? Kann er Entscheidungen treffen, auch in einem unsicheren Umfeld mit vielen unbekannten Variablen? Es versteht sich von selbst, dass Mitarbeiter mit Leitungsfunktionen wie Teamleiter oder Projektleiter auch über ein gutes Maß an Führungskompetenz verfügen sollten. Aber in der Praxis ist die Herausforderung oft vielschichtiger: Es geht auch speziell darum, den richtigen Akzent im Führungsverhalten an den Tag zu legen, und zwar passend zur jeweils erforderlichen oder erwarteten Führungsrolle: Soll der Führungsstil autoritär-bestimmend-fordernd oder eher verständnisvoll-unterstützend-anleitend sein? Führungskompetenz muss also immer situativ angepasst sein.

Und genau hier liegen weibliche Stärken: Frauen haben durchschnittlich eine bessere Wahrnehmung – oft mehr auf Intuition als auf Faktenwissen basierend – davon, welches Führungsverhalten in einer bestimmten Situation das richtige ist. Ihr Gespür für feine Nuancen in der Erwartungshaltung des Teams und bei den persönlichen Rahmenbedingungen der einzelnen Teammitglieder ist sehr gut ausgeprägt, während Männer mit dem Begriff der Führungskompetenz oft nur ein traditionelles Verhaltensmuster verbinden: Der einsame Führer, der seine Krieger in die Schlacht führt und von ihnen stets bedingungslosen Gehorsam fordert. Im täglichen Projektalltag lässt sich mit letzterem aber dank der heutigen komplexen Welt nur selten ein gutes Ergebnis erzielen. Je vielschichtiger und dynamischer die Aufgabenstellungen, je intelligenter die Mitarbeiter und je besser ihre fachliche Ausbildung sind, desto mehr muss Führung auch Hilfe zur Selbsthilfe, Ansporn, Problemlösung und Anleitung sein. Frauen scheinen hier also über genau die richtigen Eigenschaften zu verfügen, um situativ passende Führungsrollen zu übernehmen: Sie können die Anforderungen einerseits besser einschätzen und bringen andererseits eine größere Bereitschaft für ein feinfühliges und nuanciertes Führungsverhalten mit.

Problematisch wird es nur dann, wenn das Arbeitsumfeld insgesamt stark durch autokratische Züge geprägt wird. Das ist z. B. dann der Fall, wenn wir uns in einem kulturellen Umfeld bewegen, das Führung grundlegend mit Autorität und Disziplin assoziiert und jedes abweichende Verhalten als Schwäche und Führungsversagen interpretiert. Zahlreiche Länder des früheren Ostblocks, aber auch viele asiatische Staaten wie China oder Indien gehören tendenziell zu dieser Kultur. Hier haben Projektleiter, gleich ob Männer oder Frauen, welche einen situativ angepassten Führungsstil pflegen möchten, ein schweres Leben. Jede Form von Verständnis für die Nöte der Mitarbeiter und der Versuch, mehr Problemlöser, Motivator oder Coach als strahlender Herrscher zu sein, wird gerne als Schwäche belächelt.

Es trifft aber nicht zu, dass autoritäre Führungsmuster immer mit einem traditionellen Bild der Geschlechterrollen verbunden sind, wie oft behauptet wird. Während das in Ländern wie China oder Japan der Fall sein mag, trifft es z. B. auf die Region des früheren Ostblocks definitiv nicht zu: Dort gilt es als ganz normal, dass Frauen technische Berufe ausüben und in Führungspositionen arbeiten. Und unabhängig vom Geschlecht wird ein straffes Führungsverhalten erwartet, was natürlich bedeutet, dass Frauen einen Großteil ihrer spezifisch weiblichen Qualitäten ganz einfach nicht entfalten können, sondern sich nach männlichen Verhaltensmaximen benehmen müssen. Vereinfacht gesagt, ahmen Frauen in diesen Gesellschaften männliches Verhalten nach; dadurch werden Frauen nicht nur sich selbst nicht gerecht, sondern es bleiben auch viele Chancen für intelligente Führung und effizientes People-Management ungenutzt.

Wann immer das Umfeld es zulässt, stehen Sie zu Ihrer „weiblichen" Führungskompetenz. An die Situation angepasstes Führungsverhalten, Hilfe für die Projektmitarbeiter zur Selbsthilfe, Ansporn zu Eigenverantwortung und Kreativität sowie positive Motivation sind genau die Eigenschaften, die Sie und Ihre Projekte in Zukunft zunehmend erfolgreicher machen können. Lassen Sie sich nicht auf das Spiel ein, die traditionell-archaischen Führungsmuster Ihrer männlichen Kollegen zu kopieren in dem Irrglauben, damit zu gefallen oder erfolgreicher zu sein.

2.2.3 Eloquenz

Ist eine Person sehr sprachgewandt oder fällt ihr die Wahl ihrer Worte schwer? Wie leicht kann sie sich auf neue Situationen sprachlich einstellen, wie spontan und schlagfertig ist sie? Natürlich sollten in kommunikativen Rollen in einem Projekt nur Personen eingesetzt werden, die ein gutes Maß an Eloquenz besitzen. Viel zu häufig wird der Fehler gemacht, dass der „Techniker" ein Problem beim Management erläutern muss, weil er das Problem am besten versteht, aber leider nicht wirklich in der Lage ist, seine Aussagen allgemeinverständlich vorzutragen.

Die Sprachgewandtheit von Frauen im Vergleich zu Männern ist ein so häufig zitiertes Phänomen, egal ob in wissenschaftlichen Studien oder in den Programmen vieler erfolgreicher Comedians, dass ich hier wenig Überzeugungsarbeit leisten muss. Frauen reden – pauschal betrachtet – häufiger, länger und besser als Männer. Und mit „besser" ist hier gemeint: Sie können sich leichter auf das sprachliche Niveau ihres Gesprächspartners einstellen, dessen „Sprache sprechen" und sich nuancierter ausdrücken. Damit sind Frauen oft sehr gut in Rollen aufgehoben, in denen es darum geht, sich in ein Gegenüber hineinzuversetzen und auch problematische Themen so aufzubereiten, dass sie verstanden werden. Aus diesem Grund sind Mediatoren für Konfliktsituationen häufig weiblich und werden Change-Management-Aufgaben in Projekten überdurchschnittlich oft durch Frauen wahrgenommen.

Das wirklich Praktische daran ist, dass weniger eloquente Menschen (Männer) sich in Gegenwart von sprachgewandteren Gesprächspartnern meistens recht wohl fühlen. Sie sind sich des verbalen Ungleichgewichts entweder nicht bewusst oder empfinden es nicht als unangenehm – dank der Fähigkeit wirklich eloquenter Menschen, sich auf das sprachliche Niveau ihrer Umgebung einzustellen.

2.2.4 Diplomatisches Geschick

Diplomatie ist eine Kunstform. Nicht viele Menschen verstehen es, negative Sachverhalte so darzustellen, dass die wenigen positiven Aspekte in den Vordergrund rücken; oder belastende Umstände so zu formulieren, dass sich betroffene Personen nicht angegriffen fühlen. Was nun die geschlechtsspezifische Ausprägung von Diplomatie betrifft, würde ich nicht grundsätzlich sagen, dass Frauen die besseren oder schlechteren Diplomaten sind. Ihre Art von Diplomatie unterscheidet sich aber meist von der männlicher Kollegen. Männer neigen dazu, Diplomatie in Form von Allianzen und Bündnissen auszuleben, da wird paktiert und sektiert, es wird geprüft, wer ähnliche Ansichten teilt und eigene Positionen unterstützen würde oder wer als möglicher Gegner kalt gestellt werden muss. Frauen hingegen suchen weit seltener mit diesem Kalkül die Unterstützung anderer für ihre eigenen diplomatischen Bemühungen. Für sie hat Diplomatie mehr damit zu tun, andere Positionen zu verstehen und sich so zu verhalten, als würden sie ähnlich denken und fühlen wie ihr Gegenüber. Dadurch können sie auch Unangenehmes besser platzieren und Gesprächspartner zu Handlungen (ver)führen, die scheinbar in seinem – pardon: in beiderseitigem – Interesse sind. Das Verstehen und Übernehmen von Positionen anderer ist ein unglaublich mächtiges Instrument der Manipulation, das besonders süß schmeckt, weil es einen großen Wohlfühlfaktor mit sich bringt: Der andere fühlt sich verstanden und gut aufgehoben, endlich jemand, der auf seiner Wellenlänge ist.

Wenn Sie mit solchem diplomatischen Geschick ausgestattet sind, können Sie Ihr Talent natürlich am besten in der Kommunikation mit schwierigen Projektpartnern oder in sehr problematischen, heiklen Projektphasen zur Geltung bringen, z. B. bei Überschreitung von Budgets oder Terminen. Sie werden damit im Zweifelsfall guten Erfolg haben und können vor allem Ihren Projekten einen guten Dienst erweisen. Wobei es stark darauf ankommt, ob Sie als Frau mit einer einzelnen Person bzw. einer kleinen Gruppe interagieren – und dabei Ihre diplomatischen Fähigkeiten gut zur Geltung bringen können – oder ob Sie sich einer Phalanx aus vorwiegend männlichen Gesprächspartnern gegenüber sehen, die ihrer eigenen diplomatischen Taktik folgen und versuchen, Sie mit diversen Allianzen und Bündnissen einzufangen oder auszugrenzen – aber auf jeden Fall zu manipulieren. In diesem Fall kann es zu einem echten „Clash of Strategies" mit ungewissem Ausgang kommen.

▶   Es macht Sinn, gute Diplomat*innen* flexibel als „Springer" in einem Projekt einzusetzen, z. B. als Mediator oder Coach in schwierigen Projektsituationen, anstatt sie permanent in einer einzigen operativen Aufgabe und in einem einzelnen Projekt zu vergraben.

2.2.5 Offenheit

Ist ein Mitarbeiter offen, mitteilsam und extrovertiert oder verschlossen, zugeknöpft und reserviert?

Offene Typen sollten dort eingesetzt werden, wo viel Kommunikation erforderlich ist, z. B. im Rahmen von agilen Prozessen. Verschlossene Menschen sind in abgegrenzten, autarken Aufgaben besser aufgehoben, wo sie nur wenig Interaktion mit anderen haben und ihre Leistung nicht maßgeblich von der Abstimmung mit anderen abhängt. Das typische Beispiel ist der „Nerd", der still in seinem Büro sitzt und an der Lösung eines komplizierten technischen Problems arbeitet. Offenheit ist eine Voraussetzung für Teamfähigkeit, aber nicht jeder offene Mensch ist automatisch teamfähig.

Meiner Erfahrung nach sind Frauen „von Natur aus" viel häufiger offen und mitteilsam als Männer. Sie bringen ihre Offenheit vielleicht nicht unmittelbar und von Anfang an zur Geltung, sondern sichern sich erst ab, dass das Umfeld, in dem sie sich bewegen, ihre Offenheit auch zulässt ohne Gefahr, in offene Messer zu laufen. Insofern sind verschlossene Frauen häufig Frauen, die ihr grundsätzlich offenes Wesen nur unter Verschluss halten, während es bei Männern deutlich mehr reservierte und wirklich verschlossene Typen gibt.

Interessanterweise reagieren Frauen auch meistens anders auf verschlossene Menschen als ihre männlichen Kollegen. Während ein „Eigenbrötler" für einen Mann etwas Normales, eben ein komischer Kauz ist, den man besser in Ruhe lassen sollte, entwickelt das weibliche Geschlecht angesichts solcher verschlossener Individuen gerne einen missionarischen Eifer: Es kann für sie nicht angehen oder toleriert werden, dass jemand still in der Ecke sitzt und unkommunikativ ist. Für Frauen scheint es nur schwer akzeptabel zu sein, dass sich jemand nicht an der Interaktion mit seiner Umwelt beteiligen möchte. Sie vermuten instinktiv, dass dieser Mensch nur noch nicht den Mut gefunden hat, seine Offenheit auszuleben.

► Liebe Frauen, glauben Sie bitte einfach, dass es Menschen – vornehmlich Männer – gibt, die reserviert, verschlossen und unkommunikativ sind. Sie fühlen sich wohl damit, in Ruhe gelassen zu werden und leiden nicht unter Einsamkeit. Es besteht kein Bedarf, sie zu ihrer vermeintlich wahren Natur zu bekehren.

2.2.6 Sozialverhalten

Wie „sozial verträglich" ist das Verhalten einer Person? Neigt sie dazu, gerne bei anderen anzuecken und sich selbst in den Vordergrund zu spielen? Natürlich hat Sozialverhalten auch Querverbindungen zu Diplomatie, Offenheit, Teamfähigkeit und Zielstrebigkeit. Hier geht es aber in erster Linie um die Frage, ob ein Mensch von anderen als angenehm und integrativ oder eher störend und konfrontativ wahrgenommen wird. Ein einziger Mitarbeiter mit problematischem Sozialverhalten kann ein ganzes Team massiv stören und in seiner Arbeit behindern. Sie haben sicher schon erlebt, dass Männer viel häufiger als Frauen in Gesprächsrunden und Meetings dazu neigen, destruktiv aufzutreten, das „Zepter in die Hand" zu nehmen und das Gespräch zu dominieren – ohne dass dies in irgendeiner Weise eine positive Auswirkung auf den Sachverhalt und das Ergebnis hat.

Es gilt als allgemein akzeptierte Tatsache, dass Frauen über besseres Sozialverhalten verfügen als Männer, was gerne durch ihre traditionelle familienorientierte Rolle in mehreren Tausend Jahren Evolution begründet wird. Damit ist klar, dass Frauen viel seltener als Männer in Ihrem Arbeitsumfeld anecken, provozieren und zum „Sand im Getriebe" werden. So weit, so gut. Aber aus diesem Grund fällt es Frauen oft auch sehr schwer, mit Menschen umzugehen, die über wenig Sozialkompetenz verfügen. Wer selbst sozial verträglich ist, kann nicht verstehen, warum sich manche Menschen als ausgemachte Querulanten benehmen, da dieses Verhalten augenscheinlich keinen Sinn macht, niemandem hilft und in aller Regel keine Probleme löst. Und da Frauen zudem selten einen sehr ausgeprägten Hang zu Dominanz und Machtausübung haben, reagieren sie nicht so auf unsoziales Verhalten, wie es in den meisten Fällen nötig wäre: mit Härte. Menschen mit stark unsozialem Verhalten müssen aus Projekten entfernt werden oder, falls das nicht möglich ist, isoliert und mit irgendwelchen unwichtigen Tätigkeiten kaltgestellt werden.

Wenn Sie als Frau sich nicht wohl dabei fühlen, Querulanten offen entgegenzutreten, dann versuchen Sie, männliche Kollegen in die Situation einzubeziehen und ihnen diese Rolle zu überlassen. Setzen Sie Ihre diplomatischen Talente und Ihre Sprachgewandtheit ein, um männliche Kollegen dafür zu gewinnen. Sie können davon ausgehen, dass Männer weit weniger Schwierigkeiten damit haben, anderen Männern gegenüberzutreten, um sie an stark unsozialem Verhalten zu hindern.

Wenn Sie als Frau sich nicht wohl dabei fühlen, Querulanten offen entgegenzutreten, dann versuchen Sie, männliche Kollegen in die Situation einzubeziehen und ihnen diese Rolle zu überlassen. Setzen Sie Ihre diplomatischen Talente und Ihre Sprachgewandtheit ein, um männliche Kollegen dafür zu gewinnen. Sie können davon ausgehen, dass Männer weit weniger Schwierigkeiten damit haben, anderen Männern gegenüberzutreten, um sie an stark unsozialem Verhalten zu hindern.

2.2.7 Durchsetzungsvermögen

Durchsetzungsvermögen korreliert oft positiv mit Führungskompetenz, und zwar speziell dann, wenn es um einen straffen Führungsstil geht. Großes Durchsetzungsvermögen ist die Idealbesetzung für Projekte, in denen eine starke Hand gefragt ist. Wenn die benötigte Führungsqualität aber eine stärker integrative, unterstützende und problemlösende sein muss, sind Personen mit zu starkem Drang sich durchzusetzen, nicht als Teamleiter oder Projektleiter geeignet.

Ob Frauen weniger Durchsetzungsvermögen als Männer haben – oder umgekehrt – hängt von der Definition dieser Eigenschaft ab. Männer neigen dazu, sich offensiv und mit dem „Kopf durch die Wand" durchzusetzen. Um den eigenen Willen zu oktroyieren, versuchen sie, ihre Machtbasis zu vergrößern und Allianzen zu schmieden, und ignorieren wenn möglich alle Einwände und Bedenken anderer. Frauen hingegen setzen ihre Position weniger offensiv durch: Sie bemühen sich häufiger, andere von ihrer Sichtweise zu überzeugen und für ihre Argumente einzunehmen. Und sie können dabei sehr geduldig sein, bis zu einem Punkt, an dem ihre Penetranz massiv am männlichen Nervengerüst zerrt. Welche Strategie am Ende erfolgreicher ist, hängt von mehreren Faktoren ab, z. B. davon ob

- das Arbeitsumfeld mehrheitlich männlich oder weiblich dominiert ist: Es lässt sich leichter unter seinesgleichen durchsetzen,

- es um kritische Situationen oder „business as usual" geht: Je akuter eine Problemlage ist, desto stärker ist die Neigung, offensives Verhalten als problemlösend zu akzeptieren.

Die weibliche Form des Durchsetzungsvermögens erweist sich in vielen Projekten, die weder in einer akuten Schräglage oder rein männerdominiert sind, als recht förderlich und konstruktiv, da sie stark darauf setzt, andere einzubinden und mit auf die eigene Reise zu nehmen. Wenn diese Art der Durchsetzung funktioniert, hinterlässt sie keine verbrannte Erde – sehr im Gegensatz zu der männlich geprägten Variante starken Durchsetzungswillens.

2.2.8 Kompromissfähigkeit

Kompromissfähigkeit ist letztlich eine Facette im Spektrum des Durchsetzungsvermögens – aber eine sehr spezielle: Sie beschreibt das Vermögen und den Willen, Kompromisse zur Erreichung eines Ziels zu finden oder eben darauf zu verzichten. Je kompromissfähiger eine Person ist, desto besser kommt sie in Situationen zurecht, die einerseits schwierig und verfahren sind und andererseits aber eine Schadensbegrenzung erfordern. Beispiel: Sie implementieren in Ihrem Projekt eine Lösung, die extrem kompliziert, aber notwendig zur bestmöglichen Erfüllung der Aufgabe ist. Nun geraten Sie dadurch in Zeitverzug, und es muss mit dem Projektpartner ein Ausweg gefunden werden, um gleichzeitig ein wenig Komplexität zu reduzieren, ein wenig die Aufgabenstellung zu vereinfachen und etwas längere Lieferzeiten zu vereinbaren. Also ein Kompromiss mit den insgesamt geringsten negativen Auswirkungen, während doch möglichst viel der ursprünglichen Zielsetzung erreicht werden kann.

Frauen messen Kompromissen tendenziell mehr Bedeutung bei als Männer, weil Kompromisse in ihrer Sichtweise eine Möglichkeit darstellen, Ziele und eigene Ideen zumindest zu einem guten Teil durchzusetzen. Und in den Augen der meisten Frauen ist es besser, wenigstens einige der eigenen Positionen umzusetzen als gar keine. Für Männern hingegen wird Kompromissfähigkeit schnell zu einer Schwäche und signalisiert das Unvermögen, sich insgesamt durchsetzen zu können. Sie würden oft lieber ganz auf ein Ergebnis verzichten oder es doch auf die harte Tour ankommen lassen, als durch zu viele Kompromisse einen aufgeweichten Sieg zu erringen, der in ihrem Verständnis keiner mehr ist.

Natürlich gehört es inzwischen zum guten Ton, kompromissfähig zu sein und es gilt als sehr unprofessionell, Kompromisse rundweg abzulehnen. Aus diesem Grund versuchen auch Männer stets, pro forma ihre Kompromissfähigkeit zu demonstrieren und zu betonen. Aber sie sind gleichzeitig sehr einfallsreich, wenn es darum geht, diese in letzter Instanz doch nicht eingehen zu müssen. Da werden ganz beiläufig zu jedem möglichen Kompromiss auch die damit verbundenen Nachteile besonders dramatisch ausgeleuchtet. Und wenn am Ende eines Prozesses doch ein Kompromiss steht, möglicherweise weil er in Summe nicht zu vermeiden war oder das Problem zu viel Sichtbarkeit in der Öffentlichkeit hatte, verbuchen ihn Männer nur selten als persönlichen Erfolg.

Sie haben das vielleicht so schon von Ihren männlichen Kollegen gehört: „Eine Möglichkeit wäre natürlich, auf XYZ zu verzichten, glauben sie mir, darüber denke ich sehr intensiv nach. Aber dadurch könnten wir unseren Ruf nachhaltig schädigen. Für mich persönlich ist das ja kein Problem, aber als verantwortungsvoller Manager muss ich natürlich auch das große Ganze im Blick haben und an das Gemeinwohl des Unternehmens denken. So leid es mir tut, ich fürchte, dieser Kompromiss könnte uns sehr teuer zu stehen kommen".

In einer weiblichen Variation könnte der Sachverhalt so formuliert werden: „Der beste Kompromiss wäre, auf XYZ zu verzichten. Das bringt das Risiko eines Image-Schadens für unsere Firma mit sich, aber ich halte das für das kleinere Übel. Ich habe schon mal mit der Geschäftsführung gesprochen, die würde sich dem Kompromissvorschlag auch vor diesem Hintergrund nicht verschließen". Sie erkennen hier auch gleich das diplomatische Geschick . . .

2.2.9 Abstraktionsfähigkeit

Hiermit ist die Fähigkeit gemeint, aus einer Vielzahl von Informationen und Daten bestimmte Muster und Strukturen zu erkennen und so eine höhere Ordnung zu bestimmen. Das Gegenteil von Abstraktionsfähigkeit ist das Phänomen, sich in Details zu verlieren und „den Wald vor lauter Bäumen" nicht zu sehen. Abstraktionsfähigkeit ist eine wichtige Voraussetzung in allen leitenden Positionen, denn sie ist ein entscheidender Baustein in der Fähigkeit zur Problemlösung. Wenn jemand nicht das große Ganze aus der Vielzahl der Einzelteile erkennen kann, wird er nicht in der Lage sein, eine Richtung zu bestimmen, Probleme und Engpässe frühzeitig zu erkennen und gute von schlechten Lösungen zu unterscheiden. Menschen ohne dieses Talent eignen sich im Grunde nur für singuläre Aufgaben, bei denen das Erkennen einer höheren Ordnung keine Rolle spielt.

Grundsätzlich scheint Abstraktionsfähigkeit kaum vom Geschlecht abzuhängen, Intelligenz und etwas Übung sind wichtigere Voraussetzungen. Es ist allerdings so, dass Frauen grundsätzlich Details mehr Beachtung widmen als Männer. Das bedeutet nicht zwingend, dass Frauen dadurch in stärkerem Maße den Blick für das Ganze verlieren, sondern dass sie – im Grunde recht unabhängig vom Big Picture – parallel auch sehr auf die Feinheiten und Einzelheiten achten. Und sie können sich diese Details auch besser merken als die meisten Männer. Das führt nicht nur dazu, dass Sie als Frau im Privatleben kein einzelnes Fehlverhalten ihres Partners vergessen und dieses jahrelang bis ins kleinste Detail widergeben können, sondern bedeutet auch im Projektalltag, dass Sie sich häufig an Einzelheiten erinnern können, die ihre männlichen Kollegen bereits gedanklich aussortiert haben. Damit fällt es Ihnen meist leichter, bei Entscheidungen, Risikoanalysen und anderen wichtigen Aufgabenstellungen sämtliche Parameter und Randbedingungen zu berücksichtigen.

Sehen Sie es dem anderen Geschlecht nach, wenn dieses nicht immer alle Details präsent hat. Es bedeutet nicht zwingend, dass Entscheidungen schlechter getroffen werden oder der Blick fürs Ganze fehlt. Männer versuchen in stärkerem Maße, sich auf wesentliche Merkmale zu beschränken und sich auf der Meta-Ebene zu bewegen, wo Einzelheiten ausgeblendet werden. Das kann auch von Vorteil sein, um z. B. in Gefahrensituationen schneller zu handeln. Und es erspart Ihnen gelegentlich Vorwürfe darüber, was Sie in grauer Vorzeit an einem sonnigen Tag um 12 Uhr mittags Unpassendes zu dem Kollegen mit dem blaugrauen Anzug gesagt haben, als er im Aufzug neben Ihnen kurz die Augen schloss.

2.2.10   Prioritätensetzung

Das Setzen von Prioritäten ist eine Grundvoraussetzung für zielstrebiges Handeln. Es beinhaltet aber noch die wichtige Nuance, in sich stetig verändernden Umgebungen mit neuen Anforderungen die wichtigen von den unwichtigen Themen zu unterscheiden. Unter Umständen kann das zielstrebige Verfolgen eines Themas auch zum völligen Fiasko führen, wenn nicht gleichzeitig die Prioritäten permanent geprüft und neu justiert werden. Jemand kann sein Ziel dann zwar am Ende in kürzester Zeit erreichen, aber möglicherweise haben sich die Randbedingungen in der Zwischenzeit so stark verändert, dass sein Ziel überhaupt keinen Sinn mehr im Projekt ergibt. Oder er könnte sein Ziel viel besser und schneller erreichen, wenn er kurzfristig die Prioritäten verändert, sich auf andere Zwischenziele konzentriert und erst anschließend wieder auf sein Hauptziel fokussiert.

Beispiel

Jemand hat die Aufgabe, einen Baum zu fällen und hat dafür eine Axt zur Verfügung. Nach einigen Stunden der Arbeit, der Baum ist zu 1/3 geschlagen, taucht ein Kollege auf und gibt ihm eine Motorsäge, die aber kein Benzin hat. Unser Kandidat tut gut daran, kurzfristig die Prioritäten zu ändern, Benzin zu besorgen und dann mit der Motorsäge den Baum zu Ende zu fällen, anstatt unbeirrt weiter mit der Axt auf den Baum zu hauen.

Priorität hat also mit Weitsicht und Flexibilität zu tun. Und da Frauen in aller Regel, wie schon oben ausgeführt, kompromissfähiger und kompromissbereiter als Männer sind, entspricht auch Flexibilität stark ihrem Naturell. Richtungsänderungen und Neubewertungen fallen ihnen darum oft leichter als männlichen Kollegen, die sich an einmal gesetzte Prioritäten stärker klammern. Männer sind durchaus in der Lage, Dinge mit Weitblick zu betrachten, aber da sie Zielsetzungen und definierte Prioritäten oft sehr persönlich nehmen, fehlt ihnen gelegentlich der Mut zur Neuausrichtung. Jedes neue Ziel und jede geänderte Priorität ist gleichzeitig ein Aufgeben der alten Ziele und Prioritäten und hat damit den Beigeschmack des Versagens. Das ist einer der wesentlichen Gründe, weshalb besonders Männer oft an einer falschen Strategie mit bemerkenswertem Starrsinn festhalten – und damit Kriege verlängern oder Projekte zum Scheitern bringen. Während Frauen in Ziel und Priorität stärker ein temporäres Mittel zum Zweck sehen, das für sie nur wenig mit persönlichen Gefühlen verbunden ist.

Diese größere Flexibilität ist einer der Faktoren, weshalb Frauen auch häufig in Projektbereichen überdurchschnittlich erfolgreich sind, die mit Wandel und Veränderung zu tun haben wie z. B. der Bereich Change Management, aber auch alle Themen rund um Neustrukturierung von Teams und deren Rollen, Verändern von Aufgaben-Prioritäten oder Abwandeln von (Zwischen)Zielsetzungen. Auch im Umfeld von Zielkonflikten fällt es Frauen meistens nicht besonders schwer, Ziele neu zu bewerten und Zielprioritäten zu variieren. Diese Flexibilität wird zunehmend wichtiger im heutigen Projektmanagement, das geprägt ist von dynamischen Rahmenbedingungen und sich schnell ändernden Aufgabenstellungen. Wer zu lange starr an dem festhält, was gestern noch galt, wird allzu schnell das verpassen, was morgen gebraucht wird.

2.3   Alles „stereotyp"-isch?

Natürlich gibt es nicht *die* Frau oder *den* Mann. Ich kenne Frauen, deren Verhalten viele männlichen Züge trägt und umgekehrt zahlreiche Männer, die über einige wesentliche weibliche Eigenschaften verfügen. Insofern sind alle Beschreibungen des typisch weiblichen und männlichen Wesens nichts anderes als Darstellungen derjenigen Verhaltensweisen, die wir jeweils auf dem Scheitelpunkt der Gauss'schen Verteilungskurve finden können: Wenn wir z. B. eine Gruppe von mehreren tausend Frauen betrachten und einschätzen wollen, wie stark ausgeprägt eine bestimmte Eigenschaft wie etwa Sozialkompetenz ist, dann erhalten wir ziemlich sicher eine typische Gauss'sche Verteilung. An einem Ende des Spektrums liegen sozial völlig inkompetente Individuen, während am anderen Ende sich die Mutter Teresas dieser Welt einfinden. Und dazwischen liegt ein Peak, was bedeutet, dass diese Eigenschaft bei einer überdurchschnittlich großen Anzahl von Frauen mittel bis gut ausgeprägt ist.

Damit ergibt sich in der täglichen Projektpraxis natürlich ein viel heterogeneres Bild, als wenn wir tatsächlich nur mit den reinen Stereotypen arbeiten würden. Wir finden in unserem Alltag meistens die gesamte Bandbreite möglicher Eigenschaften und deren Ausprägungen, und je größer die Anzahl von Mitarbeitern und Kollegen ist, desto häufiger können wir vermeintlich typisches Verhalten vorfinden. Was aber nicht bedeuten muss, dass genau die Kollegin oder der Kollege, mit dem ich mich in meiner nächsten Projektbesprechung auseinandersetzen muss, sich „artgerecht" verhält. Insofern tun wir uns alle einen Gefallen, wenn wir die vorangegangenen Betrachtungen mit einer gesunden Prise Skepsis und einem lächelnden Auge anstellen.

2.4 Über den Autor

Christian Becker ist der führende Experte für nationales und internationales Outsourcing und Nearshoring von IT-Projekten sowie erfolgs- und handlungsorientierter Vermittler bei kulturellen Unterschieden. Er ist Geschäftsführer eines IT-Unternehmens mit 90 Mitarbeitern in Deutschland und Rumänien, BA Hons und MBA. Seine Karriere startete der IT- und Projektmanagementprofi nach seiner Ausbildung in Großbritannien, Kanada und Deutschland bei einer der größten Unternehmensberatungen weltweit. Praxisnah, unterhaltsam, substantiell und authentisch-analytisch spricht er über Projektkultur in der IT-Wirtschaft zwischen Egomanie, Teamkompetenz, Unternehmensidentität und interkulturellem Management. Seine Lösungen halten Einzug in Projektteams und Unternehmen. Die von ihm entwickelte Kulturzwiebel hat sich als Modell im Outsourcing bewährt. Sein Credo: Projekte scheitern nicht an Technik, sondern an unausgesprochenen und enttäuschten Erwartungen, die sich in fehlerhaften Prozessen abbilden.

Weitere Infos unter www.infobest.de

Entscheiden Sie sich jetzt

3

Björn Begemann

Inhaltsverzeichnis

Stehen Sie oft vor Entscheidungen und wissen nicht welche die „richtige" ist? Dann wird Ihnen dieser Artikel sicher helfen!

Alltäglich sind wir mit unzähligen Entscheidungen konfrontiert. Kleine und große, langfristige und kurzfristige. Entscheidungen, an denen nur wir beteiligt sind, und welche, die wir mit anderen gemeinsam fällen müssen etc. Dabei sind wir alle sehr unterschiedlich in der Art, wie wir entscheiden. Unsere moderne Welt hat dafür gesorgt, dass wir viel mehr Möglichkeiten haben, doch viele Menschen sind durch zu viele Entscheidungsmöglichkeiten völlig überfordert. Wir Psychologen sprechen dabei von einer „Tyrannei der Wahl". Haben Sie schon mal vor einem Ketchup-Regal in einem Supermarkt gestanden?

Aber gibt es einen Unterschied, wie Männer und Frauen entscheiden? Gefühlt schon, oder?

Wenn es um das Thema Entscheidungen geht, wird oft gesagt, dass Frauen emotional entscheiden und Männer völlig rational aus dem Kopf. Ist das wirklich so? Was unterscheidet Männer und Frauen, wenn sie Entscheidungen treffen und vor allem, was unterscheidet Frauen, die sich auf dem Chefniveau bewegen, von Männern, die sich dort befinden? Sind Karrierefrauen vielleicht deswegen Karrierefrauen, weil sie wie Männer agieren? Eine provokante Frage, oder? Die eine oder andere unter Ihnen wird völlig empört sein über diese Frage, manche werden innerlich schmunzeln und andere werden ganz neutral

Björn Begemann ✉
Bruktererstr. 2, 44263 Dortmund, Deutschland
e-mail: interesse@bjoernbegemann.com

© Springer Fachmedien Wiesbaden 2015
P. Buchenau (Hrsg.), *Chefsache Frauen*, DOI 10.1007/978-3-658-07498-2_3

über das nachdenken, was ich geschrieben habe. Ich glaube, das ist der richtige Weg. Wir sollten alle genau darüber nachdenken und etwas schmunzeln, dabei kann ein bisschen Empörung nicht schaden. Vielleicht ist es ja auf der Chefebene auch egal, ob Mann oder Frau. Vielleicht entscheiden ja alle emotional und später wird es rational begründet?

Es gibt einige wissenschaftliche Untersuchungen, die einen Unterschied im Entscheidungsverhalten von Männern und Frauen darlegen. So sollen z. B. Frauen gerade in Krisensituationen rationaler entscheiden können als Männer. Das liegt am Cortisolausstoß, der bei Frauen in Stresssituationen geringer ist als bei Männern. Das führt dazu, dass Männer in Stresssituationen risikofreudiger entscheiden sollen als Frauen. Leider sind es bisher nur kleine Studien, die im Zusammenhang mit geschlechtsabhängigem Entscheidungsverhalten durchgeführt wurden, so dass die Ergebnisse nicht sehr repräsentativ sind und Zufall sein könnten.

Unabhängig vom Geschlecht gibt es Menschen, die entscheidungsintelligent handeln. Man hat das Gefühl, dass diese noch nie in ihrem Leben eine falsche Entscheidung getroffen haben. Doch das ist nicht so, auch diese Menschen fällen „schlechte" Entscheidungen. Sie gehen nur anders mit ihren Entscheidungen um!

Eins kann ich Ihnen schon mal vorweg sagen (Achtung, das könnte der wichtigste Satz in Ihrem Leben werden): Sie werden *nie* wissen, ob Sie die „richtige" Entscheidung getroffen haben!

Sie werden jetzt möglicherweise protestieren und einwenden, dass Sie doch merken, wenn eine Entscheidung gut oder schlecht war. Richtig, sie merken, ob eine Entscheidung gut oder schlecht war. Sie werden aber nie wissen, ob die anderen Möglichkeiten nicht sogar besser oder schlechter gewesen wären! Da sie diese nicht genommen haben, werden sie nicht wissen, was passiert wäre, wenn Sie sich anders entschieden hätten. Sie wählen beispielsweise zwischen zwei Jobangeboten aus. Nach den sogenannten 100 Tagen Einarbeitungszeit sind Sie mit Ihrer Wahl sehr zufrieden und sind froh, dass Sie sich für diese Arbeit entschieden haben. Dann lernen Sie zufällig auf der Messe eine Frau kennen, die genau Ihren Job bei dem anderen Unternehmen angenommen hat. Und während Sie sich austauschen, stellen Sie fest, dass dieser Job ja viel besser gewesen wäre als Ihrer und plötzlich sind Sie unzufrieden. Doch wer sagt Ihnen, dass nicht vielleicht genau mit Ihnen die Kollegin X oder Y in der anderen Firma ein Problem gehabt hätte und Sie vielleicht sogar gemobbt worden wären. Sie würden also jetzt von dem neuen Job nicht so sehr schwärmen wie soeben passiert. Tja, wie heißt es so schön: „Auf der anderen Seite ist das Ufer immer grüner". Ob eine Entscheidung richtig war oder nicht, setzt sich später aus einer Vielzahl an Faktoren zusammen, die wir gar nicht beeinflussen und vorhersagen können.

3.1 Warum fällt es uns manchmal so schwer Entscheidungen zu treffen?

Wir flüchten oder stellen uns tot

Leider sind wir Menschen allzu gerne wie Tiere und handeln erst mal instinktiv, vor allem wenn eine Entscheidung unangenehm ist. Das heißt, wir flüchten oder stellen uns tot. Eine anstehende Entscheidung wird verdrängt und die Dringlichkeit nimmt von Tag zu Tag zu. Mit steigender Dringlichkeit wird die anstehende Entscheidung auch immer bedrohlicher und je bedrohlicher sie wird, desto mehr verdrängen wir. Die Gefahr in einen Teufelskreis zu geraten, ist leider sehr groß.

Sie glauben, es ist endgültig

Kennen Sie das? Sie glauben, dass eine einmal getroffene Entscheidung nie wieder rückgängig gemacht werden kann? Wir tun gerade so, als ginge es um Leben und Tod. Unser ganzes Lebensglück ist von dieser Entscheidung abhängig! Für immer! Wenn ich jetzt nach Hamburg ziehe, was mache ich, wenn ich da mein Leben lang unglücklich bin? Wer sagt denn, dass Sie nicht wieder zurückziehen können? Kennen Sie das Musical „Miami Nights"? Irgendwann fragt er sie: „Du gibst wohl niemals auf?" und sie antwortet: „Nicht so lange es noch eine Möglichkeit gibt!" Gibt es nicht immer eine Möglichkeit? Egal wie wir uns entschieden haben?

Eine Entscheidung ist ein Schritt ins Unbekannte

Wir streben nach Sicherheit und Gewohntes gibt uns Sicherheit. Müssen wir eine Entscheidung fällen, dann scheidet sich ab hier der Weg. Wir gehen jetzt einen Schritt ins Unbekannte, und das kann Angst machen. Da lassen wir doch lieber alles so wie es ist. Dafür sind wir einfach viel zu sehr Gewohnheitstiere.

Entscheidungen bedeuten, sich von Liebgewonnenem zu trennen

Ein „Ja" für irgendetwas ist ein „Nein" für irgendetwas anderes. Das ist leider so. Wir müssen uns immer bewusst sein, dass wir uns gegen etwas entscheiden, wenn wir uns für etwas entschieden haben. Die Entscheidung nach Hamburg zu gehen, ist gegen die Entscheidung hier zu bleiben. Die Entscheidung morgens zur Arbeit zu fahren, ist eine Entscheidung gegen das Liegenbleiben und mit dem Partner zu kuscheln.

Wir kennen nur schwarz oder weiß

Oft denken wir, dass wir nur die Wahl zwischen zwei Optionen haben. Es gibt nur schwarz oder weiß, links oder rechts, ja oder nein. Meistens gibt es mehr als zwei Optionen. Doch wenn wir uns voller Panik nur auf zwei Optionen konzentrieren, dann sind wir für die möglichen Graustufen blind.

Wir kämpfen auf Nebenschauplätzen

Wenn eine Entscheidung unangenehm ist, dann ist das genauso wie eine unangenehme Aufgabe, die man zu erledigen hat. Man kümmert sich erst um völlig unwichtige Entscheidungen und hat so vermeintlich keine Zeit sich um die wirklich anstehende Entscheidung zu kümmern. Ich würde ja über einen neuen Job nachdenken, aber im Augenblick habe ich gar keine Zeit dazu, ich muss mich ja gerade darum kümmern, welches neue Auto es sein soll und wo wir unseren nächsten Urlaub verbringen.

Wir wissen grundsätzlich gar nicht genau, was wir wollen

Viele Menschen laufen ziellos durch die Gegend. Sie wissen nicht, welches ihre übergeordneten Ziele sind und was ihnen eigentlich wichtig ist. Damit fällt natürlich auch jede Entscheidung erneut schwer, denn manchmal erledigt eine Entscheidung sich von selbst, wenn sie nicht mit den übergeordneten Zielen und Wünschen übereinstimmt.

Wir setzen uns selbst unter Druck

Nicht jede Entscheidung muss gefällt werden. Manchmal hilft es auch, erst mal abzuwarten. Doch wenn wir uns selber unter Druck setzen und uns vielleicht sogar selbst verurteilen, dass wir unfähig wären und nicht in der Lage sind, eine Entscheidung zu treffen, dann machen wir es nur noch schlimmer. Wir blockieren uns selbst und reagieren mit Panik. Und Panik ist leider alles andere als geeignet, um gut durchdachte Entscheidungen zu treffen.

Wir verurteilen uns für vergangene Entscheidungen

Jeder Mensch trifft mal Fehlentscheidungen (doch wie schon erwähnt, ob es wirklich die falsche Entscheidung war, werden wir nie wissen) es hilft aber nichts, sich deswegen ständig selbst Vorwürfe zu machen. Wer immer wieder vergangenen Entscheidungen hinterherläuft, der blockiert die Zukunft. Ein türkisches Sprichwort besagt: „Je mehr ich in den Rückspiegel schaue, desto weniger kann ich nach vorne schauen." Also achten Sie auf Sätze wie: „Hätte ich doch mal . . .", „Ich wünschte, ich könnte . . . rückgängig machen," oder „Wäre ich doch besser . . .". Sie helfen sich damit nicht! Es gab einen Grund, warum Sie sich damals so entschieden haben. Sie haben nach bestem Wissen und Gewissen gehandelt und damit muss es gut sein!

3.2   Entscheidungsintelligent handeln

Wie können wir die obigen Fehlerquellen am besten ausschalten? Und wie kommen wir zu einem bewussteren entscheidungsintelligenten Handeln?

Ich habe hier sechs Schritte formuliert, wie Sie leichter zu einer Entscheidung kommen können.

1. Formulieren Sie Ihre Ziele.
2. Terminieren Sie die Entscheidung.
3. Fällen Sie Teilentscheidungen.
4. Suchen Sie kreative Alternativen.
5. Stehen Sie zu Ihrer Entscheidung.
6. Fangen Sie sofort an!

3.2.1 Formulieren Sie Ihre Ziele

Als allererstes ist es wichtig, dass Sie überhaupt wissen, was Sie wollen. Viele Menschen rennen jeden Tag los, ohne sich überhaupt über Ihre Ziele bewusst zu werden. Was will ich in meinem Leben erreichen? Bis wann soll welcher Zustand erreicht sein? Was möchte ich wann privat und beruflich geschafft haben? Woran merke ich, dass ich es geschafft habe? Das ist deswegen so wichtig, weil alle Ihre späteren Entscheidungen auf Ihre Ziele ausgerichtet sein sollten. Schon Alice im Wunderland fragte die Katze: „Katze, welchen Weg soll ich gehen?" Darauf fragte die Katze: „Wo willst du denn hin?" Alice: „Das weiß ich noch nicht so genau!" Katze: „Dann ist es auch egal, welchen Weg du gehst!"

Ich weiß, das mit den Zielen ist ein alter Hut und viele werden sagen: Das weiß ich! Doch handeln Sie auch danach? Wirklich wissen bedeutet es auch zu tun! Dass Sie sich Ihrer Ziele bewusst sein müssen, kann nicht oft genug gesagt werden. Ich berate jetzt seit mehreren Jahren Menschen, die sich oft neu orientieren und immer wieder kommt die Frage nach den Zielen auf. „Klar habe ich Ziele!" Wenn ich dann genauer nachfasse, wird es sehr schwammig. Ein klares Ziel sollte positiv formuliert und *SMART* sein.

▶ **SMART**

- *S*pezifisch und Schriftlich
- *M*essbar
- *A*ttraktiv
- *R*ealistisch
- *T*erminiert

Das S steht für spezifisch und da fängt es nämlich schon an! Wenn ich meine Kunden frage, was sie erreichen möchten, bekomme ich oft die Antwort: „Ich möchte erfolgreich werden!" Meine nächste Frage lautet dann, was bedeutet für Sie Erfolg? Viel Geld, Verantwortung, eine entsprechende Position? Nehmen wir mal an, es ist Geld, dann wird es spezifisch. Nun ist „viel" aber schwer zu fassen. Wie viel genau? 100.000 €, 200.000 €, dann wird es messbar. Zwischen dem A und dem R gibt es ein Spannungsfeld. Ein Ziel muss so gesetzt sein, dass es eine gewisse Herausforderung ist, aber es sollte auch realistisch erreichbar sein. Und dann muss ich mir letztendlich überlegen, bis wann ich es erreicht haben will. Wichtig ist auf jeden Fall, dass Sie Ihre Ziele positiv formulieren. Also nicht formulieren, was Sie nicht wollen, sondern was Sie stattdessen wollen. Antworten

Sie doch mal eben ganz spontan, was das Gegenteil von nicht drinnen ist. Nein es ist nicht „draußen"! Es ist „drinnen". Die meisten antworten nämlich auf diese Frage: „draußen". Genauso kennen Sie es, dass Sie jetzt nicht an einen gelben Elefanten denken sollen. Und woran haben Sie gedacht? Unser Gehirn hat Schwierigkeiten negative Formulierungen zu verarbeiten. Sie denken also immer an das, was Sie nicht wollen und somit wird sich das in Ihrem Leben verwirklichen.

Sind die Ziele einmal formuliert, können Sie jede Entscheidung darauf ausrichten, ob diese Sie Ihren Zielen näher bringt, Sie von Ihren Zielen entfernt, oder keinen Einfluss auf Ihre Ziele hat.

3.2.2   Terminieren Sie die Entscheidung

Erinnern Sie sich noch an die obigen Gründe, die es uns so schwer machen Entscheidungen zu treffen? Diese führen leider auch dazu, dass unzählige Entscheidungen immer wieder vor sich her geschoben werden. Teilweise bewusst, teilweise unbewusst bis dahin, dass sie sogar regelrecht vergessen werden. Es spricht einiges dafür eine Entscheidung zu verschieben, aber dann muss das ganz bewusst geschehen und es muss ein Termin gesetzt werden, wann sie dann endgültig getroffen werden muss.

Wenn wir vor einer Entscheidung stehen, sehen wir oft nur zwei Möglichkeiten mit der Entscheidung umzugehen: Erstens, sich sofort zu entscheiden oder zweitens, die Entscheidung später zu treffen. Beides birgt gewisse Vor- und Nachteile.

Sofortige Entscheidung
Entscheide ich mich sofort, dann ist sicherlich der Vorteil, dass ich schnell weiter agieren kann und ich verhindere, dass mir eine Chance verlorengeht. Der Nachteil ist allerdings der, dass ich gewisse Dinge übersehen könnte, die bei näherer und ausführlicherer Betrachtung wichtig für den Entscheidungsprozess gewesen wären. Zu schnelle Entscheidungen können auch dazu führen, dass von der Entscheidung betroffene Menschen sich übergangen fühlen, da sie nicht in den Prozess mit einbezogen wurden. Dies ist gerade für Führungskräfte extrem wichtig, da es auf Dauer zu großer Frustration bis hin zur inneren Kündigung führen kann.

Entscheidung später treffen
Mal Hand aufs Herz, wie viele Unternehmen haben Sie schon erlebt, die daran kranken, dass ständig Entscheidungen hinausgeschoben werden. Ich kenne da unzählige. Der Vorteil ist natürlich der, dass keine vorschnellen Fehlentscheidungen getroffen werden, doch das Hinausschieben von Entscheidungen kann zu extremen Erfolgsblockaden führen und ein Unternehmen richtiggehend lähmen. Menschen, die von der Entscheidung abhängig sind, stehen in Wartestellung und sind frustriert. Auch dies kann zu Phänomenen wie „innere Kündigung" oder „Dienst nach Vorschrift" führen. Projekte, die ohne Entscheidungen nicht weiter geführt werden können, stehen still. Und wie heißt es so schön in

einem uralten Sprichwort: „Stillstand ist der Tod". Oft wird die Entscheidung dann auch vergessen und macht sich wieder bemerkbar, wenn Fristen abgelaufen sind oder Nachteile aufgrund der fehlenden Entscheidung entstehen. Entscheidungen später zu treffen, kann in eine richtige Aufschieberitis ausarten, deswegen ist es von großer Wichtigkeit, dass Sie die Entscheidung nicht einfach nur aufschieben, sondern ich empfehle Ihnen:

Setzen Sie einen genauen Termin für die Entscheidung. Dann wissen alle Beteiligten, wann mit einer Entscheidung zu rechnen ist. Das baut Frust ab und Sie wissen, bis wann Sie alle für die Entscheidung notwendigen Informationen und Argumente beschaffen müssen. Diesen Termin müssen Sie dann allerdings auch einhalten!

Sofortige Entscheidung

+ Ich kann sofort agieren
+ Ich kann Chancen nutzen
– wichtige Aspekte werden übersehen
– Betroffene fühlen sich übergangen

Entscheidung später treffen

+ Zeit zum Informationen sammeln
+ alle Aspekte werden betrachtet
+ alle Betroffenen werden einbezogen
+ manche Dinge erledigen sich von selbst
– Gefahr von Erfolgsblockaden
– Betroffene sind frustriert
– Stillstand
– Fristen können ablaufen

3.2.3 Treffen Sie Teilentscheidungen

Haben wir denn wirklich nur diese beiden Möglichkeiten? Ist es wirklich immer so, dass wir uns nur jetzt oder später entscheiden können? Ich hatte es schon erwähnt, dass wir oft denken, wir hätten nur entweder oder, schwarz oder weiß, ja oder nein. Wenn wir uns so fixieren, dann sehen wir die unzähligen Möglichkeiten nicht, die sich eventuell bieten. Wir könnten zum Beispiel jetzt schon mal eine Teilentscheidung treffen. Wer sagt denn, dass immer alles auf einmal entschieden werden muss?

Dafür müssen wir einfach die zu treffende Entscheidung in kleinere Möglichkeiten zerlegen. Ich will Ihnen ein Beispiel geben. Zu mir kam eine Selbstständige ins Coaching, die sich nicht sicher war, ob sie weiter selbstständig sein sollte oder sich lieber wieder eine Festanstellung suchen will. Die ganze Zeit überlegte sie hin und her und dachte darüber nach. Ich fragte sie dann, ob sie sich denn schon nach geeigneten Stellen umgeschaut hätte, was sie verneinte, da sie sich ja noch nicht entschieden hätte, ob sie weiter selbstständig bleiben soll. Ich fragte sie dann, ob es denn nur diese beiden Möglichkeiten gäbe. Sie schaute mich etwas ungläubig an und meinte: „Ja natürlich!" Ich sah das anders und erklärte ihr die Möglichkeit, Teilentscheidungen zu treffen. Nachdem sie dann länger nachdachte, kamen wir auf einige Möglichkeiten und ich bin mir sicher, dass es bestimmt noch einige mehr gäbe.

Nun, ihre Entscheidung könnte man in folgende Teilentscheidungen aufteilen. Als erstes kann sie sich die Frage stellen:

„Soll ich nach geeigneten Stellen suchen?"
Sie meinte dann, dass sie doch dann schon wissen müsste, ob sie die Selbstständigkeit aufgeben möchte. Nein, eben nicht! Bei allen Teilentscheidungen hat sie jederzeit die Wahl auszusteigen. Das heißt, sie sucht jetzt erst mal nach geeigneten Stellen. Wenn es keine gibt, hat sich doch die Frage eh erledigt. Sollte sie geeignete Stellen finden, dann kann sie die nächste Teilentscheidung treffen. Jetzt kann sie sich die Frage stellen:

„Soll ich eine Bewerbung versenden?"
Viele werden sofort denken, wenn ich eine Bewerbung versende, dann muss ich die Stelle doch auch wirklich wollen, oder? Mich also schon entschieden haben, oder? Nein, natürlich nicht! Es ist erst mal nur die Entscheidung eine Bewerbung zu versenden. Nicht mehr und nicht weniger. Aber was mache ich, wenn ich eine Einladung zu einem Vorstellungsgespräch bekomme? Dann treffen Sie die nächste Teilentscheidung. Eine Einladung zum Gespräch bedeutet nämlich, dass wir uns jetzt nur folgende Frage stellen müssen:

„Soll ich zum Vorstellungsgespräch gehen?"
Natürlich sollte diese Teilentscheidung gründlich überlegt sein, denn das Unternehmen wird nicht so viele Menschen zum Vorstellungsgespräch einladen und wenn sie jetzt schon sicher gewesen wäre, dass Sie lieber an ihrer Selbstständigkeit festhalten möchte, wäre das unfair dem Unternehmen gegenüber gewesen. Aber meine Kundin war sich immer noch nicht sicher, also riet ich ihr zum Gespräch zu gehen. Letztendlich geht es ja um sie. Und der Gang zum Vorstellungsgespräch heißt noch lange nicht, dass sie die angebotene Stelle annimmt. Diese Entscheidung kommt tatsächlich zum Schluss.

„Soll ich die angebotene Stelle annehmen?"
Wenn dann das Vertragsangebot ins Haus flattert, dann muss endlich die Entscheidung getroffen werden. Vorher hatte meine Kundin jederzeit die Möglichkeit auszusteigen und selbstständig zu bleiben. Jede Entscheidung steht für sich selbst, bevor die wirklich große

Entscheidung getroffen werden muss. Jede Entscheidung kann nach und nach für sich abgearbeitet werden.

Doch es gibt immer noch eine Möglichkeit. Denn jetzt kommt Schritt 4:

3.2.4 Suchen Sie kreative Alternativen

Sogar die letzte Entscheidung, die angebotene Stelle anzunehmen, ist nicht endgültig. Es kommen noch Alternativen in Frage. Wenn wir uns also für den letzten Schritt entschieden haben, können wir überlegen, wie dieser kreativ gegangen werden könnte.

Bleiben wir mal bei dem Beispiel meiner Kundin. Sie könnte mit dem neuen Arbeitgeber aushandeln, dass sie für ihn als Freelancer tätig wird und somit selbstständig bleibt. Viele Arbeitgeber begrüßen das gerade in der heutigen Zeit, da alle Beteiligten flexibler sind. Meine Kundin könnte auch im Nebenberuf selbstständig bleiben und eine Festanstellung annehmen. Solange diese Selbstständigkeit nicht in Konkurrenz zu ihrem zukünftigen Arbeitgeber ist und ihre Arbeit nicht negativ beeinflusst wird, ist das möglich. Sie kann sich auch jetzt für die Festanstellung entscheiden, aber sie lässt die Selbstständigkeit offiziell ruhen, um sie später wieder aufnehmen zu können. Dabei kann sie möglicherweise nur einen Jahres- oder Zweijahresvertrag abschließen. Eine weitere Möglichkeit ist, dass sie ihr Unternehmen verkauft. Dabei hat sie zusätzlich die Möglichkeit als Teilhaber im Unternehmen zu bleiben. Ich glaube, es gibt bestimmt noch unzählige Möglichkeiten, die wir noch nicht bedacht haben. Wichtig ist, sich darüber im Klaren zu sein und nicht immer gleich davon auszugehen, dass wir nur zwei Möglichkeiten haben.

Haben wir uns dann jetzt letztendlich entschieden, dann ist es sehr wichtig, nicht sofort wieder zu zweifeln oder sogar erneut zu überlegen, ob die Entscheidung jetzt die richtige war.

3.2.5 Stehen Sie zu Ihrer Entscheidung

Wenn Sie sich entschieden haben, dann lassen Sie sich nur noch von „echten Gegenargumenten" davon abbringen. Dieser Schritt ist der schwierigste, denn was sind echte Gegenargumente? Mir geht es hier darum, dass Sie sich bewusst machen: Eine Entscheidung ist eine Entscheidung. Das heißt, ein „Ja" für irgendetwas heißt ein „Nein" für irgendetwas anderes. Es ist wichtig, Entscheidungen zu treffen und es ist noch wichtiger, sie dann nicht sofort wieder zu verwerfen! Wenn ich eine Entscheidung gefällt habe, dann muss ich diesen Weg auch gehen und dann stelle ich mir auch nicht mehr die Frage „Was, wenn das doch nicht klappt?" Ich gehe jetzt davon aus, dass es klappt! Das heißt nicht (und das meine ich mit „echten Gegenargumenten"), dass ich weitermache, wenn ich eindeutig merke, dass es eine schlechte Entscheidung war. Schon die Indianer haben gesagt: „Wenn ein Pferd tot ist, absteigen!" Sollten also wirklich irgendwelche Argumente auftauchen, die Sie vorher nicht beachtet haben, dann können Sie eine Entscheidung auch wiederrufen.

Genau deswegen ist dieser Schritt der schwierigste. Wir müssen sehr genau unterscheiden, ob es echte Gegenargumente sind. Oder ob unser Unterbewusstsein uns gerade ein Schnippchen schlägt und wir damit nur die Entscheidung doch noch weiter hinausschieben, da wir jetzt erneut in die Entscheidungshase gehen. Auf der anderen Seite müssen wir eben auch kein Harakiri machen und nur weil wir jetzt diese Entscheidung getroffen haben, dazu stehen, egal was kommt. Wichtig ist es, sich in dieser Phase extrem kritisch zu beobachten.

Eine weitere Gefahr, die Entscheidung weiter hinaus zu schieben, besteht darin, nach der Entscheidung nicht sofort mit der Umsetzung anzufangen.

3.2.6   Fangen Sie sofort an!

Der letzte Schritt ist das „Tun". Eine Entscheidung ist nichts wert, wenn Sie danach nicht loslegen. Es ist von ganz entscheidender Bedeutung, dass Sie so schnell wie möglich den ersten Schritt tun. Dabei gibt es ganz unterschiedliche Aussagen. Einige sagen, man sollte innerhalb von 48 Stunden den ersten Schritt gehen und andere meinen innerhalb von 72 Stunden. Untersuchungen haben gezeigt, dass Dinge, die nicht sofort angefangen werden, oft im Sande verlaufen. Fangen Sie also an! Für mich ist es dabei unerheblich, ob Sie sich die 48 Stunden oder die 72 Stunden als Ziel setzen. Die Hauptsache, Sie tun es! Gehen Sie den ersten Schritt! Seien Sie mutig und stehen Sie zu Ihren Entscheidungen. Ich erinnere daran, dass Sie sowieso *nie* wissen werden, ob Sie die „richtige" Entscheidung getroffen haben! Sehr viele Menschen scheitern leider am letzten Schritt. Da wird vorher ganz viel geplant, ganz viel geredet, ganz viel diskutiert, aber angefangen wird nicht.

3.3   Letztendlich ist es Ihre Entscheidung

Letztendlich ist es Ihre Entscheidung, ob Sie lieber spontan aus dem Gefühl heraus handeln oder die sechs Schritte pragmatisch durchgehen wollen. Dieser Artikel wird Sie auf jeden Fall in Ihren Entscheidungen beeinflussen. Und wenn es nur das ist, dass ich einfach ein paar Dinge in Erinnerung gerufen habe, die jetzt wieder in die unbewusste Kompetenz übergehen werden. Denn auch bei einer spontanen Gefühlsentscheidung spielen alle unsere bisherigen Erfahrungen eine Rolle und gehen mit in die Entscheidung ein. So auch dieser Artikel.

Vor allem wenn Sie merken, dass Sie eine Entscheidung sehr lange vor sich hin schieben, können Sie ja noch mal diesen Artikel zur Hand nehmen. Gehen Sie dann die sechs Schritte durch und seien Sie sich bewusst, dass jede nicht gefällte Entscheidung eine Blockade darstellt, die Sie aufhält. Manchmal ist es gut, wenn man aufgehalten wird, doch auf Dauer lähmt es Sie.

Zusammenfassung

- Formulieren Sie Ihre Ziele.
- Terminieren Sie die Entscheidung.
- Fällen Sie Teilentscheidungen.
- Suchen Sie kreative Alternativen.
- Stehen Sie zu Ihrer Entscheidung.
- Fangen Sie sofort an!

Wenn Sie diese sechs Schritte beherzigen, dann wird es Ihnen zukünftig leichter fallen Entscheidungen zu treffen. Leichter heißt nicht leicht! Keiner hat gesagt, dass es leicht wird! Ich weiß, wovon ich spreche. Auch ich stehe jeden Tag vor Entscheidungen und auch ich überlege oft hin und her. Doch letztendlich gehe ich dann konsequent die sechs Schritte durch, was mir persönlich hilft, meinen Weg zu gehen. In meinem Leben waren auch sicherlich viele „falsche" Entscheidungen dabei, doch das gehört dazu. Fehler zu machen ist wichtig. Vor allem ist es wichtig, wie wir mit diesen Fehlern umgehen.

Deswegen mein letzter Tipp an dieser Stelle: Sollten sich herausstellen, dass eine Entscheidung nicht gut war, dann ärgern Sie sich nicht lange darüber. Akzeptieren Sie, dass es passiert ist, haken Sie es als Lernerfahrung ab und treffen Sie die nächste Entscheidung. Lassen Sie bloß nicht zu, dass eine Fehlentscheidung zu einer langfristigen Blockade führt.

3.4   Über den Autor

Seine Karriere startete der Wirtschaftspsychologe **Björn Begemann** als Produkttrainer u. a. für Intel und Microsoft, dann war er mehrere Jahre im Management für Hewlett-Packard tätig. Doch das war ihm irgendwann zu wenig.

Es fehlte ihm zu sehr das Thema Menschlichkeit. Er orientierte sich komplett um, verließ Hewlett-Packard und machte sich als Trainer und Coach selbstständig. Heute ist er ein gefragter Redner für den Bereich Persönl-ICH-keit und Neuanfang. Zu seinen Kunden zählen sowohl kleine- und mittelständische Unternehmen, als auch Konzerne.

Es sind nach wie vor Menschen, die in der Wirtschaft arbeiten. Was Björn Begemann ausmacht, ist, dass er sich aufgrund seiner Erfahrung und Ausbildung in beiden Bereichen sehr gut auskennt. Psychologie und Wirtschaft.

Egal wer Sie sind und was Sie tun, wenn Ihre Mitarbeiter sich selbst und Ihre Persönl-ICH-keit besser kennen, dann werden sie in allem was Sie tun, wesentlich erfolgreicher – beruflich und privat und so können Sie auch als Unternehmen jeden Neuanfang wagen. Mit den richtigen Mitarbeitern zur richtigen Zeit am richtigen Ort.

Weshalb Klartext überhaupt nicht klar ist – und zu Ärger führt

Max Bormann

Inhaltsverzeichnis

Praxisbeispiel

Britta ist mit ihrer Tochter im Kinderwagen bei Aldi einkaufen, als das Telefon klingelt. Sie begrüßt ihren Mann mit den Worten: „Schatz, ich bin bei Aldi an der Kasse." Während er in aller Seelenruhe ein Gespräch beginnt, wird sie ungeduldig und wiederholt vorsichtig: „Ich bin bei Aldi an der Kasse." Da sie nicht unhöflich sein möchte, ergänzt sie ihre Nachricht mit einer Frage. „Was möchtest Du?" „Wollte dir sagen, dass ich schon zuhause bin", antwortet ihr Mann, bei dem anscheinend der Groschen noch lange nicht gefallen ist. Da platzt ihr die Hutschnur. „Ich muss mit einer Hand die Sachen packen und in der anderen halte ich das Telefon. Das ist extrem anstrengend." „Ach so, du hast gar keine Zeit zu telefonieren. Warum sagst du das nicht gleich?" „Hab ich doch", antwortet sie kopfschüttelnd.

Max Bormann ✉
Grabenstraße 6, 40213 Düsseldorf, Deutschland
e-mail: info@maxbormann.com

© Springer Fachmedien Wiesbaden 2015
P. Buchenau (Hrsg.), *Chefsache Frauen*, DOI 10.1007/978-3-658-07498-2_4

Nicht selten drücken sich Männer und Frauen für ein und die gleiche Sache völlig unterschiedlich aus. Während Frauen manchmal mit verbalen Wattebällchen verdeckte Kommunikation betreiben, nutzen Männer gerne eine sprachliche Abrissbirne mit einschlagender Wirkung.

Männer nehmen häufig die sanfte Art der Kommunikation überhaupt nicht wahr. Daher ist es sinnvoll, wenn nicht sogar dringend notwendig, Männern mit Klartext zu begegnen.

Liebe Frauen, bitte machen Sie sich in der Kommunikation mit Männern eine Sache zu Eigen.

▶ Sprechen Sie Klartext! Klartext ist nüchtern. Klartext beschreibt was ist. Klartext kann radikal einfach sein. Klartext kommt mit dem richtigen Ton besonders gut an.

Wichtig dabei zu wissen ist, dass Männer eine Sache besser hören können als Frauen: *weg*!

Deshalb vermeiden Sie Kommunikation, die Interpretationsspielraum ermöglicht. Folgende Beispiele schaffen Klarheit:

Beispiel

Frau denkt: Ich habe keine Zeit zu sprechen.

Frau sagt: „Ich stehe bei Aldi an der Kasse."

Mann denkt: An der Kasse habe ich meistens Zeit zu sprechen.

Er braucht die Information: „Habe jetzt keine Zeit."

Beispiel

Frau denkt: Der faule Kerl soll seinen Aufgaben nachkommen.

Frau sagt: „Der Mülleimer ist fast voll."

Mann denkt: Nichts – es ist ja alles gesagt.

Er braucht die Information: „Bring den Müll runter."

Um mit Männern zielgerichtet zu kommunizieren, gehen Sie in vier Schritten vor.

1. Was ist Ihr Ziel? Was wollen Sie erreichen?
2. Was ist die konkrete Information, die Sie transportieren möchte?
3. Fassen Sie diese Information (Wer – macht was – bis wann).
4. Verzichten Sie dabei auf Adjektive.

Das Aldi Beispiel

Sie: „Ich habe keine Zeit zu telefonieren. Ich rufe Dich in 10 Minuten zurück."

Er: „Ok."

Das Müllbeispiel

Sie: „Bringe bitte den Müll runter, wenn Du ins Büro fährst."
Er: „Grummmpff."

Einen wichtigen Aspekt spielt dabei die Musik der Worte. Der Ton ist das Vehikel für die Nachrichten, die Sie senden.

Verbaler Widerstand hat einen Namen – und vier Buchstaben

Es ist Montagmorgen und Sabine sitzt mit ihrem Team im Meeting. Kurz bevor sie startet, denkt sie: Die letzten drei Male haben die Frauen im Team das Protokoll geführt. Heute macht das ein Mann. Nachdem sie das Meeting offiziell gestartet hat, sagt sie: „Die letzten Male haben Tanja, Kathrin und Vera das Protokoll gemacht. Wer übernimmt das heute?" Viele Männer haben in solchen Momenten die Igeltaktik perfektioniert: Stelle dich tot, bis eine Frau ihre Hilfe anbietet!

„Klaus, würdest du heute bitte das Protokoll schreiben?", fragt Sabine freundlich.

„Aber ich hab im Anschluss noch ein Meeting mit Markus vom Marketing und dann muss ich mich noch um unseren heiß geliebten Kunden in Stuttgart kümmern, den Müller", wehrt sich Klaus.

„Aber das geht doch schnell", antwortet Sabine leicht verzweifelt.

Klaus bleibt hartnäckig: „Aber du hast mir letzte Woche gesagt, dass ich das Problem mit Müller diese Woche klären muss", argumentiert Klaus. „Aber was hat das mit dem Protokollschreiben zu tun?", versucht Sabine es ein letztes Mal.

Klaus sitzt mittlerweile mit verschränkten Armen tief in seinem Sitz versunken und antwortet: „Ich würde ja das Protokoll schreiben, aber nicht heute. Diese Woche brauche ich jede Minute, um Müller wiederzugewinnen und den Marketingplan für das vierte Quartal zu fixieren."

„Stefan, was ist mit dir?", versucht Sabine es nun bei dem Sitznachbarn von Klaus und blickt dabei ein wenig hilflos zu Tanja.

„Ich mach's. Ist schon ok," sagt Tanja.

Berufliche Gespräche und private Unterhaltungen scheitern häufig an verbalem Widerstand. Nicht selten ist ein einziges Wort der Grund für elendig lange Diskussionen oder Streitgespräche. Es lautet: Aber.

4.1   Tennis oder Tiger – Wer bringt den Ball ins Rollen, wer greift ihn auf?

Beim Tennis findet Interaktion mit dem Ball und dem Mitspieler auf der anderen Seite des Netzes statt. Beim Golf findet Interaktion nur mit dem Ball statt.

Beim „Aber-Spiel" ist es wie beim Tennis. Einer fängt an und der andere spielt zurück. Und es geht nur zu zweit. Häufig sind wir uns gar nicht darüber bewusst, dass wir mitspielen. Menschen argumentieren, diskutieren mit „aber", weil sie eins versuchen: Eine

Unterhaltung krampfhaft für sich zu gewinnen, oder ihre Wünsche mit schwachen Mitteln durchzudrücken.

Was aber, wenn das auch anders geht? Was, wenn die Aber-Diskussionen nur ein Ergebnis unklarer Kommunikation sind? Haben Sie es schon mal mit Golf versucht?

Mal angenommen, Tiger Woods würde bei einem Turnier den Ball eines Kontrahenten vor die Füße gespielt bekommen. Was würde Woods zu sich sagen? Ja, hier liegt der Ball meines Mitspielers und ich loche jetzt meinen eigenen Ball ein. Was macht er mit dem Ball des Anderen? Ignorieren!

Golf unterscheidet sich zum Tennis durch ein besonderes Merkmal: Sie brauchen keinen Mitspieler. Sie allein bringen den Ball ins Rollen und lassen fremde Bälle einfach liegen.

Weshalb greifen Menschen dann in Diskussionen das „Aber" eines anderen auf? Warum können dann Frauen nicht mit ihrer Empathie und dem Bezug zur Sprache diesen Ball für sich aufgreifen?

Sobald Sie das nächste Mal ein „Aber" vor den Latz geknallt bekommen, machen Sie es wie Woods. Lassen Sie es liegen. Möglicherweise verlangt es ein wenig Übung, sich selbst dabei zu beobachten. Nutzen Sie dabei eine ganz pragmatische Vorgehensweise!

Verwandeln sie jedes „Aber" in ein „Ja, und … "
Das Beispiel mit dem Gesprächsprotokoll könnte demnach wie folgt gestaltet werden:
　　Sabine: „Das Protokoll schreibst heute bitte du, Klaus."
　　Klaus: „Aber ich … bla bla bla … "
　　Sabine: „Ja, und du schreibst heute bitte das Protokoll. Danke!"
　　Klaus: „Aber du möchtest doch, dass ich den Fall Müller in Ordnung bringe."
　　Sabine: „Ja, und du schreibst heute bitte das Protokoll. Beginnen wir mit dem Thema, das uns allen unter den Nägeln brennt!"

▶　　Bekommen Sie in Zukunft ein „Aber" zugespielt, entscheiden Sie selbst, welche Disziplin Sie spielen möchten: Tennis oder Golf?

4.2　Von italienischen Weltmeistern, hanseatischen Friseuren und weshalb Sie Ihre Entscheidung nicht selbst bewusst treffen

Um im Verkauf und bei der Selbstvermarktung Ihre Trümpfe optimal auszuspielen, gilt es drei Dinge konsequent zu tun:

1. Lassen Sie das „Was" weg!
Was die anderen über Sie denken oder sagen, ist zweitrangig. Solange Sie Ihre Pläne erfolgreich in die Tat umsetzen und dabei mit Ihren Kunden, Kollegen und Vorgesetzten die Ziele erreichen, braucht Sie das „Was" nicht zu interessieren. Vielleicht erinnern Sie sich an das Sommermärchen 2006. Wer wurde Weltmeister? Italien. Die Italiener haben

aus deutscher Sicht unfair gespielt und wen kümmert das neun Jahre später? Wer war jetzt nochmal Weltmeister?

2. Konzentrieren Sie sich auf das Wie!

Stellen Sie sich bei allem, was mit Verkauf und Vermarktung zu tun hat, die zentrale Frage: Wie erreiche ich es, dass mein Gegenüber zuerst seine Zeit und anschließend sein Geld investieren möchte?

Wie schaffe ich es, dass ich die erste in seinem Kopf bin, wenn es bei ihm brennt? Wie stelle ich es an, dass er mich noch Jahre später in seinem Dunstkreis weiterempfiehlt?

Die folgenden Fragen können Sie zu Beginn jedes Verkaufs-Gesprächs nutzen. Finden Sie heraus, was Ihr Gesprächspartner möchte:

Was ist Ihr Begehr? Wo brennt es? Was liegt an? Was ist Ihr Ziel?

Fragen Sie Ihr Gegenüber, welches Ziel er persönlich verfolgt:

Wozu das alles? Was wollen Sie tun und mit welchem Ziel?

Diese Vorgehensweise ermöglicht es Ihnen zu Gesprächsbeginn das vordergründige Ziel zu überspringen und zum wirklichen Wunsch Ihres Gegenübers zu gelangen. Nein können Sie dann immer noch sagen.

3. Betreiben Sie Motivbefriedigung – immer!

Es ist 5:00 Uhr früh und die Hansestadt schläft noch. Nadine öffnet die Badezimmertür, schaltet das Licht ein und erblickt sich im Spiegel. Der Anblick ihrer Haare bringt sie ins Grübeln. So kann ich auf keinen Fall nächste Woche als Trauzeugin auftauchen. Soll ich mal einen Kurzhaarschnitt probieren? Oder lieber Strähnchen machen lassen? Oder beides?

Fünf Stunden später hat Nadine einen Termin bei Tom gemacht. Dem Friseur ihres Vertrauens. Aber weshalb gerade Tom? Ist er der Beste in Hamburg? Der Günstigste? Der Coolste? Laut Branchenbuch hat Hamburg über 1700 Friseursalons im Angebot und Nadine geht ausgerechnet zu diesem einen.

Ersetzen Sie Nadine mit einer Person, die Sie persönlich gut kennen. Ersetzen Sie den Friseur mit einem Zahnarzt, einem Rechtsanwalt, einem Orthopäden, einem Restaurant, einem Schuhgeschäft, etc.

Wir alle haben unsere Lieblingsadressen und Lieblingspersonen, welche uns unweigerlich in den Sinn kommen, wenn ein bestimmter Impuls ausgelöst wird.

Nadines Impuls nach „neuer Frisur" kann bei jemand anderem der Impuls nach „Pizza Salami" sein. Und wie ferngesteuert, muss es dann Haareschneiden bei Tom oder Pizza Salami bei Toni sein. Bei Nadines Entscheidung spielen die Kaufmotive eine große Rolle. Sie will auf keinen Fall das Risiko eingehen, dass sie bei der Hochzeit ihrer besten Freundin Sarah mit einer langweiligen Frisur dasteht. Wer weiß, ob die anderen Friseure ihre Wünsche so gut umsetzen wie Tom. Außerdem hat sie überhaupt keine Zeit, sich nach anderen Friseursalons umzuschauen. Das ist viel zu viel Aufwand. Das Motiv Sicherheit ist ein großer Treiber, denn sie will sich keinen Fauxpas leisten. Das Motiv Bequemlichkeit spielt die zweite Rolle. Nadine würde es zahlreiche Stunden kosten, einen anderen als Tom zu finden.

Menschen ticken unterschiedlich. Es gibt die Bauchmenschen und die Kopfmenschen. Und sie haben eines gemeinsam. Sie alle sind emotionale Wesen. Wir entscheiden zuerst aus dem Bauch heraus – emotional. Um dann nur wenige Sekundenbruchteile später, unsere Entscheidungen zu rechtfertigen – rational.

Weshalb kaufen Männer Porsche? Warum kaufen sich Frauen hohe Schuhe? Aus welchem Grund lassen Eltern ihre Kinder auf dem iPad spielen? Wozu treffen sich Menschen beim Lauf- oder Walkingtreff? Weshalb trinken Leute bis zu drei Liter Wasser am Tag und zu welchem Zweck ernähren sich immer mehr Menschen vegan?

Alles, was wir kaufen oder konsumieren, hat mit unbewussten Wünschen zu tun. Diese lassen sich zurückführen auf die 10 Kaufmotive. Sie sind universell. Sobald Sie in die Materie eintauchen, erkennen Sie möglicherweise auch Ihre eigenen Motive. Somit können Sie nicht nur Fehlkäufe vermeiden, sondern auch andere wirkungsvoller für sich und Ihre Ideen gewinnen.

Alles weitere über die 10 Kaufmotive finden Sie unter: www.maxbormann.com/10kaufmotivedownload

4.3   Den Zuschlag bekommt der Anspruchslose – Von Blendern und heißer Luft

Den Mann hinter ihnen bemerken Claudia und Andrea erst, als es zu spät ist. Es ist Dienstagmorgen und Claudia, Marketing-Managerin in einem Pharmaunternehmen, reist mit ihrer Kollegin Andrea Meininger im ICE nach München in die Konzernzentrale. Die Bahn hat für Mittwoch Bahnstreiks angekündigt. Aus diesem Grund sind die Platzverhältnisse im Zug auch mehr als chaotisch.

Die beiden haben sich gerade noch die letzten zwei Sitzplätze sichern können, da legt der Mittdreißiger auf dem Platz hinter ihnen los. „Herr Doktor Albrandt, natürlich schaffen wir den Turnaround. Glauben Sie mir, ich sorge dafür, dass sich der Return on Invest innerhalb der nächsten drei Monate verdoppelt. Das ist safe."

Andrea rollt mit den Augen. Und während der Berater immer mehr geschäftlichen Sprachdurchfall produziert, wird in Claudia eine kritische Stimme laut: „Was ist denn das für ein Riesenaufschneider? Das ist ja kaum zu ertragen. Und wenn der wirklich so erfolgreich wäre, weshalb fährt der dann überhaupt noch Bahn?"

Nicht selten erwischen wir uns dabei, andere zu beurteilen. Dabei ist zu beobachten, dass häufig nicht die Person, sondern ihr Verhalten kritisiert wird, welches in starkem Kontrast zu unseren persönlichen Ansichten steht. Über Aufschneider ärgern sich eher diejenigen, welche sich in Bescheidenheit üben, als diejenigen, die gelernt haben, dass heiße Luft sich gut verkauft.

Als der Mann in Nürnberg den Zug verlässt, sagt Andrea: „Der Kerl würde ja alles verkaufen, ohne zu wissen, ob er das überhaupt kann. Typisch Mann. Er erinnert mich ein wenig an Marc (ihren Chef und Projektleiter). Der kann das auch besonders gut."

„Was ich mich manchmal frage", sagt Claudia, „ob die Männer sich gar keine Sorge um ihren Ruf machen. Was, wenn sie laut ‚ja' schreien und anschließend das Projekt gar nicht stemmen können. Möglicherweise dauert es viel länger als geplant oder die Kosten explodieren. Ich kann das gar nicht mit meinem Gewissen vereinbaren. Ich muss mir doch treu bleiben."

Claudia erzählt Andrea, dass Dr. Keppling, der Vorstandsvorsitzende, Claudia gerne in zehn Jahren im Vorstand sehen würde. „Wow, das ist großartig", sagt Andrea. Worauf sich in Claudias Gesicht Zweifel breit machen. „Ich weiß nicht, ob ich das kann."

„Schau mal, hätte Dr. Keppling Marc diese Option in Aussicht gestellt, hätte der gesagt: „Wieso erst in zehn Jahren? Geht das nicht auch schon in fünf?"

Das, was die beiden kategorisch ablehnen, lässt sich runterbrechen auf das einfache Motto: Erst behaupten – dann sein.

4.4 Stille Wasser mögen tief sein – und sie geraten in Vergessenheit

Gehaltserhöhung, Beförderung oder Projekt- und Führungsverantwortung sind alles Themen, bei denen sich die Mitarbeiter präsentieren, ja sich selbst vermarkten bzw. verkaufen müssen, sofern sie den Zuschlag bekommen wollen.

Häufig denken Frauen, dass ihre Arbeit gesehen wird, dass der Chef ihre Qualitäten so gut kennt und bei der nächsten Gehaltserhöhung, Beförderung oder Projektleiterstelle als erstes an sie denkt. Weit gefehlt.

Hier kommt die Illusion der Zeit zum Tragen. Das bedeutet, dass nicht ein besonders langer Zeitraum über einen persönlichen Eindruck entscheidet, sondern lediglich die letzten Tage oder Wochen.

Claudia hat die ersten neun Monate überdurchschnittlich gearbeitet. Ihr Chef Marc hatte jedoch im letzten Jahresgespräch wenig Lob und viel Tadel zu verteilen, denn im letzten Quartal lieferte Claudia eine schwache Leistung ab. Diese negative Entwicklung der letzten Tage ist prägend. Auch wenn sie nur ein Viertel der Gesamtleistung ausmacht.

Bei Andrea ist die Situation anders. Nach drei schweren Quartalen ist sie im letzten Quartal wieder richtig in Schwung gekommen. Andrea ist nach dem Jahresgespräch sehr motiviert. Marc war sehr angetan von ihrer Performance und hat sie in den höchsten Tönen gelobt.

Weshalb geraten gute Leistungen so schnell in Vergessenheit? Wieso schreiben Menschen damit keine Geschichte? Was können Sie tun, um die gefühlte Wahrnehmung der letzten Tage positiv für sich zu nutzen und als sprudelnde Erfolgsquelle gesehen zu werden?

4.5 Machen Sie sich den Klebstoff der Erinnerung zunutze – Popcorn

Egal, welche Erlebnisse Menschen machen, sie sind alle in drei Kategorien einzuordnen:

1. Negative Erfahrungen

Ein unfreundlicher Kellner im Restaurant, eine arrogante Verkäuferin in der Schuhboutique oder ein rücksichtsloser Kollege im Büro haben Ärger in uns hervorgerufen. Dieser Ärger ist pure Emotion. Genau diese Emotionen sind der Klebstoff unserer Erinnerungen.

2. Positive Erfahrungen

Ein sehr zuvorkommender Concierge, der uns mit Namen begrüßt, das Parfüm unserer ersten Liebe oder der Duft von Popcorn, der uns in unsere Kindheit reisen lässt, können sehr positive Assoziationen in uns hervorrufen. In diesem Falle sind es Emotionen wie z. B. Glück, Überraschung oder Liebe.

3. Vergessene Erfahrungen

All die Momente und Menschen, die durchschnittlich sind, die uns emotional nicht berühren, vergessen wir schneller als uns lieb ist.

Genau hier können Sie ansetzen. Bringen Sie sich regelmäßiger in Erinnerung. Nutzen Sie die Chance und erzählen Ihrem Chef beim nächsten Kaffee von Ihrem letzten Verhandlungserfolg. Erläutern Sie, wie Sie es trotz Schwierigkeiten doch noch geschafft haben, diesen potenziellen Kunden zu gewinnen.

Alternativ können Sie Ihren Chef in die Rolle Ihres Mentors befördern und regelmäßig um Rat fragen. So haben Sie häufig einen Grund, ihn über Ihren Fortschritt und Ihre Erfolge auf dem Laufenden zu halten.

Wichtig: Lassen Sie bei allem was Sie tun, Ihren Chef stets im guten Licht dastehen. Er wird es Ihnen danken.

4.6 Riskieren Sie Ihren guten Ruf!

Angenommen, Sie hätten Ihr eigenes Unternehmen, welches Software programmiert und vertreibt, und Sie würden regelmäßig Verhandlungen mit den größten Computerherstellern dieser Welt führen. Dann tritt folgendes Szenario ein:

Sie haben einen Termin mit dem Weltmarktführer für Personal Computer. Das Unternehmen braucht eine spezielle Software für eine neue Generation von Rechnern. Sie wissen, dass bis dato diese Software noch nicht existiert. Der potenzielle Kunde stellt Ihnen eine Investition von 100.000 € in Aussicht – für ein Softwareprogramm.

Dieser Auftrag könnte für Ihr Unternehmen bedeuten, in die nächste Liga vorzustoßen. Den Weltmarkt. Aber Sie zweifeln.

Erstens haben Sie diese Software noch gar nicht entwickelt. Zweitens wissen Sie überhaupt nicht, wie lange die Programmierung dauert. Drittens hinterfragen Sie kritisch, ob Sie Qualität auf Marktführer-Niveau liefern können.

Würden Sie in diesem Szenario mit voller Inbrunst Ihrem Gesprächspartner und Vorstand des weltweit größten Computerherstellers sagen, dass Sie über genau diese Software bereits verfügen?

Vielleicht möchten Sie auf keinen Fall die Unwahrheit erzählen, aber Sie wissen auch, dass Sie den Zuschlag nicht bekommen, sofern Sie ehrlich sind und die Wahrheit sagen.

Verrückt. Das oben beschriebene Szenario ist eine wirkliche Begebenheit. Vor 35 Jahren hat ein junger Amerikaner Folgendes gemacht: Er verkaufte eine Software, die es noch gar nicht gab, an den damals größten Computerhersteller der Welt. Das war nicht nur der Aufstieg seines Unternehmens, sondern macht ihn heute zu einem der reichsten Menschen der Welt. Sein Name ist: Bill Gates.

4.7 Es ist hilfreich, nicht alle Haare auf dem Kopf zu tragen

Wenn sich Chancen im Beruf ergeben, gehen Männer und Frauen damit anders um. Möglicherweise hat die Kinderstube damit zu tun. Bei Jungs ist es völlig normal, dass sie sich raufen und schmutzig machen. Sie kebbeln schon im Sandkasten, wenn sich die Chance auf eine größere Schippe ergibt.

Ein Mädchen tut das nicht. Sie verteidigt zwar ihr Spielzeug, aber geht deutlich weniger auf Konfrontation. Ja, es gibt Ausnahmen, da haben Sie Recht.

„Ach was bist Du für ein liebes Mädchen. Und wie hübsch du aussiehst!" tönt es aus den Mündern der Omas und Opas, Mamis und Papis, Tanten …

Diese Erwartungshaltung, das Bild vom lieben hübschen Mädchen, lässt sich im Erwachsenenalter schlechter abstreifen, als es vielen lieb ist.

Nicht selten sind es die Nachbarn, die Kollegen, die Kunden oder die Rivalinnen, denen wir die mentale Aufmerksamkeit schenken. Die meisten Leute haben sich diese Frage schon mal gestellt. Aber einige von uns stellen sich diese Frage andauernd: „Was denken die anderen über mich?"

Zieht ein Manager ein Projekt entschlossen durch, gilt er als potent und durchsetzungsstark. Macht eine Frau das Gleiche, heißt es schnell: „Die hat Haare auf den Zähnen." Genau das ist es, was die männliche Erwartungshaltung von der lieben netten Kollegin, Chefin oder Mitarbeiterin erschüttert. Bei Frauen erwartet man, dass sie nach Harmonie und Konsens streben. Bei Männern nicht. Nutzen Sie diesen Überraschungseffekt.

Für viele Frauen ist der Gedanke mit den Zähnen ein Alptraum. Dabei ist nicht nur das Bild erschreckend, sondern auch die Tatsache, dass Sie einigen auf die Füße treten müssen und nicht mehr die Liebe und Nette sind. Der Grund könnte wie folgt lauten: „Der innere Motor des Perfektionisten ist die persönliche Absicherung durch eine makellose Leistung" (Raphael M. Bonellie – Perfektionismus)."

Was passiert nun, sobald Chancen auftauchen? Was unterscheidet Männer von Frauen?

Everyone!

Abb. 4.1 Umsetzungskompetenz

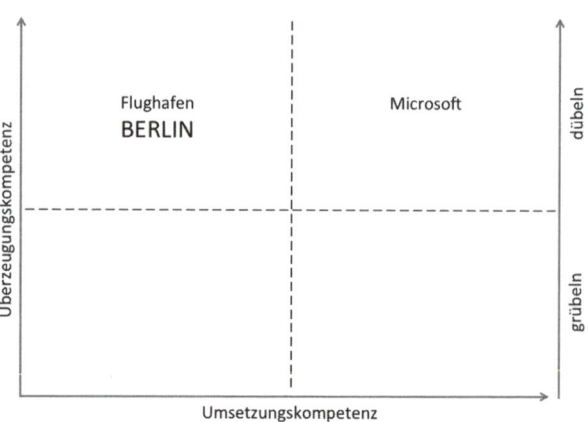

Vor der Zusage:

Männer → Chance → behaupten → machen → machen → Bingo

Frauen → Chance → denken → grübeln → zweifeln → Chance vertan

Nach der Zusage:

Männer → Erkennen der Situation → grübeln → zweifeln → anfangen

Frauen → Bemerken, dass ein Mann den Zuschlag bekommen hat

Ich glaube, dass es bessere Entscheidungen in Unternehmen geben würde, wenn die Frauen sofort laut „ja" rufen und erst anschließend mit dem Grübeln starten. Dass Unternehmen mit Frauen in Führungspositionen deutlich effektiver geführt werden, belegt die Studie aus dem Jahr 2011 von Zenger und Folkman.

Bei zwölf von 16 Eigenschaften waren die Bewertungen der Frauen statistisch signifikant besser. Außerdem zeigt die Analyse, dass Frauen auf jeder Managementstufe besser beurteilt wurden, als die Männer.

Bei solchen Forschungsergebnissen, kann es nur heißen: Frauen – ran an den Speck!

Das ist so einfach gesagt und die gängige Praxis lässt sich von solchen Durchhalteparolen auch nicht ändern. Allerdings gibt es eine Kompetenz, welche erheblichen Einfluss hat auf Ihre Beförderung, Gehaltserhöhung oder Projektverantwortung: die Überzeugungskompetenz.

Die Überzeugungskompetenz hat nichts mit Umsetzungskompetenz zu tun (vgl. Abb. 4.1). Es geht dabei einzig und alleine darum, dass Ihr Chef nur zu einem einzigen Schluss kommt, der lautet: Frau Bröcker hat mich überzeugt. Sie ist die beste für die Beförderung. Die Meyer hat die Gehaltserhöhung von allen am meisten verdient. Frau Müller ist die Richtige. Sie bekommt das Projekt am besten gestemmt.

Wenn Sie zusätzlich noch über eine hohe Umsetzungskompetenz verfügen, dann ist Ihnen der Erfolg sicher. Dann schaffen Sie es, die Überzeugungskompetenz mit der Umsetzungskompetenz zu verknüpfen und zeigen mit einer hohen Umsetzungsgeschwindigkeit, wer die Hosen anhat. Wo die Musik spielt. Wer die Chefin im Ring ist.

4.8   Acht Dinge, um als Frau in der Männerdomäne nicht erfolgreich zu sein

1. Das Aldi-Dilemma

Sprechen Sie kompliziert. Deuten Sie viel an, ohne dabei konkret zu sagen, was Sie möchten. Auf Ihrem Grabstein wird zu lesen sein: „Sie gab die Hoffnung nie auf, dass Männer sie verstehen."

2. Sexy Zielscheibe

Spielen Sie Ihre weibliche Seite voll aus und flirten Sie, was das Zeug hält. Wichtig dabei: Stellen Sie sich in den Mittelpunkt, nicht das Ziel.

3. Grenzgängerin

Auf keinen Fall dürfen Sie Grenzen zwischen Beruf und Privat ziehen. Am besten Sie vermischen so viel wie möglich. Auf diese Weise bekommen Sie höchstwahrscheinlich den Hof gemacht, nicht aber das Geschäft.

4. Zögern Sie möglichst lange

Und lassen anderen den Vortritt. Bei Chancen seien Sie stets überkritisch mit sich selbst. Überlegen Sie lange und ausgiebig, denn Ihre Arbeit ist nie perfekt genug. Überhaupt waren die anderen immer schon besser – im „Hier"-Schreien.

5. Sichern Sie sich den 1. Platz auf der Beliebtheitsskala

Machen Sie es jedem Recht. Achten Sie darauf, dass Sie bei Kollegen, Kunden und Vorgesetzten immer die Beliebteste sind. Dann spielt es auch keine Rolle, dass Sie als Einzelschicksal auf der Strecke bleiben.

6. Das Schicksal hat Sie auf dem Radar

Glauben Sie fanatisch an Glück und Zufall. Ihre Erfolge sind alle zufällig entstanden, ganz ohne dass Sie persönlich etwas dazu beigetragen haben. So können Sie dann auch besser mit Enttäuschungen umgehen, wenn das Schicksal es mal nicht gut mit Ihnen meint.

7. Erfolg kennt keinen Nagellack

Achten Sie nicht auf Ihr äußeres Erscheinungsbild. Gemachte Haare, Nagellack, weibliches Outfit? Alles Mädchenkram. Ihre Kollegen tragen schließlich auch Hosenanzüge.

8. Zuhören wird überbewertet

Sie haben weibliche Intuition? Ignorieren Sie sie. Sie können gut zuhören? Lassen sie das. Machen Sie es, wie ihre erfolgreichen Kollegen. Im nächsten Gespräch warten Sie, bis Ihr Gegenüber zwischen den Sätzen Luft holt. Dann hauen Sie ihm Ihre vorformulierte Antwort einfach ins Gesicht. Wer zuhört, verliert.

4.9 Über den Autor

Max Bormann fasziniert auf nationalen sowie internationalen Bühnen. Mit seinen Impulsen werden Events nicht nur zum motivierenden Highlight für Mitarbeiter, Kunden und Veranstalter, sondern zum unvergesslichen Erlebnis für die Zuhörer.

Max Bormann hilft Vorständen und Geschäftsführern neue Spitzenleistungen im Unternehmen zu initiieren und unterstützt sie auf ihrem Weg, die Märkte von morgen für sich zu gewinnen. Er ist Provokateur für alle, die nicht nur besser werden wollen, sondern auch dem Wettbewerb voraus eilen möchten.

Max Bormann zeigt eindrucksvoll auf, wie es Führungskräften gelingt, ihr persönliches Wirken mit Sinnhaftigkeit aufzuladen. Mit dem Ergebnis, dass nicht nur die Mitarbeitermotivation steigt, sondern dass ganze Teams Spitzenleistungen auf einem neuen Niveau dauerhaft umsetzt.

Er kooperiert mit Hochleistungssportlern, Unternehmern und Professoren. Die Erfolgsgeheimnisse für Spitzenleistung im Wettbewerb vermittelt er in seinen mitreißenden Vorträgen.

Weitere Infos unter www.maxbormann.de

Literatur

Zenger, J., & Folkman, J. (2011). *A Study in Leadership: Women do it Better than Men.* http://www.zfco.com/media/articles/ZFCo.WP.WomenBetterThanMen.033012.pdf. Zugegriffen: 4.05.2015

Erfolgreiche Karriere als Frau? Selbst im Fußballbusiness ist das möglich!

5

Thomas Brandtner

Inhaltsverzeichnis

Die Sportbranche und speziell das Fußballbusiness wird von Männern dominiert. Wenn man eine Befragung durchführen würde, in welcher Branche der Männeranteil am höchsten ist, so würde wohl die Sportbranche, speziell der Fußballzweig, häufiger genannt werden. Viele Männer definieren den Fußball als die schönste Nebensache der Welt und nicht allzu selten kommt es vor, dass ein vorhandener Fußballsachverstand beim weiblichen Geschlecht eher belächelt wird. Fußball wird seit jeher größtenteils von männlichen Fans verfolgt, erst seit der WM 2006 beschäftigen sich in Deutschland immer mehr Frauen mit dem Thema Fußball.

Doch wie sieht es im Fußballbusiness, abseits des Geschehens am grünen Rasen, wirklich aus? Stehen hier die Frauen noch eher im Abseits und haben keine Chance auf einen Job? Meine klare Antwort: Nein! Das Geschäft rund um den Fußball hat sich vor allem in den letzten Jahren stetig weiterentwickelt. So hat sich die Bundesliga unter den Topligen in Europa etabliert – sportlich wie wirtschaftlich. Diese zunehmende Professionalisierung führt dazu, dass immer öfter nicht mehr das Geschlecht, sondern die Person, egal ob männlich oder weiblich, bei der Personalakquise im Vordergrund steht.

Ein gutes Beispiel für eine erfolgreiche Karriere als Frau im Fußballbusiness ist Katja Kraus. Die gebürtige Offenbacherin besetzte acht Jahre lang eine Vorstandsposition beim Hamburger SV und zeigte sich dort bis 2011 für die Bereiche Marketing und Kommunikation verantwortlich. Sie bestätigte zwar in einem Interview, dass sie anfangs mit Wider-

Thomas Brandtner ✉
BVB Merchandising GmbH, Rheinlanddamm 207–209, 44137 Dortmund, Deutschland
e-mail: thomas.brandtner@bvb.de

© Springer Fachmedien Wiesbaden 2015
P. Buchenau (Hrsg.), *Chefsache Frauen*, DOI 10.1007/978-3-658-07498-2_5

ständen umgehen musste und die Skepsis der Männer groß war, im Laufe der Zeit habe sich das aber gebessert und die Akzeptanz wurde größer (Fröhlich 2010). Die zu Beginn von ihr genannten Zweifel könnten ein Hinweis darauf sein, dass Frauen im Fußballbusiness noch weniger Chancen als Männer haben. Das mag zwar teilweise der Fall sein, doch ausreichend ist das für mich nicht. Für mich liegen die Gründe woanders: Das mag für Sie etwas überraschend kommen, aber es gelten aus meiner Sicht mittlerweile auch in diesem Geschäftszweig die üblichen Mechanismen einer Personalauswahl. Bei dieser sind vorwiegend die Eigenschaften, die bekanntermaßen eine erfolgreiche Führungskraft auszeichnen, entscheidend: Neben der fachlichen Kompetenz gehört dazu beispielsweise ein großer Ehrgeiz, Durchsetzungsvermögen, Spaß an der Arbeit, Hartnäckigkeit und das Festhalten an den eigenen Zielen.

Also woher kommen die Bedenken? Meine eigenen Erfahrungen zeigen, dass viele Frauen und ebenso Männer den Eintritt in diesen Berufszweig für sich selbst als zu große Hürde darstellen und mit der Einstellung „Ich habe sowieso keine Chance" an ihren möglichen Traumjob herangehen. Das hängt wohl damit zusammen, dass Fußball medial sehr präsent ist und der Gedanke existiert, dass der Andrang auf die verfügbaren Jobs in diesem Bereich enorm ist. Doch die Sache hat einen Haken: Man wird teilweise bewundert und gesellschaftlich oftmals höher angesehen, wenn man als Fußballfan sein Hobby zum Beruf macht und in einem Fußballverein beruflich tätig ist. Trotzdem stelle ich immer wieder mit Erschütterung fest, wie wenige Leute wirklich mit einer Bewerbung auf die Vereine zukommen. Es wird, wie eben erwähnt, davon ausgegangen, dass die Jobs in dieser Branche hart umkämpft sind und man selbst sowieso nicht berücksichtigt wird oder bei der Auswahl durchfällt. Das trifft vor allem auf Frauen zu, die oftmals die von Männern dominierte Fußballwelt vor Augen haben und sich zu wenig zutrauen. Doch meine Devise lautet „Einfach mal machen"! Auf den folgenden Seiten beschreibe ich fünf Tipps, die Ihnen nicht nur in der Branche des runden Leders, sondern auch in anderen Geschäftszweigen zu einer erfolgreichen Karriere verhelfen werden.

5.1 Fünf Tipps, die Ihnen zu einer erfolgreichen Karriere verhelfen

5.1.1 Schmieden Sie Träume!

Wie schön ist es doch, eine von Gott gegebene uneingeschränkte Vorstellungskraft zu besitzen! Die Gabe grenzenlos und somit unvoreingenommen zu denken, gehört für viele Menschen – auch für mich – zu den schwierigsten Dingen. Man findet sich selbst ständig in Gedankenkonstrukten wieder, die sich im Laufe des Lebens eingeprägt haben und aus denen das Ausbrechen manchmal unmöglich erscheint. Im Gegensatz zu diesem für Erwachsene typischen Problem, denken beispielsweise Kinder noch unbefangener und freier. Sie lassen Ihrer Phantasie eher freien Lauf und stellen sich die unmöglichsten Sachen, wie ein Fußball- oder Popstar zu sein, vor. Je älter man wird, desto eher denkt man in seiner eigenen Box und die eigenen Träume werden realistischer. Dabei sind diese Träume der Inbegriff für das Unmögliche, das Reizvolle oder die Luftschlösser, die man bauen will. Doch im Laufe der Zeit werden diese bei vielen Menschen weniger. Das gilt unter anderem auch für die Träume, die mit der Jobkarriere verbunden sind. Sätze wie „Ich werde in Zukunft meinen Traumjob ausüben", „Ich arbeite irgendwann bei meinem Lieblingsverein" oder „Mein Hobby soll zum Beruf werden" kommen immer seltener vor. Nicht selten, weil diese Aussagen auch bei Personen aus dem eigenen Umfeld, wie beispielsweise den eigenen Eltern oder Freunden, keine Beachtung finden und womöglich nicht ernst genommen oder sogar belächelt werden. Schließlich sollte man sich in Zeiten des hart umkämpften Arbeitsmarktes eher auf eine „vernünftige" Tätigkeit fokussieren, die hohe Jobsicherheit mit sich bringt und bei der es realistisch ist, sie zu erreichen. Das gilt ebenso bei Jobwechseln, die mit Risiko verbunden sind oder beim Gang in die Selbstständigkeit. Doch aus meiner Sicht sollte man das Wort „realistisch" aus seinem Wortschatz streichen. Dabei hat besonders das weibliche Geschlecht diesen Realismus nach meinen Erfahrungen eher verinnerlicht als Männer. Klar ist es manchmal sinnvoll, Dinge nüchterner zu betrachten und am Boden zu bleiben, doch mir bereitet das grenzenlose Denken und Träumeschmieden weitaus mehr Spaß. Das fällt vor allem außerhalb Ihres gewohnten Umfelds einfach – fahren Sie ans Meer, in die Berge oder verbringen Sie ein Wochenende im Schweigekloster und schmieden Sie Ihre Träume. Sie werden sehen, es lohnt sich!

5.1.2 Positionieren Sie sich richtig!

Fragt man Menschen, die eine erfolgreiche Karriere hinter sich haben oder gerade erleben, hört man immer wieder, dass zu Beginn ihrer Laufbahn eine Art Selbstfindungsprozess stattfand. Die eigene Persönlichkeit wird dabei mit Fragen wie „Wer bin ich?", „Was will ich?" konfrontiert. Das Ergebnis sollten der oben genannte Traum und die Eckpunkte des zukünftig eingeschlagenen Weges für eine erfolgreiche Jobkarriere ergeben, die mit dem eigenen *Ich* zwingend korrelieren sollten. Doch wie komme ich zu diesen Wunschresultaten? Als ersten Schritt sollten Sie sich Gedanken machen, welche Interessen, Erfahrungen, Fähigkeiten oder welches Wissen sie auszeichnet und bis jetzt Ihr Leben geprägt haben. Sie werden sehen, dass Sie schon einiges erlebt haben und durchaus Dinge dabei sind, die Ihnen bei Ihrer zukünftigen Karriere helfen werden. Nehmen Sie sich genug Zeit dafür, gerne können Sie für dieses Brainstorming auch Personen aus Ihrem Umfeld hinzuziehen. Diese haben oftmals einen neutraleren Blick auf Ihre Person als Sie selbst. Nichtsdestotrotz sollten die niedergeschriebenen Punkte Ihre Person widerspiegeln und nicht die Wunschvorstellungen anderer. Im zweiten Schritt Ihres Positionierungsprozesses sollten Sie Ihr Wunschumfeld definieren. Wo würden Sie gerne arbeiten? Von welchen Leuten möchten Sie umgeben werden? Wenn viel Zeit in den Job und die eigene Berufskarriere investiert wird, sollte man sich dabei auch möglichst wohl fühlen. Bei mir hat sich die Beantwortung der eben genannten Fragen folgendermaßen abgespielt: Nach meiner Ausbildung zum Bürokaufmann hatte ich im Alter von 18 Jahren einen spannenden Job im Controlling eines Großunternehmens und noch dazu tolle Arbeitskollegen. Trotzdem war mir das auf Dauer zu wenig, weshalb ich mir in der Mittagspause eines Arbeitstages folgende Frage stellte: „Thomas, mal ganz im Ernst, kannst du dir vorstellen diesen Job für die kommenden 30, 40 Jahre auszuüben?" Ich kam zu einem klaren Nein. Gleichzeitig stellte ich mir die Frage, welche Branche denn zu mir passen würde. In diesem Moment war mir recht schnell klar, dass für mich nur ein Job im Sportbusiness in Frage kommt. Der Sport, vor allem der Fußball, war früh meine Leidenschaft und hatte für mich schon seit langem einen enormen Reiz. Hier zeichnen sich noch dazu die Leute unter anderem durch einen lockeren Umgang miteinander, positives Auftreten, Loyalität zum Arbeitgeber und vor allem Spaß an der Arbeit aus. Dieser Menschenschlag passte somit zu meinem Ich und ich wollte unbedingt dorthin! Definieren Sie im Anschluss den Nutzen, den Sie für Ihr zukünftiges Wunschumfeld stiften können. Welche Ihrer bereits notierten Erfahrungen, Interessen, Fähigkeiten oder welches Wissen könnten für den zukünftigen Arbeitgeber hilfreich sein? Arbeiten Sie Ihren persönlichen USP (Unique Selling Proposition) heraus. Dieser beschreibt, was Sie von der Konkurrenz abhebt und Ihre Person auszeichnet. Nach Durchführung dieser drei Schritte setzen Sie Ihre Ergebnisse aus dem Prozess der Positionierung zusammen und schmieden Sie Ihren Traum! Möglich ist dabei auch, dass die Erkenntnisse für einen erfolgreichen Prozess erst nach und nach in Ihrer Gedankenwelt auftauchen. Das Motto „Es ist nie zu spät" gilt auch hier. Für eine passende Positionierung und darauffolgende Neuausrichtung ist es nie zu spät, auch im fortgeschrittenen Alter nicht!

5.1.3   Zeigen Sie Loyalität und Konsequenz gegenüber sich selbst!

Der Begriff Loyalität kam in diesem Kapitel schon zu Beginn vor. Dieser ist für eine erfolgreiche Karriere von enormer Bedeutung. In Ihrem Leben wird es öfter vorkommen, dass Sie mit Einflüssen von außen zu tun haben und diese womöglich Ihre eingeschlagene Richtung auf den Prüfstand stellen. Zu diesen Einflüssen gehört alles, was Ihre Person umgibt: Familie, Beziehung, Freunde, Arbeitskollegen, Vorgesetzte, Wohnort und vieles mehr. Wichtig ist dabei, dass Sie diese Einwirkungen für sich filtern und richtig einschätzen. Manche mögen Sie auf Ihrem Weg unterstützen und eine positive Wirkung haben, andere halten Sie auf und behindern Sie vielleicht auf Ihrem Erfolgsweg. Das soll folglich aber nicht heißen, dass Sie grundsätzlich auf Tipps oder Ratschläge verzichten sollen. Seien Sie offen für Neues und erweitern Sie Ihren Horizont. Lernen Sie neue Leute und andere Denkweisen kennen, verändern Sie Ihre Umgebung oder probieren Sie neue Dinge aus. Das bringt neue Erfahrungen und Erkenntnisse mit sich, die Ihnen auf dem Weg zu einer erfolgreichen Karriere helfen können. Am Ende des Tages ist entscheidend, ob Sie Ihrem ursprünglich eingeschlagenen Weg trotz dieser positiven oder negativen Einflüsse treu bleiben. Das soll nicht heißen, dass Sie zwingend an Ihrem Traum festhalten müssen, vor allem wenn dieser mittlerweile nicht mehr Ihr Ich widerspiegelt. Es ist vielmehr sogar sinnvoll, Ihren Weg ständig zu hinterfragen und die Pros und Kontras gegenüberzustellen. So können Sie rechtzeitig Kursänderungen vornehmen und Gegenmaßnahmen einleiten. Ist das Ergebnis, dass Ihr Traum nicht mehr aktuell ist, schmieden Sie einen neuen. Das sollte aber nur der Fall sein, wenn Ihre persönlichen Werte nicht mehr mit dem festgelegten Luftschloss korrelieren. So sollten kurzzeitige persönliche Enttäuschungen, Rückschläge oder Niederlagen, wie beispielsweise eine Absage bei einer Bewerbung für einen neuen Job oder die verpasste Beförderung, nie Ihren Traum gefährden. „Wer gewinnen will, muss auch mal verlieren" lautet in diesem Kontext mein Leitspruch. Nach meinen Erfahrungen geben Frauen ihren Traum nach negativen Erfahrungen eher auf als Männer. Doch das ist meistens der falsche Ansatz. Mein Rat: Bleiben Sie konsequent und geben Sie nicht nach. Loyalität zum eigenen Ich, ein konsequentes Vorgehen, nach Niederlagen aufstehen, und Hartnäckigkeit gepaart mit Zielstrebigkeit, rentieren sich auf kurze oder lange Sicht.

5.1.4 Kreieren Sie Chancen und nutzen Sie diese!

Sie kennen es von Ihrem Mann oder hören diese oder eine ähnliche Formulierung, wenn Sie ein Fußballspiel im TV verfolgen. Die überlegene Mannschaft kreiert Chancen, aber schießt keine Tore. Am Ende zählen aber diese, und ohne Torerfolg kann kein Match gewonnen werden. Nichtsdestotrotz müssen, bevor etwas Zählbares zu Buche stehen kann, zuerst Möglichkeiten geschaffen werden. Umgelegt auf Ihre Karriere bedeutet dies, dass Sie nach Chancen suchen müssen, die Sie Ihrem Traum ein Stück näher kommen lassen. Durchforsten Sie bei der Suche nach Ihrem Traumjob alle zur Verfügung stehenden Medien nach Informationen oder Angeboten, die sich in Zukunft positiv auf Ihre Zielerreichung auswirken können. Ihr zukünftiger Arbeitgeber oder Vorgesetzter muss bei einem persönlichen Gespräch auf den ersten Blick erkennen können, dass Sie sich neben Ihren Kenntnissen, Fähigkeiten und sozialen Kompetenzen in der Branche auskennen und mit dem Unternehmen vertraut sind. Nach gesammelten Informationen können Sie auf Ihre Wuncharbeitgeber zugehen und nach Chancen suchen. Aktiv sein ist hier der Schlüssel zum Erfolg – auf Chancen warten hat noch nie zum Erfolg geführt. Nehmen Sie mit Personen Kontakt auf, die bereits in Ihrem Wunschumfeld tätig oder diesem nah sind. In Zeiten des gläsernen Unternehmens kommen Sie durch gezielte Suche im Internet zum Beispiel recht einfach an die Kontaktdaten des Geschäftsführers oder des Leiters der Personalabteilung. Dazu eignen sich neben Ihrem privaten Netzwerk ebenfalls die sozialen Netzwerke wie XING oder LinkedIn sehr gut. Ist der Kontakt erst einmal hergestellt, müssen Sie nun Ihre Chance nutzen. Damit die kontaktierten Personen Sie genauer unter die Lupe oder ernst nehmen und Sie bestenfalls auf Ihrem Weg nach oben unterstützen, müssen Sie diesen, neben Ihrem Willen, einen Mehrwert für die eigene Person aufzeigen. Tun Sie Gutes, zeigen Sie Wertschätzung für die Person und erläutern Sie, warum Sie die richtige Wahl sind oder es sinnvoll ist, mit Ihnen weiter in Kontakt zu bleiben. Ich habe mir dazu den Satz „Das Leben ist ein Service" verinnerlicht. Das Leben besteht nicht nur darin, Gutes zu empfangen, sondern wichtiger ist hier das Geben. In diesem Zusammenhang spreche ich nicht von Geschenken, vielmehr von der gerade erwähnten Wertschätzung und Aufmerksamkeit. Sehen Sie das Verhältnis zu den Personen aus Ihrem jetzigen oder zukünftigen Netzwerk als Beziehungen, die laufend gepflegt werden müssen. Bei den Menschen, die bei Ihnen die höchste Priorität genießen oder bei denen Sie die größeren Erfolgsaussichten für ein positives Zurückgeben sehen, investieren Sie noch mehr als bei anderen. Bei dieser Vorgehensweise werden Sie über kurz oder lang wertvolle Früchte ernten. Das kann beruflich eine Beförderung, ein lukratives Jobangebot oder eine Gehaltserhöhung sein. Kommen wir zurück auf das Geben: Was spricht dagegen, dem Personalentscheider eines Unternehmens, in dem Sie Ihren Traumjob ausüben könnten, anzubieten ihn bei einem kleinen Projekt zu unterstützen – gerne auch kostenlos. Es muss erkennbar sein, dass Sie unmissverständlich Lust auf das Ganze haben und bereit sind in die Chance zu investieren und diese zu nützen. Darüber hinaus können Sie bei einer solchen Zusatzarbeit zeigen, dass Sie neben Ihrer vielversprechenden Grundeinstellung noch überaus wertvolle Kenntnisse und Fähigkeiten mitbringen. Ähnlich verhält es sich bei einem größeren Projekt im Zuge Ihres jetzigen Jobs. Seien Sie bereit mehr aufzubringen als andere. Übernehmen Sie Verantwortung und streichen Sie den Nutzen Ihrer Arbeit gegenüber Ihren Vorgesetzten heraus. Gerade das weibliche Geschlecht neigt dazu, seine eigene Leistung zu unterschätzen, während Männer das Vollbrachte öfter überschätzen. Wesentlich bei dem gesamten Vorgehen ist, dass Sie selbstbewusst sind, an sich selbst glauben und eine positive Ausstrahlung an den Tag legen. Rühren Sie ruhig die Werbetrommel für sich. Zurückhaltung führt in den seltensten Fällen zum Erfolg!

5.1.5   Mentoring als Karriereboost

Wie im letzten Punkt erwähnt, ist die proaktive Kontaktaufnahme und Beziehungspflege mit Entscheidern innerhalb und außerhalb des Unternehmens bedeutend für Ihren Karriereerfolg. Das eigene Netzwerk effizient zu nutzen sollte in Ihrer Strategie fest verankert sein. Darüber hinaus sollten Sie im Zuge Ihrer Karrierelaufbahn versuchen, Menschen für sich zu gewinnen, die Sie besonders intensiv auf Ihrem Weg begleiten und unterstützen. Der Erfolg hat meistens mehrere Väter oder besser gesagt Mentoren. Voraussetzung für eine so intensive Arbeitsbeziehung ist vollstes Vertrauen und gegenseitige Wertschätzung. Die Aufgaben des Mentors sind dabei vielfältig: Er soll Vorbild, Coach, Ratgeber, Lehrmeister, Kritiker und Förderer zugleich sein. Der Mentor ist in der Regel karrieretechnisch über Ihnen angesiedelt und vielleicht schon dort, wo Sie in Zukunft sein wollen. Ob diese Partnerschaft effektiv ist, hängt maßgeblich von Ihnen ab. Sie müssen im Zuge dieser Beziehung den Willen haben, möglichst viel Wissen und Erfahrungen aufzusaugen, Kritik positiv zu sehen und den Ehrgeiz haben, sich ständig weiterzuentwickeln. Doch bevor es zu einem erfolgreichen Mentoring kommt, müssen Sie auf die Suche nach einem passenden Vorbild gehen. Dabei sollten Sie wie im vorherigen Tipp „Chancen kreieren und nutzen" (Abschn. 5.1.1) beschrieben, die sozialen Netzwerke nutzen. Es kann aber natürlich auch sein, dass Sie Ihren zukünftigen Förderer anderweitig begegnen. Halten Sie Augen und Ohren offen und nutzen Sie die Ihnen erscheinenden Möglichkeiten. Damit

Sie die ausgewählte Person für sich gewinnen, müssen sie von Anfang an ein klares Ziel haben, selbstbewusst sein und authentisch wirken.

Diese fünf Tipps sollen Sie auf dem Weg zu einer erfolgreichen Karriere begleiten und Ihnen helfen, Ihren Traum zu verwirklichen! Wenn Sie diese beherzigen und umsetzen, bin ich mir sicher, dass Sie einen großen Schritt in die richtige Richtung gehen! Auf Ihrem Weg, der zweifellos nicht einfach ist, wünsche Ich Ihnen alles Gute und viel Erfolg. Und zu guter Letzt: Wenn Sie Fußballfan sind und die Männerdomäne im Business des runden Leders weiter aufbrechen wollen, tun Sie das und glauben Sie an sich!

5.2 Über den Autor

Thomas Brandtner ist der Experte für den Wandel vom Kunden zum Fan und dem Ziel der emotionalen Führerschaft am Markt. Er ist Führungskraft bei Borussia Dortmund, einer der erfolgreichsten Fußballvereine der letzten Jahre in Deutschland, und zudem Keynote-Speaker, Autor und Dozent an Hochschulen. Nach seiner Ausbildung und seine Studien in Innsbruck und Bayreuth führte sein Karriereweg nach München, bis es schließlich zu einer der emotionalsten Marken Deutschlands ging: Borussia Dortmund. Praxisnah, authentisch und unterhaltsam spricht er darüber, was Unternehmen aus der Wirtschaft vom König Fußball lernen können. Im Land des amtierenden Weltmeisters zeichnet sich die vermeintlich schönste Nebensache der Welt durch Emotionen und starke Verbundenheit von Vereinen und deren Fans aus. In seinen Vorträgen geht er dabei auf den wünschenswerten Wandel vom Kunden zum Fan ein und spricht über die Emotionalisierung sowie Begeisterung der bereits bestehenden Konsumenten. Sein Motto: Ein emotional gebundener Fan ist lukrativer und günstiger als die ständige Neuakquise potentieller Kunden!

Mehr unter www.thomas-brandtner.de

Literatur

Fröhlich, D. (2010). *Katja Kraus. Die wichtigste Frau beim Hamburger SV*. http://www.karriere.de/
karriere/die-wichtigste-frau-beim-hamburger-sv-9788/. Zugegriffen: 13.05.2015

Zentralverband der deutschen Werbewirtschaft (2008). *Erforschung von Meinungen: Kräftiger
Image-Gewinn für Werbung.* http://www.zaw.eu/zaw/aktuelles/meldungen/ERFORSCHUNG-
VON-MEINUNGEN-Kraeftiger-Image-Gewinn-fuer-Werbung.php. Zugegriffen: 23. Janu-
ar 2015

Hört auf zu arbeiten – performt endlich

6

Peter Buchenau

Inhaltsverzeichnis

> Manche Manager braucht man, manche Führungskräfte will man, einen Performer will man brauchen
> (Peter Buchenau).

Immer wieder begegne ich in meiner Beratungs- und Mentorentätigkeit dem Denken, dass „schneller" automatisch „mehr" wäre, und erstaunlich viele weibliche Führungskräfte scheinen ihre Arbeitsleistung an der Anzahl der gearbeiteten Stunden, den Überstunden und dem Stress-Pegel zu messen. Nach wie vor werden die Kolleginnen, besonders in der Beratungs- und Führungsbranche, mit den wenigsten Überstunden immer noch schief angeschaut.

Überstunden, Stress und Übermüdung sind Status-Symbole. Das Zusammenführen von Beruf und Familie wird nach wie vor kaum von den Unternehmen sinnvoll angeboten. Wenn es gut läuft, setzt beim ersten Bandscheibenvorfall, Migräne oder Burn-Out einer Kollegin dann ein Umdenken ein. Oft legen die anderen weiblichen Führungskräfte den Zusammenbruch aber auch nur als Schwäche aus. Abgesehen vom Raubbau an der eigenen Gesundheit macht das Ganze aber selbst aus kurzfristigen Gesichtspunkten fürs Unternehmensergebnis keinen Sinn. Gerade erfolgreiche Businessfrauen meinen von 07:00 bis 23:00 Uhr im Büro sitzen zu müssen, über 200 E-Mails beantworten, vier Besprechungen und fünf Telefonkonferenzen mit anderen Kontinenten dazwischen quetschen zu müssen.

Peter Buchenau ✉
Röntgenstraße 20, 97295 Waldbrunn, Deutschland
e-mail: peter@peterbuchenau.de

© Springer Fachmedien Wiesbaden 2015
P. Buchenau (Hrsg.), *Chefsache Frauen*, DOI 10.1007/978-3-658-07498-2_6

Am Abend verfallen viele Frauen dann in das Gefühl nichts geschafft zu haben. Warum denn auch, oft erledigen diese Businessfrauen zusätzlich Arbeiten männlicher Kollegen, um sich zu beweisen oder um einfach nur Harmonie zu versprühen. Das Gerücht, eine Businessfrau muss doppelt so viel leisten, um den gleichen Respekt zu verdienen, hat leider immer noch Gültigkeit.

Was aber wirklich zählt, verehrte Leserinnen, ist nicht, wer am längsten das Licht an hat, wie lange sie arbeiten oder wie viel Stress sie haben, oder wie viele Mails und Besprechungen sie hinter sich bringen – sondern nur, was am Ende als Ergebnis heraus kommt. Hier sind viele männliche Führungskollegen einfach zielstrebiger.

Das war übrigens schon in der Geschichte mit dem Hasen und dem Igel so. Nur gerät es gerade heute paradoxerweise immer mehr in Vergessenheit, weil wir dank moderner Technik immer schneller Informationen und Nachrichten bekommen, erstellen, verteilen und beantworten können. Sicher gehört auch ein gewisses Tempo zum Arbeiten. Effizienz ist, die Dinge richtig tun – wenn Sie endlich 10-Finger-Schreiben lernen, brauchen Sie nur noch halb so viel Zeit, um Ihre ganzen E-Mails und Berichte zu tippen. Viel wichtiger hingegen ist Effektivität, die richtigen Dinge tun. Durch eine vernünftige Analyse und Verbesserung der Aufgaben und Prozesse dafür zu sorgen, dass zum Beispiel die Fehlerrate auf die Hälfte sinkt und dadurch für alle Zukunft automatisch alles schneller läuft, ohne dass man andere Parameter ändern oder die Mitarbeiter hetzen müsste. Effektivität ist also gefragt.

In Deutschland arbeiten immer mehr Menschen im Bereich Dienstleistung und Information. Informationen sammeln, filtern, bewerten, aufbereiten und wichtig: entscheiden. Immer und immer wieder müssen sie sehr kurzfristig neue komplexe Entscheidungen treffen, die morgen anders sein können als heute. Verehrte Führungskraft, denken Sie beim Weiterlesen immer an die Hintergründe für bessere Leistung und vor allem an bessere Effektivität.

Wenn Sie körperlich und mental fit sind, wenn Sie ausgeschlafen sind, wenn Sie sich von den Kolleginnen und Kollegen, weiteren Vorgesetzten (aber auch Mitarbeitern) respektiert und wertgeschätzt fühlen, wenn Sie mit einer positiven Grundhaltung an die Dinge gehen und wenn Sie wissen, dass Sie es schaffen können, wenn Sie Verantwortung, Vertrauen und Entscheidungsfähigkeit für Ihren Aufgabenbereich bekommen und dadurch auch eigenständig und flexibel reagieren und handeln können, wenn Sie einen Sinn in Ihrem Handeln aber auch das große Ganze sehen, dann bringen Sie auch automatisch hervorragende Leitungen. Dann sind Sie eine Performerin (vgl. Abb. 6.1).

So wie es im letzten Absatz steht, klingt das Ganze so einfach. Und das ist es sogar. Wenn Sie es sich nur selbst nicht unnötig schwer machen, sondern den Mut haben, auszubrechen aus dem „Schneller-Länger-Gestresster-Spiel". Es kostet Mut, es kostet Einsatz, und am Anfang sogar Zeit und Nerven. Vor allem geht es nicht von heute auf morgen. Doch der Einsatz rentiert sich schnell. Trauen Sie sich!

Viele Tipps in den nachfolgenden Kapiteln sind selbst erlebt, selbst entdeckt, selbst gelöst. Daher kann ich ruhigen Gewissens behaupten: Alles wurde überprüft und entspricht meinen Erfahrungen, die ich heute gerne an Sie weitergeben möchte. So ist nun ein Kapitel

Abb. 6.1 Performer Historie

hier im Buch entstanden, das einerseits für weibliche Nachwuchsführungskräfte, Personalverantwortliche aber auch für Top-Managerinnen geschrieben ist. Ich habe so einfach
wie möglich geschrieben, denn je höher Sie in der Karriereleiter steigen, desto einfacher
muss die Sprache und Erklärung sein. Was zusätzlich dazu kommt, ist der gesunde Menschenverstand.

6.1 Einführung

Die Performer-Methode, die ich Ihnen nun vorstelle, dient zur Orientierung an neuen und
alten Werten. Sie ist ein Leitfaden für den langfristigen Erfolg von Mensch und Unternehmen: „Was, zum Beispiel, macht Erfolg aus?", „Wie können Mitarbeiter langfristig
leistungsfähig und motiviert bleiben?" und „Wie kann man ein langfristiges, erfolgsreichs-
orientiertes Führungsverhalten erreichen?"

Auf diese Fragen versuche ich auf den nachfolgenden Seiten Antworten zu geben und
zwar speziell für weibliche Führungskräfte, aber aus der Sicht eines Mannes. Wenn ich
Sie zum Nachdenken anrege und für Veränderungen motivieren kann, dann habe ich
viel erreicht. Der erste Schritt liegt bei Ihnen. Gehen Sie ihn! Die anderen werden Ihnen
folgen.

Im Folgenden lernen Sie Gedanken und Erfahrungsberichte unterschiedlicher Führungskräfte kennen. Sicherlich werden Sie sich in der einen oder anderen Situation wie-
derfinden.

Wichtig ist, dass Sie bislang überhaupt gehandelt haben und sich nicht, wie viele leider
unprofessionelle Manager, einfach auf Befehle und Anweisungen wartend, hinter ihrem
Schreibtisch oder innerhalb einer großen Organisation, versteckt haben. „Eh-Da's" haben
wir in den Firmen genug. Es fehlen Unternehmerinnen und Performer.

Um am künftigen Markt als weibliche Führungskraft bestehen zu können, müssen Sie
verstehen, welche drei Führungsthemen sich höchstwahrscheinlich durchsetzen werden:

1. Werte werden wichtiger

Viele Mitarbeiter haben das Vertrauen in die Führungselite verloren. Schmiergeldzahlungen, überhöhte Boni, Finanzkrise, nicht eingehaltene Wahlversprechen begleiteten uns in den letzten Jahren. Laut einer GfK-Studie aus dem Jahr 2008 liegen die Berufsgruppen Manager und Politiker mit 15 bzw. 10 Vertrauenspunkten weit hinter den Berufsgruppen Feuerwehr mit 95 Vertrauenspunkten oder Ärzten mit 87 Vertrauenspunkten (Zentralverband der deutschen Werbewirtschaft 2008).

Nachwuchsführungskräfte haben den Imageverlust bereits erkannt und darauf reagiert. Interessant ist, dass bei der im Jahr 2009 durchgeführten Führungskräftebefragung der Deutschen Wertekommission die Werte Familie, Partnerschaft, Ehrlichkeit und Wahrheit mit großem Abstand vor den Werten Geld, Macht, Luxus gestellt wurden.

Werte spielen eine wichtige Rolle.

2. Gesundheit wird zu Chefsache

Stress nimmt nicht nur am Arbeitsplatz zu. Drei von vier Führungskräften in Deutschland fühlen sich massiv gestresst. Bei Frauen in Führungspositionen kommt oft noch eine weitere Belastung durch Familie und Kinder hinzu. Immer mehr Arbeit muss von immer weniger Personal bewältigt werden. Die durch Stress verursachten Ausfallkosten des Personals belaufen sich für Arbeitgeber in Deutschland auf über 80 Milliarden Euro. Die Weltgesundheitsorganisation hat Stress zur größten Gesundheitsgefahr des 21. Jahrhunderts erklärt. Werksärzte, Personalverantwortliche, Berufsgenossenschaften, Gewerkschaften und Krankenkassen sind mit diesem Problem maßlos überfordert. Die meisten haben keine Ideen, wie sie Mitarbeiter wirklich schützen können. Von wirksamen Konzepten oder Visionen ganz zu schweigen. Hiervon betroffen ist auch die Gesundheitspolitik. Heißt es nicht, vorbeugen ist besser als heilen? Denken Sie daran: *Eine gesunde Firma braucht gesunde Mitarbeiter!*

3. Tue Gutes und berichte darüber

Social Media Marketing und Social Media Public Relation wird immer wichtiger, denn: „Ist der Ruf erst einmal ruiniert, lebt sich's frei und ungeniert". In diesem bekannten Sprichwort steckt viel Wahrheit. Es ist sehr schwierig, einen zu Recht oder auch zu Unrecht erhaltenen negativen Ruf wieder ins rechte Licht zu rücken. Einige Manager der deutschen Business-Elite, die immer wieder negativ in den Schlagzeilen stehen, werfen auf einen ganzen Berufsstamm ein schlechtes Licht. Aber es gibt über 100.000 hervorragende Führungskräfte, männlich und weiblich, allein in Deutschland, die sich überdurchschnittlich engagieren, für ihre Belegschaft da sind, sie unterstützen, motivieren und anleiten. Sehr oft sind diese Führungskräfte mit dem Mitarbeiter sogar sozial stark verbunden.

Erfolgreiche Unternehmerinnen müssen sich künftig positiv am Markt präsentieren. Sie sichern sich Sympathie und damit ihre Überlebenschancen. Für die Wahrung der Attraktivität in der Öffentlichkeit ist zum einen ein strategisches PR-Konzept wichtig und zum anderen die richtige Unternehmens- und Personalführung. Nicht umsonst ist die Auszeichnung „mitarbeiterfreundlichstes Unternehmen des Jahres" so begehrt. Dies schlägt sich natürlich auch positiv auf die Performance der Unternehmen nieder. Denken Sie daran: Gutes zieht Gutes an, Schlechtes eben nur Schlechtes.

Die Performer-Methode ist ein Instrument zum Erhalt bzw. zur Steigerung der Leistungskraft von Mensch und Unternehmen. Es geht um Effektivität. Sie ist keine klassische Managementmethode, wie sie zum Beispiel Malik (2009) beschreibt. Es ist vielmehr eine werteorientierte, praxiserprobte Vorgehensweise. Sie besinnt sich auf Werte, die einen gesunden Menschenverstand ausmachen. Deshalb vertrauen Sie auf Ihren gesunden Menschenverstand, und vertrauen Sie sich selbst. Die Performer-Methode dient als Leitfaden. Im Folgenden stelle ich Ihnen die neun Merkmale der Performer-Methode vor. Gehen Sie dabei Schritt für Schritt vor, ich begleite Sie dabei.

6.2   Die neun Erfolgsfaktoren der Performer-Methode:

P = Purpose/Sinn
E = Empowerment/Bevollmächtigung
R = Relationship/Beziehung und Kommunikation
F = Flexibility/Flexibilität
O = Optimism/Optimismus
R = Respect/Respekt und Anerkennung
M = Motivation/Motivation
E = Energy/Energie und Tatkraft
R = Result/Ergebnis

6.2.1   P wie Purpose

Haben Sie schon mal eine sinnlose Aufgabe verrichtet? Wenn ja, warum? Mal ehrlich, wie haben Sie sich gefühlt als Sie in Ihrer Sicht eine sinnlose Aufgabe verrichtet haben (Abb. 6.2)? Waren Sie hoch motiviert und voller Tatendrang bei der Aufgabe? Wenn Sie die letzte Frage mit „ja" beantwortet haben, dann gehören Sie zur absoluten Minderheit im deutschsprachigen Raum. Normalerweise arbeiten Sie nur motiviert, ehrgeizig und leidenschaftlich, wenn Sie in ihrem Tun einen Sinn sehen.

Sinnvolles Handeln
Etwas Sinnvolles tun. Dem eigenen Leben oder Aufgabe eine Richtung und einen Sinn geben, nicht nur im Privaten, sondern auch im Beruf. Sinnvoll führen zu wollen, ist ein ehrgeiziges und wertvolles Ziel. Mit diesen Ansprüchen an die ganz persönliche Lebensgestaltung zeigen Menschen ihre Bereitschaft, ihrem Wesen und Werten entsprechend zu handeln. Wer in seinem Leben eine sinnvolle und sinnfördernde Kraft entwickelt, setzt bejahende und gestaltende Akzente. Wer sinnerfüllend lebt, arbeitet und, führt, verwirklicht

Abb. 6.2 Purpose

Purpose (Sinn)

seine Werte. Leider haben viele Manager immer noch keine sinnerfüllende Einstellung. Sie sind einfach ausführende Angestellte, ohne Vision und ohne eigene innere Werte. Ihre Werte werden von den Geldgebern und Shareholdern bestimmt. Weibliche Führungskräfte machen es anders. Eine erfolgreiche weibliche Führungskraft versteht daher unter dem Sinn- und Wertesystem gemeinschaftlichen Lebens die größtmögliche Entfaltung und Vervollkommnung der eigenen Werte im bestmöglichen Einklang mit dem jeweiligen Umfeld.

Sinnvolle Auswahl von Werten
Sinnerfüllung heißt im Arbeitsumfeld einer Performerin, dass Sie zur aktiven Lebens- und Arbeitslebenbewältigung einen Sinnsuchprozess gestalten. Am Ende dieses Prozesses muss ein Werk entstehen, in dem eine gute Tat gelebt oder ein befreiendes Erlebnis Tag für Tag gefunden wird. Die Sinnsuche und Sinnerfüllung der Performerin wird somit zum Kern eines erfüllten Lebens, beruflich und privat.

Die Sinnsuche und Sinnerfüllung führen daher bei Nichtbeachtung in kritischer Situation zu massiven systemischen Konflikten. Man handelt dann widerwillig, also gegen den Willen und hat auf jeden Fall ein ungutes Gefühl im Magen und hat auch keinen Erfolg.

Performerinnen, die einen gesunden und sinnvollen Leistungswillen in sich tragen, braucht es in Zukunft mehr und mehr. Der Wille zum individuellen Sieg, verbunden mit dem Willen zum gemeinschaftlichen Gewinn beizutragen, muss angeregt werden. Der Performerin ist klar, dass individuelle sinnvolle und wertebezogene Zielvereinbarungen erarbeitet und umgesetzt werden müssen. Doch wie soll das in vielen Unternehmen durchgeführt werden? Die Managerelite wird leider immer unpersönlicher. Das Erleben, Spüren, Fühlen von Vorbildern und gesprächsbereiten und kraftvollen Managerpersönlichkeiten wird immer weniger präsent.

Performerinnen erzielen Leistung durch ein vorbildliches Sinnverständnis oder durch eine souveräne Führung mit Sinn und Werten. Gerade wenn es um Höchstleistungen geht, versagen jedoch leider die herkömmlichen Führungsstile. Die hierarchische Führung stößt schnell an Grenzen. Wirklich erfolgreiche Performerinnen besinnen sich auf Nachhaltigkeit und springen nicht von einer Managementmethode zur anderen.

Leistung entspringt einer Geisteshaltung, die sich an Sinn orientiert. Wer an etwas Sinnlosem arbeitet, wird nie seine Leistung erbringen. Dagegen spornt uns eine sinnvolle Aufgabe an. Unser Denken kann neue Möglichkeiten kreieren, was zu veränderten Rahmenbedingungen führt. Diese wiederum führen zu veränderten Verhaltensweisen im Hinblick auf die Situationen im Alltag. Das Rad beginnt sich wieder von neuem zu drehen, immer wieder, immer öfter, immer schneller. Daher braucht eine Führungskraft ein umfassendes Wissen über die Menschen generell, darüber wie sie denken und welche psychologischen und ideologischen Hintergründe hinter dem Verhalten stecken. Eine wirksame Performerin stellt sich daher permanent folgende Fragen:

- Welche Werte streben in mir selbst nach Verwirklichung?
- Wie kann ich persönliche Zufriedenheit finden?
- Wie kann ich mehr Zeit für mich gewinnen?
- Wie kann ich meine Mitarbeiter zu Höchstleistungen führen?
- Wie kann ich in meinem Unternehmen eine Atmosphäre schaffen, in der alle Kunden, Mitarbeiter Gäste und Partner sich wohl fühlen und engagiert agieren?

Die Performerin schafft durch ihr Vorbild und durch ihr persönliches Verhalten die entscheidenden Bedingungen für selbstgesteuertes, selbstverantwortliches Verhalten der Mitarbeiter in einer Atmosphäre von Offenheit, Vertrauen und Sinnhaftigkeit. Wachstumspotenziale der Führenden und Mitarbeiter werden erkannt und gefördert. Die Performerin konzentriert sich daher auf eine sinnvolle und wertedifferenzierte Führung. Sie weiß, dass eine zielgerichtete Steuerung, Innovation und Kreativität ohne die Leistung von Menschen im Unternehmen nicht denkbar ist. Die Arbeitsleistung jedes Menschen hängt dabei in großem Maße davon ab, wie der Mensch zu seiner Arbeit steht und ob er in dem, was er tut, einen persönlichen Sinn findet. Den Sinn finden kann der Mensch dabei nur, wenn er seine Werte verwirklicht. Diese Werte müssen im *Sinnvereinbarungsgespräch* zwischen der Führungskraft und dem Mitarbeiter angesprochen, am besten sogar niedergeschrieben werden. Die weitere Vereinbarung von Zielen wird danach auf diese Weise durch eine Vereinbarung des Sinns und der Werte untermauert. Geschieht dies nicht, bleiben Ziele in einem unklaren Sinn- und Werteraum; die Zielerreichung unterliegt dann einer ungezügelten Willkür. In dem Fall werden die vereinbarten Ziele im Laufe des Arbeitsprozesses anderen sinnvoller erscheinenden Themen mit mehr oder weniger unterschiedlichen Prioritäten gegenübergestellt. Somit ist das zu erreichende Ziel in Gefahr. Die Performerin achtet darauf, dass Change Management sich nicht zum Sinn- und Wertekiller entfaltet. Denn Sie weiß ja, dass nichts so beständig ist wie der Wechsel. Deshalb wird eine wahre Performerin keine sinnlose Arbeit oder Aufgabe ausführen.

6.2.2 E wie Empowerment

Empowerment oder „Befähigung" ist kein neues Managementtool oder eine neue Methodik. Empowerment beruht letztendlich auf dem menschlichen Verhalten in Organisationsstrukturen, Wissen auf natürliche Weise weiterzugeben und auf kontinuierlicher Weiterbildung bzw. der Qualifikation der Mitarbeiter (vgl. Abb. 6.3).

Wollen – Können – Dürfen

Performerinnen wissen, dass nur das Zusammenspiel von „Wollen – Können – Dürfen" zu einer erfolgreichen Befähigung etwas zu tun, unumgänglich ist. Auch das ist nichts Neues, denn „Wollen – Können – Dürfen" haben wir von Kindesbeinen gelernt. Hier geht es einfach wieder darum, es sich bewusst zu machen.

Wollen

Das Wollen ist die Grundvoraussetzung für Performerinnen und setzt unmittelbar bei Punkt 1 (Purpose = Sinn) auf. Wenn ich eine in meinen Augen sinnvolle Aufgabe verrichte, dann will ich diese Aufgabe in der Regel auch tun. Deshalb ist es unabdingbar, dass Performerinnen die Aufgabe erledigen oder das Ziel erreichen wollen. Ich kann das auch aus meiner männlichen Sicht beschreiben und denke, dass weibliche Führungskräfte und gleichzeitig Performerinnen verstärkt motiviert und begeisterungsfähig eine Aufgabe verrichten, die diese auch tun wollen. Das ist übrigens auch der Schlüssel zum Teamerfolg. Performerinnen wissen, dass ein Team, egal wie auch immer zusammengesetzt, wesentlich schneller und kosteneffizienter die Teamaufgabe erledigt, wenn das Team die Aufgabe machen will. Ich versuche daher immer erst ein Team für eine Aufgabe zu begeistern. Wenn das geschehen ist, geht der Rest in der Regel ganz automatisch.

Abb. 6.3 Empowerment

Können

Will eine Performerin etwas tun oder hat sie ihr Team dazu bewegt, dass es die Aufgaben erledigen will, dann folgt das Können. Dazu ein einfaches Beispiel: Sie haben sich in den Kopf gesetzt das Matterhorn zu besteigen. Für gut trainierte Menschen ist die Besteigung unter Führung eines erfahrenen Bergführers keine unlösbare Aufgabe. Sollten Sie aber zu den Halbschuh-Touristen gehören, die bereits beim Bewandern des Feldbergs außer Atem kommen und anstatt Bergschuhe nur mit Jogging- oder Trackingschuhe ausgestattet sein, werden Sie das Ziel „Gipfel Matterhorn" wahrscheinlich nicht erreichen. Auch wenn Sie das noch so wollen.

Performerinnen ist diese Tatsache bewusst. Neben dem Wollen braucht es beim Können die richtige Ausbildung, Ausrüstung oder auch die richtigen Werkzeuge. Im Vorfeld werden präventiv die Aus- und Weiterbildungen auf das Ziel ausgerichtet. Ebenso werden die richtigen Arbeitsmittel beschafft. Klar, speziell in Projekten kann es anfangs zu einer Projektstartverzögerung kommen, aber betrachtet man den gesamten Projektverlauf, werden die Teams schneller und erfolgreicher arbeiten, die über das motivierende Wollen und auch das dazugehörige Können (Wissen) verfügen. Performerinnen sind daher immer bestrebt, das Team richtig auszustatten.

Das erinnert mich an Barbara Ormerod, eine meiner früheren Vorgesetzten. Barbara war eine echte Performerin, sie ist heute pensioniert und lebt in Florida. Barbara war zuständig für die gesamte Europäische Beratungsgruppe. Ich denke, sie führte ungefähr 400 Berater und Beraterinnen. Obwohl sie aus Philadelphia oder London für ganz Europa die Verantwortung hatte, habe ich sie vielleicht zweimal im Jahr gesehen. Barbara gab uns allen immer das Gefühl, in der Nähe zu sein. Sie hat uns immer befähigt, zielorientiert zu handeln, zu arbeiten, zu entscheiden.

Dürfen

Das letzte, was zur Befähigung etwas zu tun natürlich noch fehlt, ist das dürfen. Das ist wie beim Sex. Selbst wenn Sie wollen, und auch können, heißt das noch lange nicht, dass Sie dürfen.

Performerinnen holen sich daher meist im Vorfeld die Erlaubnis, eine gewisse Tätigkeit oder auch Aufgabe ausführen zu dürfen. Dieses muss für Außenstehende nicht unbedingt sichtbar und erkennbar sein. Aber Sie tun es. Performerinnen holen Beeinflusser und Entscheider frühzeitig ins Boot. Im Gegensatz zu Ihren männlichen Kollegen, die meist erst die nächst höhere Instanz informieren, wenn das Kind bereits in den Brunnen gefallen ist. Performerinnen denken präventiver in dreierlei Hinsicht, einerseits hinsichtlich des Unternehmens, dann hinsichtlich Ihres Teams und drittens natürlich auch hinsichtlich sich selbst. Performerinnen schauen daher, dass „Wollen – Können – Dürfen" unbedingt zusammengehört.

6.2.3 R wie Relationship

Eine Studie bei IBM in USA hat Folgendes ergeben (Die Zeit 2009). Ob man Karriere in einem Unternehmen macht, hängt hauptsächlich von drei Faktoren ab:

Leistung   10 %
Image/Selbstdarstellung 30 %
Kontakte/Beziehungen   60 %

Vom Was und Warum zum Wie
Auch im Bereich des Beziehungsmanagement und der Kommunikation geht es, wie so oft, vom „Was" und dem „Warum" zum „Wie".

Das „Was" im Beziehungsmanagement umfasst alle Aktivitäten zum Aufbau und zur Pflege eines persönlichen Netzwerks von Personen. Das „Warum" beschreibt die Vision bzw. das Ziel von Beziehungen.

Das gute Netzwerk von Performern hilft einerseits, Aufgabenstellungen schneller und besser zu lösen und andererseits Erfahrungen mit anderen Netzwerkpartnern oder anderen Performern auszutauschen, um eventuell neues Wissen oder Innovationen zu entwickeln oder einfach, um gute Freunde für ein Glas Bier oder Wein zu finden (vgl. Abb. 6.4). Das „Wie" im Beziehungsmanagement umfasst die folgenden drei Phasen: den Aufbau, die Dokumentation und die Beziehungspflege. Alle drei hängen maßgeblich von der Kommunikation zwischen Menschen ab. Gute Beziehungen zu anderen Menschen sind die Grundlage von Erfolg und Zufriedenheit. Denn effektives und erfolgreiches Beziehungsmanagement beginnt im Kopf und ist die Grundlage für den positiven, wertschätzenden Umgang mit anderen Menschen.

Abb. 6.4 Relationship

Der Aufbau von Netzwerkpartnern

Performer versuchen auf Fachmessen, Kongressen, in Seminaren und Vorträgen mit den Personen in Kontakt zu kommen, mit denen sie eine Beziehung aufbauen wollen. Diese Aktion ist zu vergleichen mit der Suche nach einem neuen Lebensabschnittsgefährten. Sie besuchen in diesem Fall die Orte, an denen Sie Ihren potenziellen Lebenspartner zu finden hoffen. Orte, an denen gleiche Geschmäcker oder Interessen aufeinanderprallen und die Basis für eine erste Kommunikation fördern. Egal ob beruflich oder privat. Sie stellen sich meist mit Namen vor, erklären auch sehr oft, was Sie beruflich machen. Sie erzählen, was Sie besonders interessiert und für Sie wichtig ist und befragen auch Ihren Gesprächspartner. Bei gegenseitigem Interesse tauschen Sie Ihre Kontaktdaten oder Visitenkarten aus. Dass Sie bereits beim ersten Treffen mit Ihrem neuen Gesprächspartner ins Geschäft kommen, beruflich oder privat, ist meist unwahrscheinlich aber nicht ausgeschlossen.

Performerinnen nutzen dabei die einmalige Chance des ersten Eindrucks umso mehr. Das ist der Schlüssel zu ihnen selbst und zur positiven Ausstrahlung. Sie haben dafür keine drei Sekunden Zeit. Was Sie nun vermasseln, lässt sich nur schwer wieder gerade biegen. Versuchen Sie ein Wohlfühlklima zu schaffen, eine Atmosphäre, in der Sie und andere sich gut fühlen.

Dale Carnegie beschreibt in seinem bekannten Bestseller „Wie man Freunde gewinnt" (2006), die wohl wichtigste Aktivität im Beziehungsmanagement. Sprechen Sie jeden Menschen unbedingt mit seinem Namen an. Nichts ist für einen Menschen wichtiger und schöner, als seinen Namen zu hören. Dieses ist für ihn Musik, Anerkennung, Respekt. Nutzen Sie die Macht des gesprochenen Wortes.

Zeigen Sie ernstes Interesse an Ihrem Gesprächspartner. Nutzen und vertrauen Sie auf Ihre Werte und Glaubenssätze, die Sie sich nach dem Lesen des ersten Kapitel bewusst gemacht haben. Jeder Gedanke hat Wirkung. Jeder Gedanke hat einen Sinn.

Beziehungen weiter pflegen

Nach dem ersten persönlichen Kennenlernen sollten die neuen Beziehungsnetzwerkmitglieder per E-Mail oder Telefon permanent kontaktiert werden. Dieses aber immer unter der Berücksichtigung der persönlichen Präferenzen und Standpunkte der Beziehungspartner. Massenansprachen sind unbedingt zu vermeiden. Ein persönliches Treffen zumindest zweimal pro Jahr ist ebenfalls sehr zu empfehlen, um die gegenseitige Vertrauensbasis abzusichern. Dabei schaffen und suchen Sie permanent weitere Gemeinsamkeiten. So bieten Sie ihrem Beziehungspartner einen Beziehungsnutzen. Schlussendlich vergessen Sie Lob und Anerkennung nicht.

Beziehungsmanagement als zentrale Führungsaufgabe

Beziehungsmanagement und Kommunikation sind für den Performer zentrale Führungsaufgaben. Diese müssen strategisch geplant und umgesetzt werden. Unternehmensführung hat sich heute zum Beziehungs- und Kommunikationsmanagement entwickelt. Management ist Kommunikation. Kommunikation ist zwar kein Allheilmittel, um jedes Problem zu lösen. Aber Kommunikation und Beziehungsmanagement sind wirksame Führungswerkzeuge, ohne die sich die Personal-, Führungs- und Organisationsentwicklung nicht entfalten kann. Das Beziehungs- und Kommunikationssystem eines Unternehmens muss in einem hohen Maße leistungsfähig sein. Es muss schnell, flexibel, präzise und effizient arbeiten.

Erfolgsfaktor

Warum wird Beziehungsmanagement und Kommunikation zum entscheidenden Wettbewerbsfaktor? Das Internet hat mittlerweile als weltumspannendes Netzwerk alle Bereiche in der Wirtschaft und im privaten Umfeld erobert. Neue Firmen mit völlig neuen Geschäftsgebieten etablieren sich. Die Veränderungen in der Wirtschaft und die Globalisierung führen zu einer Konzentration unter den Großkonzernen und das Eingehen weltweiter, strategischer Allianzen. Die kleinen und mittleren Unternehmen müssen innovative, aber auch werteorientierte neue Wege gehen. Nur so können sie sich in einem wettbewerbsintensiven Umfeld positionieren und behaupten.

Das Tempo der Veränderungen in der Technik und auf den Märkten nimmt mehr und mehr zu. Wer im globalen Rennen um die besten Plätze nicht schnell und flexibel agiert, verliert.

6.2.4 F wie Flexibility

Das Wort Flexibilität ist heutzutage wohl eines der am häufigsten verwendeten Wörter, wenn es um kurzfristige Handlungen geht. Dies ist auch kein Wunder, wenn man bedenkt, wie schnell sich heute alles um uns herum ändert. Galt in der Vergangenheit unter anderem eine Festeinstellung in einem großen Unternehmen als lebenslange Jobgarantie, gibt es heute nichts, was wirklich sicher ist und über einen längeren Zeitraum unverändert bleibt (vgl. Abb. 6.5).

Das Wort Flexibilität hat in den verschiedenen Bereichen wie der Psychologie, der Technik, der Naturwissenschaft und der Wirtschaft unterschiedliche Bedeutungsnuancen. Während sich das Wort Flexibilität in der Psychologie auf die Fähigkeit bezieht, sich im Leben auf die sich wechselnden Situationen beweglich anzupassen (Brockhaus 2005), versteht man in der Medizin darunter unter anderem die Anpassung von Sinnesorganen an die jeweilige Reizgröße (Wikipedia 2015). Im wirtschaftlichen Bereich versteht man unter Flexibilität eher die langfristige Anpassungsfähigkeit organischer Systeme in Sinne einer dauerhaften Zielerreichung (Gabler Wirtschaftslexikon 2009).

Ausgehend von der lateinischen Ableitung *flectere* (biegen oder beugen) ist mit dem Wort Flexibilität unweigerlich eine gewisse Bandbreite verbunden, in welcher sich etwas biegen oder beugen kann, ohne sich selbst zu zerstören. Dies bezieht sich sowohl auf den Menschen an sich als auch auf Materialien und sogar auf soziale Systeme. Auf den Menschen bezogen kann Flexibilität sowohl für Spannung und Abwechslung sorgen als auch für Stress und innere Unsicherheit. Flexibilität bedeutet aber auch, neue Wege zu beschreiten und Kompromisse einzugehen.

Abb. 6.5 Flexibility

Flexibilität im privaten und beruflichen Umfeld

Eine gewisse Flexibilität kann für Spannung und Abwechslung im Alltag sorgen. Wobei man Flexibilität an dieser Stelle nicht mit einem planlosen Handeln gleichsetzen sollte, denn genau das Gegenteil ist hier meist der Fall. Im Normalfall hat es der Mensch in vielen Bereichen seines Lebens mit gewissen Dingen zu tun, die er nahezu jeden Tag durchführt – Routineaufgaben. So ist bei vielen von uns der morgendliche Ablauf fast immer gleich: Man steht zu einer festen Uhrzeit auf, frühstückt nahezu immer das Gleiche – oder auch gar nichts und fährt jeden Tag den gleichen Weg zur Arbeit. Wie beim Autofahren laufen die Programme ohne großes Nachdenken wie von alleine ab. Doch sobald sich auch nur eine Kleinigkeit ändert, kommt unser Routineablauf ins Stocken und wir müssen – meist ungewollt – flexibel darauf reagieren. So kann eine Straße auf dem Weg zur Arbeit aufgrund eines Unfalles blockiert sein und wir müssen einen anderen, uns vielleicht unbekannten Weg zu unserem Ziel finden. Ein anders Beispiel ist eine kurzfristig anberaumte Besprechung mit Ihrem Chef, welche Ihren Tagesablauf komplett über den Haufen wirft.

Flexibilität kann man erlernen

Flexibilität beruht auf Wissen, Erfahrung und persönlicher Einstellung Neuem gegenüber. Ein weiterer Gesichtspunkt ist das persönliche Naturell. Es gibt Menschen, die neuen Dingen und Personen offen gegenübertreten, aber es gibt auch Menschen, die von sich aus eher introvertiert sind. Folgende Tipps und Hinweise helfen Ihnen, auf Unvorhergesehenes ein wenig flexibler und gelassener zu reagieren.

1. Positive Grundeinstellung

Flexibilität heißt unter anderem, auf eine neue Situation meist sehr kurzfristig reagieren zu müssen. Dies gelingt Ihnen wesentlich leichter, wenn Sie über eine positive Grundeinstellung gegenüber Veränderungen im Allgemeinen, verfügen. Bewerten Sie etwas Unerwartetes nicht sofort negativ. Oftmals ergeben sich ungeahnte neue positive Möglichkeiten für Sie.

2. Wissen und Erfahrungen

Je größer Ihr Erfahrungsschatz ist und je mehr Sie wissen, desto leichter fällt es Ihnen, auf plötzliche Veränderungen zu reagieren. Nehmen wir mal an, Sie sollen die Vertretung für einen kranken Kollegen übernehmen. Je mehr Sie über dessen Arbeitsgebiet, seine Kunden oder die noch zu erledigenden Aufgaben wissen, desto sicherer fühlen Sie sich, wenn Ihr Vorgesetzter mit dieser Bitte auf Sie zukommt.

3. Persönliche Kontakte

Man kann nicht alles wissen und manchmal benötigt man auch die Hilfe anderer. Insbesondere dann, wenn etwas Außerplanmäßiges passiert. Zwei Punkte sollten Sie hierbei beachten: auf der einen Seite die Verhältnismäßigkeit einer Bitte, auf der anderen Seite die Häufigkeit der Inanspruchnahme. Wie bereits erwähnt sollten Sie sich – bevor Sie eine Person um Hilfe bitten – darüber klar sein, was Sie von dieser Person verlangen. Dies gilt für das private und das berufliche Umfeld gleichermaßen.

4. Planen Sie Ihre Zeit richtig

Oftmals können wir nicht flexibel genug auf eine Situation reagieren, da wir schlicht und einfach keinen zeitlichen Freiraum haben, um entsprechend reagieren zu können. Verplanen Sie maximal 60 Prozent Ihrer täglich zur Verfügung stehenden Zeit. Reservieren Sie sich die verbleibende Zeit für Unvorhergesehenes. Denn gerade, wenn man so etwas nicht gebrauchen kann bzw. nicht damit rechnet, passiert das Unerwartete.

5. Alternativen erarbeiten

Wenn Sie auf etwas Unerwartetes flexibel reagieren müssen, sollten Sie nicht sofort den ersten Lösungsgedanken verfolgen und umsetzen. Je nachdem, wie viel Zeit Ihnen für die Lösung zur Verfügung steht, sollten Sie sich über mögliche Alternativen Gedanken machen. Bei der Ausarbeitung dieser Alternativen kann Ihnen sowohl die Methode des „6-Hut-Denkens" von Edward de Bruno weiterhelfen.

Bei der „6-Hut-Denk Methode" geht es darum, dass Sie sich nacheinander in die verschiedenen Rollen aller beteiligten Personen hineinversetzen und deren mögliche Denkweisen und Ansichten übernehmen bzw. untereinander abwägen.

6. Entwickeln Sie einen Alternativplan

Je größer und komplexer Ihr Vorhaben ist, desto eher sollten Sie mögliche Alternativpläne erarbeiten, die auf einer zuvor durchgeführten Risikoermittlung und -betrachtung beruhen. Erstellen Sie vorab eine Liste mit möglichen Einfluss- und Störfaktoren und ordnen Sie diese Umstände nach der Häufigkeit der Eintrittswahrscheinlichkeit.

Damit Sie gegebenenfalls schnell *und* flexibel auf solche Situationen reagieren können, sollten Sie Alternativpläne erarbeiten. Frei nach dem Motto: „Vordenken ist besser als nachdenken."

Abschließend noch ein Tipp: Verschwenden Sie nicht Ihre persönliche Lebensenergie, Ihre Nerven und Ihre Zeit, indem Sie sich über Dinge aufregen, die Sie sowieso nicht ändern können. Eine Grundvoraussetzung von Flexibilität ist flexibles Denken. Es gilt, Alternativen zu finden, um neue Wege zu gehen, ohne das eigentliche Ziel (Ihr Ziel) aus dem Auge zu verlieren. Performerinnen gehören zu den flexibelsten Menschen, die ich kenne.

6.2.5 O wie Optimism

Viele erfolgreiche Personen sind Optimisten. Optimisten leben länger, denn aus gesundheitspsychologischer Sicht ist es vorteilhaft, optimistisch zu sein. Optimisten sind nicht nur besser gelaunt, sondern auch physisch gesünder (vgl. Abb. 6.6). Hinzu kommt, dass sie ein höheres Beharrungs- und Durchhaltevermögen als Pessimisten zeigen.

Warum Optimisten erfolgreicher sind
Optimismus und Pessimismus sind Geisteshaltungen. Während Optimisten in jeder Situation die Chancen und die sich daraus ergebenden Möglichkeiten sehen, rücken bei den Pessimisten eher mögliche Probleme und Hindernisse in den Fokus. Die unterschiedliche Haltung zu einem faktisch identischen Sachverhalt kommt unter anderem daher, dass beide Parteien ein und dieselbe Situation unterschiedlich wahrnehmen und entsprechend ihrer inneren Haltung unterschiedliche Handlungsalternativen in Erwägung ziehen. Hinzu kommt, dass die Art der Informationsselektion dadurch maßgeblich mitbestimmt wird, für wie wahrscheinlich die jeweilige Partei die Möglichkeit hält, Kontrolle über die Situation auszuüben. So sehen sich Optimisten aufgrund ihres Handelns eher in der Lage Situationen zu kontrollieren als Pessimisten.

Abb. 6.6 Optimism

Befragt man Entscheider nach einer getroffenen Entscheidung, was sie veranlasst hat, in eine bestimmte Richtung zu tendieren, können sie den Grund dafür oft nicht genau angeben. Betrachtet man die Grundtendenz der Einstellung (optimistisch versus pessimistisch) sowie die Persönlichkeit der Entscheider und Teammitglieder, kann die getroffene Entscheidung unter Zuhilfenahme ausreichender Menschenkenntnisse allerdings durchaus nachvollzogen werden.

Als Performerin sehen Sie oftmals eher die Chancen als die Risiken. Dies kann aber auch dazu führen, dass Sie potenzielle Risiken unterschätzen. Die Folge kann ein Scheitern des Vorhabens sein. Dennoch glauben Optimisten samt Performerinnen an ihre Fähigkeiten und betrachten Probleme eher als Herausforderungen für sich und das Team, frei weg nach dem Motto: „Man wächst mit seinen Aufgaben." Optimisten sind „Ich kann!"-Denker, während Pessimisten eher die Risiken sehen und somit eher „Ich kann *nicht*!" denken.

Optimisten wissen auch, dass sie nur etwas bewegen können, wenn sie entweder etwas richtig verändern bzw. machen oder aber neue Wege gehen, die keiner vorher gegangen ist. Das Risiko des Scheiterns nehmen sie dabei bewusst in Kauf bzw. hoffen, dessen Auswirkungen durch ihre Kreativität und ihr Können entsprechend zu reduzieren. All ihr Handeln führt dazu, dass Optimisten sowohl beruflich als auch finanziell meist erfolgreicher sind als Pessimisten. Eine weitere Ursache für den Erfolg von Optimisten ist: Sie gehen mehr Dinge an und haben somit auch mehr Erfolgserlebnisse als Pessimisten. Die Summe ihrer Erfolge ist größer als die ihrer Misserfolge. Dieses Denken trifft man oft im Management an. Nur so lässt sich erklären, warum trotz des Scheiterns großer Vorhaben ähnliche Projekte in Angriff genommen werden. Wichtig zu merken: Performerinnen sind Optimisten.

6.2.6   R wie Respect

Ich habe immer diese halbstarken Jugendlichen vor Augen – dunkle, lässige Lederklamotten, Drei-Tage-Bart, gut gestylt, aber sehr cool. In typischer Pose, leicht in die Knie, mich durchdringend anschauen. Dann holt der rechte Arm weit aus, und mit Zeige- und Mittelfinger der Hand auf wird auf die eigenen Augen gezeigt. Dann kommt das Wort: *Respekt*! Ich soll Respekt vor ihm haben. Was bedeutet Respekt (vgl. Abb. 6.7)?

Das Wort Respekt kommt aus dem Lateinischen und bedeutet: das Zurückblicken, sich umsehen, die Rücksicht. Respektieren bedeutet: Achten und Anerkennen. Im deutschen Sprachgebrauch gibt es gemäß Duden zwei Bedeutungen (2013):

1. *Auf Anerkennung, Bewunderung beruhende Achtung*: [großen, keinen, einigen] Respekt vor jemandem haben, Respekt vor jemandes Leistung, Alter haben; (sehr beachtlich, anerkennenswert!).

Abb. 6.7 Respect

2. *Vor jemandem aufgrund seiner höheren, übergeordneten Stellung empfundene Scheu, die sich in dem Bemühen äußert, kein Missfallen zu erregen* – eine respekteinflößende, sich Respekt verschaffende Person.

Führungskräfte, die Mitarbeiter haben, die gerne mit ihnen zusammenarbeiten, sind bewundernswert. Sie verfügen über eine natürliche Achtung vor sich selbst und ihren Mitmenschen und strahlen diese auch aus.

Respekt vor sich selbst heißt schließlich nicht, in den Spiegel zu schauen und zu sagen: „Du bist toll!", sondern: „Ich achte Dich!" Unabhängig von jeglicher Leistung. Das ist nicht immer einfach, vor allem nicht in der heutigen Leistungsgesellschaft, in der hauptsächlich Erfolge zählen.

Der Respekt vor der eigenen Person setzt voraus, dass sich diese Person kennt – mit all ihren Stärken und Schwächen. Die meisten Führungskräfte und Projektleiter haben im Laufe ihrer Karriere sich und ihre Fähigkeiten recht gut kennengelernt. Der Umgang mit den eigenen Stärken fällt leicht, da sich hier die Erfolge häufig einstellen. Letztendlich kann man sich bei Erreichung des Ziels freuen und sich selbst auf die Schulter klopfen.

Der Umgang mit den eigenen Schwächen ist etwas diffiziler. Als Führungskräfte haben wir gelernt, Aufgaben, die nicht in unserem Stärkenbereich liegen, an Experten zu delegieren. Eine weise und praktische Handhabung, solange es sich um Dinge handelt, die man abarbeiten kann. Denn jeder Mensch hat spezifische Stärken und Schwächen. Performerinnen erkennen diese und setzen diese im Sinne des Unternehmens für sich ein.

6.2.7 M wie Motivation

Es gibt kaum ein Thema, über das mehr veröffentlicht wurde als über Motivation. Schaut man unter www.buch.de, findet man unter dem Schlagwort Motivation alleine

Abb. 6.8 Motivation

894 deutschsprachige Bücher. Gibt man bei Google das Wort Motivation ein, werden einem innerhalb von nur 0.08 Sekunden ungefähr 51.000.000 Einträge aufgezeigt. Was ist eigentlich Motivation und welche Bedeutung hat sie für unsere Gesellschaft (vgl. Abb. 6.8)?

Was ist Motivation?

Diese Frage kann man nicht mit einem Satz beantworten. Fest steht, dass sich das Wort Motivation vom lateinischen „movere" (bewegen) ableitet und dass man ohne Motivation nicht erfolgreich sein kann. Die zentralen Fragen der Motivationsforschung sind: Was bringt jemanden dazu, etwas zu tun und was ist die Triebfeder seines Handelns? Sowohl für unsere privaten als auch für unsere beruflichen Erfolge sind diese beiden Fragen von zentraler Bedeutung.

Motivation ist keine Eigenschaft

Auch wenn es für das Wort Motivation keine eindeutige Begriffserklärung gibt, kann man auf jeden Fall sagen, dass Motivation keine Eigenschaft wie zum Beispiel das „Lesen können" ist. Während man in Bezug auf das Lesen eindeutig sagen kann, dass man es entweder kann oder nicht kann, verhält es sich mit der Motivation anders. Jeder Mensch wird durch andere Dinge angetrieben, sprich motiviert. Der eine arbeitet überdurchschnittlich viel in der Firma, weil er auf den nächsten Schritt auf der Karriereleiter hofft, der andere macht regelmäßig pünktlich Feierabend, um sich als Fußballtrainer einer Jugendmannschaft zu engagieren.

Motivation ist keine Eigenschaft. Das wird durch den weiteren Punkt belegt, dass man in Bezug auf eine Sache unterschiedlich motiviert sein kann. Sie kennen das bestimmt aus eigener Erfahrung: Mal sind Sie mehr und mal weniger motiviert, Dinge anzupacken. Doch was beeinflusst unsere Motivation? Dazu hat man herausgefunden (siehe Niermeyer und Seyffert 2009), dass für unsere Motivation im Wesentlichen vier Faktoren eine große Rolle spielen.

- *Selbstwirksamkeit*: Dies ist die Überzeugung, das eigene Leben nach seinen eigenen Wertevorstellungen und Wünschen leben zu können.
- *Zeitperspektive*: Je nach Lebensalter und Lebenssituation verfolgen wir unterschiedliche Ziele bzw. die gleichen Ziele mit einer unterschiedlichen Intensität.
- *Emotionen*: Diese sind bei jedem Menschen unterschiedlich ausgeprägt und haben einen wesentlichen Einfluss auf unsere Entscheidungsfindung.
- *Antriebsstärke*: Sie ist im Wesentlichen von der inneren Anspannung bzw. Entspannung abhängig und ist somit mal stärker und mal schwächer.

Je nachdem, wie diese vier Faktoren zu einem bestimmten Zeitpunkt auf uns wirken, sind wir gegenüber einer bestimmten Sache mal mehr und mal weniger motiviert. Ihre Motivation bestimmt Ihr Verhalten – zusammen mit Ihren Wahrnehmungs- und Lernvorgängen, den äußeren Reizen und Ihren Fähigkeiten. Wenn es Ihnen leichtfällt, eine Aufgabe anzugehen, werden Sie eher damit anfangen und zu einem Abschluss kommen.

6.2.8 E wie Energy

Wir alle fühlen uns manchmal so voller Energie, dass wir buchstäblich Bäume ausreißen könnten (vgl. Abb. 6.9). Jedoch – einige Zeit später können wir uns zu nichts mehr aufraffen. Wir sind einfach wie leergepumpt, völlig ohne jegliche Energie.

Abb. 6.9 Energy

Die Energieräuber sind unter uns

Wussten Sie, dass Sie von Energieräubern regelrecht umzingelt sind? Die größten Energieräuber sind Stress und anhaltende sowie zwischenmenschliche Probleme, welche sowohl privater als auch beruflicher Natur sein können. Die Energieräuber sind daran schuld, dass wir uns gestresst fühlen, wobei wir gleich beim Thema Stress wären.

Doch was ist Stress? Leider benutzen wir das Wort Stress meist im negativen Kontext oder als Ausrede. Wenn ich schlichtweg keine Lust habe, dann heißt es oft: „Ich würde ja schon gerne, habe aber leider keine Zeit, da ich total im Stress bin". Überprüfen Sie einfach mal ihre eigenen Redewendungen. Sie werden bemerken, dass Sie den Begriff Stress oft falsch anwenden. Als Performerin wissen Sie, dass Stress eigentlich aus der metallverarbeitenden Industrie kommt, wertneutral ist und nichts anderes bedeutet, als Material zu härten. Weiter wissen Sie als Performerin auch, dass gesunder Stress die Arbeit beflügelt, er treibt zu Höchstleistungen an.

Stressregulierung heißt das Zauberwort. Regulierung deshalb, weil eine Reduzierung immer mit Verzicht zu tun hat. Und wer möchte schon gerne reduzieren? Wenn ich aber meinen Stress regeln kann, wie einen guten Radiosender, den ich mir so einstellen kann, wie er mit gefällt, dann habe ich sogar Spaß am Stress.

Einige Firmen haben dies bereits erkannt und haben Mitarbeiter zu Stressregulierern ausbilden lassen, eine Art Sicherheitsbeauftragter für geistige und seelische Empfindungen. In der Schweiz sind Stressregulierer schon seit 2004 fester Bestandteil in Unternehmen. In Deutschland ist diese Berufsgruppe selbst 2015 immer noch Mangelware und sehr oft sogar Missionarsland.

Das Hauptproblem ist das richtige Timing von Pausen. Unser Körper zwingt uns anatomisch alle 70 bis 90 Minuten zu einer Pause. Die Leistungsfähigkeit und Konzentration sinkt für ca. 20 Minuten. Gönne ich mir die Pause, dann ist alles in Ordnung und ich kann die nächsten 70 bis 90 Minuten wieder mit Vollgas arbeiten. Leider wird dieser Rhythmus kaum oder gar nicht eingehalten.

„Du sollst trinken, bevor du durstig bist"

„Du sollst essen, bevor du hungrig bist"

Wie viel Wahres steht in diesen beiden Sätzen. Sollten Sie dann nicht eine „Pause machen, bevor Sie müde sind?"

Performerinnen tun das.

6.2.9   R wie Result

In die deutsche Sprache übersetzt, heißt „Result" Ergebnis (vgl. Abb. 6.10). Das Ergebnis eigener Entscheidungen und Handlungen wird auch als Erfolg bezeichnet. Wenn Sie alle Attribute des Wortes Performer für sich entdecken und einigermaßen danach leben, dann werden Sie erfolgreich – als Performerin erfolgreich.

Abschließend die Performer-Methode noch einmal in der Zusammenfassung.

Abb. 6.10 Result

Zusammenfassung

- P wie Purpose
  - Sinn stiften, werteorientiert handeln, nachhaltige Erfolge anstreben
  - Erfolg nicht um jeden Preis
- E wie Empowerment
  - Persönliche Weiterentwicklung der Mitarbeiter und Führungskräfte fördern
  - Stärken erkennen und einsetzen
  - Die Freude an der Arbeit ist ebenso wichtig wie notwendige Fertigkeiten
- R wie Relationship
  - Kommunikation zwischen Experten und Managern verbessern
  - Werte wirkungsvoll kommunizieren und Wissen vernetzen
  - Aufbau und Pflege von Beziehungen/Netzwerken
- F wie Flexibility
  - Flexibel auf Veränderungen reagieren
- O wie Optimism
  - Mut haben Ideen einzubringen und Entscheidungen zu treffen,
  - Entscheiden, was für Schlüsse wir aus unseren Niederlagen ziehen und wie wir damit im Leben umgehen
- R wie Respect
  - Respektvolles Handeln, sich und andere so respektieren lernen
  - Positives Grundverständnis: Ursache, Wirkung
- M wie Motivation
  - Mitarbeitern den Sinn und Zweck ihrer Aufgabe vermitteln
  - Mitarbeiter als Teil des Großen und Ganzen

- E wie Energy
  - Freude bei der Arbeit verleiht Energie
- R wie Result
  - Wertorientierte und sinnvolle Führung schaffen
  - Ihr Wissen und Ihre Stärken im Sinne eines nachhaltigen Unternehmenserfolges einsetzen

6.3 Über den Autor

Peter Buchenau gilt als der Chefsache-Ratgeber im deutschsprachigen Raum. Der mehrfach ausgezeichnete Führungsquerdenker ist ein Mann von der Praxis für die Praxis, gibt Tipps vom Profi für Profis. Auf der einen Seite Vollblutunternehmer und Geschäftsführer der eibe AG, einem der Marktführer für Spielplätze und Kindergarteneinrichtungen, auf der anderen Seite Redner, Autor, Kabarettist und Dozent an Hochschulen. Seinen Karriereweg startete er als Führungskraft bei internationalen Konzernen im In- und Ausland, bis er schließlich 2002 sein eigenes Beratungsunternehmen gründete. Sein breites und internationales Erfahrungsspektrum macht ihn zum gefragten Interim Executive, Experten und Redner. In seinen Vorträgen verblüfft er die Teilnehmer mit seinen einfachen und schnell nachvollziehbaren Praxisbeispielen. Er versteht es wie kaum ein anderer, ernste und kritische Führungsthemen, so unterhaltsam und kabarettistisch zu präsentieren, dass die emotionalen Highlights und Pointen zum Erlebnis werden.

Weitere Infos unter www.peterbuchenau.de

Literatur

Brockhaus Enzyklopädie, Bd. 28, Deutsches Wörterbuch (2005). Wissenmedia, Gütersloh

Buchenau, P., & Hofmann, A. (2011). *Die Performer-Methode*. Wiesbaden: Gabler.

Carnegie, D. (2006). *Wie man Freunde gewinnt*. Frankfurt: Fischer.

Duden (2013). *Respekt, der*. http://www.duden.de/rechtschreibung/Respekt. Zugegriffen: 4.05.2015

Gabler (Hrsg.). (2009). *Gabler Wirtschaftslexikon, Stichwort: Flexibilität*. Wiesbaden: Gabler.

Malik, F. (2009). *Führen, Leiten, Leben. Wirksames Management für eine neue Zeit*. Frankfurt/New York: Campus.

Niermeyer, R., & Seyffert, M. (2009). *La Motivation*. Paris: Ixelles editions.

Wikipedia (2015). *Flexibilität*. http://de.wikipedia.org/wiki/Flexibilit%C3%A4t. Zugegriffen: 1.04.2015

Die Zeit (2009). *Brand Me!* http://www.zeit.de/karriere/beruf/2009-10/eigen-pr-erfolg-karriere-2. Zugegriffen: 4.05.2015

Zentralverband der deutschen Werbewirtschaft (2008). *Erforschung von Meinungen: Kräftiger Image-Gewinn für Werbung*. http://www.zaw.eu/zaw/aktuelles/meldungen/ERFORSCHUNG-VON-MEINUNGEN-Kraeftiger-Image-Gewinn-fuer-Werbung.php. Zugegriffen: 13.05.2015

Dialog der Gedanken von Mann und Frau in der heutigen Berufswelt

Dirk Fisseler, Manon Lüthy und Marijana Ratkic

Inhaltsverzeichnis

Was ist los mit all den intelligenten, emanzipierten und modernen Frauen unserer Zeit? Liegt der niedrige Frauenanteil im Topmanagement an den Vorurteilen gegenüber Frauen, an den veralteten Rollenbildern unserer Gesellschaft oder an der Unvereinbarkeit von Familien- und Karrierewunsch?

Dieser Dialog der Gedanken behandelt diese und weitere Themen, welche für Frauen und Männer in der Berufswelt relevant sind. Geführt wird diese Diskussion von Dr. Dirk Fisseler (Chairman und CEO), Marijana Ratkic (Consultant) und Manon Lüthy (Studentin), um solchen impliziten Annahmen auf den Grund zu gehen.

Dr. Dirk Fisseler ✉ · Manon Lüthy · Marijana Ratkic
Zürich, Schweiz
e-mail: info@chefsache24.de

© Springer Fachmedien Wiesbaden 2015
P. Buchenau (Hrsg.), *Chefsache Frauen*, DOI 10.1007/978-3-658-07498-2_7

7.1   Spezifische Erwartungen an Frauen im Berufsleben

Manon Oft werden gewisse Eigenschaften von Frauen erwartet, die die Gesellschaft von Männern nicht erwartet. Ein gutes Beispiel ist die Herangehensweise und Einstellung gegenüber der Arbeit. Gewisse Charakteristika wie Sauberkeit, Organisation und Genauigkeit werden eher den Frauen zugeschrieben und dadurch entstehen andere Erwartungen an diese. Aus diesem Grund geht man oft davon aus, dass Frauen für Human Resources besser geeignet sind. Dieses Gesellschaftsbild hat großen Einfluss darauf, wie wir unsere Karriere planen und unseren Beruf wählen.

Marijana Diese Erwartungen werden schon in der Erziehung vermittelt, wobei sie mit den Rollenbildern der Gesellschaft zusammenhängen. Durch die Verknüpfung von Geschlecht und gewissen Erwartungen entstehen Schemata von Frau und Mann in der Gesellschaft. Beispielsweise ist die gesellschaftlich urtümliche Rolle der Frau die Rolle der Erzieherin und Hausfrau. Von einer Frau erwartet man deshalb mehr Harmonie, Empathie und (Gruppen-)Zusammenhalt, wobei bei Männern die Kämpfernatur erwartet wird, da dieser in seiner ursprünglichen Rolle wortwörtlich die Familie ernähren musste. Somit gibt es unterschiedliche Erwartungen an eine Frau oder an einen Mann.

Manon Die durch die Erziehung vermittelten Erwartungen werden oft von späteren Erfahrungen bestätigt und bleiben somit bestehen. Bei wiederholten Erfahrungen mit Rollenbildern während der Erziehung werden die Erwartungen dann auf ein Geschlecht im generellen übertragen. Diese Ansichten ändern sich teils erst, wenn sich viele Personen nicht erwartungskonform verhalten. Dazu braucht es aber oft viel Zeit und Willensstärke, da der Mensch an seinen Rollenbildern festhält und sie meist erst fallen lässt, wenn diese wirklich nicht mehr vertretbar sind. Folglich wird sich das nicht so schnell ändern. Die Frage ist: muss oder kann man das ändern? War die Rollengesellschaft besser? Wo müssen wir hin mit dieser Aussage?

Dirk Man erwartet von Frauen, dass sie nicht unbedingt nach Macht streben. Stellen im Personalwesen beispielsweise sind keine machtbezogenen Positionen und werden oft von Frauen besetzt. Es gibt statistisch mehr Männer in den Führungspositionen, welche Entscheidungsrecht besitzen und somit über das Unternehmen und auch über die Positionen der Frauen bestimmen können. Aber sollten Männer über Frauen bestimmen? Aus diesem Grund werden Frauenquoten eingeführt, denn es muss eine Gleichberechtigung geschaffen werden, damit beide Geschlechter in den Machtpositionen vertreten sind.

Manon Ich bin gegen Frauenquoten, da sie meiner Auffassung nach das Gegenteil bewirken. Ich will nicht an einen Posten gelangen und unsicher sein, ob man mich wegen meiner besonderen Kompetenzen ausgewählt hat, oder nur weil ich eine Frau bin. Außerdem bewirkt die Existenz einer Frauenquote wieder die Trennung von Mann und Frau und nicht die gesellschaftliche Entspannung der Rollen.

Dirk Diversity ist für mich wichtiger als vermutlich perfekte Kandidaten, obwohl vielfältige Gruppen schwieriger zu führen sind als homogene Gruppen. Aus meiner Sicht besteht keine Hürde für eine Frau ins Topmanagement zu gelangen. Wo ich ein Problem sehe, ist das Mittelmanagement. Hier haben Angestellte Angst ihren Job zu verlieren, da sie keine großen Aufstiegschancen sehen und somit jegliche Veränderung und damit auch Diversität ablehnen.

Bei Frauen verändern sich die Lebenspläne oft im Verlauf des Alters. Während Männer meist eine gewisse Konstante ziehen, welche sie durch ihr Leben halten können, ist das Leben der Frau in verschiedene Phasen unterteilt, für welche sie Entscheidungen treffen muss. Sobald ein Kinderwunsch in das Leben einer Frau eintritt, muss sie ihr sonstiges- und auch Karriereleben unterbrechen oder anhalten. Hat sie sich nicht gut genug auf diese Unterbrechung vorbereitet und vorgesorgt, dass sie wieder einsteigen kann, kann sie das vorherige Leben nur mit viel Mühe oder gar nicht wieder aufgreifen.

Vor allem in der Consulting-Branche ist das Kombinieren von Familie und Karriere schwer zu vereinbaren und kommt sehr selten vor, da Part-Time-Jobs hier ungewöhnlich sind. Es gibt andere Unternehmen, zum Beispiel Großkonzerne, welche die Vereinbarung besser ermöglichen können.

Manon Ist es denn so, dass man die Aufgabenteilung aufgrund des Geschlechts vornimmt?

Dirk Häufig ist das in der Wirtschaft so, weil die Frau als sanfter betrachtet wird und sie ohnehin die Schwangerschaft austragen muss. Zudem sind sich viele Männer zu fein für bestimmte Jobs. Man sagt, dass Frauen besser für diese Jobs geeignet sind, da es bei diesen um Softskills geht. Wenn wir Personen für Projekte suchen, finden wir fast nie Frauen, die im Consulting tätig sein wollen. Heute wird der Begriff Diversity mit Frau-Mann-Prozenten gleichgesetzt. Aber ursprünglich bezeichnete dieser Begriff die Religions-, Kultur- und sonstige Vielfalt.

Marijana Männer und Frauen bekommen in derselben Position die gleichen Aufgaben. Jedoch wird erwartet, dass eine Frau Aufgaben anders angeht als ein Mann und sich somit Unterschiede in den Lösungen, beziehungsweise Resultaten ergeben. Es stellt sich jedoch die Frage, ob es eine Rolle spielt, wer die Aufgaben verteilt.

Dirk Ich denke es gibt genug Männer, die bewusst Frauen fördern und ihnen somit eine Chance geben, sich in der Berufswelt zu etablieren. Nachteil dieser Beziehung ist, dass viele ein unangebrachtes Verhältnis vermuten. Aus diesem Grund wird ein Chef immer misstrauischer, je höher er in der Unternehmenshierarchie kommt.

7.2   Kinderwunsch und Karriere

Manon   Wenn man einen Schritt weiter geht und sich fragt, ob auch die Karriereplanung bei Frauen anders verläuft als bei Männern, kommt man schnell zu dem Punkt, dass sich Frauen für einen Weg entscheiden müssen. Doch muss man entweder ein Kreuz bei der Familie oder der Karriere machen?

Dirk   Ich denke, dass die Gewaltenteilung, nämlich Frau als Hausfrau und Mann als Ernährer, einfacher war. Jedenfalls kann nur eine Person pro Beziehung bei Kinderwunsch ohne Ablenkung Karriere machen. Es geht nicht, wenn man sich um alles andere kümmern muss. Immer mehr Frauen haben die Chance Karriere zu machen, aber wollen das nicht. Das erwarten sie viel mehr von den Männern.

Manon   Ich sehe auch den Druck vom sozialen Bild: Eine Frau, die sich nicht um die Kinder kümmert, assoziiert man mit Vernachlässigung, das heißt, die Position wird implizit auf sie gedrängt. Beispielsweise verurteilen viele Frauen andere Frauen, die Mütter sind und trotzdem Karriere machen wollen. Das ist vielleicht Konkurrenz oder Eifersucht. Frauen in einem Unternehmen helfen sich untereinander nicht unbedingt. Das wurde bewiesen.

Dirk   Oft wird eine gleichqualifizierte Frau in einem von Männern dominierten Bereich sogar eher genommen. Darum ist mein Tipp: Sucht euch Umgebungen aus, in denen weniger Frauen arbeiten. In den Bereichen werdet ihr noch schneller einen Karriereposten bekommen. Gleichzeitig sind das die Stellen, bei denen man mehr Kompromisse eingehen kann.

Marijana   Hierzu kommt eine biologische Komponente. Während den Schwangerschaftsmonaten kann eine Frau nicht immer 100 % Leistung erbringen und wird ab und zu fehlen oder krank sein. In einem anspruchsvollen Job wird aber eine zuverlässige und hundertprozentige Leistung erwartet. Aus diesem Grund fragen viele beim Bewerbungsgespräch nach dem Kinderwunsch der Frauen, da das dem Unternehmen schaden kann. Eine andere Arbeitskraft wäre dann effizienter, zuverlässiger und würde nicht fehlen.

7.3   Der Einfluss von alleinerziehenden Müttern auf die Karriere der Tochter

Marijana   Wenn man auch hier weiterdenkt, kommt man zu dem Punkt, dass in vielen Betrieben alleinerziehende Mütter eingestellt werden. In diesen Fällen gelten natürlich besondere Umstände, die berücksichtigt werden müssen und externe Unterstützung erfordern.

Das vom Staat erbrachte Unterstützungssystem ist nicht in allen Ländern gleich stark ausgeprägt. Die Frage ist hier: Hat eine alleinerziehende Frau genug Unterstützung vom staatlichen System in der Schweiz?

Für mich stellt sich als Erstes die Frage, was eine alleinerziehende Mutter von einer Frau unterscheidet, die mit einem Mann oder mit einer anderen Frau an ihrer Seite lebt.

Hypothese: Alleinerziehende Frauen sind oft ehrgeiziger und stressresistenter als andere.

Ich denke das ist so, weil sie für sich und die Kinder alleine sorgen müssen und somit viel Verantwortung übernehmen und oft mehrere Rollen einnehmen müssen, wie zum Beispiel die der Mutter und des Vaters. Solch eine Lebenssituation ist sehr stressig und anspruchsvoll. Wenn eine Frau dann zusätzlich noch Geld nach Hause bringen muss, dann macht sie das ehrgeiziger, weil sie weiß, dass sie allein verantwortlich ist und ihre Kinder ernähren muss. Somit ist auch ein hoher Druck vorhanden, welchen viele Frauen sehr gut meistern.

Dirk Ich sehe das anders! Es gibt Sozialgesetze, die alleinerziehende Frauen beschützen. Zum Beispiel werden Alleinerziehende als letzte entlassen. Auf sie wird am meisten Rücksicht genommen, das ist eine Grundregel in Unternehmen.

Manon Ich denke es gibt sicherlich verschiedene Reaktionen, die jemand in einer solchen Situation haben kann. Eine Person erlebt die Erziehung vielleicht negativ und hat anschließend Angst, ein Kind zu bekommen und dann allein dafür sorgen zu müssen. Dies ist aber auch Charaktersache und vor allem von der Erziehung abhängig. Wenn eine alleinerziehende Mutter der Tochter aufzeigt, dass man auch alleine als Frau stark, unabhängig und erfolgreich sein kann, dann wird das die Tochter relativ wahrscheinlich auch so sehen und so agieren. Es hängt auch mit der Beziehung zwischen Mutter und Tochter zusammen, die dadurch entsteht. Es kann bedeuten, dass eine Tochter besonders viel Respekt fur ihre Mutter hat, sie kann sie aber aus denselben Gründen dafür auch verachten.

Manon Warum kann man nicht von einer Frau erwarten, dass sie ihr Privatleben von ihrem Berufsleben trennt? Warum ist überhaupt vom Privatleben der Frau die Rede?

Dirk Ich glaube, dass Frauen das mittlerweile auch so organisieren, dass das Privatleben „privat" bleibt. Wichtiger Bestandteil dabei ist aber, das Privatleben in das Leben – also das Arbeitsleben – einzubauen. Ich selber weiß, dass ich nicht mehr verheiratet wäre, wenn ich meine Familie nicht in mein Berufsleben integriert hätte. Wer auf hohem Level arbeiten will, muss die Grenzen zwischen Privat- und Arbeitsleben flexibel gestalten.

7.4   Warum fordern Frauen nicht mehr?

Marijana Dass viele Frauen vor Macht zurückschrecken hängt wahrscheinlich mit dem Urgedanken zusammen, dass man sich als Frau einen Beschützer sucht, der die Familie beschützen und ernähren kann.

Dirk Frauen müssen unbedingt mehr fordern und weniger nach Harmonie streben. Wenn Frauen im Job auch so kämpfen würden, wie sie es für die Familie tun, dann könnten sie auch professionell mehr erreichen. Dabei überschätzen sich viele Männer, und Frauen unterschätzen sich.

Manon Können wir sagen, dass Frauen ehrlicher sind als Männer?

Marijana Ich glaube an das Gegenteil. Viele Frauen sagen etwas, damit die Harmonie aufrechterhalten wird und fürchten sich zum Teil auch vor der Wahrheit. Dafür wird hinter dem Rücken anderer gelästert …

7.5   Warum wählen Frauen immer Marketing und Personalwesen?

Dirk Viele Frauen wählen Psychologie, Marketing- und Personalwesenstudiengänge und die meisten davon enden beruflich in der Marketing- und Personalwesenbranche. Frauen folgen ihrem Lustprinzip und damit kann man nicht Karriere machen. Ich verstehe nicht, warum viele Frauen nicht bewusst ihre Jobs dort wählen, wo man große Karrierechancen bekommt.

Manon Natürlich gibt es Frauen, die ihre Karriere planen. Genauso wie es Männer gibt, die ihre nicht planen! Ich denke, dass viele Frauen, die Personalwesen als beruflichen Werdegang wählen, bewusst eine Branche wählen, die es ermöglicht eine Familie neben der Arbeit aufzubauen. Marketing- und Personalwesenstudiengänge sind dann wohl Karriereplanung, mit Berücksichtigung des familiären Aspekts. Außerdem überlege ich, ob es einen Gruppeneffekt gibt, der das Phänomen erklärt. Wählt man ein Studienfach vielleicht auch, weil man das Gefühl hat, in diese Gruppe von Menschen hineinzupassen? Fühlt eine junge Frau sich zu einer Gruppe von Studierenden angezogen, die ein gemeinsames Interesse vertreten und einem gewissen Bild entsprechen?

Dirk Viele Frauen sind auch im Studiengang Recht anzutreffen und diese gehen dann wieder in Richtung Compliance, was eine „Aufpasserrolle" darstellt. Warum ist das so?

Manon Hängt das nicht wieder mit den Erwartungen zusammen?

Manon Für mich hängt das immer noch mit den Werten zusammen, die unsere Gesellschaft an junge Generationen vermittelt. Ein kleines Mädchen wird nicht darin bestätigt anderen wahllos Befehle zu erteilen, sondern eher passiv dargestellt. Dabei wird ein Junge bewundert, wenn er weiß, wie man über andere Kinder bestimmt. Wir lenken alles in der Erziehung so, dass Frauen sich nicht für Macht interessieren.

Dirk Damit ihr wisst, was unter vielen Männern gesprochen wird: „Typisch Frau, die hält den Druck nicht aus. Eine Frau ist nicht widerstandsfähig." Dabei halten doch Frauen sonst alles aus!

Manon Wenn die Hälfte der Gesellschaft sagt, Frauen sind weniger widerstandsfähig, dann wird das auf jeden Fall Einfluss auf die Frauen haben. Vor allem wenn man das von klein auf hört.

Dirk Nehmen wir mal die 30 % der Frauen, die Karriere machen wollen, und ich behaupte bei Männern sind das auch nicht mehr. Diese machen dann trotzdem, obwohl sie alle Fähigkeiten haben, Marketing und Personal und sind nicht im Finanzsektor tätig. Aber Finanzen ist eine Keyposition in einer Firma, welche der Frau im Blut liegt. Beispielsweise geben in Indien die erfolgreichen Fonds die Kredite den Frauen. Die Männer verschwenden es! Offenbar kann eine Frau mit Geld umgehen. Warum findet man im Finance Controlling so wenige Frauen?
Wenn man das studiert und seine Stärken in diesem Bereich entdeckt, dann sollte man eine Karriereplanung machen und sich zum Beispiel überlegen, wo die meisten Männer hingehen. Man muss herausfinden, wo man am meisten Chancen hat.

Manon Frauen achten vielleicht mehr auf den Inhalt als auf die Karrierechancen, wie zum Beispiel Menschenkontakt. Karriere ist eine langfristige Entscheidung, die man mit dem Einbeziehen verschiedener Parameter trifft. Inhalt, Position und Anerkennung sind Teil dieser Parameter.

Marijana Man kann auch im Personalwesen und Marketing Erfolg haben und somit Karriere machen. Es gibt durchaus Aufstiegschancen, vor allem wenn man bei einem Neuaufbau dabei ist. Es ist zwar richtig, dass es weniger Karrierechancen in diesen Bereichen gibt, aber ausgeschlossen ist es bestimmt nicht. Und wahrscheinlich gehen auch nicht viele mit diesen Ambitionen in so einen Beruf, sie bewegen andere Gründe wie zum Beispiel Familienplanung und Vereinbarkeit mit dem Job oder auch einfach Interesse. Und daran ist nichts falsch, es müssen nicht alle das Gleiche wollen.

Dirk Es gibt zwei Komponenten im Personalbereich. Auf der einen Seite wird diese Abteilung abgebaut und die Unternehmen brauchen nur noch HR-Leute, die Personal abbauen. Die andere Komponente ist das Recruiting bei einem wachsenden Unternehmen.

Aber wer entscheidet, was für Veränderungen gemacht werden und wo Geld investiert wird? Diese Entscheidung trifft das Business und nicht das HR.

Manon Aber das ist auch wieder restriktiv! Wir sind nicht frei, das zu tun, was wir wollen, weil oft die Familienplanung im Wege steht. Du gehst davon aus, dass sich die Frau um die Kinder und den Haushalt kümmert. Es gibt aber solche Paare, wo beide sich um beides kümmern, Karriere und Familie.

Marijana Ich finde, dass der Begriff Karriere von jedem anders interpretiert wird. Natürlich gibt es in den Büchern eine objektive und allgemeine Definition davon, aber jeder hat einen anderen Maßstab für seine eigene Karriere. Karriere bedeutet nicht immer, dass man CFO oder CEO werden will! Person A möchte woanders hin als Person B und darum muss man das relativieren. Ich habe auch klare Ziele und Visionen und möchte nicht unbedingt im obersten C-Level sein, aber doch eine höhere Position haben, die mit der Familienplanung vereinbar ist.

Meiner Meinung nach ist die Gesellschaft noch nicht so weit, dass sie viele Karrieremöglichkeiten für eine Frau bieten kann. Zusätzlich bestehen die veralteten Rollenbilder und Erwartungen an eine Frau immer noch. Natürlich sind wir heute an einem schon weit entwickelten Punkt, denn wenn eine Frau wirklich Karriere machen will und sich darauf konzentriert, dann bekommt sie die Gelegenheit dazu und einige Unternehmen fördern ja auch gezielt Frauen. Aber man hat gleichzeitig immer noch mit Vorurteilen und Erwartungen gegenüber Frauen zu kämpfen, die zum Beispiel nicht mit einer Chefposition harmonieren. Es besteht immer noch dieses Bild: Die Frau ist zu Hause und kümmert sich um das Kind. Durch die konstante Vermittlung dieses Bildes verankert sich diese Vorstellung auch in den Köpfen der Frauen.

Dirk Aber wenige Frauen planen auch diese Richtung. Es gibt im Finanzumfeld Jobs, wo man nicht herumreisen muss und das somit gut mit der Familie vereinbaren kann. Aber die Rolle, dass die Frau die Familie ernährt, ist nicht etabliert und vielen Frauen traut man das auch nicht zu. Einige Männer würden gerne zu Hause bleiben.

Marijana Diese Rolle ist zwar da, aber sie ist noch nicht vollständig etabliert. Wir befinden uns in einem Wandel, sind aber noch nicht so weit, dass die neue Rolle vollständig akzeptiert wird.

Manon Wir sagen schon seit einiger Zeit, dass wir uns im Wandel befinden. Die Generation vorher war ja auch schon emanzipiert. Aber der Prozess stockt, das heißt, dass da irgendwo noch Barrieren bestehen müssen.

Marijana Viele Frauen bekommen die Chance aber gar nicht, sich wieder in die Berufswelt zu integrieren, da es zu wenige qualifizierte Teilzeitstellen für Mütter gibt und die Kita-Plätze sehr rar und teuer sind. Aber als Mutter kann man nicht viele Überstunden leisten und zum Teil auch nicht 100 % arbeiten. Dafür müssen solche Stellen geschaffen werden.

Dirk Wie bereits erwähnt, hilft ein Partner im Rücken.

Marijana Aber dann gibt es wieder Restriktionen! Man muss um eine bestimmte Uhrzeit das Kind abholen. Als Frau, vor allem als berufstätige Frau und Mutter, wirst du von jeder Seite eingeschränkt. Wie kann man sich dann auf die Karriere konzentrieren, wenn man nicht völlig frei ist in Bezug auf die Berufswelt?

Dirk Ich behaupte, Frauen könnten den Fächer weiter aufmachen. Es gibt Jobs, die mit der Familie vereinbar sind. Nicht nur Marketing und Personaljobs. Beispielsweise in der Forschung und Entwicklung und im Ingenieurswesen. Warum wird das nicht angestrebt?

Manon Da ist auch etwas Implizites dabei. Es sagen wenige Frauen: „Ich suche mir diesen Job aus, weil das mit einem Kind vereinbar ist." Sie sagen eher: „Ich suche es mir aus, weil es mir gefällt." Es werden von klein auf typisch weibliche Interessen bei einem Mädchen gefördert. Unsere Gene sind dieselben wie die der Männer.

Dirk Wenn eine Frau im Verwaltungsrat ist, dann hat sie auch mehr zu sagen und kann dann auch wieder Frauen fördern.

7.6 Muss sich eine Frau im Berufsleben wie ein Mann präsentieren, um respektiert zu werden?

Dirk Es gibt Vorschriften in gewissen Unternehmen, wie man sich anziehen und präsentieren soll. Das ist auch logisch, denn man präsentiert ja als Arbeitnehmer/in das Unternehmen. Eine Frau muss sich immer mehr überlegen, was sie anziehen soll.

Manon Meiner Meinung nach gibt es für Frauen zwei Herangehensweisen, was die Kleidung angeht. Entweder ich ziehe an, was mir gefällt, das kann zum Beispiel heißen, dass ich mir erlaube zu meiner Weiblichkeit zu stehen, oder ich ziehe mich neutral an, um zu vermeiden, dass Mitarbeiter eventuell von mir denken, dass ich meinen Körper einsetze, um Vorteile zu erlangen. Auch wenn mir Letzteres logisch erscheint, weil die meisten die Entscheidung treffen würden, einen professionellen Eindruck zu machen, finde ich den grundlegenden Gedanken abstoßend, dass man als Frau überhaupt beweisen muss, dass man nicht die Absicht hat, den eigenen Körper für professionelle Ziele einzusetzen.

Marijana Ich denke, dass es hier wirklich um die Anpassung der Kleidung an die Situation, beziehungsweise an das Unternehmen geht. Wenn man geschäftlich unterwegs ist und einen Rock anziehen möchte, dann passt man den der Situation an und trägt demnach einen längeren Rock. Genauso müssen Männer ein langes Hemd und kein Kurzarmhemd tragen. Man muss die Situation abschätzen und sich anpassen.

Man respektiert eine Frau dann, wenn sie sich korrekt verhält und nicht durch ihre Reize Vorteile erhält und dazu gehört auch die Kleidung. Man muss sich anpassen und eingliedern, um akzeptiert zu werden. Aber wenn eine Frau gut aussieht, dann wird sie immer Neider und Verehrer haben, egal was sie anzieht. So eine Frau muss dann noch mehr auf die Kleidung achten, damit sie nicht zusätzliche Aufmerksamkeit auf sich zieht. Beispielsweise wenn eine Frau eine gute Figur hat, dann kann sie auch ein langes Kleid anziehen und es sieht trotzdem gut und anreizend aus.

Manon Aber dann muss sich eine gutaussehende Frau extra weniger schön anziehen als andere. Das ist auch nicht richtig.

Dirk Ich würde sagen, sie muss vorsichtiger bei der Auswahl sein.

Marijana Man darf einfach nie anderen das Gefühl geben, sie wären weniger wert als man selbst, sonst wird man nicht akzeptiert und auch nicht respektiert.

7.7   Der Einfluss der Herkunft auf die Karriere der Frau

Dirk Wenn ich Bewerbungen von Frauen durchsehe, interessiert es mich nicht, woher die Frauen kommen. Sie müssen nur ihre Leistung bringen und für den Job geeignet sein. Es ist nicht bei jedem Recruiter so, obwohl das im Idealfall keine Rolle spielen sollte.

Manon Gibt es einen geschlechtlichen Unterschied beim Einfluss der Herkunft während des Auswahlprozesses?

Marijana Bei Frauen ist dieser Effekt weniger ausgeprägt als bei Männern. Wie schon erwähnt, ist diese Tatsache vom Recruiter abhängig. Entweder stellt die Herkunft ein Ausschlusselement dar oder nicht.

Marijana Die Herkunft hat einen Einfluss auf die Erziehung und diese wirkt sich auf die Schulausbildung aus. Diese zwei Komponenten begründen die Karriere und bilden den Grundbaustein für das weitere Leben. Folglich gibt es kulturelle Unterschiede bei den Karrierechancen von Frauen.

Dirk Was ich aus meinen Erfahrungen erzählen kann, ist, dass man vor allem in seinem sogenannten Heimatort Karriere machen kann. Ich habe in Paris gearbeitet und weiß, dass ich dort niemals Partner geworden wäre. Ich musste dahin zurückkehren, wo ich die Kultur gut genug kannte, um am besten zu verkaufen und Geschäfte zu machen. Lokale Beziehungen und das Netzwerk spielen eine stärkere Rolle als das Geschlecht.

Manon Kulturelle Unterschiede werden sicherlich das Team bereichern. Ich sehe das schon im Studium.

Dirk Ich habe eine Aversion gegen homogene Teams. Ich weiß, dass mich diese Diversität weiterbringen wird. Ich suche sowohl gesellschaftliche Unterschiede als auch Altersunterschiede.

Manon Das heißt, unser Tipp lautet: Richtet euch an internationale Betriebe!

7.8 Warum ist Out-of-the-box-Denken bei Frauen selten?

Manon Ich kenne viele Frauen, die out-of-the-box denken. Aber oft gibt es eine Barriere zwischen dem was Frauen denken und aussprechen.

Dirk Viele machen sich Feinde, indem sie innovative Vorschläge machen. Sie stoßen gegen etablierte Strukturen und gegen die, die solche Strukturen verteidigen. Dass Frauen weniger out-of-the-box denken, könnte ich mir so erklären, dass sie Angst haben entweder ihren Job zu verlieren, oder sich Feinde zu schaffen. Es besteht das Vorurteil, dass Frauen keine Macht und Karriere wollen und sie somit in der beruflichen Welt ungefährlicher sind. Aber die Frauen, die das wollen sind gefährlich, da es von ihnen nicht erwartet wird. Diese Frauen sind beruflichen Angriffen ausgesetzt. Es ist falsch in dem Fall zu glauben, sie werden als Frau angegriffen, da es sich eigentlich nur um Konkurrenz handelt!

7.9 Über die Autoren

Dr. Dirk Fisseler ist Chairman und CEO der BaXian AG und besitzt mehr als 20 Jahre Erfahrung in der Beratung von CIO's und CFO's. Er promovierte an der Universität St.

Gallen (HSG). Neben seiner Tätigkeit als CEO von BaXian sitzt er in mehreren Verwaltungsräten international agierender Private Equity Fonds, Start-Ups sowie NPO Stiftungen.

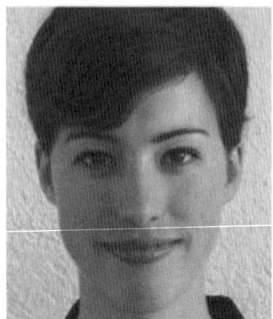

Manon Lüthy studiert Business & Economics im Master an der ENA Paris am Institut d'études politiques de Paris. Ihre Fachkenntnisse liegen überwiegend in den Bereichen Human Resources, Management Consulting und Projektmanagement. Sie absolvierte ein Praktikum bei der BaXian AG.

Marijana Ratkic arbeitet aktuell als Rekrutierungsspezialistin bei Careerplus. Sie besitzt einen Bachelor Abschluss der Universität Luzern in Kommunikations- und Gesellschaftswissenschaften. Während ihrer Tätigkeit bei der BaXian AG war sie als Beraterin beschäftigt.

Frauen in Führung – eine Klasse für sich

Wie Sie sich erfolgreich positionieren und durchsetzen

Ralf Gasche

Inhaltsverzeichnis

Können Frauen führen? Erstaunlich, dass sich diese Frage im 21. Jahrhundert überhaupt noch stellt – 135 Jahre, nachdem Margarethe Steiff die ersten Stofftiere nähen ließ, 100 Jahre, nachdem Helena Rubinstein eine bis heute erfolgreiche US-Marke ins Leben rief, 68 Jahre, nachdem Estée Lauder einen Weltkonzern gründete, 33 Jahre, nachdem Beate Uhse an die Börse ging. Und fast ein Jahrzehnt, in dem manche Kinder ihre Mütter fragen: „Du Mami, können eigentlich auch Männer Bundeskanzlerin werden?"

Frauen wie Kleopatra haben die Weltgeschichte beeinflusst, Frauen wie Katharina die Große, Indira Gandhi oder Margaret Thatcher haben die Geschicke von Staaten gelenkt, Frauen wie die oben genannten haben als Unternehmenschefinnen enorme Werte geschaffen. An der Spitze zahlreicher Großunternehmen stehen Frauen, man denke an Friede Springer oder an die Großaktionärin und Aufsichtsrätin Susanne Klatten, die als reichste Frau Deutschlands gilt. Und dennoch diskutieren wir über die Frauenquote in Aufsichtsräten von DAX-Unternehmen, vermissen weiblichen Führungsnachwuchs und lesen in der Presse davon, wie zahlreiche weibliche Vorstände das Handtuch werfen oder internen Machtspielen zum Opfer fallen. Berühmte Ausnahmen sagen offenbar wenig darüber aus, wie erfolgreich Frauen generell in der Führung sind. Woran das liegt und wie Frauen

Ralf Gasche ✉
Haus Dürresbach, 53773 Hennef, Deutschland
e-mail: ralf@gasche.com

© Springer Fachmedien Wiesbaden 2015
P. Buchenau (Hrsg.), *Chefsache Frauen*, DOI 10.1007/978-3-658-07498-2_8

sich in einer männerdominierten Businesswelt besser durchsetzen können, das ist Thema dieses Beitrags.

8.1 Drei Frauen – drei Lehren über den Businessalltag

Seit vielen Jahren begleite ich als Business-Coach Menschen, die Personaler gern „Leistungsträger" oder „Top-Performer" nennen, Männer wie Frauen. Drei exemplarische Fälle zeigen, wo weibliche Führungskräfte in ihrer Wahrnehmung möglicherweise blinde Flecken haben und sich so das Leben schwer machen.

Fall 1: Hochkompetent und trotzdem abgehängt

Meine Klientin, nennen wir Sie U., ist Direktorin in einem großen Filialunternehmen. Sie führt ein Dutzend Zweigstellen, und zwar wirtschaftlich deutlich erfolgreicher als sämtliche männlichen Kollegen. Sie ist innovativ, ehrgeizig, gleichzeitig charmant und gut mit Menschen, kurz: die ideale Führungskraft. Sie steht loyal zum Unternehmen und hat sich in mehr als zwei Jahrzehnten von der Auszubildenden in die Führungsebene hochgearbeitet. Der nächste Schritt scheint vorgezeichnet, denn die Zahlen lügen nicht. Doch befördert wird ein männlicher Kollege, der weit weniger Erfolge vorzuweisen hat. U. ist fassungslos.

Bei der Suche nach den Ursachen hilft ein Blick auf den Vorstand des Unternehmens. Dort ist eine reine Männerriege versammelt, allesamt deutlich älter als U., sozialisiert in einer Zeit, in der Frauen in dieser Branche eigentlich nur als Sekretärin, allenfalls noch in der Buchhaltung vorstellbar waren. Schon eine Direktorin ist in diesem Verständnis ein großer Schritt – und wir reden hier nicht von politisch korrekten Statements in Imagebroschüren oder Presseverlautbarungen, sondern von den Bildern in den Köpfen. Das Unternehmen ist schlicht noch nicht bereit für eine Frau auf der Top-Ebene. Und wer lange genug im Business ist, weiß, dass sich für emotionale Widerstände immer „sachliche" Gründe finden lassen.

Der blinde Fleck meiner Klientin bestand in der Ausblendung der Frage, „Wer schafft es (bisher) in diesem Unternehmen ganz nach oben?" Das betrifft nicht nur Frauen: In manchen Organisationen muss man sich im Ausland Sporen verdient haben, um befördert zu werden, in anderen muss man Ingenieur sein, in wieder anderen darf man genau das nicht sein, sondern kommt nur als Jurist oder Betriebswirt weiter. Manchmal reicht es auch, mit zum Golfen oder Segeln zu fahren, um nützliche Kontakte zu Entscheidungsträgern zu knüpfen. Natürlich gibt es irgendwann Eisbrecher, die als erste solche heimlichen Regeln außer Kraft setzen. Doch die Wahrscheinlichkeit einer Beförderung ist höher, wenn man den gängigen Maßstäben entspricht. Hätte es bereits eine Frau im Vorstand gegeben, wäre die Angelegenheit für U. möglicherweise vorteilhafter verlaufen.

Was tun? Nüchtern betrachtet, hatte U. die bekannten drei Optionen: Love it, leave it, or change it. Das eigene Verhalten ändern, die Ellenbogen ausfahren, machtorientierter auftreten und so den Vorständen unmissverständlich deutlich machen, dass eine Frau genauso „hart" sein kann wie die Männer und dass sie davon ausgeht, beim nächsten Mal zum Zug zu kommen. Oder das Unternehmen verlassen und bei der Stellensuche ein Auge darauf haben, wie potenzielle neue Arbeitgeber es mit den Frauen halten. Oder die aktuelle Situation akzeptieren, wie sie ist (sie zu „lieben" wäre denn doch etwas viel verlangt), und die eigenen Handlungsmöglichkeiten zu durchdenken.

Meine Klientin entschied sich bewusst für den dritten Weg. Sie wollte weder dem Unternehmen kündigen, für das sie Jahrzehnte gearbeitet hatte, noch ihre konziliante Haltung aufgeben. Sie setzte stattdessen darauf, sich noch deutlicher als bisher und auch jenseits der wirtschaftlichen Ergebnisse für einen weiteren Aufstieg zu empfehlen, durch innovative Strategien, durch exzellente Vorstandspräsentationen, durch eine viel beachtete Rede auf einer Unternehmensveranstaltung. Ihr Eindruck: Langsam, ganz langsam, ändert sich etwas. U. setzt darauf, dass man bald nicht mehr an ihr vorbeikommt. Zugegeben, das verlangt Geduld. Es muss nicht *Ihr* Weg sein, aber es ist *ein* möglicher Weg.

Fall 2: Hoch engagiert und trotzdem gekündigt

Meine Klientin, ich nenne sie S., hat es bis zur Personalchefin eines großen Technikunternehmens gebracht. Man wollte sie, genau sie, unbedingt, und S. hat die Erwartungen voll erfüllt. Zwölf-Stunden-Tage, Mammutsitzungen, immer erreichbar, auch am Wochenende – ihr Arbeitsverhalten entspricht ziemlich genau dem ihrer männlichen Kollegen. Anders als die meisten Männer ist S. ledig und hat keine Kinder, sie liebt ihren Beruf. Schon vor dem offiziellen Stellenantritt steigt sie in die Position ein und bringt wichtige Initiativen auf den Weg, unentgeltlich, wie sich auf Nachfrage herausstellt, und das über Monate.

Warum sie jetzt wie versteinert vor mir sitzt? Man hat ihr von heute auf morgen gekündigt, ohne Angabe von Gründen, und das nach fünf Jahren im Unternehmen und einer makellosen Erfolgsbilanz. Ein Vorstandsmitglied muss „versorgt" werden und soll ihr nachfolgen. S. zu opfern war die günstigere Lösung, auch wenn der Aufhebungsvertrag mangels echter Kündigungsgründe das Unternehmen einiges kosten wird. Dass der betreffende Vorstand im Personalbereich keinerlei Erfahrung hat, spielt dabei keine Rolle.

Der blinde Fleck in diesem Fall: Wer keine Hausmacht aufbaut, wird leicht zum Bauernopfer. S. ist klar, offen, sachorientiert, erfolgreich, aber politisch nicht sensibel genug und nicht gut vernetzt. Niemand hat sie gewarnt, dass da was im Busch sei, niemand hat sich auf ihre Seite gestellt, als es so weit war, niemand war ihr so verpflichtet, dass er ihre Kündigung verhindert und stattdessen lieber jemand anderen geopfert hätte. Zudem hatte S. sich schon vor Stellenantritt willig ausnutzen lassen und sich daher als unproblematisches Opfer empfohlen. Mir ist kein Mann bekannt, der ohne Bezahlung über Monate so geschuftet hätte. Die Lehre aus diesem Fall: Nur fleißig sein und gut arbeiten reicht nicht, um seine Position zu sichern oder Karriere zu machen. Man muss darüber hinaus die richtigen Kontakte pflegen, politisch agieren, sich unentbehrlich machen. Wer „auf politische Spielchen keine Lust hat", wie ich von Frauen manchmal höre, läuft Gefahr, einen hohen Preis dafür zu zahlen. Ab einem gewissen Führungslevel gehört Politik dazu, wenn man erfolgreich sein – und bleiben – will.

Fall 3: Skeptisch beäugt und trotzdem erfolgreich

Meine Klientin N. ist knapp 30 und in einem Beratungsunternehmen zur Abteilungsleiterin befördert worden. Ihre direkte Vorgesetzte gilt im Unternehmen als menschlich schwierig und wird als fachlich ahnungslos wenig geschätzt. N.s Mitarbeiter, sieben an der Zahl, stehen der neuen Abteilungsleiterin von Anfang an reserviert gegenüber: Sie ist deutlich jünger, studiert und weiblich, das ist ein bisschen viel auf einmal. N.s größte Sorge ist, wie sie ihre Mitarbeiter hinter sich bringen kann.

Im Coaching finden wir dafür rasch eine Lösung. N. würdigt Erfahrung und Knowhow der Mitarbeiter, indem sie deren Rat sucht, um Unterstützung bittet, zuhört und das Gesagte ernst nimmt. Sie tritt nicht als Besserwisserin auf und gewinnt mit ihrer freundlichen und optimistischen Art in wenigen Wochen die Herzen der Menschen. Wir stellen erstaunt fest, dass man auch mit 30 schon eine Art „Mutter der Kompanie" werden kann. Gleichzeitig lässt N. keinen Zweifel daran, wer das Sagen hat: Sie ist es, die die Entscheidungen fällt und energisch wird, wenn jemand ihre Position oder ihre Anweisungen missachtet. Natürlich beansprucht sie den gleichen Dienstwagen wie ihre männlichen Kollegen, selbstverständlich hat sie das größte Büro und eine persönliche Assistentin. Und bei aller freundlichen Kumpelhaftigkeit kommt ihr kein kritisches Wort über die eigene Vorgesetzte über die Lippen. Sie ist loyal und widersteht der Versuchung, die Chefin zu demaskieren oder sich auf deren Kosten zu profilieren. Angesichts von deren Entscheidungsscheu und Sprunghaftigkeit ist dies nicht immer einfach. Die Vorgesetzte dankt es ihr, indem sie in einer schwierigen Situation N.s Partei ergreift. N. ist gut im Unternehmen vernetzt und pflegt auch branchenintern gezielt wichtige Kontakte, besucht einschlägige Veranstaltungen, präsentiert sich als Vortragende und in Podiumsdiskussionen.

Blinde Flecken? Keine. Für mich ist N. das beeindruckende Beispiel einer jungen Führungskraft, die von Beginn an ihre Führungsrolle annimmt und weiß, dass sie neben Know-how und Engagement auch ihre Mitarbeiter hinter sich bringen und oben die richtigen Strippen ziehen muss. Falsche Bescheidenheit ist ihr ebenso fremd wie politische Naivität: Der weitere Weg nach oben führt normalerweise über den direkten Vorgesetzten, und sie wäre töricht, sich ihre Chefin zur Feindin zu machen.

8.2 Wie Sie sich als Frau erfolgreich positionieren und durchsetzen

Je weiter man nach oben kommt, desto mehr gilt: Die Geschäftswelt ist (noch) eine Männerwelt. Wer sich dort durchsetzen will, muss die herrschenden Spielregeln kennen und berücksichtigen. Das gilt für Männer wie für Frauen. Männer könnten einiges von ihren Führungskolleginnen lernen, wenn es etwa um respektvolle Kommunikation geht, um Sachorientierung und skandalfreies Agieren. Umgekehrt vermisse ich bei Frauen immer wieder Strategien, die die meisten Männer ganz selbstverständlich und mit Erfolg einsetzen. Hier daher sieben Hinweise für Frauen, die nach oben wollen.

8.2.1   Die eigene Karriere ganz gezielt planen

Wer ganz oben angekommen ist, behauptet nicht selten, der Aufstieg sei ihm einfach so „passiert". Das mag gelegentlich stimmen, ist in den meisten Fällen jedoch nur imagefördernde demonstrative Bescheidenheit. Karrieren „passieren" im Allgemeinen nicht einfach – sie werden bewusst *gemacht*. Für ambitionierte Frauen bedeutet das: Werden Sie sich klar darüber, wo Sie hin wollen, was Sie im Leben erreichen wollen, wie Ihre Laufbahn aussehen soll. Halten Sie Ihre Karriereziele am besten schriftlich fest und behalten Sie im Auge, ob Sie noch auf dem richtigen Weg sind. Natürlich lässt sich nicht jeder Schritt bis ins Kleinste vorausplanen, aber ein klares Ziel vor Augen sorgt dafür, dass Sie sich Fragen wie die Folgenden stellen werden:

- Was brauche ich, um dieses Ziel zu erreichen?
- Wen brauche ich dafür?
- Welche Netzwerke sollte ich knüpfen, wer könnte mir nützen?
- Welche Kompetenzen und Erfahrungen bringen mich weiter?
- Wo kann ich mein Ziel am ehesten erreichen, in welcher Branche, in welchem Unternehmen?
- Wie sieht der nächste plausible Schritt aus?
- Bringt mich ein aktuelles Angebot tatsächlich weiter? Oder manövriere ich mich damit auf ein Abstellgleis?
- Welche Forderungen sollte ich stellen?
- Mit wem muss ich mich messen, wer ist mein Konkurrent?
- Wer könnte/will mir schaden?

Seien Sie versichert: Männer stellen sich solche Fragen ständig. Sie messen sich intuitiv mit Rivalen. Viele Frauen dagegen gehen irrtümlich davon aus, sehr gute Leistung werde sich irgendwann „automatisch" bezahlt machen. Unser Bildungssystem bestätigt sie in diesem Irrtum, doch nach dem Abschluss und spätestens im ersten Führungsjob ändern sich die Regeln.

8.2.2   Sich des eigenen Wertes bewusst sein

Was macht Sie aus? Worin sind Sie besonders gut (und besser als andere)? Was können Sie, fachlich, aber auch im Umgang mit anderen? Welche Wertvorstellungen sind unverrückbar für Sie? Welche Erfolge haben Sie erzielt? Welche Ideen, Impulse, Erfolgsprojekte, Schachzüge gehen auf Ihr Konto? Welche Erfahrungen haben Sie geprägt? Das Bewusstsein des eigenen Wertes ist Voraussetzung dafür, sich selbstbewusst in Stellung zu bringen, wenn eine attraktive Position zu vergeben ist. Auch wenn es zu jeder Pauschalaussage Gegenbeispiele gibt: Viele Frauen möchten bis heute „gebeten" werden, entdeckt und ermutigt. Doch im Wettlauf um attraktive Positionen geht es nicht mehr zu wie in der Tanzstunde. Wenn eine Frau keine Ansprüche anmeldet und keine Forderungen stellt, bleibt sie, wo sie ist, zumindest dann, wenn ein männlicher Kollege sich energisch genug in Stellung bringt. Selbstmarketing gehört dazu, wenn man Karriere machen will, Zurückhaltung zahlt sich nicht aus. Sorgen Sie dafür, dass sichtbar wird, was Sie leisten!

8.2.3 Eine gesunde Rollendistanz wahren

Frauen wundern sich manchmal, wie hart Männer einander in Meetings oder Verhandlungen angehen können, um dann hinterher einträchtig ein Bier trinken zu gehen. Womöglich klopft der Unterlegene dem „Sieger" noch anerkennend auf die Schulter und beglückwünscht ihn dazu, so ein harter Hund zu sein. Es gilt die Devise: Dienst ist Dienst und Schnaps ist Schnaps. Frauen hingegen bringen sich im Unternehmen häufig sehr persönlich ein, es fällt ihnen schwerer, Job und Person zu trennen. Sie möchten „sich nicht verbiegen", sondern „authentisch bleiben". Doch was bedeutet das ganz konkret? Immer sagen, was einem auf der Zunge liegt? Offenheit in jeder Lebenslage? Wenn Sie ehrlich sind, praktizieren Sie das weder in der Partnerschaft noch in der Familie oder im Bekanntenkreis. Würden Sie als Lebenspartnerin, als Schwiegertochter, als Mutter oder im Ehrenamt rückhaltlos laut sagen, was Sie denken, wären Sie sehr wahrscheinlich ziemlich einsam. Und auch im Job manövrieren Sie sich damit ins Abseits.

Wir spielen im Leben eine Reihe von Rollen und zeigen dort die meiste Zeit rollenkonformes Verhalten. Rollen geben Halt und erleichtern das soziale Miteinander. Als Mutter auf dem Elternabend verhalten Sie sich intuitiv anders als in einer Runde von Freundinnen, und dort wiederum anders als in einem geschäftlichen Meeting. Wer „aus der Rolle fällt", bringt sich in Schwierigkeiten und sein Gegenüber in Verlegenheit. Sehen Sie die Führungsrolle als eine der Rollen, die Sie auszufüllen, sich entschieden haben. Loten Sie aus, wie diese Rolle in Ihrem jeweiligen Umfeld verstanden wird. Was erwartet die Geschäftsführung von Ihnen? Was erwarten Ihre Mitarbeiter? Und wie verstehen Sie selbst die Aufgabe? Entwickeln Sie ein Gespür für die Unternehmenskultur und handeln Sie bewusst und reflektiert, nicht intuitiv und schutzlos. Entscheiden Sie, wie viel Sie von sich zeigen und welcher Führungsstil zu Ihnen passt. Sie sollen sich dabei nicht verbiegen und verstellen, sondern klug und reflektiert agieren – frei nach dem Motto: „Sage nicht alles, was du weißt, aber wisse immer, was du sagst" (Matthias Claudius). Sie werden rasch feststellen, dass etwas Distanz zum Geschehen gesund und nervenschonend ist.

8.2.4 Bereit sein für Strategie und Taktik

Vielleicht der wichtigste Punkt für eine erfolgreiche Führungskarriere: Stellen Sie sich der politischen Dimension Ihres Berufs, lernen Sie, Strippen zu ziehen. Machen Sie sich die Mächtigen gewogen. Holen Sie vorab Verbündete ins Boot, wenn wichtige Entscheidungen anstehen. Knüpfen Sie gezielt Kontakte zu Menschen, die Ihnen nützlich sein können. Geben Sie, um später fordern zu können. Vermeiden Sie es, sich unnötig Feinde zu machen. Verwechseln Sie nicht Sympathie und Freundschaft mit dem Knüpfen professioneller Netzwerke. Hadern Sie nicht lange mit ungerechten Vorgesetzten, intriganten Kollegen oder unangenehmen Geschäftspartnern: Überlegen Sie nüchtern, wie Sie konstruktiv und zu Ihrem eigenen Besten mit Ihrem Gegenüber umgehen können. Scheuen Sie nicht davor zurück, den anderen mit seinen eigenen Waffen zu schlagen. Man muss Sie nicht mögen, sondern respektieren. Auch dabei ist die im letzten Punkt angesprochene emotionale Distanz sehr hilfreich.

Netzwerke

8.2.5 Im richtigen Moment die Zähne zeigen

Wer Macht ausüben will, wird getestet. Sollten Sie Kinder im Teenager- oder Trotzalter haben, wissen Sie das nur zu gut. Im Job ist es nicht anders. Mitarbeiter testen aus, was Sie mit sich machen lassen, Kollegen ebenso. Geplatzte Deadlines, der Versuch, Ihnen unattraktive Aufgaben und undankbare Projekte zuzuschieben, von kleinen Scharmützeln wie ins Wort fallen, Ignorieren Ihrer Meeting-Beiträge oder anzüglichen Sprüchen gar nicht zu reden. Ich lege Ihnen in diesem Punkt die alte Sponti-Maxime „Wer sich nicht wehrt, lebt verkehrt" ans Herz. Reden Sie Klartext, freundlich, aber energisch. Werden Sie unfreundlich, wenn es nicht anders geht. Gehen Sie nicht großzügig über kleine Unverschämtheiten hinweg, sonst folgen bald größere. Lächeln Sie eisig und weisen Sie das Gegenüber in die Schranken, seien Sie wehrhaft. Ich wurde einmal Zeuge, wie eine Managerin die schlüpfrige Frage eines Kollegen mit der mitfühlenden Gegenfrage konterte, ob sein sexueller Notstand schon so groß sei, dass er hier zum Thema gemacht werden müsse? Weitere Angriffe blieben ihr danach erspart. Je unaufgeregter und gelassener Sie parieren, desto eher werden Sie künftig Ihre Ruhe habe. Gerade vor Publikum sollten Sie sich auf keinen Fall vorführen lassen.

Durchsetzen

8.2.6 Sich mit dem Thema Macht anfreunden

Sind Sie beim Wort „Macht" zu Beginn von Punkt 5 leicht zusammengezuckt? Auch Männer reden häufig lieber von „Einfluss" oder der „Möglichkeit zu gestalten" als von Macht. Doch das ist Augenwischerei. Nach der berühmten Definition des Soziologen Max Weber bedeutet Macht „jede Chance, innerhalb einer sozialen Beziehung den eigenen Willen auch gegen Widerstreben durchzusetzen, gleichviel worauf diese Chance beruht". Als Führungskraft sind Sie weisungsbefugt, entscheiden über Urlaubstage, Gehaltserhöhungen und Beförderungen. Sie haben Macht, je weiter oben, desto mehr. Wenn Sie gut führen, wurzelt diese Macht auch in persönlicher Autorität und hängt nicht nur am seidenen Faden formaler Befugnisse. Denn umgekehrt gilt auch: Zum Führen gehören mindestens zwei – eine/r, die/der vorangeht, und eine/r, die/der folgt. Ohne Gefolgschaft keine Führung. Zur Führung gehören daher Autonomie, Entschiedenheit, Entschlossenheit, Souveränität, Mut, kurz: ein machtvolles Auftreten. Fehlt dies, bröckelt die Gefolg-schaft. Wir Menschen reagieren da kaum anders als unsere tierischen Verwandten. Im Wolfsrudel oder in einer Gruppe von Menschenaffen wird sehr genau beobachtet, ob die Führenden die Gruppe vor Gefahren schützen und sich gegen Aufmüpfige in den eigenen Reihen behaupten können.

Seien Sie sich also Ihrer Macht bewusst und verzichten Sie nicht auf deren Insignien. Eine Chefin, die sich mit einem Mini-Dienstwagen abspeisen lässt und auf das große Eck-büro verzichtet, sät bereits die ersten Zweifel an ihrer Führungskompetenz. Versäumt sie es, klare Entscheidungen zu fällen und sich gegen Widerstände zu behaupten, wachsen diese Zweifel weiter. Damit wir uns nicht missverstehen: Hier geht es nicht um Macht-missbrauch, autoritäre Willkür oder Statusverliebtheit. Sondern um das selbstverständli-che Einnehmen der Rolle inklusive vermeintlich „unwichtiger" Äußerlichkeiten und der Bereitschaft, Machtkämpfe auszufechten (siehe Abschn. 8.2.2).

8.2.7   Lieber respektiert werden als beliebt sein

In ihrem Buch „Lean in. Frauen und der Wille zum Erfolg" (2013) berichtet Sheryl Sand-berg, COO und Verwaltungsrätin bei Facebook, von ihrem ersten offiziellen Mitarbei-tergespräch mit Mark Zuckerberg: „Eine der ersten Sachen, die er mir sagte, war: Mein Wunsch, von allen gemocht zu werden, würde mich bremsen. Man kann es nicht allen recht machen, wenn man Dinge verändern will. Wenn man es jedem recht macht, kommt man nicht weit. Mark hatte recht." Das sagt eine Frau, die das Magazin Forbes zu den mächtigsten der Welt zählt, die nebenbei auch eine der reichsten ist und deren beein-druckende Karriere über die Weltbank und das US-Finanzministerium an die Spitze von Facebook führte. Dass Frauen in der Regel ein stärkeres Bedürfnis nach Harmonie haben, ist eine Binsenweisheit, aber deshalb nicht weniger wahr. Die evolutionären und biologi-schen Ursachen auszuloten würde an dieser Stelle zu weit führen. Sicher ist: Frauen und Männer sind in diesem Punkt unterschiedlich, und die Neigung zur Fürsorge für andere, zur Pflege harmonischer Beziehungen, zum Beliebt sein wollen, ist bei vielen Frauen deut-lich ausgeprägter als bei den allermeisten Männern. Das ist oft ein Vorteil, beispielsweise wenn es darum geht, wertschätzend zu kommunizieren und Mitarbeiter mitzunehmen. Doch beim Weg an die Spitze muss man auch Gegenwind aushalten können und mit gesundem Egoismus die eigenen Ziele verfolgen. Dazu gehört, an Kollegen vorbeizu-ziehen, die schlechter aufgestellt sind, weniger kompetent oder strategisch ungeschickter. Der Unterlegene wird Sie nicht (mehr) mögen, möglicherweise sogar unfair attackieren. Das muss man aushalten können. Was wäre auch die Alternative? Wer bei allen beliebt ist, wird schnell belächelt, oder, um es mit Franz Josef Strauß zu sagen: „Everybody's darling is everybody's depp." Dass kühl-strategisches Vorgehen bei einer Frau häufig negativer bewertet wird als dasselbe Vorgehen bei einem Mann, macht es vielen Frauen nicht ein-facher. Ein prominentes Beispiel ist Andrea Nahles, die als „Königsmörderin" für große Empörung sorgte, weil sie Franz Müntefering durch ihre Kandidatur zur Generalsekretärin zum Rücktritt provozierte. Die Reaktionen auf den „Andenpakt", der Angela Merkel jahrelang das Leben schwer machte, fielen längst nicht so drastisch und emotional aus. Die jungen Wilden sind halt so, so der Tenor. Merkel wie Nahles hielten dem Gegenwind eisern stand. Und regieren heute das Land.

8.3 Ein Blick in die Zukunft

Wie wird sich das Thema „Frauen im Business" weiterentwickeln? Ich bin optimistisch. Ich begegne in meinem Beruf Tag für Tag kompetenten, ambitionierten und zugleich empathischen Führungsfrauen. Ihr Erfolg wird sich nicht aufhalten lassen, zumal immer mehr Unternehmen sich „mitarbeiterorientiertes" und „gesundes" Führen auf die Fahnen schreiben und eine Führungskultur anstreben, die durch wertschätzende Kommunikation und gutes Miteinander geprägt ist. Auch der sich bereits abzeichnende Mangel an guten Fachkräften spielt den Frauen in die Hände. Voraussetzung ist allerdings, dass sie nicht davon ausgehen, dass die Zeit quasi „automatisch" für sie arbeitet. Frauen sollten sich ihnen bietende Chancen beherzt ergreifen, ihre Ziele energisch verfolgen und sich nicht scheuen, im Unternehmen für sich die richtigen Strippen zu ziehen. Dann ist ihr Erfolg gar nicht mehr zu vermeiden.

8.4 Über den Autor

Ralf Gasche ist Führungsexperte sowie Inhaber der Firmen Ralf Gasche Coaching und Ralf Gasche Akademie. Der Diplom-Verwaltungswirt (Schwerpunkte: Kriminalistik, Kriminologie, Psychologie) blickt auf mehr als 37 Jahre Führungserfahrung zurück: 23 Jahre Führungs- und Einsatzerfahrung als Terrorismusfahnder in Bundespolizei (u. a. Bundeskanzleramt), BKA und BMI sowie 14 Jahre Unternehmer, Business-Coach, Berater, Fachautor und Speaker. Parallel zu seinen eigenen Unternehmen leitete er eine Coach-Agentur und bildet Business-Coaches aus.

Heute berät Ralf Gasche Unternehmen und ihre Führungskräfte. Seine hohe Professionalität basiert auf tausenden Coaching-Stunden, hunderten Vorträgen und zehntausenden Seminarstunden für Unternehmen – immer zu den Themen: „Wie funktioniert Führung? Wie funktionieren Menschen?" Er begeistert und inspiriert mit seinen „Excellent Leadership" Vorträgen auf Firmenveranstaltungen und großen Bühnen und ist Lehrbeauftragter an verschiedenen Hochschulen. Zu seinen Kunden zählen viele DAX- und börsennotierte Unternehmen, erfolgreiche Mittelständler und Bundesministerien.

Mehr unter www.ralfgasche.com und www.gasche.com

Literatur

Sandberg, S. L. (2013). *Frauen und der Wille zum Erfolg* (3. Aufl.). S. 73). Berlin: Econ.

Warum Männer die besseren Manager sind – manchmal!

9

Michael von Kunhardt

Inhaltsverzeichnis

Wer ist denn nun besser im Managen? Mann oder Frau? Mir ist keine wirklich seriöse Studie geläufig, die diese Frage hinreichend klärt. Und wozu würde solch ein Ergebnis auch führen? Etwa dazu, dass Unternehmen generell nur noch Männer oder nur noch Frauen für Managementaufgaben einstellen sollten? Alleine dieser Gedanke ist schon derart abstrus und anachronistisch, dass damit nicht viel anzufangen ist.

Deutlich wertvoller ist allerdings herauszuarbeiten, welche in der Literatur, in den Medien immer wieder diskutierten Unterschiede zwischen Männern und Frauen speziell im Management tendenziell visibel sind und nutzbar interpretiert werden können. Kurzum – in welchen Business-Teilbereichen denken, agieren und verhalten sich Männer vielleicht tatsächlich geeigneter als Frauen? Zumindest soll die Evaluierung hilfreich sein, um einige geeignete männliche Managementqualitäten, in diesem Fall von einem männlichen Autor zusammengestellt, nutzenbringend für Frauen in Führungspositionen zu verdeutlichen sowie wirkungsvolle Impulse und Anregungen zu geben.

In tausenden Business-Coaching-Stunden habe ich eben zu diesem Aspekt nicht nur sehr interessante eigene Beobachtungen in der unmittelbaren Arbeit mit männlichen und weiblichen Führungskräften machen können, sondern habe auch sehr viele Selbst- und Fremdeinschätzungen dazu durch meine Klienten erfahren. Und einige bemerkenswerten

Michael von Kunhardt ✉
Schloßstrasse 24, 65594 Dehrn, Deutschland
e-mail: michael@vonkunhardt.de

© Springer Fachmedien Wiesbaden 2015
P. Buchenau (Hrsg.), *Chefsache Frauen*, DOI 10.1007/978-3-658-07498-2_9

Erkenntnisse werden in diesem Kapitel, selbstverständlich anonym, Gegenstand der Diskussion sein. Doch damit nicht genug. Durch meine jahrelange mentale Coaching-Arbeit mit Spitzensportlern bietet es sich zudem an, geschlechterspezifische Führungsaspekte im Sport ebenso in die Analyse mit einzubeziehen und einen thematisch tauglichen Transfer für unser Thema für das Business herzustellen.

Dass es sich in diesem Kapitel um eine generelle Beurteilung, allgemeine Auffälligkeiten handelt und im Einzelfall natürlich auch immer wieder anders darstellt, ist völlig klar. Aber wir haben es eben schon mit interessanten Tendenzen zu tun. Dass es darüber hinaus eine Vielzahl an weiterer Management-Qualitäten gibt und Frauen in vielen anderen, als den nachfolgend beleuchteten Teilbereichen, Männern haushoch überlegen sind, ist selbstverständlich bekannt – nur eben ein anderes Thema.

9.1 Selbstvertrauen, Selbstbewusstsein, Selbstwert

Sehr geehrte Damen, ob Sie es hören und lesen wollen oder nicht – im Schnitt ist das Selbstvertrauen von Frauen deutlich niedriger als das von Männern – und zwar in Bezug auf Wettkampfsituationen. In anderen Lebensfeldern wie z. B. Datingsituationen gibt es den landläufigen Studien zufolge ein umgekehrtes Ergebnis, Business ist aber sehr viel *Wettkampf*! Es geht um Markteroberung, Verdrängung, Schnelligkeit, Preisdurchsetzung und weitere wettkampfaffine Aspekte. Männer sind im Mittel die klar besseren Wettkämpfer und damit dann eben doch die besseren Manager. Damit ist dieser Beitrag Kapitel abgeschlossen. Vielen Dank für Ihr Interesse!

Nun gut – ein wenig mehr wird noch folgen und natürlich ist Selbstvertrauen alleine auch nicht alles. Es ist aber auf alle Fälle ein eminent beeinflussender Erfolgsfaktor, ob man oder frau mit einem starken Selbstvertrauen ausgerüstet ist oder Unsicherheit, Sorge sowie Selbst- sowie unangemessene vorweggenommene Ergebnisnegativierung überwiegen. Männer nehmen eher in Kauf, nicht Everybody's Darling zu sein (Nitzsche 2011) und stellen sich schneller der Herausforderung, dem Unbekannten, dem Neuen, dem Konkurrenten, dem Feind. Ganz simpel ausgedrückt: Männer kommen weniger auf den Gedanken, zu scheitern – vielleicht weil sie bzw. wir über Jahrtausende Wettkampferfahrung gesammelt haben beim Jagen, beim Kriegen oder im Sport. Wettkampf und Männer – das ist genetisch codiert. Werfen wir an dieser Stelle mal einen Blick in den Sport. Stellen Sie sich zwei Männer auf dem Tennisplatz vor. Nach zehn Minuten Einspielen folgt meistens die Aufforderung „lass uns einfach ein Match machen". Wie verhält es sich hingegen, wenn zwei Frauen miteinander Tennis spielen? Ja – genau – sie spielen *miteinander*, 20 Minuten, 30 Minuten – meistens sogar die komplette Einheit. Frauen spielen sich den Ball zu, wollen ihrer Tennispartnerin nicht weh tun und wollen nicht weh getan bekommen. „Wenn ich dich nicht ausspiele, dann spielst du mich ja auch nicht aus. Wenn du mich also nicht schlecht aussehen lässt, dann lasse ich dich auch nicht schlecht aussehen. Dann brauche ich nicht schlecht über dich reden und du nicht über mich. So machen wir's – abgemacht!" Wir könnten auch sagen: gentlewomen agreement! Das läuft wirklich so ab. Frauen spielen miteinander – Männer spielen gegeneinander! Männer wollen wissen, wer der Bessere, der Stärkere ist, Frauen wollen sich im Sport eher verbinden und das Kollektiv schützen. Dieses weibliche non-contest-agreement gilt vor allem im Breitensport. Eben dort, wo die Wettkampferfahrung noch weniger ausgeprägt ist und weniger geübt wird. Im Spitzensport sind die Konturen deutlich nivellierter – aber auch da ist noch eine Tendenz zu mehr Wettkampfstabilität bei Männern als bei Frauen gegeben. Barbara Rittner, die Bundestrainerin des deutschen Damen-Tennis-Nationalteams und selbst frühere Weltklassespielerin antwortete mir 2012 in einem Gespräch auf die Frage, worin sich Frauen und Männer beim Tennis aus mentaler Sicht unterscheiden wie folgt: „Die Frauen ziehen sich, wenn sie führen, auch immer wieder mal zurück und lassen ihre Gegnerinnen öfters wieder heran kommen. Männer agieren meist mutiger nach vorne, wenn sich Chancen bieten, wollen ihren Vorsprung konsequenter ausbauen und streben deutlicher an, den ‚Gnadenstoß' zu setzen."

Im Spitzensport gilt Selbstvertrauen als die wichtigste aller Siegermentalitäten. Eine Stärkung des Selbstvertrauens funktioniert am besten durch Erfolge. Die Erfolge wiederum stellen sich deutlich schneller ein, wenn man überhaupt bereit ist, sich einer Wettkampfsituation zu stellen.

Wenn wir nun davon ausgehen, dass Business ebenfalls einen starken Wettkampfcharakter aufweist, dann ist die Brücke über das Thema Selbstvertrauen zum Business schon sehr schnell deutlich. Und wie trainiert man oder frau den Wettkampf? Indem man oder frau ihn übt und sich immer wieder aufs Neue der Herausforderung stellt. Hierzu ein Zitat von Michael Jordan, dem wohl besten Basketballer aller Zeiten:

„In meiner Karriere habe ich über 9000 Würfe verfehlt. Ich habe fast 300 Spiele verloren. 26mal wurde mir der spielentscheidende Wurf anvertraut und ich habe ihn nicht getroffen. Ich habe immer und immer wieder versagt in meinem Leben. Deshalb bin ich erfolgreich!" Jan-Philipp Rabente, Hockey-Olympiasieger 2012 und erfolgreicher Schütze der beiden deutschen Tore im Finale, sagte mir in einem Gespräch Ähnliches: „Um ein aktiver Teilnehmer zu sein, muss ich in Kauf nehmen, dass einige Dinge auch mal nicht klappen. Ich muss es aber immer wieder mal versuchen und auch mal mögliche Kritik aushalten, sonst kann ich mich nicht weiter entwickeln. Als Teilnehmer übernehme ich Verantwortung und benötige Mut – als Tourist bin ich nur unauffälliger Beobachter . . . "

Das Wort „Selbstvertrauen" beinhaltet, dass man „sich selbst vertrauen" kann. Damit ich mir selbst vertrauen kann, benötige ich eine klare und schonungslose Standortbestimmung. Erfolgreiche Sportler wissen meist sehr genau was sie können und was sie nicht können. Diese gehen härter mit sich ins Gericht, weil sie an einer permanenten Optimierung ihrer ureigenen Leistung interessiert sind. „Was kann ich, was kann ich nicht, wie kann ich mich verbessern?" Aus dieser Klarheit heraus kann sich der Athlet schließlich selbst vertrauen. Damit man sich geeignet selbst vertrauen kann, muss man sich im Grunde genommen seiner *selbst bewusst* sein. Hier haben wir also das Selbstbewusstsein mit im Spiel. Wenn ich mir meiner selbst bewusst bin, kann ich schließlich auch achtsam mit mir selbst umgehen. Im Englischen spricht man in diesem Zusammenhang übrigens von „mindful awareness" – ein Ausdruck, der mir persönlich sehr gut gefällt.

Unterschiede

Sich selbst geeignet einzuschätzen ist eine immens starke Leistung, was jedoch nur den wenigsten gelingt. Und jetzt kommt für unser Thema eine ganz interessante Erkenntnis hinzu. Frauen unterschätzen sich und Männer überschätzen sich eher. Professionelle Trainer wissen, dass dies sowohl im Sport als auch im Business eine bekannte Tatsache ist. Im Zweifel ist in einer Wettkampfsituation das leichte Überschätzen jedoch viel erfolgsversprechender als das Unterschätzen seiner selbst. Wer knickt zuerst ein? Darum geht es nun einmal. Wenn es Ihnen möglich ist, eine Stärke zu transportieren, dann tun Sie das. Wenn Sie als Führungskraft wollen, dass man Ihnen vertraut, dass man sich gedanklich an Sie anlehnt, dann müssen Sie Stärke und Ergebnis-Positivität vermitteln. Transportieren Sie Ihr eigenes Zutrauen zu sich selbst in die Welt. Wenn Sie nicht an sich glauben, aus welchem Grunde sollte Ihnen Ihr Umfeld folgen?

Ich finde es immer wieder faszinierend, was wir mit unserem Hirn und Nervenkostüm alles anstellen und noch faszinierender, wie wir uns selbst steuern können. Im Wesentlichen ist doch alles Interpretation und wenn ich negativ kreativ sein kann, dann kann ich eben auch positiv kreativ sein. Wir haben immer die Freiheit, uns selbst und auch alles andere so zu bewerten, wie wir wollen.

Positive Ergebnisse folgen natürlich deutlich häufiger einer positiven Geistes- und auch einer positiven Körperhaltung. Äußerst auffällig ist dies im Vertrieb. In vielen Jahren Business-Coachings mit Sales-Managern aus den unterschiedlichsten Branchen ist mir extrem stark aufgefallen, dass ein Sales-Manager, der sich mit dem Scheitern seines Angebotes, seiner Präsentation *nicht* beschäftigt, sondern sich auf den Kaufabschluss regelrecht freut, diesen auch deutlich häufiger erzielt. Ich möchte dazu als zusätzliche Stärkung für das Business noch ein weiteres Zitat aus dem Spitzensport bemühen: Boxlegende Muhammad Ali hat einmal gesagt: „Um der größte Champion zu sein, musst du glauben, dass du der Beste bist. Bist du es nicht, tue so als wärst du es." Ich halte nicht viel von Phrasen-Drescherei, jedoch plädiere ich deutlich dafür, sich generell positiv und chancenorientiert auszurichten. Dadurch erreicht frau oder man eine stärkere Haltung sich selbst und anderen gegenüber und der Erfolg kann sich leichter einstellen – und das bei denselben Voraussetzungen!

Der englische Milliardär, Virgin-Gründer Richard Branson, setzt noch einen oben drauf und motiviert Menschen weltweit z. B. über Twitter, Angst in Chance zu wandeln. Die gezielte Konfrontation mit dem, wovor man eigentlich kneifen möchte, entwickelt uns erst richtig.

Und um diesen Aspekt noch weiter zu untermauern, hier noch ein Zitat von Mahatma Gandhi „Es ist nicht der mutig, der keine Angst hat, sondern der, der seine Angst überwindet."

Während der U21-Hockey-Europameisterschaft 2014 kam zur Vorbereitung unserer nächsten Mentalsession die Mannschaftskapitänin des Deutschen Juniorinnen-Nationalteams, Sabine Knüpfer, zu mir und sagte: „Ich habe ein schönes Zitat für Stärkung und Fokussierung gefunden: ‚Winners focus on winning, loosers focus on winners'. Vielleicht können wir diesen Satz ja zur Vorbereitung unseres nächsten Matches in unser Mentaltraining integrieren". Ich finde nicht nur das Zitat sehr gut gewählt, sondern vor allem die

Tatsache, dass solch ein wertvoller Beitrag proaktiv aus dem Team kommt. So etwas ist immer zu unterstützen. Wir haben das natürlich auch getan und es war somit umso mehr noch ein Bestandteil für eine starke, innere Haltung des Teams. Soviel zu einem ersten Ausflug in den Spitzensport zur Verdeutlichung der unverzichtbaren Notwendigkeit von Selbstbewusstsein und Selbstvertrauen hinsichtlich des Themas Erfolg. Selbstbewusstsein und Selbstvertrauen sind wiederum sehr stark mit *Selbstwert* verknüpft.

Was bin ich mir selbst wert und welchen Wert hat meine Arbeit, z. B. ideell oder finanziell? Bei diesen Fragen gehen die Meinungen trotz vergleichbarer Leistung und vergleichbarem, persönlichem Set-Up, zunächst unabhängig ob Mann oder Frau, häufig sehr stark auseinander. Es ist wirklich erstaunlich, mit welch gravierend unterschiedlichem Selbstverständnis wir Menschen denken und handeln.

Im Rahmen meiner diversen Dozententätigkeiten stelle ich Studenten immer wieder mal die Frage: „Welches Gehalt streben Sie in 1, 5, 10 Jahren an und wie hoch liegt Ihr Jahres-Top-Einkommen, das Sie, wann auch immer, in Ihrem restlichen Leben mal erzielen wollen?"

Es ist unfassbar, welche Unterschiede im Mindset von Studenten des gleichen Semesters bestehen, obwohl die Voraussetzungen für Karriere nahezu gleich sind. Der größte Unterschiedsfaktor ist der Selbstwert und der damit wiederum verbundene Ehrgeiz. Es gibt so viele unter uns, die, obwohl sie es ohne Weiteres drauf haben, niemals auf die Idee kämen, ein wirklich hohes Einkommen erzielen zu können. Diese Personen bringen ein hohes Salär nicht in Kontakt mit sich – sie sehen sich selbst und ihre Arbeit als nicht wertig genug dafür. Wir klammern hierbei bitte mal die Menschen aus, die ganz bewusst auf Karriere aus anderen Prioritäts-Motiven verzichten. Es geht in dieser Passage vielmehr um die Personen, Frauen wie Männer, die es überhaupt nicht in Erwägung ziehen, dass sie zukünftig ein grandioses Einkommen erzielen, obwohl sie es schaffen könnten und es gegebenenfalls auch anstreben würden, wenn sie wenigstens überhaupt auf die Idee kämen es zu tun oder es ihnen jemand mal deutlich sagen würde. Bei den allermeisten dieser großen Masse besteht keinerlei ernsthafter Kontakt zu diesem Thema. In diesem vorliegenden Beispiel sind es viele unter uns sich aus finanzieller Sicht einfach nicht wert, wirklich erfolgreich sein zu dürfen und dem konsequent nachzugehen.

Versteckt wird sich hinter gedanklichen Bequemlichkeitsangeboten wie „ich bin ja damit zufrieden, wenn es einigermaßen reicht und ich gesund bin". Ist ja schön und sehr lobenswert, noch schöner ist es allerdings, vielleicht sogar einigermaßen wohlhabend und ebenfalls gesund zu sein. Das muss sich nicht zwangsläufig ausschließen und es muss noch nicht einmal deutlich anstrengender sein. Ab und zu ein wenig aus der gedanklichen Komfortzone herauszutreten, ist dabei allerdings ein ganz wichtiger Schritt zum Erfolg. Um den Bogen zu dem Mann-Frau-Thema wieder zu spannen:

Männer haben per se nach wie vor einen höheren finanziellen Selbstwert hinsichtlich der Entlohnung ihrer eigenen Arbeit. Dass eine Einkommensungleichheit zwischen Mann und Frau nach wie vor besteht, ist ebenfalls der Fall. Dass das Thema Schwangerschaft/Kinder immer noch für viele Frauen und Job-Entscheider einen Karriereblock darstellt, ist auch keine neue Erkenntnis. Interessant finde ich aber die damit verbunde-

Abb. 9.1 Durch Selbstwert
zum Erfolg

ne Haltung. Das eine muss doch das andere nicht zwangsläufig ausschließen. Mit etwas
Kreativität ist eine ganze Menge möglich, es gibt genügend Erfolgsbeispiele. Hören Sie
sich mal um und fragen Sie mal nach auf welche Art, wodurch und vor allem warum
erfolgreiche Männer und Frauen ein gutes Geld verdienen.

Die Ereigniskette sieht meist wie in Abb. 9.1 aus.

Es startet beim Selbstwert – und damit wir uns richtig verstehen: Ich spreche nicht von
den Menschen, die aus einem persönlichen Mangel, z. B. einem Minderwert, der Kohle
hinterher jagen. Sondern vielmehr von den Personen, die sich zumindest sagen: „Ach ja,
gerne – warum denn nicht?! Wenn das möglich ist und ich es schaffen kann, richtig gut zu
verdienen – ja, das finde ich stimmig und damit kann ich mich identifizieren. Ich bin es
mir auf alle Fälle wert und schaue mir das mal ambitioniert an."

Dann bliebe nur noch zu definieren, was denn richtig gut verdienen zahlenmäßig bedeutet. Vielleicht sechsstellig … plus … plus … ? Wie auch immer. Trauen Sie sich
etwas, wenn Sie etwas drauf haben! Bitte nehmen Sie das Thema Einkommen gerne als
Metapher generell für Selbstwert und Anspruch. Warum denn die anderen, wenn Sie es
doch auch können? Und da schließt sich wieder der Kreis zur Wettkampfhärte. Denn:
Man kann natürlich auch scheitern. Wer stellt sich diesem Wettkampf nun eher? Natürlich
immer noch deutlich mehr Männer. Aber nicht nur aus den biologischen und tradierten
Gründen hinsichtlich des familiären Nachwuchses, sondern alleine schon aus der inneren
Haltung heraus. Es ist wie beim oben beschriebenen Tennisspiel. Wer es nicht ernsthaft
versucht, hat zwar den möglichen Nachteil weniger erfolgreich zu sein, der- oder diejenige hat jedoch den unbestrittenen Vorteil, nicht gescheitert zu sein und das Ego somit
halbwegs geschützt zu haben.

Damit sage ich nicht, dass Frauen mehr Karriere machen sollen. Ich sage auch nicht
das Gegenteil – ich liefere hier vor allem Aspekte, die in Verbindung mit Business-Erfolg
stehen.

Und im Zusammenhang mit dem Thema Selbstwert stehen auch die Bereitschaft und
das Interesse, sich selbst zu entwickeln, sich selbst zu pflegen und zwar körperlich, geistig
und in den eigenen Handlungen. Stellen Sie sich doch mal folgende Fragen: Wie adapti-
onsinteressiert und entsprechend lösungsorientiert handlungsbereit bin ich? Wie beurteile
ich mich selbst? Gehe ich zerstörerisch mit mir ins Gericht oder eher konstruktiv und

nach vorne gerichtet? Wie fühle ich mich, wenn ich mit anspruchsvollen Situationen konfrontiert werde? Bin ich zufrieden mit mir, wie ich auf die Situationen reagiert habe? Die Erkenntnis, Fehler und Schwächen zu haben – und auch zu wissen, wo diese liegen – ist ein eminent bedeutender Schritt, sich selbst überhaupt adäquat und möglichst objektiv einzuschätzen. Und das gilt auch und sogar besonders, wenn wir mal Anforderungen nicht erfüllen, oder nicht erfüllen können. Vielmehr dürfen wir darin die wunderbare Chance sehen, uns zu verbessern, an uns zu arbeiten. Das hält lebendig und stärkt das Bewusstsein für das Leben an sich!

9.2   Einfachheit des Denkens und Handelns

„Männer sind einfacher gestrickt als Frauen und denken sich weniger bei dem, was sie tun". So oder ähnlich haben Sie es höchstwahrscheinlich auch schon gehört oder selbst schon geäußert. Viele Frauen sagen das über Männer und viele Männer sagen solch einen Satz auch über sich selbst. Beurteilen sich Männer mittlerweile so selbst aus Überzeugung oder weil sie es über die Jahre oft genug gehört haben, um es dann irgendwann einfach zu glauben? Vielleicht ist diese vergleichende Einschätzung ein spezieller Auswuchs der Emanzipation oder aus Gentlemen-Understatement entstanden?

Ich frage mich zwar sowieso wie ein Mann final beurteilen will, wie eine Frau tickt, und wie eine Frau wirklich beurteilen will, wie ein Mann tickt. Dennoch ist es gesellschaftlich doch offensichtlich anerkannt, dass an der getroffenen Aussage zu Beginn dieses Abschnittes etwas dran ist.

Aus der Medizin erfahren wir immer wieder, dass bei Frauen die linke und rechte Hirnhälfte stärker vernetzt ist als bei Männern. Es gibt aber auch einige Gegenuntersuchungen. Nehmen wir einfach mal an, dass an der vermeintlichen stärkeren Vernetzung etwas dran ist. Dies führt dann dazu, dass Frauen generell im Hirn offensichtlich mehr zu tun haben. Wenn Frauen in der Tat im Durchschnitt dann auch mehr mitbekommen, somit in Bezug auf ihre Umgebung sensibler und empathischer sein können, dann verfügen Frauen in der Summe schließlich auch über mehr Informationen. Das kann im Business ein großer Vorteil sein. Frauen spüren beispielsweise generell viel schneller, wenn in einem Büro, das sie zum ersten Mal betreten, die Atmosphäre schlecht ist und irgendetwas nicht stimmt.

Der relative Informations- und gedankliche Kreativitätsoverflow könnte allerdings auch dazu führen, dass das große Ganze zugunsten zahlreicher gedanklicher und emotionaler Nebentätigkeiten eher aus dem Fokus gerät. Ich möchte jedoch an dieser Stelle nicht in eine pseudowissenschaftliche Hirn-Diskussion mit vagen Schlussfolgerungen verfallen, sondern vielmehr Optionen aufzeigen, die dazu führen, in Managementpositionen erfolgreich zu agieren. Dennoch vermag ich durch meine langjährige intensive Coaching-Arbeit im Business und im Sport die oben erwähnte geschlechterspezifische unterschiedliche Aufnahme und Verwertung der Informationen zun_____.
Aus meiner Sicht haben Frauen insgesamt ein stä_____

ist nicht das Selbstbewusstsein gemeint, sondern generell das bewusste Mitbekommen der Umgebung und der darin stattfindenden Kommunikation, Prozesse und Ereignisse.

So vorteilhaft es ist, viele Informationen zu haben, um sich z. B. mit einem besseren Gefühl entscheiden zu können, so ist genau dieser Aspekt auch nachteilig, weil mehr Zeit beansprucht und gegebenenfalls mehr abgewogen wird.

In der heutigen Zeit denken und handeln wir oftmals viel zu kompliziert und umständlich. Doch genau das Gegenteil bringt uns häufig viel mehr und auch weiter. Betrachten wir Denken und Handeln aber als einfache Prozesse, assoziieren wir diese Fähigkeiten meistens mit einer populären Filmfigur aus den 1990er-Jahren – Forrest Gump. Er ist der Inbegriff einfachen Denkens und Handelns und hat einem bekannten Prinzip seinen Namen verliehen. Mit dem sogenannten „Forrest-Gump-Prinzip" kann sich jeder selbst hinterfragen, in welchen Bereichen sein eigenes Leben komplizierter ist, als es sein müsste. Auch wenn der Charakter aus dem Film nicht für seine intellektuellen Fertigkeiten bekannt ist, können wir von seinen Charakterzügen doch einiges lernen. So hadert Gump beispielsweise nicht mit dem Schicksal, sondern versucht aus seinen eigenen Stärken das Beste zu machen, er handelt entschlossen und gradlinig, ohne dabei verbissen zu wirken. Er versucht sich selbst nicht im Wege zu stehen und setzt sich bewusst kleinere Ziele, auf die er sich dann zu 100 % fokussiert. All diese Eigenschaften lassen sich sowohl auf den Sport, als auch auf das Business adaptieren. Machen Sie sich also das Leben nicht selbst schwerer als es sein muss, reflektieren Sie sich selbst, vielleicht können wir alle etwas von Forrest Gump lernen.

Kennen Sie den Schweizer Schriftsteller und Unternehmer Rolf Dobelli? Er hat die Bestseller „Die Kunst des klaren Denkens" (2011) und die „Kunst des klugen Handelns" (2012) geschrieben. In einem Radiointerview bei SWR1 wurde Dobelli gefragt, ob er sagen könne, was der größte Fehler sei, den wir mit unserem Hirn anstellen. Dobelli antwortete, dass es mit Sicherheit einer der größten Fehler sei, dass wir denken: „So wie ich denke, denken die anderen auch." Das führt zu sehr großem Gedankenausschuss, weil wir uns dabei nämlich permanent irren. Im Grunde genommen denken wir alle höchstwahrscheinlich den lieben langen Tag auch oder gerade im Job äußerst viel Unbrauchbares und aus wirtschaftlicher Sicht wirklich desaströs. Was glauben Sie, was Manager im Coaching alles preisgeben? Ich sage Ihnen – sehr viel! Top-Führungskräfte gestehen, dass Sie wochen-, monatelang in einer bestimmten Richtung aus voller Überzeugung agieren und dann merken, dass es so nicht klappt und dass sie sich schlicht und einfach geirrt haben. Natürlich wird das Eingeständnis dann in der Regel geschickt verkauft, damit der Entscheider nicht als völlig unfähig dasteht. Das Denken und die damit verbundene Arbeit waren zwar nicht umsonst, aber vergeblich. Die Arbeit war deswegen nicht umsonst, weil knackige Kosten produziert wurden. Diese müssen von den meisten sich irrenden Führungskräften aber nicht getragen werden, weil das die Unternehmer oder Aktionäre ausbaden. Es wird in der Wirtschaft unglaublich viel Geld durch Gedankenfehler verbrannt. Ich bin überzeugt, dass wir häufig viel zu umständlich denken und zeitintensive, intellektuell anmutende Eventualitätsszenarien aufbauen, die jedoch nichts mit der Sache zu tun haben. Dabei ist die Lösung oftmals ganz einfach und simpel. Der russische Schriftsteller Anton Tschechow schrieb vor mehr als hundert Jahren: „Das Schlimmste ist, dass wir die einfachsten Fragen mit Tricks zu lösen versuchen, darum machen wir sie auch so kompliziert. Man muss nach einfachen Lösungen suchen."

Der frühere Schachweltmeister Garri Kasparow hat in einem Interview mit New York Public Radio im Jahre 2007 zu der Kompliziertheit des Denkens im Umgang mit Wettkampfsituationen und Vorauskalkulieren im Schach folgendes mit einem Lachen gesagt: „Es ist eine sehr interessante Erkenntnis, dass wir sehr häufig nicht einfach unser Spiel machen, sondern wir versuchen, das Spiel sozusagen von beiden Seiten zu spielen. Aber vielleicht verdächtigt unser Gegner uns aber gar nicht für das, was wir vorhaben ..." (Kasparow 2007).

Dem Fußballweltmeister Lukas Podolski wird nachgesagt, dass er auch deswegen ein sehr erfolgreicher Stürmer ist, weil er sich keinen großen Kopf um die Dinge macht. Er ist ein Instinktspieler, der schnörkellos und geradlinig agiert. Er versucht, den Ball auf einfachstem und möglichst direktem Weg ins Tor zu bringen – fertig!

Die wahre Kunst besteht in der Einfachheit, der Klarheit. Mein Tonstudioproduzent Stephan Dietrich, der jahrelang als professioneller Texter gearbeitet hat, sagte mir zu diesem Aspekt bezüglich des Verfassens eines Textes: „Für das professionelle Texten gilt im Marketing: Ein Text ist ein sehr guter Text, wenn man nichts mehr hinzufügen muss und weglassen kann" (Stephan Dietrich, Frankfurt 2014).

Und diese Digitalität und Einfachheit, die uns Männern immer wieder attestiert wird, kann – im entscheidenden Moment richtig eingesetzt – für das Business definitiv ein großer Vorteil sein, um schnell und eindeutig herausragende Ergebnisse zu erzielen.

9.3   Erfolg durch konstruktive Zukunftsorientierung

Selbstverständlich lasse ich mich auch immer wieder mal coachen, um stetig weiter zu lernen. Ich bin in permanenten Coaching- und Fortbildungskontakt mit weiblichen und männlichen Coaches, Trainern und Trainerinnen. Eine Trainerin sagte mir beispielsweise in einer Session vor vielen Jahren zur unterschiedlichen Denke von Männern und Frauen: „Wir Frauen sind vergangenheitsorientiert und zu 4/7 negativ". Das ist ja interessant. Das hat also eine Frau gesagt!

Dieses Zitat ist auf alle Fälle eine herrliche Steilvorlage für spannende Diskussionen, ob an der Universität, in Firmen, im Sportverein, in den Familien, Partnerschaften, unter Freunden oder am Stammtisch. Ich setze es immer wieder mal gerne ein, um bei Bedarf Personen aus der Reserve zu locken und um einen engagierten Meinungsaustausch zu initiieren. Ihnen, liebe Leserinnen, hilft es vielleicht auch, sich an diesen Beitrag leichter zu erinnern, weil Sie im ersten Reflex das so gegebenenfalls nicht auf sich als Frau sitzen lassen wollen und somit in die gedankliche Auseinandersetzung eintreten. Damit wäre ich schon sehr zufrieden.

Für den ersten Teil des Satzes möchte ich eine generell hilfreiche Brücke für das Berufs- und auch Privatleben, für Männer und Frauen gleichermaßen, mit einem weiteren

Zitat schlagen. Albert Einstein wird folgende Aussage zugeschrieben: „Vielmehr als die Vergangenheit interessiert mich die Zukunft, denn in ihr gedenke ich zu leben". Und auch wenn ich definitiv der Ansicht bin, dass Frauen im Allgemeinen bewusster sind als Männer, so bin auch definitiv der Meinung, dass Männer in Wettbewerbssituationen – ob im Business oder Sport – Differenzen, Rückschläge und Niederlagen schneller kompensieren und sich zügiger lösungs- und zukunftsorientiert ausrichten. Zudem sind Männer eher bereit, sich nach einem Konflikt wieder zu versöhnen und sich z. B. auf einer anderen Ebene neu zu vereinbaren. Auch das ist vorteilhaft für das Business.

Und natürlich, sehr verehrte Leserinnen oder auch Leser – es gibt immer solche und solche ... Das ist selbstredend. Da gibt es natürlich die selbstbewusste Topmanagerin, die irrsinnig schnell entscheidet, Geschehenes rasend schnell abhakt, nur nach vorne lebt, chancenintelligent und entschlossen agiert und dabei auch noch versöhnlich unterwegs ist. Und es gibt den Manager in permanenter Opferrolle, unsicher, unentschlossen, zögerlich, unversöhnlich, ohne Durchsetzungsvermögen, kritikunfähig etc. Und es gibt dazu die unterschiedlichsten Mixtypen. Die vorstehenden und auch noch folgenden Thesen sind wieder als eine tendenzielle, generelle Betrachtung und Einschätzung zu verstehen.

Im Spitzensport heißt es so treffend: „Gewonnen und verloren wird zwischen den Ohren". Das gilt auch für das Business. Ein wesentlicher Erfolgsaspekt ist Zukunftsorientierung. Handelt jemand reaktiv oder wird die Zukunft durch sie oder ihn aktiv gestaltet? Die erfolgreichsten Menschen sind in der Lage, sich sehr früh mit der Zukunft zu beschäftigen und sich gedanklich in diese frühzeitig zu versetzen. Im Coaching ist es sehr interessant festzustellen, welche gravierenden Unterschiede es hierbei zwischen Führungskräften gibt. Wenn wir eine diesbezügliche Skala mit Autofahren gleichsetzen, könnten wir sagen: Die meisten fahren nur auf Sicht oder mit Standlicht. Das sind diejenigen Personen, die überwiegend reaktiv arbeiten und somit im Grunde genommen gearbeitet werden. Das sind die Personen, die auch durchaus sehr viel auf dem Tisch und sehr viel zu tun haben, aber im Wesentlichen eben mit Abarbeiten beschäftigt sind. Sie schaffen durchaus oft schnell weg, was eben heute anliegt oder heute neu dazu kommt. Das ist zum einen lobenswert hinsichtlich des Engagements und Einsatzes, hat aber nichts mit Gestalten zu tun.

Dann gibt es die Manager, die sozusagen auf Abblendlicht fahren. Das ist schon besser. Diese bringen den Mut auf, Gegenwartsthemen auch mal etwas warten zu lassen, um sich mit der Zukunft zu beschäftigen. Das kann zu aktuellen kleineren Konflikten führen, ist aber letztlich aus Managementsicht ein verantwortlicheres Handeln als die Standlicht-Variante.

Die Top-Stars fahren mit Fernlicht. Sie bringen es tatsächlich fertig, eine zukünftige Realität gedanklich vorzuziehen und diese sogar auch noch mit zu entwerfen und zu gestalten, dass irgendetwas schließlich Business-Realität wird, woran heute noch niemand denkt. Natürlich fällt einem bei diesem Punkt Steve Jobs ein. Wahrscheinlich niemand auf der Welt vermisste ein Smartphone, bis das iPhone mit seinen bahnbrechenden Innovationen auf den Markt kam. Steve Jobs wurde diese Reality-Distortion-Field-Methode bereits in Verbindung mit der Entwicklung des Macintosh-Computers zugeschrieben. Reality-Distortion ist das gedankliche Zerschlagen der bestehenden Realität, um eine neue, zukünftige Realität zunächst geistig zu erschaffen. Früher kam man für solche irrealen Anflüge durchaus auch mal ins Irrenhaus. Visionäre wie Steve Jobs setzen diese gedanklichen Zeitsprünge jedoch durch konsequentes Gestalten schließlich tatsächlich auch in wahrhaftige Realität um.

Es ist eine der Top-Managementqualitäten, wahrscheinlich sogar die bedeutendste aller Managementqualitäten, die Zukunft lesen und erfolgserzwingend handeln zu können.

In diesem Zusammenhang ist ein eminent wichtiger Faktor, sich nicht zu sehr auf früheren Erfolgen auszuruhen, sondern ambitioniert immer weiter zu streben. Beobachten Sie sich mal selbst. Wie viel Ihrer Zeit verbringen Sie täglich mit dem Abarbeiten von Gegenwartsthemen, mit Erinnerungs-Ausflügen in die Vergangenheit oder mit dem aktiven und kreativen Gestalten der Zukunft? Für die allermeisten von uns ist der konstruktive Zukunftsanteil viel zu gering. Und wenn Sie sich mal selbst beobachten und Ihren gedanklichen Zukunftsanteil ermessen, dann ziehen Sie bitte alle Zukunftsängste und Sorgen für morgen davon ab. Das gehört nämlich nicht zum Gestalten. Und die meisten Sorgen können Sie sowieso in die „Tonne treten". Dr. Florian Langenscheidt, ein äußerst inspirierender Mann, sagte zum Beispiel, dass Untersuchungen zufolge 92 % aller Sorgen, die wir uns vor einer Entscheidung machen, sich im Nachhinein als völlig unbegründet erwiesen haben. Man könnte auch von gedanklicher Ausschuss-Arbeit sprechen.

Im Forbes Magazin wurde Ende 2011 die Rolle der Zukunftsorientierung unter der Rubrik Leadership Matters behandelt. Dabei wurden mit Steve Ballmer und Jeff Bezos die CEOs von Microsoft und Amazon in Bezug auf ihre Haltung verglichen. Ergebnis: Ballmer sei zu sehr in der Vergangenheit verhaftet, während Bezos zukunftsorientiert sei und das wird als vorteilhaft bewertet. Denn auch Kunden und Analysten sind an der Vision interessiert. Vergangene Erfolge spielen dabei eher eine untergeordnete Rolle. Es geht vor allem darum, echte Markttrends zu erkennen und in Gebiete zu investieren, die das Wettbewerbsumfeld ändern:

„They want to know how the company is going to be successful in 2 or 5 years. In today's rapidly shifting, global markets it is not enough to talk about historical results, and to exhibit confidence that what brought the company to this point will propel it forward successfully. And everyone recognizes that managing quarter to quarter will not create long term success.

Leaders must demonstrate a keen eye for market shifts, and invest in opportunities to participate in game changers. Leaders must recognize trends, be clear about how those trends are shaping future markets and competitors, and align investments with those trends. Leadership is not about what the company did before, but is entirely about what their organization is going to do next" (Hartung 2011).

Nahezu alle Spitzensportler weltweit arbeiten intensiv im mentalen Bereich und das aus gutem Grund. Es wird der eigenen Persönlichkeit und dem eigenen Leistungsvermögen intensiv auf den Grund gegangen. Das bedeutet für das Business – konfrontieren Sie sich radikal mit Ihren Qualitäten und Potenzialen und arbeiten Sie interessiert daran. Und lassen Sie sich helfen. Die besten Sportler stellen die meisten Fragen. Sie wollen alles wissen bis in kleinste Detail. Fragen Sie Ihre Kollegen, wie Ihre letzte Präsentation war und was Sie verbessern können – völlig egal wie gut Sie schon sind. Installieren und unterstützen Sie eine intensive Feedbackkultur um den proaktiven Wissenstransfer zu fördern. Somit geben Sie automatisch Energie und Aufmerksamkeit in die permanente Weiterentwicklung und können sich dieser zudem auch schwieriger entziehen.

Der oben schon zitierte Garri Kasparow ist bekannt dafür, dass er alle Partien, auch die, die er gewonnen hat, nochmals nachgespielt hat. Und zwar ausgehend von der Überlegung, dass er keine einzige Partie gespielt habe, in der er nicht mindestens einen Fehler gemacht habe. Gewonnen habe er dann oft, weil der Gegner den letzten, größeren Fehler begangen habe. Doch wenn er die Partie nicht analysiert und überlegt, was er noch verbessern kann, dann holt der Gegner auf. Also stellt Kasparow auch seine Erfolge in Frage, er spricht von „I challenge my own success", um stets einen Schritt voraus zu sein (Kasparow 2007).

Können Männer nun besser als Frauen die Zukunft im Business gestalten? Unter dem Strich ist das wirklich schwer zu sagen. Ich bleibe dabei, dass Männer sich weniger über die Vergangenheit austauschen. Vielleicht entsteht dadurch in der Tat mehr Speicher für Zukunftsthemen, und wenn es nur marginal ist. Wer weiß das schon und letztlich gilt es für weibliche wie für männliche Manager, dass konstruktive Zukunftsorientierung das A und O im Business ist. Wenn Sie, liebe Leserinnen, in der Business-Welt eine erfolgreiche(re) Rolle einnehmen möchten und entsprechend ambitioniert unterwegs sind, dann freue ich mich, wenn dieser Beitrag für Ihre Ziele und Visionen ein klein wenig hilfreich ist.

Und übrigens: Wenn Sie es dabei in Durchsetzungs- aber auch Kooperationssituationen voraussichtlich auch mit Männern zu tun haben, agieren Sie gerne respektvoll und freundlich, unangestrengt und authentisch, souverän und deutlich. Alles andere ist den meisten Männern sowieso viel zu anstrengend.

Ich wünsche Ihnen ebenso handelnde Geschäftskollegen und grandiose Ergebnisse!

9.4   Über den Autor

Michael von Kunhardt ist ein hochqualifizierter, gefragter Redner und Trainer für Business, Profisport und Prävention. Er verbindet und lebt seit Jahrzehnten Business, Sport und Gesundheit auf einzigartige Art und Weise. Der Bank- und Diplom-Kaufmann (Goethe-Universität Frankfurt) wurde 1984 als 19-jähriger Bundesligaspieler mit seinem Team zum ersten Mal Deutscher Meister im Hockey und erzielte das Siegtor im Finale. Nach 15 Jahren Bundesliga und acht Operationen entschied er bewusst, die Verantwortung für seine Gesundheit selbst zu übernehmen.

Neben Betriebswirtschaft studierte er noch Soziologie und Sport. Ausbildungen zum A-Lizenz-Trainer des Deutschen Olympischen Sportbundes, Sportmentaltrainer, NLP und Gesundheitstrainer folgten. Er veranstaltete exklusive Aktivierungs-Incentives, über die z. B. Focus, Handelsblatt, Wirtschaftswoche und das ZDF berichteten. Seit 2003 ist er Dozent an der Fachschule für Wirtschaft in Weilburg. 2012 wurde er mit der Deutschen Ü-45-Hockey-Nationalmannschaft Vizeweltmeister. Von Kunhardt gewann als Mentaltrainer mit dem deutschen Juniorinnen-Hockeynationalteam bei der Europameisterschaft in Belgien 2014 die Silbermedaille.

In seinen begeisternden Vorträgen und Seminaren vermittelt von Kunhardt leidenschaftlich, wie er es geschafft hat, mit zunehmendem Alter jedes Jahr gesünder zu werden, und was das Business vom Spitzensport lernen kann. Im Jahr 2014 wird er eine Dozententätigkeit beim Deutschen Berufsverband der Präventologen übernehmen.

Seit 2015 gibt es die „von-Kunhardt-Akademie" im historischen Wirtschaftsgebäude von Schloss Dehrn bei Limburg. Neben von Kunhardts eigenen Seminaren und Vorträgen gehören auch Gastreferenten zum spannenden und sehr modernen Programm der Akademie mit abwechslungsreichen Vorträgen aus Business, Sport und Prävention.

Weitere Infos unter www.vonkunhardt.de

Literatur

Dobelli, R., & Lang, B. (2011). *Die Kunst des klaren Denkens: 52 Denkfehler, die Sie besser anderen überlassen*. München: Hansel.

Dobelli, R., & Lang, B. (2012). *Die Kunst des klugen Handelns: 52 Irrwege, die Sie besser anderen überlassen*. München: Hansel.

Hartung A., Leadership Matters – Comparing Ballmer to Bezos and Lessons You Should Learn. http://www.forbes.com/sites/adamhartung/2011/11/28/leadership-matters-comparing-ballmer-to-bezos-and-lessons-you-should-learn/. Zugegriffen: 17.03.2015

Kasparow, G. (2007). *Making Mistakes in Chess*. https://www.youtube.com/watch?v=B2KKfOGaR_w. Zugegriffen: 17.03.2015

Nitzsche, I. (2011). *Frauen knacken den Männer-Code*. München: Kösel.

Machtspielchen durchschauen und verändern

10

Dieter Lederer

Inhaltsverzeichnis

10.1 Warum Machtspielchen gespielt werden wollen

10.1.1 Neu in der Geschäftsführung: Andreas Geschichte

Andrea ist begeistert. Die große, gut aussehende 42-Jährige hat endlich ihren Traumjob gefunden. Nach zehn Jahren in unterschiedlichen leitenden Funktionen ist sie seit kurzem in der Geschäftsführung eines mittelständischen Unternehmens angekommen. Die neue Aufgabe geht sie mit Freude, Elan und Selbstvertrauen an. Schließlich hat sie ein gutes Netzwerk im Haus, erfasst auch komplexe Sachverhalte schnell, weiß, wo es klemmt, kann anpacken und umsetzen. „Wow, endlich bin ich dort, wo ich immer hin wollte", sagt sie sich. Ihre Vision ist ein exzellent zum Vorteil der Kunden und Wohl der Mitarbeiter arbeitendes Unternehmen. „In meiner jetzigen Position kann ich das verwirklichen", sieht sie keine Hindernisse mehr auf ihrem Weg.

Doch drei Monate später ist alles anders. Andrea ist frustriert, die anfängliche Euphorie ist verflogen. Ihre ambitionierten Pläne konnte sie bislang nicht einmal ansatzweise umsetzen und das Schlimmste ist, dass sie nicht mehr weiß, wie sie ihre Vorgesetzten

Dr. Dieter Lederer ✉
Johannesstr. 6, 71636 Ludwigsburg, Deutschland
e-mail: info@dieterlederer.com

© Springer Fachmedien Wiesbaden 2015
P. Buchenau (Hrsg.), *Chefsache Frauen*, DOI 10.1007/978-3-658-07498-2_10

und Kollegen einschätzen und sich ihnen gegenüber verhalten soll. Was ist passiert? Die Antwort ist einfach: Andrea ist mitten in einen Reigen von Machtspielchen geraten, wie sie für ein hierarchisches, von Männern dominiertes Umfeld typisch sind. Und schmerzhaft hat sie feststellen müssen, dass zu den Regeln dieses Spiels durchaus auch „Fouls" gehören. Die folgenden drei Vorfälle zeigen beispielhaft auf, mit welch harten Bandagen Männer mitunter kämpfen, wenn es um ihre Position in ihrem Umfeld geht.

Spielzug I: Reingrätschen

Schon in der ersten Geschäftsführungssitzung muss Andrea feststellen, dass ihre allseits unbestrittene Fachkompetenz sie noch lange nicht unantastbar macht. Eigentlich will sie vom Start weg versuchen, sich über Fachthemen in diesem Gremium zu etablieren. Ihren Chef, einen charismatischen Mittvierziger, der sie bislang stets gefördert hat, glaubt sie dabei auf ihrer Seite. Allerdings hat sie nicht mit dessen Gegenspieler gerechnet. Der Endfünfziger ist unbeliebt im Kollegenkreis, regelrecht gefürchtet, bekannt als manipulativ und übergriffig. Zudem hat er gute Verbindungen zur Führung der Unternehmens-Holding, was ihm genug Rückendeckung verschafft, um bisweilen aus der Reihe zu tanzen. Das beweist er auch in dieser Sitzung: Bevor Andrea überhaupt eine Chance hat, sich fachlich zu positionieren, geht der selbst ernannte Platzhirsch sie direkt an. Seine Taktik: Reingrätschen. Er schneidet Andrea das Wort ab, verlässt die Fachebene und bringt sie mit einer Frage nach ihren Führungsqualitäten ins Straucheln. Derart aus der Bahn geworfen, macht Andrea sich instinktiv klein. Grenzen zu setzen oder gar zum Gegenangriff überzugehen, traut sie sich nicht, da sie nicht anecken möchte. Sie verkriecht sich hinter einem verlegenen Lächeln und hofft darauf, dass ihr Chef die Rote Karte zieht. Doch das passiert nicht. Bei aller Sympathie ist dieser darauf bedacht, nicht wegen ihr zu stolpern. Auch ein direkter Kollege, ein Endvierziger, mit dem sie im sonstigen Arbeitsalltag bestens auskommt, blickt lieber betreten auf die Tischplatte als ihr zu Hilfe zu kommen. Von dieser unerwarteten Gruppendynamik hoch verunsichert, verfällt Andrea in den „Klein-Mädchen-Modus". Sie stellt sich selbst in Frage, möchte gefallen, und überlässt so ihrem Gegenspieler hilflos das Feld.

> ► Fragestellung: Wie schafft es Andrea, sich souverän zu positionieren und ihr eigentliches Ziel, die Umsetzung fachlicher Anliegen zu erreichen?

Spielzug II: Abseitsfalle

Die missglückte Auftaktsitzung hat Andrea merklich geschwächt. Ihr Selbstvertrauen hat gelitten und im Arbeitsalltag agiert sie defensiver. Sie fühlt sich ins Abseits gestellt. Jetzt wartet die nächste Situation auf sie: ein gemeinsamer Opernbesuch im Kollegenkreis. Als einzige Frau unter männlichen Kollegen, die wiederum zum Teil ihre Ehefrauen mitbringen, fühlt sie sich unwohl. In ihrem Kopf hat sich mittlerweile die Überzeugung festgesetzt: „Ich gehöre nicht zu diesem Kreis." Hinzu kommt, dass sie unsicher ist, wie sie sich auf diesem „glatten Parkett" bewegen soll. Da ihre Selbstpositionierung schon im fachlichen Bereich, in dem sie sich bislang immer mit Bravour bewiesen hat, nicht funktioniert hat, stellt dieser gesellschaftliche Anlass eine besondere Herausforderung für sie dar. Plötzlich sind es profane Kleiderfragen, die sie bereits aus dem Gleichgewicht bringen: Wie hoch dürfen die Absätze sein, wie tief das Dekolleté, wie auffallend der Lippenstift, um nicht anstößig zu wirken? Zu den Männern, von denen sie im Arbeitsalltag immer wieder sexistische Bemerkungen hört, gesellen sich jetzt noch deren Ehefrauen als zusätzlicher Risikofaktor. Wird sie vor deren Urteil bestehen können? Ihr Wunsch zu gefallen, auch in diesem Kreis, ist so stark, dass die Angst, nicht souverän zu sein, sich lächerlich zu machen und endgültig im Abseits zu landen, schier übermächtig wird. Am liebsten würde sie den Termin absagen.

▶ Fragestellung: Wie schafft es Andrea, als „Königin des Abends" aufzutreten und ihre Position zu stärken?

Spielzug III: Handspiel
Kurz darauf zeigt sich, dass Andreas Gegenspieler sein Pulver längst noch nicht verschossen hat. Er kommt in ihr Büro und schließt beiläufig die Tür hinter sich. Dann passiert es: Diesmal wird er nicht nur verbal übergriffig, sondern buchstäblich: Er fasst ihr jovial an die Schulter, bringt sein Gesicht frontal nahe an ihres und macht ihr ein für alle Mal klar, dass er sie keineswegs als Respektsperson mit überzeugendem Fachwissen wahrnimmt, sondern vielmehr als Sexualobjekt: „Wenn wir erst einmal miteinander geschlafen haben, sieht das alles schon ganz anders aus", sagt er und trägt unmissverständlich die Herablassung zur Schau, die die Beziehung von Anfang an geprägt hat. Auch diesmal gelingt es Andrea nicht, Stärke zu zeigen. Sie wehrt sich weder verbal noch körperlich, sondern erstarrt erst und sucht dann ihr Heil in der Flucht. Die Botschaft für den ungeliebten Kollegen ist eindeutig: Er hat einmal mehr gewonnen.

▶ Fragestellung: Wie schafft es Andrea, klare Grenzen zu setzen und Übergriffe abzuwehren?

Mit diesem „Päckchen" kommt Andrea zu mir ins Coaching und erhofft sich Veränderung hin zu einem souveränen Auftritt und einer starken Positionierung in ihrem männerdominierten beruflichen Umfeld. Denn eines hat sie inzwischen verstanden: Ohne die richtige Taktik wird sie auf diesem Spielfeld nicht bestehen können.

10.1.2 Rangordnung und Statusverhalten

Wie kommt es überhaupt zu diesen Machtspielchen? So klischeebeladen das Thema sein mag – hier sind noch immer archaische Strukturen am Werk. In Gruppen und Hierarchien herrscht stets eine „Hackordnung". Tatsächlich hat der Begriff seinen Ursprung dort, wo ranghöhere Tiere die tiefer gestellten buchstäblich „weghacken", um am Futterplatz Vorrang zu haben. Das verschafft den Stärkeren enormen Nutzen: Sie haben die Macht über lebenswichtige Ressourcen und verteilen diese zu ihrem Vorteil. Im modernen Arbeitsalltag wird aus der „Hackordnung" die vornehmer klingende „Rangordnung", an dem Prinzip ändert das jedoch nichts. Es geht darum, die eigene Position klar zu machen, zu festigen und immer wieder zu bestätigen, da das Umfeld stets aufs Neue überprüft, ob der vergebene Rang noch gerechtfertigt ist. Hier setzen sie an, die Machtspielchen, teils auch unterhalb der Gürtellinie.

An den althergebrachten Regeln selbst können die Beteiligten zwar nicht viel ändern, wohl aber an ihrer Rolle in diesem Spiel. Wer die Strukturen erkennt und sich deshalb bewusst entscheiden kann, mitzuspielen oder Spielzüge zu vereiteln, hat die Chance, sich gezielt selbst zu positionieren und den Ablauf der Machtspielchen zu seinen Gunsten zu verändern. Allerdings fällt Frauen das Mitspielen im Allgemeinen schwerer als Männern. Während für Männer vor allem im Job oft nur eine Frage zählt, und zwar „Wer ist der Anführer?", stehen bei Frauen nach wie vor weiche Werte wie ein harmonisches Miteinander im Vordergrund. Kommt es doch zu Konflikten, sprechen die männlichen Beobachter von „Zickenkrieg" oder „Stutenbissigkeit" – Begriffe, die eindeutig negativ besetzt sind und die Botschaft transportieren, dass diese Art der Auseinandersetzung kein konkretes Ziel verfolgt, sondern nur aus der momentanen Befindlichkeit heraus geführt wird.

10.1.3   Kleiner Unterschied, große Wirkung

Ein Blick in die Statistik macht deutlich, dass der „kleine Unterschied" zwischen Männern und Frauen große Wirkung zeigt (Statistisches Bundesamt 2014): Noch immer belegen Frauen nicht einmal ein Drittel der Plätze in den Chefetagen. Für 2012 nennt das Statistische Bundesamt in Berlin die Zahl von 29 %. Auch bei der Entlohnung liegen Frauen nach wie vor hinten. 2013 war der durchschnittliche Bruttoverdienst von Männern um 22 % höher als der von Frauen. Zwar sind zwei Drittel dieses Verdienstunterschiedes strukturell bedingt, d. h. durch mangelnde Frauenpräsenz in Führungsjobs und branchenspezifische Arbeitsplatzanforderungen, übrig bleibt am Ende jedoch immer noch eine Differenz von 7 % zugunsten der Männer. Bei gleicher Qualifikation!

Warum ist das so? Hier liegt eine Erklärung nahe: Frauen sind im Berufsalltag deutlich defensiver als Männer. Schon beim Einstieg ins Berufsleben treten sie zurückhaltender auf als ihre männlichen Kollegen, wenn es um die Gehaltsverhandlungen geht. Und sie hinken dann im weiteren Verlauf der Karriere stetig hinterher, nicht nur in Sachen Lohnstreifen. Auch Elke Strathmann, ehemaliger Personalvorstand bei Continental, bestätigt: „Männer [...] agieren aus ihrer Sozialisation heraus deutlich wettbewerbsorientierter [als Frauen]" (Schwarzer 2014). Damit sind wir wieder bei der „Hackordnung".

Die Zahlen beweisen: Es geht um weit mehr als um typische Klischeevorstellungen. Dass Frauen in beruflicher Hinsicht wertvollen Boden abgeben, der ihnen eigentlich zustünde, ist ein messbarer Fakt. Hier setzt der vorliegende Beitrag an. Er zeigt, wie Frauen sich selbst positionieren, ihren Status bestimmen und wahren, und sich damit erfolgreich gegen ihre männlichen Mitbewerber durchsetzen können.

10.2   Warum Frauen sich traditionell anders verhalten als Männer

10.2.1   „Respekt, Frau Chefin"?

Warum tun Frauen sich schwerer mit ihrer Positionierung in der Rangordnung? Warum gelingt es ihnen weniger als Männern, ihren Status auch in kritischen Situationen zu wahren? Warum sind sie weniger bereit zur Konfrontation und dazu, sich im Wettbewerb durchzusetzen? Die Beobachtung zeigt: Frauen sind gut darin, Sympathien zu gewinnen. Sie sind empathisch, freundlich, hilfsbereit, bescheiden, umsorgend, beziehungs- und harmonieorientiert. Übertragen in den Business-Kontext bedeutet das, ein offenes Ohr für andere zu haben und ihnen einen Gefallen zu tun, sie nicht zu unterbrechen, lieber zu oft „Ja" als zu oft „Nein" zu sagen und in der Sitzung womöglich noch den Kaffee auszuschenken. Das schafft eine harmonische Wohlfühlatmosphäre und bringt die gewünschten Sympathien.

Doch verschaffen Frauen sich damit auch Respekt? Was nutzt eine leitende Funktion, wenn Frau gar nicht als Spielführerin wahrgenommen wird? Wenn sie nicht ernst genommen wird, weil ihr die Alphamännchen und Platzhirsche im wahrsten Sinne des Wortes den Rang ablaufen? Wenn ihre fachliche Kompetenz völlig in den Hintergrund rückt, weil ihre Vorschläge ohnehin nicht akzeptiert werden? Respekt ist der Schlüssel zum Erfolg. Und da es um den Erfolg von Frauen in männer-dominierten Umfeldern geht, braucht es klare Strategien, wie sich Frau gegenüber den männlichen Kollegen den nötigen Respekt verschafft.

10.2.2   Emanzipation: „Setzen, Sechs"!

Spannend ist beim Thema Rollenbilder ein Blick in die Forschungsfelder Soziologie und Neurologie. Für die westliche Kultur definieren Soziologen klar unterschiedliche Rollenerwartungen an Männer und Frauen (Allemann-Tschopp 1979/1993):

Als typisch männliches Verhalten bezeichnet die Gesellschaft Aggressivität, Durchsetzungsfähigkeit, Dominanz, Gefühlsunterdrückung, Unabhängigkeit.

Als typisch weiblich hingegen werden Abhängigkeit, Passivität, Zurückhaltung, Einfühlung gesehen.

Ergänzend dazu sagt die Hirnforschung, dass das Gehirn sich so entwickelt, wie es benutzt wird, also abhängig vom familiären und gesellschaftlichen Umfeld (Hüther 2009). Das liefert bereits wichtige Hinweise darauf, warum Frauen sich im geschäftlichen Umfeld defensiver verhalten als ihre männlichen Kollegen. Sie haben es einfach nicht anders gelernt. Darüber hinaus gibt es bei der hormonellen Entwicklung und deren Einfluss auf das Gehirn einen wesentlichen biologischen Unterschied zwischen Männern und Frauen: Die Durchflutung des männlichen Gehirns mit Testosteron, die schon vor der Geburt beginnt, lässt es sich anders entwickeln als das weibliche Gehirn. So kommen Jungen nach

Aussage der Hirnforschung bereits mit tendenziell mehr Antrieb und weniger innerer Harmonie auf die Welt als Mädchen.

Hoch interessant sind die Ergebnisse der kirchlichen Männerstudie „Männer in Bewegung" mit 1470 befragten Männern und 970 befragten Frauen (Volz und Zulehner 2009). Sie stellt fest, dass einerseits das männliche Rollenverhalten sich zunehmend verändert, andererseits sich beide Geschlechter sowohl in der Selbst- als auch in der Fremdwahrnehmung einig sind, dass Männer stark, leistungsbewusst, dominierend, logisch denkend, Frauen gefühlvoll, gepflegt, erotisch, gesellig sind. Welcome back 100 years ago! Gab es jemals eine Frauenbewegung? Zumindest hat sie die klassischen Rollenbilder nicht wesentlich beeinflusst.

10.2.3 Unbefriedigend, aber nicht unveränderbar

Wir können also festhalten: Das häufig anzutreffende, geradezu typische Rollenverhalten von Frauen (und Männern) ist soziologisch erklärbar, und die Hirnforschung stützt die soziologischen Erkenntnisse. Es gibt jedoch weder aus soziologischer noch aus neurologischer Sicht Grund zur Annahme, dass das Rollenverhalten nicht veränderbar sei, ganz im Gegenteil. In der Veränderung liegt der Schlüssel für Frauen, die sich erfolgreich in Männer-Domänen behaupten wollen: Durchschauen der Machtspielchen und Verändern des eigenen Rollenverhaltens so, dass sie diese mitspielen oder vereiteln. Das verschafft ihnen Respekt. Wie das geht, verraten Ihnen die nächsten Abschnitte.

Es sei angemerkt, dass bei der Veränderung des Rollenverhaltens Aspekte wie Selbstüberzeugungen, persönliche Werteordnung, innere Antreiber, etc. zu berücksichtigen sind, die sich aufgrund lebenslanger eigener Erfahrungen und Konditionierungen durch das Umfeld eingeprägt haben. Das alles hier zu erörtern, würde zu weit führen, dafür braucht es Einzel-Coachings. Eines ist jedoch klar: Derartige Veränderungen sind machbar, und wer sie einmal erfahren hat, wird alles daran setzen, nicht mehr in alte Muster zurückzufallen.

10.3 Wie Frauen ihr Statusverhalten verändern, um erfolgreich mitzuspielen

10.3.1 Königin oder kleines Mädchen: Hoch- und Tiefstatus

Ob und wie viel Respekt Ihnen entgegen gebracht wird, hängt davon ab, welche Position Sie in der Randordnung haben. Die Position wiederum hängt von Ihrem Statusverhalten ab. Generell ist zu unterscheiden zwischen Hoch- und Tiefstatus. Vereinfachend gesagt, drückt derjenige, der in der Randordnung einen Platz weiter oben beansprucht, einen hohen Status aus, wohingegen derjenige, der weiter unten steht, einen tiefen Status ausdrückt. Status und Statusunterschiede gibt es seit Anbeginn der Menschheit, es existieren

Tab. 10.1 Körpersprachliche Merkmale von Hoch- und Tiefstatus

Tiefstatus – „Kleines Mädchen"	Hochstatus – „Königin"
Wenig Raum einnehmen, sich klein machen	Viel Raum einnehmen, große Gesten
Gewicht auf ein Bein verlagern, ausweichen	Fest auf dem Boden stehen mit beiden Beinen
Gebeugte Haltung, hängende Schultern	Aufrechte, gespannte Haltung
Kopf zur Seite geneigt, Kinn tief, viel nicken	Kopfhaltung ruhig und gerade, Kinn etwas höher
Blicken ausweichen, wegschauen, viel blinzeln	Blickkontakt halten, nicht blinzeln
Häufiges unsicheres Lächeln und Kichern	Breites Lächeln
Sich selbst berühren, z. B. Gesicht, Kleidung, Schmuck, Haare	Andere berühren, z. B. an Arm oder Schulter
Schnelles, flaches Atmen	Ruhiges, tiefes Atmen
Schnelles, leises, undeutliches Sprechen, hohe Stimme	Langsames, deutliches, lautes Sprechen, sonore Stimme
Hektische Bewegungen, schnelle Antworten, etc.	Zeit lassen für Bewegungen, Antworten, etc.

buchstäblich kein statusfreier Raum und keine statusfreie Zeit. Sie können das im Alltag genauso beobachten wie im beruflichen Umfeld: Wer begrüßt wen? Wer nimmt welche Körperhaltung ein? Wer hält Blickkontakt? Wer berührt wen?

Auch wenn Sie sich darüber noch keine Gedanken gemacht haben – all diese Aspekte und noch mehr tragen zur Wahrnehmung Ihres Status durch Ihr Gegenüber bei. Es gibt einen ganzen Wirtschaftszweig, der sich mit der Wirkung von Statusverhalten und Körpersprache beschäftigt. Politiker lassen sich etwa vor der „Elefantenrunde" beraten, welche Handhaltung und welcher Gesichtsausdruck Wählersympathien gewinnen. Der Knigge widmet allein den Handschlag-Regeln bei der Begrüßung ein ganzes Kapitel. Und wer jemals in den Genuss kommen sollte, der Königin von England einen Besuch abzustatten, dem wird angesichts des Hofprotokolls Hören und Sehen vergehen. Weil Status in der modernen Gesellschaft einen hohen Stellenwert hat, ist es entscheidend, zunächst zu wissen, wie sich Hoch- und Tiefstatus ausdrücken, um dann bewusst mit dem Status „spielen" zu können. Übrigens kommen sowohl das bewusste Definieren als auch das gezielte Einsetzen von Statusmerkmalen ursprünglich aus dem Improvisationstheater (Johnstone 2010). Was auf der Bühne Wirkung zeigt, vermittelt im Alltagsleben ähnlich deutliche Botschaften. Die Gegenüberstellung in Tab. 10.1 zeigt, welche körpersprachlichen Merkmale Hoch- und Tiefstatus kennzeichnen.

Wer Hochstatus ausdrücken möchte, nimmt sich selbst Raum und Zeit. Wer sich dafür entscheidet, dass in einer bestimmten Situation das Agieren aus dem Tiefstatus heraus günstiger ist, gibt seinem Gegenüber Raum und Zeit – und kommt möglicherweise gerade damit ans Ziel. Es kommt nicht darauf an, durchgängig Hochstatus zu zeigen, denn das wirkt unnatürlich oder vermittelt womöglich sogar Arroganz. Entscheidend ist, dass Sie die Mechanismen kennen und die Handlungsfreiheit haben, Hoch- oder Tiefstatus bewusst

Abb. 10.1 Statustypologie: Zusammenwirken von innerem und äußerem Status

	innen tief	**innen hoch**
außen hoch	**Arrogante** Charakteristik: Versucht innere Unsicherheit durch autoritäres Auftreten zu kompensieren Fühlt sich: machtlos Respekt: nein, Sympathie: nein Konfliktverhalten: Verschärfen	**Macherin** Charakteristik: Ist von sich und ihren Zielen überzeugt, setzt sich durch, sagt an Fühlt sich: stark Respekt: ja, Sympathie: nein Konfliktverhalten: Austragen
außen tief	**Everybody's Darling** Charakteristik: Zeigt ihre innere Unsicherheit auch nach außen Fühlt sich: schwach Respekt: nein, Sympathie: ja Konfliktverhalten: Ausweichen	**Charismatikerin** Charakteristik: Ist von sich und ihren Zielen überzeugt, nach außen jedoch eher nachgiebig Fühlt sich: souverän Respekt: ja, Sympathie: ja Konfliktverhalten: Diplomatie

einzusetzen, um Ihre Ziele zu erreichen. Der Klarheit wegen sei hier noch angemerkt: Status ist ein Verhalten, Status ist kein Persönlichkeitsmerkmal.

► Auf einen einfachen Nenner gebracht, heißt das: Status bedeutet das Nutzen von Raum und Zeit.

10.3.2 Nicht nur die Fassade zählt: Status-Typologie

Der nächste Schritt im Verständnis des Statusverhaltens von Menschen ist die Unterscheidung zwischen innerem und äußerem Status (Schmitt und Esser 2010). Der äußere Status kann dabei wie die Fassade eines Gebäudes verstanden werden, der innere Status wie das Gebäude hinter der Fassade. Werden nun innerer und äußerer Status in Relation zueinander gesetzt, ergibt sich die in Abb. 10.1 dargestellte Statustypologie. Darin ist jeweils eine kurze Charakteristik der vier Typen angegeben, das Gefühl für sich selbst, Aussagen dazu, ob der jeweilige Typ Respekt und/oder Sympathie bekommt, sowie die Art des Konfliktverhaltens. Ich bin sicher, dass Sie sich zu jedem der vier Typen eine Vertreterin aus Ihrem näheren Umfeld oder aber aus der Öffentlichkeit lebendig und bildhaft vorstellen können. Wie würden Sie beispielweise Madeleine Albright, Hillary Clinton, Margot Käßmann oder Angela Merkel einordnen?

Das Spannende ist, dass sich innerer und äußerer Status gegenseitig beeinflussen. Wenn Sie von sich und Ihrer Sache überzeugt sind, also der innere Status hoch ist, ist es vergleichsweise einfach, auch nach außen einen hohen Status zu zeigen. Sind sie jedoch nicht von sich überzeugt, ist also der innere Status tief, besteht die Gefahr, dass Ihre Körpersprache auch nach außen einen tiefen Status signalisiert. Es ist also günstig, wenn Sie innerlich im Hochstatus sind, unabhängig davon, was sich um Sie herum gerade abspielt.

Es gibt noch einen weiteren Zusammenhang, den Sie für sich nutzen können: Wenn Sie äußerlich für einige Minuten Hochstatus einnehmen, dann überträgt sich dieser in einen inneren Hochstatus. Damit können Sie in wenigen Minuten Ihre innere Einstellung verändern, zum Beispiel vor einem schwierigen Gespräch oder einer herausfordernden Präsentation. „Power posing" heißt diese von Amy Cuddy, Professorin an der Harvard Business School, entwickelte Technik, bei der es darum geht, kurze Zeit in Positionen zu verweilen, die Selbstvertrauen ausdrücken. Auch hier gilt wieder die Devise: Raum und Zeit nehmen. Wer fest auf beiden Beinen steht und dabei die Arme in die Hüften stützt, signalisiert: „An mir musst du erst einmal vorbeikommen". Wer sich am Konferenztisch von seinem Platz erhebt und die Arme energisch auf die Stuhllehne stützt, zeigt damit: „Das hier ist mein Revier." Selbst wenn manche dieser Mechanismen aus einer Tier-Doku zu stammen scheinen, so ist ihr Nutzen dennoch unbestritten. Der Effekt wurde nicht zuletzt in bio-chemischer Hinsicht nachgewiesen: Das Einnehmen des körperlichen Hochstatus verändert den Hormonspiegel positiv.

> **Zielzustand für Statusverhalten**
> Günstig ist es, wenn Sie sich folgenden Zielzustand vornehmen.
>
> - Innerer Status: hoch
> - Äußerer Status: bewusst an die jeweilige Situation anpassbar
>
> Damit können Sie jederzeit auf Ihre innere Stärke zurückgreifen und nach außen das signalisieren, was Ihnen in der jeweiligen Situation am meisten nützt.

10.3.3 Reif für die erste Liga: Status-Spielerin

Die Veränderbarkeit des äußeren Status bei gleichzeitig hohem innerem Status macht Sie zur „Status-Spielerin". Diese Fähigkeit ist das Geheimnis erfolgreicher Menschen, denn sie schaffen es damit, je nach Erfordernis der Situation entweder zu sagen, wo es lang geht (Macherin), oder andere für sich zu gewinnen und mit einzubinden (Charismatikerin). Erfolgreiche Politiker beherrschen dieses Status-Spiel perfekt, denken Sie an Barack Obama, Angela Merkel, Ursula von der Leyen oder Gregor Gysi. Wer hingegen auf dauerhaften inneren wie äußeren Hochstatus setzt, wie beispielsweise Wladimir Putin, erreicht zwar mit dieser Machtmensch-Mentalität kurzfristig ebenfalls seine Ziele, muss im Zweifelsfall aber damit leben, mögliche Verbündete verprellt zu haben.

> **Beobachtung von Statusverhalten**
> Ein erstklassiges Beobachtungsfeld für das Einsetzen von Statusmerkmalen sind Talkshows und Interviews. Achten Sie auf das Verhalten der einzelnen Personen,

gerade auch wenn sie provoziert oder angegriffen werden und nutzen Sie Ihre Beobachtungen zur Selbstreflexion. Sie werden überrascht sein, was Sie alles beobachten.

Wie setzen Sie nun Ihre Fähigkeit zum Status-Spielen in Ihrer beruflichen Praxis ein? Die Grundlage ist in jedem Fall ein innerer Hochstatus. Haben Sie Andrea noch vor Augen? Sie ist ein klassischer Fall für den Statustyp „Everybody's Darling". Ihr Wunsch zu gefallen ist so groß, dass sie nicht einmal bei körperlicher Übergriffigkeit deutlich „Nein" sagt. Innerer wie äußerer Status sind tief. Ein äußerer Hochstatus allein, bei weiterhin innerem Tiefstatus (Arrogante), wäre eine nur zum Teil geeignete Verbesserung. Als Vertreterin des arroganten Typs könnte sie sich zwar ihren unliebsamen Gegenspieler vom Leib halten. Neben Respekt durch Stärke, Klarheit und Abgrenzung sind in beruflicher Hinsicht jedoch auch gut funktionierende Beziehungen wichtig, die Sie gerade dann stärken, wenn Sie aus einem inneren Hochstatus heraus einer Person gezielt Raum und Zeit zugestehen. So entstehen Sympathien, deren Grundlage Respekt ist und nicht eine diffuse Form von „Welpenschutz" in der Chefetage.

Einsetzen von Statusverhalten in der Praxis

- Machen Sie sich klar, was die jeweilige Situation erfordert:
  Führen, bestimmen, entscheiden, einem Angriff begegnen etc. braucht den doppelten Hochstatus, also Klarheit, Abgrenzung, Respekt.
  Einladen, integrieren, zum Mitarbeiten anregen, für sich gewinnen etc. braucht auf der Basis des inneren Hochstatus nach außen hin Tiefstatus, also Vertrauen, Nähe, Sympathie.
- Wählen Sie Ihr gewünschtes Statusverhalten so, dass es Ihre Ziele bestmöglich unterstützt, selbst wenn das nicht in jedem Fall Ihrem „Wohlfühl-Verhalten" entspricht. Zeigen Sie bewusst diejenigen Facetten Ihrer Persönlichkeit, die Ihnen am meisten nützen.
- Bereiten Sie sich auf wichtige Situationen vor und üben Sie Ihr gewünschtes Statusverhalten vorher.
- Zeigen Sie in der Situation den gewünschten Status, bleiben Sie dabei jedoch flexibel und reagieren Sie auf das Verhalten Ihrer Gesprächspartner. Das kann natürlich auch bedeuten, dass Sie Ihren Status spontan wechseln, wenn es die Situation erforderlich macht.

10.3.4 Der Weg in die Praxis: Übung macht die Meisterin

So, jetzt kennen Sie die Theorie. Wie kommen Sie zur Umsetzung in der Praxis? Indem Sie üben. Der erste Schritt zum Verändern Ihres Statusverhaltens ist die Schärfung Ihrer Wahrnehmung für sich und andere. Dann geht es daran, Veränderungen im eigenen Verhalten auszuprobieren und schließlich ganz bewusst und gegebenenfalls auch im Voraus geplant diejenigen Statusmerkmale zu zeigen, die am günstigsten für das Erreichen Ihrer Ziele sind. Dabei hilft Ihnen die nachfolgende Übung. Wenn Sie diese über einen Zeitraum von mindestens sechs Wochen konsequent durchführen, werden Sie feststellen, dass sowohl Ihre Wahrnehmung für Ihr eigenes Statusverhalten und das der Menschen in Ihrer Umgebung als auch Ihre Möglichkeiten zum bewussten Verändern Ihres Statusverhaltens exorbitant zunehmen.

Erkennen und Verändern des Statusverhaltens

- Nehmen Sie sich jeden Tag eine alltägliche Situation vor, z. B. Einkaufen, Restaurantbesuch, Behördengang, etc., und eine berufliche Situation, z. B. Gespräch mit Vorgesetzten oder Kollegen, Besprechung, Präsentation, etc.
- Achten Sie bewusst auf das Statusverhalten der Personen, mit denen Sie zu tun haben. Nehmen Sie Hoch- oder Tiefstatus wahr? Wechselt der Status? Entwickeln Sie ein Gespür für die Körpersprache Ihres Gegenübers.
- Achten Sie auf Ihr eigenes Statusverhalten. Welches Verhalten kommt ganz natürlich aus Ihnen? Ist es das von Ihnen gewünschte für die jeweilige Situation? Experimentieren Sie mit Variationen in Ihrem Verhalten und beobachten Sie die Wirkung sowohl auf Ihr Gegenüber als auch auf sich selbst.
- Sobald Sie erste Sicherheit mit ihrem eigenen Verhalten und dessen Wirkung gewonnen haben, nehmen Sie sich vor der jeweiligen Situation ein bestimmtes Statusverhalten vor und setzen Sie dieses um. Gelingt die Umsetzung? Wie fühlen Sie sich dabei? Welche Störeinflüsse bringen Sie aus dem Konzept?
- Gehen Sie mit der Zeit dazu über, sich vor wichtigen beruflichen Situationen sowohl kognitiv als auch emotional in das Statusverhalten hineinzuversetzen, das Sie nach außen zeigen wollen. Spielen Sie die Situation gedanklich durch, nehmen Sie dabei die Körperhaltung ein, die zum gewünschten Status passt. Gehen Sie so vorbereitet in die Situation – Sie werden sehen, dass Ihnen das Sicherheit und Souveränität gibt.

10.3.5   Ring frei: Mitspielen und Angriffe abwehren

Fühlen Sie sich sicher genug für ein erstes Machtspielchen? Bevor Sie das Spielfeld betreten, machen Sie sich zunächst noch einmal bewusst, was auf Sie zukommen wird. Die wichtigste Botschaft: Machtspielchen wollen gespielt werden. Sie finden statt und sie dienen dem Herstellen der Rangordnung. Gehen Sie mit der inneren Haltung „Ich spiele mit!" heran. Denn wenn Sie nicht mitspielen, dann tun Sie sich schwer mit Ihrer Positionierung. Die anderen, zumeist männlichen, Beteiligten fragen sich dann nicht ohne Grund, was Sie überhaupt auf diesem Spielfeld zu suchen haben. Rechnen Sie zudem mit Fouls. Machtspielchen gehen nicht selten mit Aggressivität, Beleidigung, Bloßstellung, Lächerlich-machen etc. einher. Auch die berühmten „Angriffe unter der Gürtellinie" sind ein typisches Merkmal dieses Spiels.

Im Übrigen müssen Sie nicht jeden Spielzug der testosterongeschwängerten Herrenrunde in Ihr Repertoire aufnehmen. Bodychecks und sexistische Anspielungen sind nicht Ihr Ding? Macht nichts: Sie sind eine Frau und können es sich deshalb erlauben, wie eine Frau zu spielen. Das ist ein echter Vorteil, denn mit weiblichem Charme können Sie sich in der Regel deutlich mehr herausnehmen. Zum Beispiel können Sie Männer zur Räson rufen, die penetrant in ihrem Profilierungsgehabe sind. Ein charmant-ironisch vorgetragener Satz wie „Darf ich Sie bitten, Ihren Zweikampf woanders auszutragen, die Zeit hier ist zu schade dafür" wirkt bisweilen Wunder. Auch ein zuckersüßes Lächeln mit dezent süffisanter Note kann einen Angriff wirkungslos verpuffen lassen und hat den zusätzlichen Vorteil, dass Sie Zeit gewinnen, um sich zu sortieren. Wichtig ist auch hier wieder der Hochstatus. Ein verlegenes Kleinmädchen-Lächeln würde jeden positiven Effekt sofort zunichtemachen. Sollten Sie sich einem Kampf mit harten Bandagen noch nicht gewachsen fühlen, wenden Sie einen weiteren Kunstgriff an: Zeigen Sie dem Ranghöchsten in der Gruppe Ihren Respekt und versuchen Sie, ihn zu überzeugen, dann ist der Rest der Gruppe ein Kinderspiel.

Ziehen Sie sich bei Angriffen generell nicht zurück, selbst wenn das vielleicht Ihre natürliche Reaktion wäre. Eine defensiv ausgerichtete Verteidigungshaltung ist keine geeignete Strategie, denn diese bestärkt Ihren Gegenspieler. Spielen Sie stattdessen mit Ihrem Status: Jetzt ist Hochstatus in seiner reinsten Form angesagt! Drei Möglichkeiten zu reagieren, stehen Ihnen zur Verfügung:

Abwehr von Angriffen

- Starten Sie aus dem Hochstatus heraus einen direkten Gegenangriff. Dieser soll allerdings vernichtend sein, sonst wird Ihr Gegenspieler sich energisch zur Wehr setzen und als geübter Machtspieler möglicherweise den längeren Atem haben.
- Ignorieren Sie den Angriff, indem Sie ohne viel Federlesens direkt zum Sachthema zurückkehren.

> - Parieren Sie den Schlag auf der Metaebene. Das funktioniert zum Beispiel durch das explizite Benennen des Angriffs und dem Feststellen seiner Nutzlosigkeit, Unsachlichkeit oder des fehlenden Bezugs zum Thema.

Wie gesagt: Das alles funktioniert nur im Hochstatus. Das Wort einer Königin ist Gesetz – das des kleinen Mädchens noch lange nicht. Die gezielte Veränderung Ihres Status ist die Basis für Ihren Erfolg bei Machtspielchen. Und: Alleine dadurch, dass Sie die innere Haltung haben „Ich spiele mit" verändern Sie Machtspielchen schon zu Ihrem Vorteil.

10.4   Wie Machtspielchen überlegen gespielt werden

10.4.1   Neu in der Geschäftsführung: Andreas Geschichte neu erzählt

Andrea hat in Coaching-Sitzungen bei mir mittlerweile viel über sich und ihr Statusverhalten gelernt. Wir haben ihr Verhalten analysiert und gemeinsam Veränderungen geübt. Sie hat in alltäglichen Situationen geübt und schließlich begonnen, ihr männliches Umfeld mit verändertem Verhalten zu „überraschen". Das hat zunächst durchaus zu Stirnrunzeln und zu manch skeptisch gehobener Augenbraue geführt. Auch ironische Bemerkungen blieben nicht aus. Doch hier gilt: Steter Tropfen höhlt den Stein. Heute hat Andrea das Gefühl, auf Augenhöhe mit ihren Vorgesetzten und Kollegen zu sein. Und das Beste: Als Status-Spielerin kann sie nach wie vor Sympathien gewinnen und trotzdem in ihrer Positionierung und in der Sache hart sein. Würde sie heute nochmals die eingangs dargestellten Situationen durchleben, dann würde sie sich folgendermaßen verhalten.

Spielzug I: Vorbereitet aufs Reingrätschen – Souverän in die Sitzung
Natürlich hatte Andrea sich auf ihre erste wichtige Sitzung vorbereitet, dabei allerdings nur an die Sachthemen gedacht. Dass sie hier auf einem Spielfeld landen könnte, auf dem abseits der eigentlichen Sache noch ganz andere Zweikämpfe ausgetragen werden, war ihr nicht bewusst. So konnte ihr Gegenspieler ungehindert in ihre Ausführungen „hineingrätschen" und sie damit aus dem Gleichgewicht bringen.

Heute ist sie in Situationen dieser Art auf der Hut. Schon im Vorfeld einer Sitzung macht sie sich innerlich klar, welchen Status sie in der Runde einnehmen möchte und bestärkt sich darin. Zudem wählt sie die passende weiblich-elegante Kleidung, die ihren Status unterstreicht. Die Statusformel „Raum und Zeit nehmen" bedeutet übersetzt auf die Sitzungssituation nicht anderes, als dass Andrea früh kommt und den Platz neben ihrem Chef einnimmt. Indem sie Unterlagen um sich herum ausbreitet, schafft sie sich ihren Raum. Dabei spielt es keine Rolle, ob diese Unterlagen in der Sitzung gebraucht werden oder nicht. Hat ein Kollege vergessen, eine Vorlage zu kopieren? Das ist nicht Andreas Problem. Und auch die ungeliebte Aufgabe des Protokollierens kann reihum oder durch eine/n Assistentin/en erledigt werden. Andrea holt weder Kaffee noch arrangiert sie Kekse auf dem Teller. Eine Sitzung der Geschäftsführung ist nicht „Das perfekte Dinner".

Mit Beginn der Sitzung prüft Andrea gelegentlich Kopf- und Körperhaltung, Atmung und Blick. Ist der Kopf gehoben oder gesenkt, wird die Atmung unter der Anspannung hektisch oder bleibt sie ruhig, gelingt es, den Blick ihres Gegenübers fest zu erwidern? Hier ist es wichtig, immer wieder nachzujustieren und erneut den positiven Effekt zu nutzen: Wer bewusst tief durchatmet, regelt damit seinen Puls, wer einem bohrenden Blick standhält, signalisiert: „Mit mir musst du rechnen". Beim Sprechen lässt sich Andrea Zeit. Sie wartet, bis sie die Aufmerksamkeit aller Teilnehmer hat, legt erst nach einem Räuspern los, spricht langsam und macht immer wieder Pausen. Unterbrechungen unterbindet sie freundlich-bestimmt. Eventuell nimmt sie einen Stift in die Hand, um ihre Gestik zu unterstreichen und zu verhindern, dass ihre Finger ins Gesicht, zum Haar oder an den Schmuck wandern, denn das würde Unsicherheit vermitteln.

Unruhe am Tisch quittiert Andrea direkt mit einer Pause, ggf. nimmt sie den Störenfried ins Visier. Reicht ein deutlicher Blick nicht aus, dann hilft die klare Ansprache. Dafür hat sie sich Standard-Antworten zu Recht gelegt, etwa „Das Thema ist für Sie uninteressant? Wo es doch gerade Ihren Fachbereich betrifft …". Oder „Thema verfehlt, Herr Kollege". Oder: „Soso, der Herr Kollege möchte über … reden. Zu dumm, dass das nicht auf der Tagesordnung steht. Also zurück zum Thema." Je nach Situation kann es auch deutlicher werden und sich im Bereich zwischen Humor und Grenzüberschreitung bewegen, etwa „Muss ich Sie beide jetzt auseinandersetzen?". Entscheidend ist auch hier wieder der durchgängige innere Hochstatus. Wer erst einmal anfängt, sich wortreich zu verteidigen oder gar zu entschuldigen, wird unweigerlich den Kürzeren ziehen.

Spielzug II: Raus aus der Abseitsfalle – Die Opernkönigin gibt sich die Ehre

Warum als Aschenputtel zur Oper, wenn frau doch die Königin sein kann? Das sagt sich Andrea heute und nutzt den Opernbesuch für ihren großen Auftritt. Dabei braucht sie durchgängig einen inneren und äußeren Hochstatus. Zur Fassade gehört die Kleiderordnung, die an solch einem Abend naturgemäß eine wichtige Rolle spielt. Kleidung, Schuhwerk, Accessoires, Makeup, Frisur und Schmuck – das alles soll die gewünschte königliche Erscheinung unterstreichen. Dazu kommt die passende Körperhaltung. Nicht nur Nachwuchs-Prinzessinnen in nostalgischen Filmen balancieren Bücher auf dem Kopf, um später hoheitsvoll zur Krönung zu schreiten, auch in Management-Seminaren hat diese alte Theatertechnik inzwischen längst Einzug gehalten. Andrea hat es ausprobiert und schaut nun dank aufgerichtetem Oberkörper und hohen Absätzen sogar ein wenig auf ihren gehässigen Kollegen herab.

Langsam beginnt das Spiel mit dem Status eine positive Eigendynamik zu entwickeln. Andrea spürt, dass ihr Auftritt ankommt und genießt es mehr und mehr, sich von den Männern hofieren zu lassen. Ihr Selbstvertrauen wächst zusehends, was verstärkend auf ihren Hochstatus wirkt. Selbst die skeptischen Blicke der Ehefrauen, die sie offenbar als ernstzunehmende Konkurrenz eingestuft haben, bestärken sie in ihrem Auftritt. Die Rolle funktioniert nicht nur, sondern bereitet ihr auch noch Vergnügen. Ganz automatisch kommt sie zu dem Punkt, an dem jede ihrer Bewegungen Stolz ausdrückt. Daran, ob ihr jemand ins Dekolleté schaut, oder ob sie auf ihren Absätzen ins Straucheln geraten könnte, denkt sie schon lange nicht mehr.

Am Ende des Abends kann sie nicht einmal mehr eine beiläufige sexistische Bemerkung erschüttern. Die Königinnen-Rolle sitzt, langsam dreht sie den Kopf, nimmt den Übeltäter ins Visier, fixiert ihn mit dem Blick und schüttelt missbilligend den Kopf. Genauso bedächtig wendet sie den Kopf wieder ab und richtet den Blick herausfordernd auf die anderen Herren. Die klare Botschaft: „Möchte sich noch jemand eine Ohrfeige abholen? Nur zu!" Wäre sie noch nicht so sicher in ihrem Status, hätte sie auch alternativ die „Frauenkarte" ausspielen können: Den ranghöchsten Herrn auffordernd ansehen, um damit zu signalisieren „Das gehört sich nicht in meiner Gegenwart, tu' etwas dagegen!" Wie gesagt, funktioniert das nur, wenn der Hochstatus erhalten bleibt. Große ängstliche Augen, eine verzagte Miene oder ein gesenkter Kopf hätten den gegenteiligen Effekt. Der gerade erst so mühsam erarbeitete Respekt wäre auf der Stelle dahin.

Spielzug III: Rote Karte bei Handspiel – Keine Toleranz bei Übergriffen
Einen (sexuellen) Übergriff abzuwehren, ist im Vergleich zu den anderen Situationen sicherlich die größte Herausforderung. Stärker noch als in der verpatzten Konferenz wurde Andrea hier „kalt erwischt" von der Dreistigkeit ihres Gegenspielers. Es sind zwei verschiedene Paar Schuhe, ob man verbal attackiert wird oder jemand tatsächlich den gebotenen Abstand verletzt und bewusst in die körperliche Intimzone eindringt.

Heute bereitet sich Andrea auf solche Situationen vor. Dabei führt sie sich sehr klar vor Augen, wo die Grenze ihrer Intimsphäre ist, die nicht überschritten werden darf, verbal wie körperlich. Das bedeutet nichts anderes, als den eigenen Statusbereich abzustecken. Zudem stellt sie sich darauf ein und gibt sich die innere Erlaubnis dafür, dass sie beim Berühren oder Überschreiten dieser selbst definierten Grenze mit einer unmissverständlichen frontalen Zurückweisung reagiert, um den eigenen Status zu wahren. Und zwar mindestens verbal, gegebenenfalls auch nonverbal.

Ihr damaliges Scheitern ist für Andrea Motivation, sich gegen potenzielle zukünftige Attacken zu wappnen. Es hilft ihr, einen Übergriff inklusive der eigenen Reaktion gedanklich durchzuspielen, damit sie im Ernstfall andere Geschütze auffahren kann als Schockstarre oder ein verzagtes „Du darfst nicht". Zudem lässt sie den Übergriff von einer ihr vertrauten Person spielen, um die Abwehrreaktion einzuüben.

Wie sieht die Reaktion heute aus? Ganz klar: Für einen Übergriff dieser Art gibt es die sofortige körpersprachliche „Rote Karte". Dafür streckt Andrea unmittelbar ihren Körper, hebt den Kopf, atmet tief ein, nimmt Blickkontakt auf – und schafft mit einer klaren, harten, zurückweisenden Berührung Distanz. Steht ihr Kontrahent frontal gegenüber, stößt sie ihn beispielsweise mit beiden Zeigefingern auf Schlüsselbeinhöhe zurück, fixiert sodann den Angreifer mit Blick und Zeigefinger – der ausgestreckte Arm schafft Distanz – und weist ihn zusätzlich nachdrücklich verbal zurück, etwa mit „Nie – im – Leben!". Dann erfolgt der Abgang, und zwar keineswegs in Form einer Flucht, sondern gemessenen Schrittes. Sie dreht sich nach zwei bis drei Schritten noch einmal um und fixiert den

Angreifer erneut. Das transportiert: „Ich habe Dich genau im Blick und werde bei dem geringsten Anzeichen weiterer Übergriffigkeit sofort zurückschlagen."

Zugegeben, die Situation mit dem Übergriff ist keine alltägliche. Doch sie zeigt in all ihrer Singularität, wie nützlich es ist, innerlich im Hochstatus zu sein. Das ist eine hervorragende Basis, um auch nach außen sofort Hochstatus zu zeigen und Grenzüberschreitungen in aller Deutlichkeit zurückzuweisen. Denn wer es zulässt, dass sein Gegenüber die einfachsten Regeln des menschlichen Miteinanders verletzt und nicht einmal einen respektvollen Abstand wahrt, muss sich nicht wundern, wenn er ihm auch in anderer Hinsicht keine Achtung entgegen bringt.

Andrea hat das oben dargestellte Prinzip nach und nach verinnerlicht. Es trägt wesentlich zu ihrem heutigen Erfolg bei und sie möchte es nicht mehr missen: Ihren inneren Status hält sie konsequent hoch, komme, was da wolle, ihren äußeren Status passt sie flexibel an die jeweilige Situation an.

10.4.2   Aus dem männlichen Nähkästchen geplaudert

Ist Ihnen der Ausdruck „aus dem Nähkästchen plaudern" ein Begriff? Er stammt aus der Zeit, als das „Business" der Frauen vorwiegend in den eigenen vier Wänden stattfand, nämlich zwischen Salon und Haushaltsführung. Da der Mann des Hauses selten einen Fuß ins Nähzimmer setzte, bot es sich an, Geheimnisse eben dort aufzubewahren: im Nähkästchen. Effi Briest wird das in Theodor Fontanes gleichnamigem Roman sogar zum Verhängnis, als ihr Ehemann genau dort die Liebesbriefe seines Rivalen findet. Bis heute steht die Redewendung „aus dem Nähkästchen plaudern" dafür, anderen Menschen Einblicke in Dinge zu gewähren, die der Allgemeinheit ansonsten nicht zugänglich sind. Und in Zeiten der Emanzipation nehme ich mir die Freiheit heraus, den Spieß einmal umzudrehen und als Mann das „Nähkästchen" zu öffnen. Welche Geheimnisse sich darin verbergen? Lesen Sie selbst: Die folgenden Tipps führen Ihnen noch einmal klar vor Augen, wie die zu zwei Dritteln mit Männern besetzten Chefetagen die weibliche Konkurrenz betrachten – und was Sie tun können, um auf diesem Parkett einen glänzenden Auftritt hinzulegen.

Profitieren Sie von Ihrer Weiblichkeit

Viele Frauen stellen nicht nur ihr Licht, sondern auch ihre Weiblichkeit unter den Scheffel, indem sie sie kaschieren oder gar Männer nachahmen. Das macht sie in den Augen von Männern langweilig und häufig zu „grauen Mäusen". Zudem vergeben sie sich damit einen nicht unerheblichen Teil ihres Einflusses auf Männer. Es ist erwiesen, dass Frauen, die ihre Weiblichkeit betonen – und dabei nicht übertreiben – mehr Kompetenz zugesprochen und mehr Respekt entgegen gebracht wird. Nutzen Sie das!

Ein No-Go: Männer nachahmen
Versuchen Sie nicht, zum Mann zu „mutieren". Leider ist die Geschäftswelt voll von Frauen im langweiligen schwarzen oder grauen Hosenanzug mit unansehnlichen Schuhen

und Laptoptaschen in Kunststoff-Optik, abgeschaut von Männern. Bisweilen würde Mann
Frau auch „Haare auf den Zähnen" attestieren. All das mögen wir Männer überhaupt nicht
und damit kommen Sie nicht an. Bringen Sie „Glanz in die Hütte", wir Männer danken es
Ihnen. Und machen Sie sich klar: Das trägt zum Respekt bei, wenn auch auf unbewusster
Ebene.

Netzwerken von Männern lernen

Männer nutzen ihre Netzwerke zielorientiert und strategisch, zumindest ein guter Teil davon. Das heißt, es steht der Nutzen für das eigene Vorankommen und den beruflichen
Erfolg im Vordergrund. Kontakte werden danach ausgewählt und abgewogen, für welche
sich Zeiteinsatz lohnt, und für welche nicht. Fazit: In erster Linie sind das Erfolgsnetz-
werke, in zweiter Linie Wohlfühlnetzwerke. Bei Frauen ist das oft umgekehrt.

An der „Sexismus-Front" auch einmal austeilen

Wie Andrea inzwischen mit Sexismus umgeht, haben Sie ja oben kennengelernt. Es seien
hier noch ein paar Hinweise ergänzt, da Sexismus häufig vorkommt, und das in den besten
Unternehmen und trotz guter Kinderstuben. Aus Männer-Sicht ist es günstig, wenn Sie
nicht bei jeder Kleinigkeit den moralischen Zeigefinger heben. Legen Sie sich ein paar
sexistische Sprüche zurecht, mit denen Sie kontern können. Sie werden sehen, das ist
eher zu- als abträglich, denn wer austeilt (Mann), muss eben auch einstecken können.
Selbstverständlich gibt es Grenzen, hier müssen Sie konsequent und ohne Scheu die Rote
Karte ziehen.

Nutzen Sie Ihr Bauchgefühl

Oft werden Frauen ihre typisch weiblichen Eigenschaften wie hohe Empathie, Harmo-
niebedürfnis und ausgeprägtes Gespür für die Stimmung im Raum als Nachteil im Berufsalltag ausgelegt. Schnell taucht der Vorwurf der „Gefühlsduselei" auf, und der Begriff
„unprofessionell" ist ihm dicht auf den Fersen. Was die Spötter dabei vergessen: Für diese
Fähigkeiten braucht es feine Antennen. Und die lassen sich hervorragend einsetzen, wenn
es darum geht, auszuloten, wie die Sympathien in der Runde gelagert sind, wer bereits
auf den Stuhl des Chefs schielt und wer gerade die Muskeln anspannt, um zum Schlag
auszuholen. Nutzen Sie diesen Informationsvorsprung als strategischen Vorteil.

10.4.3   Packen Sie's an – Verändern Sie sich!

Wenn Sie dieses Kapitel gelesen haben, weil Ihnen die Machtspielchen unter Männern
in Ihrem Unternehmen bislang furchtbar auf den Geist gegangen sind, dann hoffe ich,
dass Sie das inzwischen anders sehen. Fakt ist: Männer spielen Machtspielchen, um die
Rangordnung herzustellen, daran geht kein Weg vorbei. Und Frauen, die in diesem Umfeld
mithalten wollen, sollen mitspielen, und zwar nach den richtigen Regeln. Sonst klappt es
nicht mit der eigenen Positionierung.

Die Regeln der Machtspielchen sind durchschaubar. Frau kann sie lernen und damit in die Position der Spielführerin aufrücken. Das Instrument dafür ist das Spiel mit dem Status. Den eigenen Status bewusst steuern zu können, ist *der* Erfolgsfaktor für Frauen in Männer-Domänen, denn damit nehmen sie gezielt Einfluss auf die Rangordnung. Lassen Sie sich von dem Begriff „Machtspielchen" keine Angst einjagen, sondern setzen sie den Akzent auf den Teil „Spiel". Spielen macht Spaß, erst recht, wenn Sie gut in dem Spiel sind. Das ist nicht unbedingt mit hartem Training verbunden. Das Bewusstsein für Ihren Status können Sie im Alltag und im beruflichen Umfeld ganz nebenbei entwickeln.

Wer sich zur Status-Spielerin entwickelt, ist erfolgreich und verändert Machtspielchen zu seinen Gunsten. Auf geht's – Status, wem Status gebührt!

10.5   Über den Autor

Dr. Dieter Lederer ist einer der führenden Veränderungsexperten im deutschsprachigen Raum. Mit seiner Expertise aus 15 Jahren internationaler Unternehmensberatung verhilft er Führungskräften dazu, sich wirksam zu verändern und damit weit überdurchschnittlich erfolgreich zu sein. Seine Kunden sind Vorstände, Geschäftsführer/innen und Manager/innen großer Konzerne und ambitionierter Mittelständler.

Mit seiner umfassenden Praxiserfahrung gelingt es Dr. Lederer wie kaum einem anderen, treffsicher die entscheidenden Impulse zu geben und damit die vorhandenen, jedoch häufig brachliegenden Potenziale für Veränderungen zu aktivieren. Daraus entstehen Selbstvertrauen, Kraft und Motivation sowie das Niederreißen innerer und äußerer Widerstände.

Als Vortragsredner und Keynote-Speaker macht Dr. Lederer seine Expertise einem breiten Publikum zugänglich. Dabei verbindet er mit großer Leidenschaft seine Erfahrungen aus der Geschäftspraxis mit seinen persönlichen Lebenserfahrungen. Seine Zuhörer/innen sind begeistert, denn sie spüren den Sog, der von wirksamen Veränderungen ausgeht, und machen sich auf den Weg.

Finden und buchen Sie Dr. Lederer unter: www.dieterlederer.com

Literatur

Allemann-Tschopp, A. (1979/1993). *Geschlechtsrollen. Versuch einer interdisziplinären Synthese.* Bern/Stuttgart/Wien: Verlag Hans Huber.

Hüther, G. (2009). *Männer – Das schwache Geschlecht.* Göttingen: Vandenhoeck & Ruprecht.

Johnstone, K. (2010). *Improvisation und Theater.* Berlin: Alexander Verlag.

Schmitt, T., & Esser, M. (2010). *Status-Spiele: Wie ich in jeder Situation die Oberhand behalte.* Frankfurt: Fischer.

Schwarzer, U. (2014). Die Latte liegt höher. *Manager Magazin, 8/2014,* 97–98.

Statistisches Bundesamt (Juli 2014). *Auf dem Weg zur Gleichstellung? Bildung, Arbeit, Soziales – Unterschiede zwischen Frauen und Männern.*

Volz, R., & Zulehner, P. M. (2009). *Männer in Bewegung – Zehn Jahre Männerentwicklung in Deutschland.* Baden-Baden: Nomos-Verlag.

Was macht Frauen erfolgreich?

Eckhard Lienert

11

Inhaltsverzeichnis

Was ist Erfolg? Was ist sexy? Gut, dass alle so unterschiedlich sind und jeder von Ihnen etwas anderes unter Erfolg verstehen wird. Erfolg kann bedeuten, erfolgreich im Job zu sein, das eigene erfolgreiche Unternehmen zu führen, glückliche Mutter und/oder Ehefrau zu sein oder einfach nur gesund zu sein. Jeder von Ihnen hat andere Ansprüche an Erfolg und sexy. Doch einige Faktoren werden bei allen von Ihnen zu dem Erfolg beitragen, den Sie sich wünschen. Mit der nötigen Willensstärke, dem Durchhaltevermögen, Fleiß, Zielstrebigkeit, Wertschätzung und dem gewissen Charme erreichen Sie Ihre Ziele.

Erfahren Sie auf den nächsten Seiten meine persönliche Ansicht, was erfolgreich macht. Und ich bin mir sicher, wer erfolgreich ist, ist auch sexy. Denn er wird dies über seine Ausstrahlung und Körperhaltung und dem nötigen Lächeln ausstrahlen.

Eckhard Lienert ✉
Office Petra Polk, Zeppelinstraße 73, 81669 München, Deutschland
e-mail: eckhard.lienert@googlemail.com

© Springer Fachmedien Wiesbaden 2015
P. Buchenau (Hrsg.), *Chefsache Frauen*, DOI 10.1007/978-3-658-07498-2_11

11.1 Mit den eigenen Stärken selbstbewusst auftreten

Sie haben ein Ziel vor Augen und entwickeln dazu die passende Strategie.

Praxisbeispiel

Für ein Coaching am Telefon sollten Sie sich genauso stylen, wie für einen öffentlichen Termin. Sie werden einen wesentlich leichteren Ablauf des Coachings bemerken, als wenn Sie in ihren bequemen Klamotten am Telefon sitzen würden.

Ein unabdingbares Hilfsmittel ist ein ausgearbeitetes Konzept, eine Gliederung, die man für den Ablauf unbedingt braucht. Ansonsten ist die Gefahr groß, dass man sich verzettelt. Dann kann es passieren, dass einem die Zeit davonrennt und das Ziel in eine nicht mehr greifbare Entfernung rückt. Seine eigenen Stärken zur Geltung bringen ist ja keine Theateraufführung, sondern eine Demonstration des Vorhandenseins von fundiertem Wissen, von Überzeugungskraft sowie Durchsetzungsvermögen. Allentscheidend ist auch die eigene Geisteshaltung, denn wenn Sie von vornherein zu sich selbst sagen, das bekommst du eh nicht hin, dann können Sie davon ausgehen dass Ihr Vorhaben auch nicht von Erfolg gekrönt sein wird. Auch ist es so, nur wenn Sie sich selbst gut fühlen, Ihre mentale Haltung perfekt ist und Sie motiviert sind, können Sie Höchstleistungen vollbringen. Ein permanentes Arbeiten an sich selbst führt dazu, dass die eigene Ausstrahlung noch intensiver wahrgenommen wird. Nur wenn Ihre eigene Leidenschaft für Ihr Vorhaben brennt, dann können Sie auch ein Feuer in anderen entzünden. Wenn sie spüren, dass der andere Feuer gefangen hat, stärkt das wiederum Ihr Selbstbewusstsein.

Einen weiteren Tipp, den ich Ihnen geben kann, ist, dass sich eine Frau nicht „vermännlichen" sollte. Denn ein schickes damenhaftes Outfit zeigt Wirkung. Ein dezentes Make-Up trägt zur Vollendung Ihrer eigenen Persönlichkeit bei. Ganz entscheidend kann es je nach Business sein, immer wieder ein ähnliches Outfit, also z. B. einen Blazer in einer bestimmten Farbe zu wählen, um den Wiedererkennungswert zu erhöhen. Das trifft vor allem zu, wenn man Auftritte auf Bühnen hat.

Trennen Sie sich von allen Glaubenssätzen, die nicht zielführend sind, denn diese sind nur Stolpersteine, die Sie davon abhalten, Ihre volle Energie und Potentiale zu entfalten. Glaubenssätze wie: „ich bin zu klein", „ich habe kein Abitur" oder „ich bin schüchtern". Man könnte diese Liste endlos weiterführen. Glaubenssätze, die Sie einschränken und die Sie von dem abhalten, was sie wirklich wollen. Wer erfolgreich sein will, sollte sich davon lösen und sich nur mit positiven Dingen beschäftigen, denn alle negativen Gedanken ziehen Sie nur nach unten.

Nur so steigern Sie Ihr Selbstvertrauen und stabilisieren sich. Ein ganz entscheidender Punkt ist, alles Unwesentliche links liegen zu lassen, aber was ist nun das Unwesentliche? An sich ist das ganz einfach: Analysieren Sie, welche Schritte Sie Ihrem Ziel näher bringen und lassen Sie die unnützen einfach weg. Somit konzentrieren Sie sich auf das Wesentliche und Sie werden das anvisierte Ziel schneller erreichen. Warum? Sie haben Synergien erreicht, indem Sie sich stark fokussiert und nur auf das Ziel konzentriert haben. Die gewonnene Zeit können Sie z. B. dafür verwenden, Ihre eigenen Akkus wieder aufzuladen, indem Sie etwas tun, was Ihnen gut tut. Jeder hat da eine andere Methode. Die einen machen ein paar Stunden Wellness inklusive Massagen, andere machen einen ausgiebigen Spaziergang, genießen einfach den eigenen Garten oder setzen sich woanders ins Grüne. Lassen Sie einfach die Seele baumeln. Es gibt oft so banale Dinge, die wir schon irgendwie verdrängt haben, z. B. ein Bad nehmen, oder auch Musik hören. Meditation sei hier auch erwähnt. Oft ist es sogar so, dass einem beim Entspannen wieder tolle Ideen kommen, für neue Projekte.

11.2 Chancen erkennen

Ein ganz wichtiger Punkt ist, neue kreative Ideen zu entwickeln und eben auch Chancen zu erkennen. Alte Strickmuster sind oft nur Bremsklötze, denn was vor 25 Jahren noch effektiv zum Ziel geführt hat, ist heute ganz anders. Hier ein Beispiel, wie sich die Zeiten ändern: Früher brauchte ein Verkäufer oder besser gesagt ein Vertreter – egal in welchem Bereich er tätig war – mehrere Rollen Groschen, um von einer Telefonzelle aus zu telefonieren. Was braucht er heute? Neue und funktionierende Technik und natürlich marketingstrategisch wirksame Ideen, um seine heutigen Ziele zu erreichen. Ein weiteres förderliches Instrument ist ein großes Netzwerk. Es ist oft eben auch ein Umdenken erforderlich, um zu neuen Denkweisen zu gelangen, genauso wie Querdenken, denn das fördert das Erlangen von neuen und effizienteren Denkmustern. Hier ein Beispiel: Jahrelang sind Hochspringer im Straddle-Stil gesprungen, doch ein Amerikaner entwickelte einen anderen Stil: Er drehte sich nach dem Anlaufen, um mit dem Rücken zuerst über die Latte zu springen, und schon hatte er eine neue Technik entwickelt, die es ihm ermöglichte höher zu springen. Was passierte dann? Andere taten es ihm gleich, um ebenfalls höher springen zu können. Das sei nur ein Beispiel aus dem Sport, aber so ließen sich unzählige aufzählen. Eine hilfreiche Idee ist es, in ein Projektteam also Personen aus ganz unterschiedlichen Bereichen einzusetzen. Da jeder eine andere Vorgehensweisen hat, können Querdenk-Prozesse beginnen.

Daraus entstehen kreative Ideen, die zu unternehmerischem Erfolg führen. Wie entsteht Kreativität? Diese Frage muss man sich natürlich stellen, um neue Chancen zu erkennen. Neue Aufgabenstellungen werden durch neue originelle oder ungewöhnliche Denkansätze gelöst. Soll heißen, dass Sie aus alten Denkmustern ausbrechen und neu hinzugewonnene Erfahrungen mit Wissen kombinieren müssen, um so zu neuen Perspektiven zu gelangen.

Ein weiterer Bremsklotz ist die Komfortzone. Was hindert uns denn sie zu verlassen? Das sind doch Unsicherheit, Angst und Widerstand gegen Veränderungen. Auch hier ein Beispiel: Ich hatte vor einiger Zeit mal ein kleines Büchlein in die Hände bekommen, es hatte den Titel „Die Mäusestrategie für Manager" (Johnson 2000). Kurz geschildert, zwei Mäuse gingen jeden Tag denselben Weg in ihr Käselager, bis sie eines Tages bemerkten, dass der Käseberg fast leer war. Sie habe sich in der Vergangenheit keine Gedanken gemacht, mal den Weg nach rechts oder links zu verlassen, um nach anderen Lagern oder

Leckereien zu suchen. Sie wissen, was ich meine, einfach mal nach rechts oder links schauen.

Bei allen Dingen, die wir tun, wobei der Schwerpunkt auf dem Wort „tun" liegt, gibt es Risiken, aber ohne dass wir Risiken eingehen, wird uns kein Plan gelingen. Das Risiko sollte überschaubar bleiben, so dass man entgegensteuern kann, wenn nicht die gewünschten Effekte auftreten. In der Kreativitätsphase sollte man sich mehr vom Bauchgefühl als vom Verstand leiten lassen, denn nur so wird ein geplantes Konzept in einen funktionierenden Prozess umgesetzt.

11.3   Gemeinsam sind Frauen stark

Ich habe es schon kurz angeschnitten, Netzwerke sind heute unabdingbar. Wobei man hierbei auch ein anderes Denkmuster an den Tag legen muss. Wenn ich in meinem Netzwerk schon zwei Finanzberater habe, würde es doch keinen Sinn machen noch einen hinzuzufügen, oder? Doch der Dritte kann sich ja auf einem ganz anderen Terrain als die zwei anderen bewegen. Es gibt so viel unterschiedliche Arten des Betätigens, so dass es sehr wichtig ist, für sich ein Alleinstellungsmerkmal zu kreieren. Denn wie wollen sie sich sonst unterscheiden von den anderen? Wenn sie das erst einmal definiert haben, entsteht auch eine bleibende Wiedererkennung. Nichts ist schlimmer als wenn sich der Kunde nach vier Wochen nicht mehr an sie erinnern kann. Denn dann kann er Sie auch nicht weiterempfehlen. Von ganz entscheidender Intensität ist es, wenn gemeinsam an einem Projekt gearbeitet werden kann. Dadurch kann jeder einzelne mit seinem entsprechenden Portfolio seine Stärken ausspielen und im Ganzen wird ein Top-Job gemacht, mit dem der Kunde mehr als zufrieden ist, denn daran wird er sich sicher lange erinnern und kann so Empfehlungen weitergeben. Ein Alleinstellungsmerkmal könnte sein, durch ein gezieltes Marketing einen hohen Kundennutzen zu erzeugen und somit natürlich auch Wettbewerbsvorteile. Ideal ist es ebenfalls, wenn Ihr Alleinstellungsmerkmal nicht so einfach kopierbar ist. Je dauerhafter der Kundennutzen ist, desto wertvoller dürfte Ihr Produkt sein. Wenn Sie den Kundennutzen und das Alleinstellungsmerkmal definiert haben, dürfte die Festlegung der Unternehmensstrategie bzw. die Positionierung relativ einfach sein. Ein weiterer, ganz entscheidender Aspekt, sind Kooperationen oder gemeinsames Arbeiten an verschiedenen Projekten. Sinnvoll kann natürlich auch der Zusammenschluss mehrerer Netzwerke sein, denn das schafft noch weiteres Entwicklungspotential, das dann gemeinsam genutzt werden kann. Dadurch wird die kommunikative Reichweite erweitert und je mehr Menschen man erreicht, umso besser. Es gibt an sich nichts Schlimmeres, als wenn die „Welt" von dem, was man vorhat, nichts erfährt. Denn die Daten und Nachrichtenflut hat ja mittlerweile Formen angenommen, dass es für so manchen unüberschaubar geworden ist.

Kontraproduktiv im Allgemeinen ist so genannter „Zickenterror" oder Unstimmigkeiten, die öffentlich ggf. in Facebook oder auf anderen Plattformen, ausgetragen werden. Es gibt ein paar Themen, die einfach nicht ins Business gehören, z. B. politische Ansichten oder Beiträge zu sportlichen Ereignissen. Denn da sind die Ansichten sehr weit gefächert, weil es eben auch emotionale Bindungen gibt und man tut gut daran, diese Themen zu meiden. Ein Smalltalk übers Wetter kann nicht schaden, denn darauf hat Gott sei Dank noch keiner Einfluss und der eine mag es eher etwas wärmer, der andere mehr Sonne und so weiter.

11.4   Durch Positionierung zum Erfolg

Marketing heißt sich mit einer Dienstleistung oder einem Produkt am Markt abzuheben. Dazu gehört auch, die Zielgruppe zu analysieren, um diese dann entsprechend über verschiedene Kanäle zu informieren und natürlich zu begeistern. Denn das sind Ihre potentiellen Kunden. Um erfolgreich zu sein, ist es ebenso erforderlich seine eigenen Kernkompetenzen zu sichern und immer wieder im beruflichen Umfeld einzusetzen. Talente, Wissen und die eigenen Fähigkeiten sind das entscheidende Kapital, um auch in Zukunft wettbewerbsfähig zu bleiben. Dazu ist es auch unabdingbar, sich immer wieder fortzubilden und/oder an Seminaren bzw. Webinaren teilzunehmen, um die eigenen Kompetenzen zu erhöhen und auszubauen. Denn der Markt entwickelt sich täglich weiter. Wir leben nun mal in einer schnelllebigen Zeit. Was heute noch aktuell ist, ist morgen schon ein alter Hut.

Ebenso wie Dienstleistungen oder Produkte immer wieder beworben werden müssen, genauso müssen Sie sich immer wieder neu positionieren, um am Markt konkurrenzfähig zu bleiben.

Um das zu tun, ist es erforderlich, sich darüber klarzuwerden, über welche Fähigkeiten, Talente, Wissen und Kernkompetenzen Sie verfügen. Ganz entscheidend ist auch, welche Taktik zum Einsatz kommt, die dazu führen soll, ihre eigenen Ziele und Visionen zu erreichen. Ebenso sollten Sie analysieren, wer von Ihren Dienstleistungen oder Produkt einen Mehrwert hat. Welchem Unternehmen können Sie es anbieten? Um sich gut zu positionieren, kann man die Gelegenheit nutzen, auf Messen oder anderen öffentlichen Veranstaltungen Präsenz zu zeigen. Stellen Sie konkrete erzielte Erfolge und Leistungen in den Vordergrund. Was nützt es Ihnen, wenn sie einzigartig sind und keiner weiß es. Es gibt heute sehr viele Kanäle um den eigenen „Auftritt" voranzutreiben, so z. B. Xing oder auch Facebook, mit mehreren Profilen, einem privaten und einer Fanpage etwa. Das schafft ganz neue Möglichkeiten, um sich am Markt zu etablieren uns positionieren.

11.5   Welches sind Ihre Ziele und Visionen?

Legen Sie kurzfristige und auch langfristige Ziele fest. Sie sollte sich genau überlegen, welche das sind, dann sind Sie schon einen großen Schritt vorangekommen. Bringen Sie Ihre Ziele zu Papier, es ist extrem wichtig, Ziele schriftlich festzuhalten. Denn sind Sie mal ehrlich, wie oft haben Sie sich zum Jahreswechsel schon etwas vorgenommen, was Sie im darauffolgenden Jahr umsetzen wollten? Beim Wollen ist es oft geblieben. Was auch sehr hilfreich ist, könnte ein Visionschart sein. Sie haben ja sicher vieles vor Ihrem geistigen Auge, aber wichtig ist es, das Ganze visuell darzustellen. Hängt das Chart erst mal in der Nähe Ihres Arbeitsplatzes, haben Sie es sehr oft vor Augen und nichts gerät in Vergessenheit. Schneiden Sie Fotos oder Bilder aus Illustrierten aus und pinnen Sie sie auf das Chart. Es entsteht eine schöne, meist bunte Collage. Zum Jahresausklang lassen Sie das Jahr dann Revue passieren, um zu sehen, welche Ziele Sie bereits erreicht haben. Dann passen Sie die Collage an die neuen Gegebenheiten an und entfernen bereits erreichte Ziele und fügen neue hinzu.

Eine sehr erfolgreiche Methode für das Definieren von Zielen, möchte ich noch erwähnen: sie heißt SMART (vgl. Kap. 3).

Das „S" steht für spezifisch, das „M" für messbar, das „A" (achievable) für erreichbar. „R" steht für realistisch und das „T" für (time framed) Zeitrahmen.

Alle Ziele müssen ganz konkret formuliert werden. Verwenden Sie die richtige Formulierung!

Praxisbeispiel

Ziel: Ich will viele Bücher lesen. Präzisiert könnte es heißen: Ich lese jeden Tag 100 Seiten.

„Viel" ist nicht messbar.

Zur Verstärkung kann man sich die selbst formulierten Ziele jeden Morgen und Abend laut vorlesen, um sie so zu verinnerlichen.

11.6 Zeitmanagement

Überlegen Sie sich, was wichtig ist und was Sie voranbringt. Lassen Sie die unwichtigen Dinge einfach weg. Haben Sie auch manchmal das Gefühl, dass Ihnen die Zeit davonläuft? Oft werden Dinge auf den letzten Drücker erledigt. Fehlt Ihnen auch ab und an der Überblick, wann soll ich was tun? Wie ich im vorangegangen Kapitel schon erwähnt habe, brauchen Sie als erstes Ziele, denn Sie müssen ja festlegen, wo der Weg hingehen soll. Mit Zielen können sie besser abwägen, ob etwas wichtig ist und gegenüber einer anderen Tätigkeit Vorrang hat.

Setzen Sie Prioritäten! Treffen Sie eine Entscheidung, wie dringend eine Aufgabe ist und kategorisieren Sie so die zu erledigenden Aufgaben. Oft ist es strategisch sinnvoll schnell eine wohlüberlegte Entscheidung zu treffen und so gegebenenfalls dem Zeitdruck vorzubeugen. Wenn Sie dies nicht tun, zögern Sie eventuell das Abarbeiten der Aufgabe hinaus und geraten dadurch unter unnötigen Zeitdruck.

Ein strukturiertes Vorgehen erleichtert Ihnen ungemein die Arbeit. Denn oft sind Dinge so komplex, dass sie glauben, es nicht zu schaffen. Das trägt natürlich nicht zur Eigenmotivation bei. Machen sie Teilaufgaben daraus! Eine Salami im ganzen runterzuwürgen geht ja auch nicht, sondern man schneidet sie in appetitliche Scheibchen. So können Sie auch viel besser den Fortschritt des Projektes verfolgen und bei Bedarf entsprechend gegensteuern. Jetzt mal ein paar Anmerkungen zu „Zeitdieben":

Sie sollten Ihre eigenen Arbeitsabläufe immer im Fokus haben und sämtliche Ablenkungen und jede Art von Zeitfressern auf ein Minimum reduzieren. Dazu zählt auch, alle Töne Ihres Smartphones auf stumm zu schalten. Auch die Töne an Ihrem Arbeitsplatzrechner sollten stumm geschaltet werden, damit Sie nicht in Versuchung kommen, bei jedem Gong in Ihr Postfach zu schauen, um zu erfahren, wer ihnen da etwas hat zukommen lassen. Sie gehen ja auch nicht fünf Mal am Tag zu Ihrem Briefkasten um nachzuschauen, ob neue Post da ist. Nur wenn Sie es schaffen, sich in regelmäßigen Abständen Zeit zu verschaffen für Ihre Tätigkeiten, um daran möglichst ungestört zu arbeiten, werden sie in kurzer Zeit Ihre Aufgaben bewältigen. Das Wort Multitasking kennen Sie ja, nur ist es meist nicht möglich, verschiedene Dinge parallel abzuarbeiten, denn genau dabei würden sich Fehler einschleichen und Sie geraten dadurch gegebenenfalls unter Stress. In meinem Sprachschatz gibt es das Wort Stress seit vielen Jahren nicht mehr, da ich erkannt habe, dass Stress von anderen erzeugt wird und man Sie nur unter Druck setzen will. Vermeiden Sie auch, Dinge auf die lange Bank zu schieben, aus welchen Gründen auch immer, denn einen Grund findet man immer. Alle Dinge, die auf solche Art aufgeschoben werden, haften ja irgendwie in Ihrem Hinterkopf und lassen Sie nicht los. Somit haben Sie den Kopf nicht frei für Ihre kreativen Ideen. Sehen Sie wie unabdingbar es ist, Dinge zu priorisieren? Das geht oft ganz einfach, indem man z. B. den Auftraggeber anruft, um sich wieder etwas Spielraum zu schaffen und oft wird es problemlos möglich sein. Es gibt Zauberwörter. Einige werden Sie sicher kennen. Eines davon heißt „Nein". Wenn sie überall zustimmen und ja sagen, wird dies unweigerlich dazu führen, dass Ihre Zeitplanung ins Wanken kommt. Und was passiert dann? Sie wissen es. Ich vergleiche es oft mit einem Rucksack: Wenn Sie merken, dass er zu schwer wird, ist es an der Zeit etwas abzulegen.

Auch ein sehr wesentlicher Punkt im Zeitmanagement ist der Informationsdschungel. Sie müssen selbst festlegen über welche Quellen Sie sich Ihre Informationen holen, sei es Twitter oder Facebook etc., ansonsten wird es unüberschaubar bei der Flut.

Ein möglicher Weg, sich Freiräume für andere Aufgaben zu schaffen, ist, Aufgaben zu delegieren. Dabei muss man nur auf die Wahl der geeigneten Personen achten und schon können Sie sich wieder auf das Wesentliche konzentrieren. Auch ist es kein Geheimnis, Aufgaben blockweise abzuarbeiten. So kann man gleichartige Tätigkeiten zusammenlegen, z. B. mehrere Telefonate am Stück führen, denn das ist wesentlich effizienter als über den Tag verteilt. Ein ganz entscheidender Fakt ist natürlich auch, funktionierendes Werkzeug zu haben, denn wenn Sie einen Drucker haben, der dauernd Fehlermeldungen anzeigt, nervt das. Ersetzen Sie ihn einfach durch einen neuen. Wenn Sie den Zeitaufwand im Nachhinein brachten, stellen Sie fest, dass auch der Drucker ein Zeitdieb ist.

Bei all dem strukturierten und getakteten Arbeiten sollten Sie nicht vergessen, einige Pausen einzulegen. Dabei kann es sehr förderlich sein z. B. einen 20-minütigen Spaziergang ohne Handy zu machen, um zum einen frische Luft zu tanken und zum anderen die Balance zwischen Ruhe und Arbeitsphasen zu finden.

11.7   Erfolge feiern

Sie haben den langen Aufstieg zum Gipfel geschafft. Es war sicher ein sehr anstrengender Weg, der auch eventuell einiges an Schweiß gekostet hat, aber dann stehen Sie ja oben und können den faszinierenden Ausblick genießen. Und in dem Moment können Sie stolz sein, das Ziel erreicht zu haben. Im Sport ist es doch genau so, es wird trainiert und trainiert, um ein gestecktes Ziel zu erreichen und wenn man dann ganz oben auf dem Treppchen steht, nimmt man doch gerne die Gratulationen von anderen entgegen, die die erbrachten Leistungen würdigen. Dann ist auch der Anlass dafür da, mit dem Projektteam oder den Auftraggebern zusammen auf den gelungenen Erfolg anzustoßen. Das gibt dann auch gleich wieder Ansporn zu neuen kreativen Ideen. Eine weitere Möglichkeit der Selbstmotivation ist, sich selbst zu belohnen, mal mit Freunden einen schönen Abend zu genießen, einen Spaziergang am Strand oder gar ein Verwöhn-Wochenende mit Wellness. Die Palette ist sehr breit und jeder hat einen anderen Geschmack und bevorzugt andere Dinge, um sich selbst etwas Gutes zu tun. Diese Art von Belohnungen ist ein ganz wichtiger Bestandteil, um die eigenen Akkus wieder aufzuladen, denn bei all dem kreativen Arbeiten sind diese bei jedem früher oder später einmal erschöpft.

11.8   Lebe Deine Werte, welche sind wichtig?

Gut wäre doch, wenn man am Anfang schon das Ende im Sinn hätte. Denn es gibt immer wieder kleine Ziele, die man verfolgen und in vorab definierten Zeitfenstern erreichen kann. Es ist mehr die Richtung, die verfolgt wird und so kommt nach einem erfolgreich abgeschlossenen Projekt eine neue Herausforderung, die man dann mir Bravur meisten kann. Aber was sind denn typische Werte? Wachstum, Erfolg, Sicherheit, Freiheit oder auch Liebe, jeder definiert Werte für sich anders. Werte sind das, was für uns in unserem Leben elementar wichtig ist, wofür man mit allen einem zur Verfügung stehenden Mitteln kämpfen würde, um sie zu erreichen. Werte sind etwas, was Sie ständig brauchen, um immer wieder mit sich zufrieden zu sein. Wenn Sie genau wissen, was für Sie wichtig ist, dann haben Sie für Ihr Leben auch eine Richtung bestimmt. Auch bei der Wahl der passenden Entscheidung für ein Vorhaben sind Werte wichtig. Denn nur wenn alles im Einklang steht, kann Ihre getroffene Entscheidung nicht falsch sein.

Also vielleicht haben Sie ja Lust bekommen, mal über Ihre Werte nachzudenken? Um Ihnen einen kleinen Denkanstoß zu geben: Was ist für Sie existentiell wichtig? Auf was möchten Sie nicht verzichten? Haben Sie Leitsätze, definieren Sie diese? Worüber können Sie sich maßlos aufregen? Wofür brennen Sie?

Am besten schreiben Sie diese Fragen mal auf und beantworten diese, wenn Sie sich mal wieder ein paar Minuten freigeschaufelt haben. Damit Sie diese auch immer beherzigen, wäre das Wichtigste, sich die Antworten, am besten früh nach dem Aufstehen und abends vor dem zu Bett gehen, laut vorzulesen, damit sie immer präsent sind und Sie auf Ihrem erfolgreichen Weg begleiten.

11.9 Vereinbaren Sie Ihr berufliches und privates Leben

Es gibt so manche neuen Worte oder Wortbildungen, so auch die Work-Life-Balance.

Hierbei geht es im Wesentlichen um den Weg, in seinem Leben die Balance zu finden. Es geht um ein Leitbild vom erfüllten Leben und im Sinne des Gleichgewichtes zwischen den beiden Lebensbereichen Arbeit und Nicht-Arbeit. Solch ein Leitbild ist sicher nicht einfach zu definieren, da sich ein Gleichwicht zwischen den beiden Phasen nicht immer so einfach herstellen lässt. Aber hier ist eben wieder Management gefragt. Dinge priorisieren, das Wesentliche vom Unwesentlichen zu unterscheiden. Was ist besonders zielführend, was kann ich weg lassen? Das gilt sowohl im privaten sowie auch im beruflichen Umfeld. In der heutigen Zeit haben sich einige Dinge stark verändert. So nutzen wir eine sehr gut ausgebaute IT-Infrastruktur. Wir nutzen leistungsfähige Rechner, die uns so manches abnehmen, z. B. eine automatische Wörterkorrektur oder automatisierte Sicherungen von ganzen Vorgängen. Das schafft wiederum Zeit, um eine sogenannte Balance zu finden. Nutzen Sie die gewonnene Zeit, um z. B. mit dem Partner zusammen in die Sauna zu gehen. Dies trägt zum allgemeinen Wohlbefinden bei und lässt in Folge dann wieder unserer Kreativität freien Lauf.

Fazit
Wenn Sie all diese von mir beschriebenen Dinge so oder in einer für Sie möglichen, ähnlichen Form, anwenden, wird ihrem Erfolg nichts mehr im Weg stehen. Wer erfolgreich ist, ist glücklich und natürlich eben auch sexy. Sie wissen ja, die Menschen wollen nur Sieger sehen. Sieger sehen sexy aus und es interessiert nur am Rande, wer den zweiten Platz innehat.

11.10 Über den Autor

Eckhard Lienert ein leidenschaftlicher Freund von perfekt funktionierender Technik. Er ist der Experte für die Vernetzung von heterogenen Plattformen und da er vor vielen

Jahren einen Handwerksberuf erlernt hat, beherrscht er Professionalität mit Perfektion zu verbinden. Seit ca. 25 Jahren beschäftigt er sich intensiv mit Computern und hat sich Laufe der Jahre ein überdurchschnittliches IT Wissen angeeignet. Er ist in der Lage Projekte konsequent und zielstrebig durchzuführen, da er über ein fundiertes Wissen aus beiden Bereichen verfügt. Dieses breitgefächerte Know-how lernt man in keiner Schule, sondern nur in der Praxis. Seine Leidenschaft für kreatives Handwerk und IT Technik ermöglicht Wertschöpfung in einem ganz neuen perfekten Maß. Seine heutige Kernkompetenz bezieht sich auf drei Schwerpunkte: Sozial Media Marketing, Projektmanagement und IT Consulting.

Literatur

Johnson, S. (2000). *Die Mäusestrategie für Manager: Veränderungen erfolgreich begegnen.* München: Ariston.

Auch Adlerfrauen brauchen Eier

12

Paul Misar

Inhaltsverzeichnis

Ich höre ihn schon, den empörten Aufschrei aus dem Munde des (ein-)gebildeten Sprachniveau-Bewahrers: „Eier brauchen? Typisch Mann! War ja klar, gleich zu Beginn lässt er voll den Macho raushängen und provoziert uns mit so einem fiesen, sexistischen Schmuddelecken-Ausdruck."

Leute, die mich ein bisschen näher kennen, wissen, dass das mit dem Macho nicht stimmt. Oder allenfalls ein bisschen.

Klar bin ich ein Mann. Und ich bin es gern. Ich verhalte mich eben wie einer vom „alten Schlag"; eine Bezeichnung, die für mich einen positiven Klang entwickelt. Sie können mich jetzt gerne altmodisch nennen, aber in meinen Augen ist ein Mann erst dann ein richtiger Mann, wenn er Frauen mit Zuvorkommenheit, Respekt und Anstand begegnet. Typen hingegen, die Frauen ständig unterbuttern, verächtlich machen oder gar verprügeln, sorry Leute, das sind keine Männer. Sondern Memmen. Angsthasen, die mit losen Sprüchen und einer noch loseren Hand doch bloß ihren Bammel davor überspielen, im Angesicht einer starken, selbstbewussten Frau den Kürzeren zu ziehen. Ein echter Mann kennt diese

Paul Misar ✉
c/o Best of Best Akademie, K 1 Businessclub, Hanauer Landstraße 204,
60314 Frankfurt, Deutschland
e-mail: pm@lifedesigner.info

© Springer Fachmedien Wiesbaden 2015
P. Buchenau (Hrsg.), *Chefsache Frauen*, DOI 10.1007/978-3-658-07498-2_12

Angst nicht. Ja, Männer, die wirklich stark sind und nicht nur so tun, wünschen sich sogar starke Frauen an ihrer Seite.

Gut, ich räume ein, dass dieser Ausdruck mit den Eiern vielleicht noch nicht ganz stadtfein ist. So what? Hat das „Eier haben" doch inzwischen in einer Art Blitz-Feldzug den deutschen Sprachgebrauch erobert. „Eier haben" bringt voll auf den Punkt, dass man und auch frau jede Menge Mumm braucht, wenn man es im Leben zu etwas bringen will. Bei diesem Preis für den Erfolg gibt das Universum weder Männlein noch Weiblein einen Rabatt. Nein, wer Erfolg haben will, braucht Mut. Den Mut zum Erfolg.

Abgesehen davon, habe ich diese Metapher gerade mit Blick auf die Adlerfrauen auch noch aus einem ganz anderen Grund gewählt. Zu dem komme ich aber später noch. Bleiben wir zunächst noch ein bisschen beim Thema Mut. Einverstanden? Ich will Ihnen zunächst eine Frage beantworten, die Sie sich beim Lesen der ersten Zeilen wahrscheinlich gestellt haben: Wen meint dieser Paul Misar eigentlich, wenn er von „Adlerfrauen" spricht? Nun, als Coach und Lifedesigner ziehe ich das Bild von den Adlern immer sehr gerne heran. Adler sind stolze, edle und starke Charaktere. Eine Metapher für Menschen, die nach ganz oben gehören – wie Adler es tun. Mächtig, furchtlos und majestätisch, aber auch vielleicht ein bisschen einsam, zieht der Adler seine Kreise weit oben im Himmel. Und noch etwas ist interessant: Adler sind zwar Vögel, aber sie treten niemals in Schwärmen auf. Solch ein Schwarmverhalten ist etwas für Hühner, die ihren Lebtag lang am Boden bleiben, mit ein paar Krümeln zufrieden sind und sich am Ende schlachten und rupfen lassen. Während die meisten Menschen leider Gottes nicht über das Stadium von Hühnern hinauskommen, ziehen Adler ihr eigenes Ding durch, unangreifbar und unabhängig. So wollte ich schon immer sein. Denn das imponiert mir. Ihnen auch? Prima, denn dann werden wir uns auf den nächsten Seiten prächtig verstehen. Besonders dann, wenn Sie sich als Frau ein Leben als Huhn so gar nicht vorstellen können. Wenn Sie lieber Adlerfrau sein wollen. Denn dann verrate ich Ihnen einige wertvolle Tipps, die Ihnen den Aufstieg deutlich erleichtern werden.

Für den ersten dieser Tipps muss ich noch mal auf meine Überschrift zurückkommen – und den provozierenden Charakter, den sie hat und den ich bewusst in Kauf genommen habe. Ja, ich weiß: Wer so klare und harte Worte wählt, der polarisiert. Und der riskiert – nämlich die Tatsache, dass neun von zehn Leuten ihn allein deswegen schon rundweg ablehnen. Stimmt's?

Nun, ohne dass Sie es vielleicht gemerkt haben, sind wir damit mittendrin in den wertvollen Tipps für angehende Adlerfrauen.

12.1 Tipp 1 für die souveräne Adlerfrau: Sorgen Sie für den richtigen Gegenwind – denn Gegenwind trägt Sie am schnellsten nach oben!

Ich bin weder Ornithologe noch der uneheliche Sohn von Luis Trenker. Daher kann ich meine Hand nicht dafür ins Feuer legen, dass die echten Adler draußen in den Bergen tatsächlich ausschließlich den Gegenwind nutzen, um möglichst schnell ihre Gipfelhöhe zu erreichen. Ich weiß aber aus dutzendfacher Erfahrung, dass so gut wie alle menschlichen Adlerfrauen, die es bereits bis nach ganz oben geschafft haben, bei ihrem persönlichen Aufstieg den Gegenwind niemals gefürchtet haben. Zu keiner Sekunde. Vielmehr haben sie ihn bewusst gesucht und genutzt. In vielen Fällen haben sie ihn sogar selbst angefacht. Ich meine damit den Wind, der jeder Frau ins Gesicht weht, die nach oben will (jedem Mann übrigens ebenso, aber um die geht es hier ja nicht). All dieses Genörgel von Leuten, die es „ja nur gut mit uns meinen". All dieser Spott, der Neid und die Häme, die jede trifft, die mit ganz neuen, ganz frischen Ideen unten steht und nach oben will. All diese Quatsch-mit-Soße-Kellner, die uns unsere Träume und Ideen radikal ausreden wollen. Nur, um nicht zugeben zu müssen, dass sie selbst aus ihrem Leben so rein gar nichts gemacht haben.

Dumme Hühner fürchten diese Lüftchen. Rasch lassen sie sich davon umpusten. Kluge Adlerfrauen hingegen breiten lässig ihre Schwingen aus und nutzen diesen Gegenwind, um ohne eigenen Kraftaufwand höher und höher zu steigen. Und die wirklich cleveren Exemplare sorgen bei Bedarf dafür, dass dieser Gegenwind sogar richtig auffrischt. Die besten Beispiele für meine These liefert schon ein kurzer Blick auf die aktuelle Showbranche. Sehen Sie selbst: Welche Adlerfrau hat die Pop-Welt in den letzten Jahren so aufgemischt wie keine andere vor ihr?

Richtig, eine junge Dame namens Stefani Joanne Angelina Germanotta. Kennen Sie nicht? Aber der Name „Lady Gaga" – der ist ihnen doch ein Begriff, oder? Und was tummelt sich spontan vor Ihren geistigen Sinnesorganen, sobald Sie den Künstlernamen von Frau Germanotta hören? Lassen Sie mich raten: provokante Auftritte, buchstäbliche Gaga-Kostüme, das gekonnte Verwirr-Spiel mit den Erwartungen der Umwelt . . . Stimmt's oder habe ich recht? Und ich wage noch eine These: Bei nicht wenigen von Ihnen werden es nicht unbedingt die Lieder von Lady Gaga sein, an die sie sofort gedacht haben. Verrückt, oder? Natürlich macht die Frau klasse Musik, aber dieses Prädikat muss sie sich schon mit einigen anderen teilen. Nein, der Grund dafür, dass diese Adlerfrau der Popbranche heute aus atemberaubenden Zenit-Höhen auf so gut wie alle anderen Sing-Drosseln herabblicken kann, liegt an den raffiniert eingefädelten Provokationen und Skandalen, durch die Frau Germanotta immer wieder provoziert und polarisiert. Lady Gaga ist sicherlich viel, aber eins ist sie unter Garantie nicht: Everybody's Darling. Im Gegenteil – der Gegenwind weht ihr immer noch heftig entgegen, was ihr sichtlich Vergnügen bereitet. Und sollte dieser Gegenwind abzuflauen drohen, sorgt diese taffe Adlerfrau geschickt und rechtzeitig dafür, dass er nicht ganz abreißt. Ideenstrotzende Cleverness im Verbund mit erstaunlichen Überraschungsmomenten: Das ist es, was Lady Gaga von anderen Möchtegern-Adlern unterscheidet. An wen ich dabei denke? Nun, etwa an so tapsbärige Nachahmerinnen wie Miley Cyrus. Während deren großes Vorbild ihre Skandale mit konzeptioneller Frische und innovativen Ideen aufpeppt, fällt diesem Früchtchen scheinbar nichts anderes ein, als bei jeder Gelegenheit sein XXL-Leck-Organ zur Schau zu strecken. Oder sich immerzu möglichst „nackich" zu machen. Oder am besten beides zugleich. Na gut, Sie haben mich erwischt! Ich stehe dazu, ein Mann zu sein, der den Spaß am Leben genießt und niemals ein Mönchs-Gelübde abgelegt hat. Warum auch nicht? Aber die Nummer, die Miley da abzieht, ist einfach nur zum Gähnen langweilig. Hirn- und planlos blank ziehen in Dauerschleife – nein, das ist nun wirklich nicht die Krönung der Verführungskunst. Ach? Was meinen Sie? Miley Cyrus macht doch auch ganz andere Sachen und engagiert sich beispielsweise sehr für krebskranke Kinder? Ganz ehrlich: Hut ab, Frau Cyrus! Aber wenn dieses Engagement da draußen kaum einer mitbekommt, dann macht die junge Dame in Sachen Eigen-PR gewaltig etwas falsch. Ich will nicht überheblich klingen. Aber mit mir, dem Lifedesigner als Coach oder Manager wäre ihr das nicht passiert.

Letztgenannte Aussage mag in den Ohren mancher Hardcore-Feministinnen arg machohaft klingen. Aber ich kann Ihnen versichern, dass ich das konstruktiv meine. Ich spreche hier als Coach, nicht als Mann. Sehen Sie, ich bin seit fast 25 Jahren Unternehmer mit Leib und Seele – erfolgreich, wie ich mit berechtigtem Stolz betonen möchte. Schon mit Anfang 20 gründete ich mein allererstes eigenes Unternehmen, nachdem ich vorher in einem bedeutenden deutschen DAX-Unternehmen den Posten des jüngsten Marketingleiters in der Firmengeschichte bekleidet habe. Allerdings merkte ich am Ende meines dortigen Engagements, dass ich in dem Laden nicht viel mehr war als ein materiell gut gemästetes Hähnchen, das in der goldenen Legebatterie eingesperrt und demzufolge völlig fehl am Platz war. Ich wollte am Ende nur noch eines: Raus aus dieser verlockend bequemen, aber letztlich tödlich engen Falle, und zwar unbedingt. Ich machte meine Gehörgänge hermetisch dicht, als mir andere erbittert davon abrieten, die ach so kostbar wirkenden Brocken einfach so hinzuschmeißen. Diese Überredungsversuche nutzte ich lieber als tragfähigen Gegenwind; als Starthilfe. Sie wissen schon.

Danach machte ich mich in den unterschiedlichsten Branchen nützlich. Als da wären: Deluxe-Wintergärten (diese Branche habe ich vom Kopf auf die Beine gestellt und ihr jahrelang meinen eigenen Stempel aufgedrückt). Weiter ging es mit Chemikalien-Handel, Loft-Generalbauunternehmung (als einer der ersten in Mitteleuropa), Berater in der Königsklasse des Motorsports der Formel 1 und, und, und. In vielen Fällen übernahm ich taumelnde, dem vermeintlich sicheren Wirtschaftstod geweihte Unternehmen, um sie danach radikal neu zu positionieren. Nicht selten konnte ich sie wider neunmalklugem Erwarten zu Marktführern machen. Aber sogar diese Rettungseinsätze waren irgendwann nicht mehr das Richtige für mich. Ganz im Gegensatz zu dem, was ich heute mit Begeisterung mache: Ich stehe Menschen mit Rat und Tat zur Seite. Menschen, die ihre eigene Lebensmission entdecken und umsetzen möchten. Die es nach oben zieht. Die dem politisch korrekten Hühnerstall entkommen und sich mit Hilfe meiner Best-of-Best-Akademie als Adler an die Spitze setzen wollen. Aber eines muss klar sein – ich trainiere maximal Adler die sich in den Hühnerstall verirrt haben … Jedenfalls um eines klar zu stellen – Ich trainiere keine Hühner – Enten übrigens auch nicht, sondern ausschließlich Adler, falls Sie wissen, was ich meine.

Ich hoffe, dass Sie meine Behauptung von eben vor diesem Hintergrund in einem neuen Licht sehen. Ich meine das nämlich nicht überheblich. Ich bringe damit nur meine Erfahrungen zum Ausdruck, die ich beim Coaching vieler flügge gewordener „Adler" gewonnen habe.

Mein Credo lässt sich in wenigen Sätzen zusammenfassen

Erstens: Jeder Mensch, ob Frau oder Mann, hat eine ganz spezifische Lebensmission, eine Aufgabe, die er als Mensch in diesem Leben zu erfüllen hat. Wenn Sie – aus welchen Gründen auch immer – ein Leben im Widerspruch zu dieser Mission führen, werden Sie auf Dauer weder glücklich noch erfolgreich. Lassen Sie also niemals zu, dass Ihnen andere Leute schamlos die Flügel stutzen oder brechen.

Zweitens: Anders Agieren Als Alle Anderen – diese 5-A-Formel liefert Ihnen nach meiner Erfahrung den Generalschlüssel, der Ihnen jede Tür im Leben öffnen kann. Die Betonung liegt dabei auf „Anders". Nicht wenige Frauen klagen ja darüber, dass sie bei ihrer beruflichen Karriere immer gleich doppelt so viel leisten müssen wie die gleich qualifizierten Männer vor Ort, um das Gleiche zu erreichen. Hätten Sie von vornherein den Schwerpunkt ihrer Aktivitäten auf das Anderssein gelegt, wäre ihnen der Aufstieg mit Sicherheit wesentlich leichter gefallen.

Drittens: Aus dem vorher genannten Punkt ergibt sich, dass Ihre richtige persönliche Positionierung das A und O für ihr weiteres berufliches, soziales, privates oder geschäftliches Weiterkommen ist. Dabei ist Ihre Positionierung nichts, was Sie sich aussuchen oder überstreifen können wie ein Kleid. Ihre Positionierung ist keine Rolle. Sie steckt vielmehr schon in Ihnen drin. Ihre Positionierung, das ist Ihr Naturell, die Summe all Ihres Wollens und Könnens, Ihrer Vorlieben und Abneigungen, Ihrer Stärken und Schwächen. Die Positionierung ist der Mascarastift für Ihr wahres Wesen: Sie betont, aber sie „betuppt" nicht. Diese echte, wahre Positionierung kann Ihnen Konturen verleihen und Sie attraktiv machen – so, wie man ein Gesicht durch das richtige Make-up bei Bedarf anziehender machen kann. Aber so, wie Sie schwerlich mit dem Gesicht einer Fremden herumlaufen können, ohne sich letzten Endes unwohl zu fühlen und dieses Unterfangen „vor die Wand zu fahren", so können Sie sich kaum eine fremde Positionierung zu eigen machen. Das geht schief. Stehen Sie zu sich – das ist das Wichtigste, was ich als Coach meinen Klientinnen immer rate.

Viertens: Planen Sie Ihr Leben! Designen Sie es! Schließlich habe ich meiner eigenen Positionierung nicht umsonst den griffigen Titel Lifedesigner gegeben. Und in dieser Funktion werde ich mich wohl mein Lebtag nicht an eine gewisse Tatsache gewöhnen. Nämlich wie erschütternd gering die Zahl der Menschen ist, die sich mit der Planung des Wichtigsten überhaupt beschäftigen – der Planung des eigenen Lebenswegs. Ja, klar, der Feierabend wird verplant. Das Wochenende nicht minder. Für die Urlaubsplanung gehen im Vorfeld ganze Wochen drauf. Garten, Küche, die Wohnungseinrichtung … Alles, wirklich alles planen wir im Leben bis zur kleinsten Fluse. Das Wichtigste von allem jedoch lassen wir derweil planlos auf uns zukommen: unser eigenes Leben nämlich. Deshalb ist das Erste, womit ich meinen Kunden als Coach auf den Keks gehe, sie zur Planung ihres eigenen Lebens zu drängen. Mit dieser Aufgabe tun sich Männer meistens schwerer als Frauen – vielleicht, weil der weibliche Teil der Menschheit sich nicht ganz ungern der Häuslichkeit widmet? Erfahrungsgemäß bekommen Frauen den gordischen Knoten namens Beruf, Haushalt und Kinder vorbildlich auf die Kette. Während sich die Y-Chromosom-Träger mit dem Familien-Management der fortgeschrittenen Art auffallend schwertun. Also, liebe Adlerfrauen: Nutzen Sie Ihren evolutionären Vorsprung! Nichts wie ran an den detaillierten Lebens-Plan!

12.2 Tipp 2 für die souveräne Adlerfrau: Stehen Sie zu sich!

Gehen Sie ins Fitness-Studio? Ich jedenfalls schon. Zum einen der Gesundheit wegen. Und zum anderen, um etwas fürs Leben zu lernen.

Denn was passiert, wenn eine auffallend schöne Frau diese „Folterkammer" betritt? Nun, Sie können darauf wetten, dass sich so gut wie alle Augenpaare, die per Sehnerv mit einem männlichen Gehirn verbunden sind, dieses aufregende Wesen sofort ins Visier nehmen. Unabhängig davon, ob der Sehorganbesitzer sich aufgrund seines eigenen Äußeres nun berechtigte Hoffnungen aufs Ausleben seiner Fantasien machen kann oder nicht. Kehren wir das Ganze spaßeshalber um. Nun lassen wir die Frauen beim Gewichtestemmen schwitzen und ein fesches Mannsbild den Raum aufsuchen. Sie wissen schon – so eine leckere, südländische Adonis-Schnitte mit V-Rücken, Sixpack und Ballon-Muckis. Was passiert jetzt?

Klar, die Frauen der Schöpfung riskieren mehr als einen scheelen Blick – den sie dann aber recht schnell auf die vermeintlichen Rivalinnen richten dürften: „Ob ich wohl mit der da mithalten kann? Warum hat die bloß ein knackigeres Hinterteil als ich? Ach, was gäbe ich für so eine Cellulite-freie Haut, wie die da vorne sie hat!" Zugegeben, diese etwas zwanghafte „Vergleicheritis" befällt jeden Menschen. Aber aus meiner Erfahrung als Coach und Lifedesigner heraus, wage ich folgende Feststellung: Bei Frauen hat diese Unart etwas größere Chancen, zum Zug zu kommen. Was wiederum dazu führt, dass sich die entsprechende Bedenkenträgerin öfters selbst im Weg steht.

Liebe Frauen, aus dieser Grübel-Falle des Selbstzweifels müssen Sie raus! Adlerfrauen pfeifen darauf, was andere über sie denken. Und vor allem: Adlerfrauen sehen sich selbst als Adler, nicht als makelbehaftete Huhn.

„Der Paul Misar hat ja gut reden!", höre ich Sie protestieren. „Der ist ein Mann. Bei uns Frauen wird doch unweigerlich immer auch nach dem Äußeren geguckt."

Das mag sein. Aber auf diesen Einwurf entgegne ich Folgendes: Das mit den Äußerlichkeiten ist ein Grund, kein Hindernis. Schließlich gibt es genügend Frauen, die es nach ganz oben gebracht haben. Und zwar trotz ihres Äußeren, dem irgendwelche Chauvis und Flachdenker vorschnell gern das abwertende Etikett namens „unvorteilhaft" aufkleben. Sondern gerade weil sie wandelnde Problemzonen sind – und, eben ganz Adlerfrau, gerade darin die Chance gesehen haben. Und nicht das Hindernis. Diese stolze Riege führt Anna Scholz an. Ungalante Dumpfbacken würden die Frau wohl unverhohlen als „dick" bezeichnen. Ich hingegen sage, Anna Scholz ist nicht wuchtig – sie ist eine Wucht, die einfach mehr drauf hat. Und das im mehrfachen Sinne.

Denn es passte ihr nicht, dass ihr nichts passte. Sie ärgerte sich vor einigen Jahren maßlos darüber, dass sie aufgrund ihrer Statur nirgendwo wirklich schöne, attraktive und modische Kleidung fand. Hühner-Naturen hätten sich in ihr trauriges, sprich: unmodisches Schicksal ergeben. Anna Scholz hingegen sah darin die Top-Chance überhaupt, ergriff sie am Schopf – wie ein Greifvogel das zu neugierige Beute-Kaninchen – und ließ ihre Adler-Natur durchbrechen: Kurzentschlossen studierte sie in London Kunst und Design, gründete anschließend ebenso souverän ihr eigenes Modelabel und kreiert seitdem Kleidsames für starke Frauen, die ihren Körper mit Geschmack und Selbstbewusstsein präsentieren. Da balle ich als Mann und Lifedesigner begeistert die Faust und rufe: „Super, Anna! Zeig es denen!"

Wo wir weiter oben schon von Showbusiness gesprochen haben und gerade eben von Mode, kombinieren wir doch beides und richten unseren Blick auf Beth Ditto. Vor ein paar Jahren landete sie mit ihrer Punk-Pop-Band namens „Gossip" einige schmissige Hits. Googeln Sie doch mal nach „Heavy Cross", und spätestens dann wird sie Ihnen sehr bekannt vorkommen: Im Vergleich zu ihr wirkt selbst ein musikalisches Schwergewicht wie Meat Loaf wie ein Hungerhaken. Und apropos Hungerhaken: Kurioserweise ist es ein praktizierender Ultra-Schlankheits-Fanatiker, nämlich der deutschstämmige Modezar Karl Lagerfeld, der die unübersehbar füllige Beth Ditto im Nachgang zu seiner persönlichen Mode-Muse erkoren hat. „Ausgerechnet die sind so dick befreundet?", möchte man da ausrufen. Aber ein Adlermann wie Karl Lagerfeld pflegt eben einen natürlichen Blick für Adlerfrauen – so wie Beth Ditto zweifellos eine ist. Dabei hatte es die gute Frau in ihrer Jugend wegen ihres Gewichts nicht leicht. Im mehrfachen Sinne. Denn Hänseleien wegen ihres Übergewichts gehörten für sie zum täglich Brot. Ab ihrem 14. Lebensjahr hatte sie überdies endgültig die Nase voll von all diesen nutzlosen 08/15-Diäten, die bei ihr ohnehin stets mit demselben Frage-Antwort-Ritual endeten: „Na, Beth, hast du nach deiner letzten Diät wieder zugenommen?" – „Jo, jo!" Sprich: Ab da akzeptierte sie sich so, wie sie nun mal ist. Ende im Gelände. Und, oh Wunder, ab da ging es bergauf mit ihr. Ein Zitat von ihr möchte ich jeder potenziellen Adlerfrau ins Gefieder brennen: „Ich selbst habe meinen Körper nie gehasst. Das haben andere Leute getan." Also nichts gegen abnehmen – ich würde auch die Dame nicht unbedingt zu meiner Urlaubsbegleitung wählen – aber jeder kann sein Ding durchziehen, darum geht es hier und jetzt.

Schwer im Kommen dürfte auch das Fotomodell Tess Holiday sein, die – von der Natur mit der Rubens'schen Kleidergröße 52 bedacht – bei einer klassischen US-Modell-Agentur einen langfristigen Shooting-Vertrag unterschrieben hat. Gewissermaßen als Erste ihrer üppigen Art. Künftig wird sich Tess Holiday ganz professionell und gleichberechtigt für Unterwäsche und andere Mode in Schale werfen und in denselben Kulissen räkeln, die ansonsten Kate Moss oder Naomi Campbell zur Ausübung ihres Berufs aufsuchen. Und wissen Sie was? Ich finde das ultra-super-spitzenklasse!

Und jetzt hören Sie mal, wie diese wuchtige Adlerfrau ihren kleinmütigen Geschlechtsgenossinnen ins Gewissen redet: „Jeder verdient es, glücklich zu sein. Aber aus irgendeinem Grund scheint es die Menschen wütend zu machen, dass ich Plus Size und glücklich bin." Und zum Nachmachen empfohlen: „Ich hoffe, dass ihr jetzt realisiert, dass es okay ist, ihr selbst zu sein, auch wenn ihr in einem dicken Körper steckt. Ich bin sexy, selbstbewusst und lasse mich von nichts abbringen. Und alle, die was anderes sagen, können mich mal."

Ja! So und nicht anders denken und reden sie, die Siegerinnen von heute und morgen. Das ist Adler-Denke und Adler-Talk. Was andere als Problem ausblenden, erheben sie kühn zur Chance ihres Lebens. Was schert es die Adlerfrau, was irgendwelche dummen Hühner oder noch dümmeren Hähne da unten am schlammigen Boden zu gackern haben? Die eine oder andere von Ihnen wird jetzt zurückhaltend in sich hinein lächeln. Und es werden Ihnen Gedanken durch den Kopf gehen wie: „Als ob Figur und Gewicht das Einzige sind, durch das wir Frauen benachteiligt werden."

Und was sage ich dazu, als typischer Mann? Stimmt. Sie haben Recht.

Dass Adlerfrauen in spe sich zu selten trauen, den Sprung nach ganz oben zu wagen, ist sicher auch der Tatsache geschuldet, dass die Bekanntheit jener Frauen, die es tatsächlich geschafft haben, sträflich klein gehalten wird. Dabei ist die Geschichte der Menschheit proppenvoll mit Adlerfrauen. Als Österreicher fällt mir da als Erstes „meine" Kaiserin Elisabeth ein. Als Monarchin hat sie die Geschicke und den Einfluss meines Landes ebenso bravourös und maßgeblich gestaltet, wie die heutige Königin Elisabeth II. das von Großbritannien. Leider war sie dabei (typisch Frau) viele Jahre unglücklich und auch leider depressiv. Sie, die österreichische Kaiserin und Herzogin von Bayern (daher sind sich wir, die Ösis und meine „Mir san mir"-Bayern-Freunde heute noch so nah) musste leider erst von einem verrückten Anarchisten am Genfer See mit einer Feile erstochen werden, um später in den legendären Sissy-Filmen zu Berühmtheit zu gelangen – kein nachahmenswertes Beispiel.

Also besser zurück zu Königin Elisabeth: Während die männlichen Exemplare der Royals meistens durch Weinerlichkeit, dumme Sprüche und Skandale von sich reden machen, hält Elisabeth II. seit sechs Jahrzehnten den Laden mit eiserner Disziplin und harter Hand zusammen. I am very amused – congratulations – God save the Queen!

Welchen Namen aus dieser „Branche" fallen Ihnen sonst noch ein? Golda Meir? Indira Gandhi? Oder Katharina die Große? Allesamt bedeutende Adlerfrauen, zweifellos. Aber ich möchte sie hier bewusst an Sirimavo Bandaranaike erinnern.

Bandara … wer? Nun, sie war Anfang der miefigen 1960er-Jahre weltweit (!) die allererste Frau, die den Posten des Premierministers übernommen hat. Wow! Und zwar im damaligen Ceylon, dem heutigen Sri Lanka. In einer Zeit, in der in unseren ach so fortschrittlichen Breiten Frauen meistens nicht viel mehr werden durften oder konnten als das berüchtigte Heimchen am Herd, machte Sirimavo Bandaranaike bereits politische Karriere und einflussreiche Staatspolitik. Wohlgemerkt in einem Land, das zur Dritten Welt gehört. Und in dem Frauen daher traditionell ziemlich weit unten auf der Treppe des gesellschaftlichen Ansehens stehen (reisen Sie als Frau doch mal mutterseelenallein durchs heutige Indien – viel Spaß!). Trotz dieser mega-schlechten Startchancen hat Sirimavo Bandaranaike die politische Macht mehrfach gewonnen, verloren und zurückgewonnen. Zudem war sie zwischenzeitlich Vorsitzende der internationalen Vereinigung der blockfreien Staaten. All das schaffte sie Jahrzehnte, bevor zum Beispiel eine gewisse Angie – im ganzen Namen Angela Merkel -überhaupt ihre ersten Schritte auf die Bretter der politischen Bühne gewagt hat. Oder anders gesagt: Sirimavo Bandaranaike war eine Adlerfrau und Pionierin voller Power und Visionen. Und wenn ich eins liebe, dann sind das Pioniere und Pionierinnen!

Zu denen gehört auch eine Frau, bei deren Namensnennung nicht wenige ihrer Geschlechtsgenossinnen bis zum heutigen Tage irritiert bis verärgert die Augen verdrehen: Beate Uhse. Stimmt's? Nun, wenn Sie mit Beate Uhse nichts anderes in Verbindung bringen können, als einen der weltweit größten Sex- und Erotik-Konzerne, dann kennen Sie nur die halbe Wahrheit. Obwohl auch diese unternehmerische Leistung, für sich genommen, schon sensationell ist (Sex sells – das werden wir alle nicht ändern und sollten es auch nicht versuchen!), unabhängig vom Geschlecht des Menschen, der sie erbracht hat. Und obwohl sie immer noch hoch ist, die Zahl der Nasen, die angesichts dieses Themas scheinheilig gerümpft werden („Hab ich höchstens mal von gehört, war ich noch nie drin, hab ich noch nie gesehen, und ich kauf das alles nur für einen guten Freund von mir!").

Nein, begonnen hat diese Adlerfrau tatsächlich hoch in den Lüften: Schon mit 18 drückte man ihr den ersten Flugschein in die stolzen Hände. Vom Fliegen war sie geradezu besessen, und ab da klemmte sie sich in fast jeder freien Minute hinter die Steuerknüppel aller möglichen Maschinen. Hauptsache schnell und schneller, Hauptsache hoch und höher – das war, typisch Adler, die Lebensdevise der jungen Frau Uhse, damals noch als „Fräulein" tituliert. An dieser Flugleidenschaft konnte dann weder der Ausbruch des Zweiten Weltkriegs etwas ändern, noch das piefige nationalsozialistische Frauen-Bild, nach dem allein die Männer zu bestimmen hatten, wo es für die andere Hälfte der arischen Herrenrasse lang gehen sollte. Ganz im Gegenteil: Beate Uhse brachte es in der männerdominierten deutschen Luftwaffe bis zum Hauptmann. Gegen Kriegsende erhielt sie als eine der ganz wenigen Piloten überhaupt (und von weiblichen Fliegern mal ganz zu schweigen) sogar eine Einweisung in eine von Hitlers „Wunderwaffen", den weltweit ersten Düsenjäger – die Messerschmitt Me 262.

Dass die taffe Adlerfrau Beate Uhse nach Kriegsende in einer ganz, ganz anderen Branche voll durchgestartet ist oder besser gesagt: durchstarten musste, das lag an den siegreichen Alliierten. Die nämlich hatten den unterlegenen Deutschen anfangs jedwede fliegerische Tätigkeit schlichtweg verboten. Eines der Erfolgsgeheimnisse, das sie mit anderen Adlerfrauen teilt, war die Tatsache, dass sie ihr Licht niemals unter den Scheffel gestellt hat. Vielmehr hat sie selbstbewusst zu der Pionierleistung gestanden, zu dem also, was sie gemacht hat (und das verdammt gut). Dass sie mit diesem „Schmuddelkram" fast permanent im Fadenkreuz von Emanzipation-Aktivistinnen, wie etwa Alice Schwarzer, gestanden hat, hat die Konzernchefin nie sonderlich gekratzt.

Verstehen Sie mich bitte nicht falsch: Ich habe nichts gegen Emanzipation! Ich bin ein glühender Verfechter der Gleichberechtigung. Aber keinesfalls der Gleichmacherei. Das ist ein gewaltiger Unterschied. Und genau das ist auch das Problem, dass viele angehende Adlerfrauen davon abhält, wirklich das zu machen, was sie machen möchten.

So coache ich auch Frauen, die gern mal in die unterste Schublade namens „It-Girl" abgeschoben werden. „Blondes, dummes und leichtes Mädchen in High Heels" – dieses Vorurteil wird in den Stab geritzt, der über diese Frauen gebrochen wird (vorwiegend von ihren eigenen Geschlechtsgenossinnen). Was dem Intelligenzgrad, dem Selbstbestimmungswillen und dem Lebensentwurf dieser Frauen nicht im Allergeringsten gerecht wird, wie ich aus eigener persönlicher Coaching-Erfahrung versichern darf. Ganz im Gegenteil: Diese Frauen sind clever, zielstrebig, ehrgeizig und erfolgreich. Sie wissen, was sie wollen. Und was sie wollen, wollen sie eben auf ihre persönliche Weise tun. Auch wenn diese Weise so gar nicht dem entspricht, was „Emma"-Redakteurinnen und andere Brechstangen-Emanzen noch ungestraft durchgehen lassen würden. Deshalb kann ich Sie nur darin bestätigen, was sie sich wahrscheinlich sowieso schon geschworen haben: Werden Sie bitte wirklich niemals nur die berühmt-berüchtigte „Frau an seiner Seite"! Uns Männern mag Ihre Selbstdegradierung ja schmeicheln, aber Sie ziehen bei solch einer Positionierung den Kürzeren. Garantiert.

Daher mein Lifedesigner-Tipp: Werden Sie nicht müde, ihre eigenen Leistungen auch souverän als die Ihrigen zu reklamieren!

Sonst ergeht es ihnen am Ende noch wie Mileva Marić, der ersten Ehefrau von Albert Einstein. Wenn nur ein bisschen dran ist an den Gerüchten, die man im Netz so findet, dann war es Mileva Marić, die einen unglaublich maßgeblichen Anteil an den revolutionären physikalischen Entwürfen ihres Ehemannes gehabt hat. Anders gesagt: Mileva Marić soll einen Gutteil der mathematischen Berechnungen beigesteuert haben, auf denen die berühmten, bahnbrechenden Relativitätstheorien Einsteins beruhen. Der Mann hat bekanntlich den ganzen Ruhm für sich eingeheimst. Denn Mileva Marić war ja was? Richtig – nur die Frau an seiner Seite. Dass sich die Sache in Wahrheit relativ anders zugetragen hat, daran könnte durchaus was dran sein. Gehörte Mileva Marić doch immerhin zu den ersten Frauen Mitteleuropas, die man Ende des 19. Jahrhunderts überhaupt zu einem Mathematik- und Physik-Studium zugelassen hat, und zwar an den Universitäten in Zürich und Heidelberg. Womit Mileva Marić unzweifelhaft eins ist: eine Pionierin, eine Adlerfrau! Leider aber auch eine vergessene Pionierin und eine vergessene Adlerfrau. Was für eine Schande!

12.3 Tipp 3 für die souveräne Adlerfrau: Verleugnen Sie nicht, dass Sie eine Frau sind – es sei denn, dass Sie das ausdrücklich wollen!

So, jetzt muss ich doch wieder mal auf die Formulierung meiner Überschrift zurückkommen. Natürlich haben Adlerfrauen Eier, und zwar in ganz ursprünglichen Sinne – in ihrem Horst, ihrem Nest.

Eigentlich müsste ich als Mann an dieser Stelle jetzt aufhören. Ausgerechnet als Mann den Frauen gute Ratschläge in Sachen Kinder und Familie zu geben, damit lasse ich mich auf einen rhetorischen und gesellschaftspolitischen Schleudersitz nieder. Sei's drum. Weiter oben habe ich ja gesagt, was für ein Fan von Polarisierung ich bin. Also mache ich aus der Not eine Tugend, ecke jetzt wahrscheinlich bei neun von zehn Leserinnen gewaltig an und habe damit ordentlich Zündstoff verteilt. Mission erfüllt!

Ich sag's mal so: Die meisten Frauen können ihren Wunsch nach Kindern so wenig abschütteln, wie ihren Schatten in der Mittagssonne. Was jetzt nicht heißt, dass auch wir Männer uns nicht über unsere Töchter und Söhne freuen – riesig – wie ich bestätigen kann, als Vater eines mittlerweile erwachsenen Sohnes, der auch zwei Kinder meiner Exfrau durch die schwierigsten Jahre ihres Lebens mit durchgebracht hat. Aber mal ganz ehrlich: Würden nicht die Frauen in dieser Hinsicht die Initiative ergreifen und wäre die Fortpflanzung allein vom entsprechenden Willen der Männer abhängig – die Menschheit wäre garantiert schon vor Tausenden von Jahren ausgestorben.

Wir Männer denken ja bei unserer Karriere an vieles. Aber der Faktor Kinder spielt dabei weniger eine Rolle, wenn überhaupt. Ganz im Gegensatz zu Frauen – meistens kommen wir viel zu spät darauf, dass es toll wäre noch Nachwuchs zu haben. Daher ist dann so ein Niki Lauda oder ein Flavio Briatore mit über sechzig wahrscheinlich als Papa viel besser, als einige Jahrzehnte davor. Es mag auch daran liegen, dass viele Männer länger brauchen, um frauentechnisch zu kapieren, was zu ihnen passt – aber das entfernt uns zu sehr vom Thema. Ihr Frauen seid wesentlich cleverer und smarter, was Kinder betrifft: Für die allermeisten steht schon in jungen Jahren fest, dass sie irgendwann mal Kinder haben wollen – auch wenn es bei den Mädels so wie bei uns Mannsbildern „Spätstarter" gibt.

Blöd nur – und das sage ich ohne jeden Sarkasmus – dass berufliche oder geschäftliche Karriere auf der einen und Kinder und Familie auf der anderen Seite immer noch wie Feuer und Wasser sind. Die deutschen Mikrozensusdaten von 2011 etwa belegen eindeutig: Frauen, die alleine und ohne Kinder leben, haben eine deutlich höhere Chance, in eine berufliche Führungsposition aufzusteigen. Also wäre die erfolgsträchtigste Strategie für Sie als Adlerfrau, ihren Traum vom Kindersegen aufzugeben.

Sollen Sie das? Wollen Sie das?

Man muss nicht wie ich, Coach und Lifedesigner sein, um zu wissen, dass lebenslange, freiwillige Kinderlosigkeit für die allermeisten jungen Frauen nicht das Lebensmodell ist, das sie sich erträumen. Adlerfrau werden? Ja, bitte – aber dann „mit Eiern", also den Chancen auf Nachwuchs inklusive. Außer Frau ist noch deutlich von dreißig entfernt, dann mag es noch keinen Kinderwunsch geben, aber meine Erfahrung hat mich gelehrt, spätestens wenn „die biologische Uhr tickt", ändert sich das meistens.

Zurück zur essentiellen Frage, die oft das Hindernis zum Thema Kindern bei Karrierefrauen ist, mal abgesehen davon, ob der Prinz schon der Mr. Right ist: Geht das überhaupt? Dass Kinder den Höhenflug einer Adlerfrau zumindest für einige Jahre ausbremsen, ist nicht wirklich eine überraschende Erkenntnis. Wer kann sich schon problemlos ein Kindermädchen oder eine Tagesmutter leisten? Und selbst wenn: Ob es für Kinder wirklich das Beste ist, hauptsächlich bei einer Tagesmutter oder in einer Kita aufzuwachsen und von den leiblichen Eltern bestenfalls etwas am Feierabend zu haben?

Gerade als Mann weiß ich, wie brennend heiß das Eisen ist, das ich hier gerade anpacke. Aber ich sagte ja schon: Keine Angst vor Polarisation! Die sollten Sie als Adlerfrau auch nicht haben – egal, wie Ihre Entscheidung ausfällt. Gehen wir mal davon aus, dass Sie Ja zu ihren künftigen Kindern sagen. Und auch Ja dazu, sich ihnen gerade am Anfang intensiv zu widmen. Denn, mal ehrlich: Was hätten gerade Sie von Ihren Kindern, wenn Sie sie so gut wie kaum zu Gesicht bekommen? Gehen wir weiterhin davon aus, dass Sie als familienaffine Adlerfrau das tun wollen, was ihrer freiheitlichen Natur entspricht: Sie wollen also entweder richtig Karriere machen oder gleich das tun, was sich ohnehin jedem Menschen empfehle: Sie machen Nägel mit Köpfen und gründen Ihr eigenes Unternehmen. Wie schaffen Sie das alles?

Mit dem richtigen Lebenspartner. Wenn Sie auf eine zwischenmenschliche Beziehungen bauen können, auf die absolut Verlass ist – dann können Sie alles schaffen. Pfeifen Sie also auf die so genannten guten Ratschläge von Leuten, die ihnen einreden wollen, eine Partnerschaft würde ihre Freiheit einschränken. Das Gegenteil ist der Fall: Nur gemeinsam können Sie das alles problemlos unter einen Hut bekommen. Meine glasklare Empfehlung also lautet: Suchen Sie sich als Adlerfrau einen Adlermann, der genauso tickt wie Sie. Einen, der stark genug ist, Sie und Ihre eigene Stärke zu akzeptieren. Einen, der eben nicht nur seine eigene Karriere im Kopf hat (und sei es aus dem scheinbar hehren Grund, „seiner" Familie das Bestmögliche bieten zu können).

Ob es solche Männer gibt, wollen Sie wissen? Ich räume ein, dass Sie dazu vielleicht etwas länger suchen müssen. Aber Sie werden diesen Partner finden – wenn sich an die Empfehlung halten, die sie bereits eingangs von mir erhalten haben: wenn Sie Ihr Leben wirklich gründlich und rechtzeitig planen!

12.4 Tipp 4 für die souveräne Adlerfrau: Planen Sie die Partnerwahl – und zwar tunlichst, bevor Sie Karriere machen!

Doch, es gibt sie wirklich: jene Adlermänner, die mit ihren jeweiligen Adlerfrauen ganz nach oben wollen. Und zwar gemeinsam, also partnerschaftlich und gleichberechtigt. Sprich: Diesen Adlermännern ist Ihre und ihre eigene Karriere gleich wichtig.

Aber natürlich sind nicht alle Männer so. Manche sind eben etwas rückwärtsgewandt, was das angeht. Und spätestens jetzt werden Sie verstehen, warum Sie die Partnerwahl unbedingt zur fixen Größe innerhalb Ihres Lebensplans erheben müssen. Überlassen Sie diesen wichtigen Aspekt nicht dem Zufall. Wenn Sie sich für einen Partner entscheiden, dann müssen natürlich die Gefühle stimmen. Aber lassen Sie auch ihren Kopf zu seinem Recht kommen: Unterstützt Ihr potenzieller Zukünftiger Ihre geschäftlichen oder beruflichen Karriereabsichten? Zeigte sich der ausreichend kompromissbereit? Dann kann sie beide nichts aufhalten!

Wichtig ist nur, dass Sie diesen vielleicht alles entscheidenden Schritt planen. Und ich unterstreiche dabei: Tun Sie es so früh wie möglich. Denn, wenn Sie bereits alleine ein gutes Stück ihrer Karriereleiter hochgeklettert sind, wenn Sie also das sind, was man gemeinhin eine „Karrierefrau" nennt, dann schrumpft sie ganz erheblich: die Zahl der Männer nämlich, die bereit sind, mit Ihnen, der Adlerfrau, möglichst bis zum Lebensende weiterzufliegen.

Als Coach nämlich kommt es gar nicht so selten vor, dass sich überaus erfolgreiche Frauen bei mir darüber beklagen, dass sich kein Mann auf Dauer an sie binden will. Diese Frauen sind gewissermaßen ungewollt das Opfer ihres eigenen Business-Erfolgs: Sie sind selbstbewusst, genießen ein üppiges Einkommen, sitzen im Chefsessel ihres eigenen Unternehmens, fliegen im Firmenjet um die halbe Welt, sind fast schon bedrohlich unabhängig – und allein. Denn: „Welcher Mann kann so etwas schon akzeptieren?", hat mal eine derart situierte Kundin von mir geseufzt.

Meine Antwort darauf: Doch, Männer akzeptieren so was – sofern sie Gelegenheit hatten, als Partner bei der Karriere einer solchen Adlerfrau von Anfang an mithelfen zu können oder dieser durch ihr Zutun zum Durchbruch verholfen haben, auch wenn frau schon vorher gut unterwegs war. Wenn sie gewissermaßen Starthelfer waren und eingebunden sind. So, wie Sie, die Adlerfrau, Starthelferin bei der Karriere eines Adlermannes sind. Denn dann sind Ihrer beider Karrieren verzahnt und Ihre gemeinsame Sache – so, wie Ihre Familie und Ihre Kinder Ihre Gemeinsamkeit sind. Dann, aber wahrscheinlich wirklich nur dann, steht Ihnen der Himmel grenzenlos offen. Aber Vorsicht, wenn Ihr potentieller Mann nur ein Ego ist und Sie nur als Aufputz sieht oder positionierungstechnisch so gar nicht zu Ihnen passt. Das geht meistens schief. Auch dafür habe ich genügend Beispiele unter meinen Coaching-Kundinnen. Aber wir wollen ja hier und jetzt keine Negativbeispiele diskutieren, sondern solche, die Sie modellieren können und die Sie nach oben bringen.

Ihre Karriere als Adlerfrau mit einem Adlermann anzugehen, und zwar, bevor sie überhaupt richtig losgegangen ist, hilft Ihnen als Frau, beruflich oder geschäftlich 100 % geben zu können, ohne Ihre natürliche Weiblichkeit, ihre „Eier" (den Wunsch nach Familie und Kindern nämlich) vernachlässigen zu müssen. Gerade das aber werden Sie wohl oder übel müssen, wenn Sie alleine losfliegen.

Kennen Sie den Begriff namens Opt-out-Revolution? Dieses Phänomen trifft immer häufiger sowohl Karrierefrauen als auch die Unternehmen, in denen sie engagiert sind. Diese Frauen haben es alleine geschafft. Sie können eine Spitzen-Qualifikation vorweisen, sind hoch geschätzte Fachkräfte an der Spitze ihrer Unternehmen, stehen auf der Karriereleiter deswegen schon ziemlich weit oben – und schmeißen dann fast von einem Tag zum anderen all das hin. Sie inszenieren das, was man auf schlau als „Opt-out-Revolution" bezeichnet. Wenn diese Powerfrauen überhaupt eine Familie haben, dann widmen sie sich ihr plötzlich zu 100 % und lassen ihren Beruf von gleich auf jetzt links liegen. Oder sie sehnen sich plötzlich nach dem bis dahin verpassten Familienglück und sehen den weiteren Karriere-Aufstieg plötzlich gar nicht mehr so erstrebenswert, wie sie ihn vorher wahrgenommen haben. Der Laie staunt, der Fachmann wundert sich, die CEOs sind verzweifelt.

Einen Grund für diese mysteriöse Opt-out-Revolution haben die Gelehrten indes schon ausgemacht: Auch Frauen werden nämlich von der Midlifecrisis erwischt. Mittendrin in ihrer bis dato blendend verlaufenen Karriere bremst sie urplötzlich die gemeine Frage aus: „Soll das wirklich alles gewesen sein?"

Diese bösen Momente kennen Männer ebenso. Aber Frauen trifft diese Keule weitaus härter. Wird ihnen doch plötzlich bewusst, dass sie bislang Jahre oder gar Jahrzehnte in einem meist männlich dominierten Umfeld zugebracht und beim Durchboxen ihre Weiblichkeit auf dem Karrierealtar geopfert haben. Jetzt tickt die biologische Uhr und sie erkennen plötzlich, dass sie die ganze Zeit ein Spiel gespielt haben, dessen Regeln kaum die ihren gewesen sind. In dieser Männerwelt werden sie plötzlich von einer ebenso gewaltigen wie eisigen Einsamkeit durchgeschüttelt. Da muss sich so eine existenzielle Sinnfrage ja irgendwann aufdrängen.

Wie gesagt, die Midlifecrisis ist etwas, das fast jeden Mann erwischt. Und fast jeder Mann wurschtelt sich am Ende durch und macht weiter – irgendwie. Warum? Ich sage es Ihnen: Zu groß erscheint ihm die Gefahr, dass er alles verliert, was ihm, speziell in seiner Rolle als Mann, wichtig ist: die typischen Statussymbole also. Sie wissen schon: mein Haus, mein Auto, mein Boot. Ich war da anders und habe es nie verstanden, das persönliche Glück zu kastrieren für materielle Dinge – nein, niemals! Aber ist ja auch gut gegangen, weil ich immer fair war im Spiel mit der Ex. Also zurück zum Thema: Mein Haus, mein Auto, mein Boot … Natürlich legen auch Frauen Wert auf solche Symbole. Aber aus meiner Erfahrung heraus sage ich: Frauen sind längst nicht so auf Materielles fixiert wie wir Männer. Frauen könnten notfalls auch ohne diese Insignien ein Leben führen, das sie als lebenswert empfinden. Immer unter der Einschränkung, dass sich genügend hübsche Schuhe – bevorzugt High Heels – im Schrank befinden. Ich hoffe Sie verstehen Spaß? Was zu einem Ergebnis führt, das entsprechende Studien bestätigen: Wenn sie vor solch einem beruflichen oder geschäftlichen Scheideweg stehen, ziehen Frauen öfter radikalere Schritte durch als Männer. Sprich: Sie schmeißen wirklich alles hin und suchen ein neues Glück in dem, was anderen, vermeintlich nicht zu erfolgreichen Menschen, ziemlich banal erscheint: Partnerschaft und Familie sollen plötzlich die Leere füllen, die sich in ihrem bisherigen Leben mit einem Mal schmerzlich bemerkbar macht.

Leider Gottes ist es dann meistens schon zu spät dafür.

Ziehen wir ein Fazit

Adlerfrauen haben Eier. Ziehen Sie Ihr eigenes Ding durch und geben Sie dabei bitte nicht allzu viel auf andere Meinungen. Und seien die noch so politisch korrekt. Klar sind Sie eine emanzipierte Frau – aber Sie sind eben auch eine Frau. Machen Sie also ruhig Karriere, aber eben nicht wie ein Mann, als einsamer Wolf also. Obwohl Sie das natürlich auch als Frau zweifellos könnten. Aber ist es nicht viel erfüllender, Ja zu Ihrer Weiblichkeit zu sagen und Ihre Lebensmission harmonisch darauf abgestimmt anzugehen?

Meine Coaching-Erfahrung beweist mir eins ganz deutlich: Adlerfrauen mögen zwar nicht im Rudel fliegen. Aber sie fliegen auch nicht gerne alleine. Wenn Adlerfrau sich coachen lassen möchten, freue ich mich auf Ihr Feedback und Ihre Anfragen unter www. lifedesigner.info und paul.misar@lifedesigner.info

Viel Erfolg Ihnen als Adlerin, die Kraft des Universums auszunutzen und die Luftströmungen der höheren Sphären zum Gleiten zu nutzen!

12.5 Über den Autor

Paul Misar von der Presse auch „Europas 1. Lifedesigner" genannt und zum Speaker of the Year 2013 ausgezeichnet, ist nicht nur einer der aktuell gefragtesten Mental- und Motivationscoaches der neuen Generation, sondern seit zwei Jahrzehnten erfolgreicher Entrepreneur, Unternehmer und Investor und damit ein Mann der Praxis. Als gefragter Speaker bei Kongressen, Tagungen und sonstigen Großveranstaltungen mit teilweise mehreren tausend Besuchern begeistert Paul Misar das Publikum regelmäßig.

Paul Misar ist Initiator und Gründer der Best of Best Akademie mit Niederlassungen in Frankfurt, München und Wien.

Als Investor hat sich Paul Misar seit 1992 an insgesamt mehr als 25 Unternehmen unterschiedlicher Branchen und Länder beteiligt und die meisten von ihnen durch Neupositionierung und Konzentration auf Marktnischen zur Branchenführerschaft geführt. Seine Consulting-Büros in Wien und München betreuen Kunden in Deutschland, Österreich, Schweiz, Osteuropa und den USA.

Als seit Jahren anerkannter Marketing- und Positionierungsfachmann und Branding-Spezialist coacht er persönlich mit seinem Team, mit einer Mischung aus gekonntem Marketing und den modernsten Mentaltechniken, Prominente und deren Management. Seine Leidenschaft gehört der Vermittlung von mentaler Fitness, gepaart mit Optimierung der individuellen Eigenmarke sowie rascher Marktsteigerung durch besseren Verkauf der Marke nach außen. Zu seinen Coachees, die er mit einer Mischung von Mentaltraining und Markenaufbau zu Bekanntheit und Erfolg begleitet hat, zählen nicht nur Spitzensportler, sondern auch jede Menge TV- und Reality-Stars der letzten Jahre, speziell auch Frauen. Seit 2013 feiert Paul Misar auch selbst als Seriendarsteller Erfolge in div. TV-Serien und Formaten so u. a. bei SAT-1, RTL und VOX.

Das Lebensmotto von „Europas 1. Lifedesigner": „MAKE YOUR LIFE A MASTER-PIECE!"

Weitere Infos unter www.lifedesigner.at

Das beste Ich

13

Über die Kunst, als Frau erfolgreich zu sein

Roman Patzelt

Inhaltsverzeichnis

> Im Gegensatz zu Männern würden Frauen ihre Fehler sofort zugeben, wenn sie welche hätten (Robert Lembke).

Vorurteile über die weibliche Art, sich im Job zu bewähren, gibt es ähnlich so viele wie über Frauen und Autofahren. Mit dem Unterschied, dass Sie wahrscheinlich über „Einparkschwierigkeiten" lachen können, über berufliche Gerüchte eher nicht. Vielleicht neigen Sie sogar dazu, an diese Mythen zu glauben.

Das Recht auf Berufstätigkeit im Sinne sozialer Akzeptanz wird den Frauen von heute von Männern kaum noch streitig gemacht. Anders verhält es sich jedoch, wenn sie eine Karriere anstreben, die Sie zu einer Führungsperson machen soll. Viele Frauen besitzen das nötige Charisma und die richtige Ausbildung um als Führungskraft erfolgreich zu sein, doch mit dem Anspruch auf Autorität und Führung im Beruf kündigt eine Frau ihren traditionell untergeordneten Platz im beruflich-funktionellen Gefüge auf. Ein Vorgang, der noch immer vielen Männern Unbehagen bereitet. Zum einen haben also Männer immer noch Vorurteile über Frauen in Führungspositionen, zum anderen sind es aber die Frauen selbst, die in weibliche Klischees flüchten. Verstärkt werden diese Genderaspekte durch die konservative Einstellung der Wirtschaft. Das unterstreichen seit Jahren zahlreiche Sta-

Roman Patzelt ✉
Vösendorf, Österreich
e-mail: office@romanpatzelt.com

© Springer Fachmedien Wiesbaden 2015
P. Buchenau (Hrsg.), *Chefsache Frauen*, DOI 10.1007/978-3-658-07498-2_13

tistiken, die belegen, dass der Anteil an Frauen in der oberen Führungsetage nur knapp 4 % beträgt (Schick 2013). Das hat sogar die Politik auf den Plan gebracht, eine höhere Frauenquote in Vorstandsebenen zu erzwingen. Interessanterweise meldet aber die Wirtschaft eine fehlende Zahl an Bewerberinnen. Dieser fragwürdige Widerspruch zeigt auf, dass es in mehreren Bereichen Verbesserungspotential gibt. Um richtig Karriere zu machen, muss man durchaus Standardaussagen prüfen und Mythen entlarven, aber vor allem kommt es auf Ihre innere Haltung an. Das bedeutet: Wagen Sie etwas und fordern Sie sich! Eine Prise Mut zum Selbstbewusstsein und Sie werden einen großen Zuwachs an innerem Reichtum und Stärke gewinnen.

▶ Männer haben Vorurteile.

13.1 Drei Erfolgsbringer

13.1.1 „Frau bleiben"

[...] steht „Frau bleiben". Klingt ja irgendwie logisch. Doch selten fürchtet sich [...] was mehr, als wenn die gerade in die Chefetage gehobene Petra plötz[...] Und mit Belegschaft sind Männer und Frauen gleichermaßen gemeint. Den[...] arbeiten ungern mit Chefinnen, die meinen, sich wie ein Mann verhalten zu müsse[...] wahrgenommen zu werden. Hoch qualifizierte Frauen gehen oft davon aus, dass Sie deutlich mehr leisten müssen, als ein Mann mit gleicher Qualifikation. Dieser Gedanke geht meist in ein falsches Verhaltensmuster über und führt oft zu einer Veränderung der Persönlichkeit. Frauen, die von Natur aus stärker ausgeprägte, soziale Kompetenzen mitbringen, unterdrücken diese häufig in der Annahme, dass diese als Schwäche gedeutet werden könnten. Um akzeptiert zu werden, verstecken sie deshalb ihre Emotionen (gemäß dem Aufruf „Sei nicht so emotional") wie ihre männlichen Kollegen, oder schlimmer noch – versuchen deren Verhalten sogar zu übertrumpfen und stempeln sich damit zum gefühlskalten „Männerimitat" ab. Mit anderen Worten: Diese Frauen sind die schlimmeren Männer!

▶ Wichtig: Frau bleiben!

Erfolgreicher ist es, Ihre weibliche Intuition, also das Vertrauen auf Gefühle, die zusätzlich zu Zahlen und Fakten der Wegweiser für Entscheidungen sein kann, zuzulassen. Eine erfolgreiche Frau findet ihren eigenen Führungsstil und verbindet die rationale mit der emotionalen Seite.

Um das zu erreichen, müssen Sie lernen, dazu zu stehen, dass Sie eine Frau sind und dass Sie ihre weiblichen Attribute nicht als zu gering schätzen oder gar als „schwach" abwerten. Das darf sich auch in der Kleidung und im äußeren Erscheinungsbild ausdrücken. In manchen Besprechungen erkennt man gar nicht, dass Frauen anwesend sind, weil alle in dunkle Anzüge gekleidet sind. Die klassische Businessfrau trägt dunklen Hosenanzug, weiße, hoch geschlossene Bluse, flache Schuhe, strenge Frisur und dezentes bis gar kein Make-Up. Dieser „Auf-Nummer-sicher-Stil" wird durchaus in diverser Fachliteratur empfohlen, um in der Geschäftswelt ernst genommen zu werden. Sie fügen sich aber damit nur in das konservative Bild der Wirtschaft, in der nur die Männer das Sagen haben. Das haben Sie als Frau aber nicht nötig! Zeigen Sie Mut und Selbstbewusstsein. Es lohnt sich, eine Garderobe zu wählen, die Ihre weibliche Individualität ins richtige Licht rückt, denn wir wirken immer und überall und das wiederum beeinflusst das Verhalten unseres Gegenübers. Wer äußerlich auffällt, wird mehr beachtet, mit allen Vorteilen, die dies mit sich bringt. Beachten Sie, dass durch Auffälligkeit auch Ihre Fehler mehr auffallen. Das bedeutet, dass mit dem Hervorkehren Ihrer Persönlichkeit auch eine 100-prozentige Performance erwartet wird. Wenn aber alles stimmt, wird es Ihrer Karriere enorm helfen. Aber davon gehen wir ja aus.

▶   Wer äußerlich auffällt, wird mehr beachtet.

13.1.2   Der zweite Erfolgsbringer heißt „Stärkenkompetenz"

Gewinner-Frauen sind sich ihrer eigenen Stärken bewusst und arbeiten kontinuierlich daran, diese zu verbessern. Sie entwickeln Strategien, wie sie ihre Ziele mit Hilfe ihrer Fähigkeiten erreichen können.

▶   Die eigenen Stärken erkennen

Zurück bleiben jene, die Leistung und Effektivität verschwenden, indem sie sich auf ihre Schwächen konzentrieren. Dieser falsche Gebrauch, wenn nicht sogar Missbrauch wertvoller Ressourcen, steht einer Führungskraft im Weg. Wahrscheinlich werden Sie zögern, Ihre eigenen Stärken zu ermitteln, weil Sie einfach glauben, dass Ihr wahres Ich nichts Besonderes ist. Das ist eine typische, altmodische Unsicherheit – so eine Art „Hochstaplersyndrom". Ein Gefühl, das uns allen bekannt ist. Die Stimme, die uns ins Ohr flüstert: „Gib nicht an!" oder „Die glauben sonst, du bist eingebildet". Leider hören viele Menschen auf sie – auf die Stimme falscher Bescheidenheit, mit der man in der Geschäftswelt nicht weit kommt. Das ist meist der Grund, warum vor allem Frauen ihre wahren Talente und Stärken unter den Teppich kehren und oft besser wissen, was sie nicht können, als das, was sie können. Diese Tugend ist übrigens Männern fremd – ein Grund, warum Frauen mitunter ein schlechteres Gehalt beziehen. Personalleiter stellen immer wieder fest, dass Frauen in Bewerbungsgesprächen verhalten über ihre Stärken sprechen und in der Regel ein um 30 % niedrigeres Gehalt fordern als ihre männlichen Kollegen. Würden sie dieses fordern, würden sie dieses auch bekommen, doch wer zahlt freiwillig mehr?

Sich auf seine Stärken zu konzentrieren ist keine neue Idee. Sie hat ihre Ursprünge im Leistungssport. Als ich vor einigen Jahren mein Kernthema „Stärkenkompetenz" entwickelte und über dessen Zusammenhang mit erfolgreichen Menschen recherchierte, entdeckte ich einen roten Faden, der mir bestätigte, dass nur Schwächen zu verbessern wenig bringt. Viel besser ist es, ein oder zwei Dinge perfekt zu beherrschen. So entstand die hart geschlagene Vorhand von Boris Becker, oder die außergewöhnliche Spiellänge des Golfspielers Tiger Woods, dessen Fähigkeit, überlange Bälle zu schlagen für Begeisterung sorgt.

Boris Becker legte den Schwerpunkt seines Trainings auf seine bereits perfekte und gefürchtete Vorhand und arbeitete nur minimal an seiner schwachen Rückhand. Tiger Woods müsste an seiner Fähigkeit arbeiten, aus einem Bunker (Grube, die mit Sand gefüllt ist) zu schlagen, widmet aber einen Großteil seiner Trainingszeit weiterhin seiner Stärke, weite Bälle zu schlagen.

Um es auf den Punkt zu bringen: Wenn Sie alles können wollen, dann können Sie von allem ein bisschen. Eine sogenannte Allrounderin. Ich nenne das „Mittelmaß", gefolgt von dem Wort „ersetzbar". Werden sie Expertin auf Ihrem Gebiet und „unersetzbar".

► Bauen Sie Ihre Stärken in drei Schritten auf

   1. Stärken finden
   2. Stärke(n) wählen
   3. An der Stärke arbeiten und weiterentwickeln

1. Stärken finden

Dafür haben Sie zwei Möglichkeiten. Sie verlassen sich auf Ihre eigene Einschätzung, schreiben Ihre Stärken auf einen Notizblock und konzentrieren sich darauf. Oder Sie befragen mit einem anonymen Fragebogen Menschen, mit denen Sie zusammenarbeiten. Chef, Kollegen, Mitarbeiter. Je mehr, desto besser. Ich rate Ihnen zu dieser Variante, da die eigene Einschätzung häufig nicht objektiv genug ist und Frauen ja bekanntlich dazu neigen, ihre Fähigkeiten nicht so wichtig zu nehmen. Sollten Sie sich für den Fragebogen entscheiden, tun Sie bitte alles dafür, ein Gefühl der Sicherheit zu schaffen. Sagen Sie explizit, dass dieses Feedback für Ihre persönliche Weiterentwicklung wichtig ist und es keine persönlichen Rache-Feldzüge bei schlechter Benotung geben wird. Dieses Versprechen müssen Sie natürlich auch halten!

► Holen Sie sich Feedback.

Die wichtigsten Fragen

In welchen Kompetenzen habe ich meine Stärken?

Wichtig: Lassen Sie nur Ihre wesentlichen Eigenschaften hervorheben. Spitzenkräfte, die schon seit Jahren an ihren Kompetenzen arbeiten, erreichen selten mehr als fünf bestätigte Stärken. Sie werden zu Beginn nur an maximal zwei Eigenschaften arbeiten können. Fordern Sie deshalb auf, nur ein bis drei Ihrer Führungskompetenzen zu benennen.

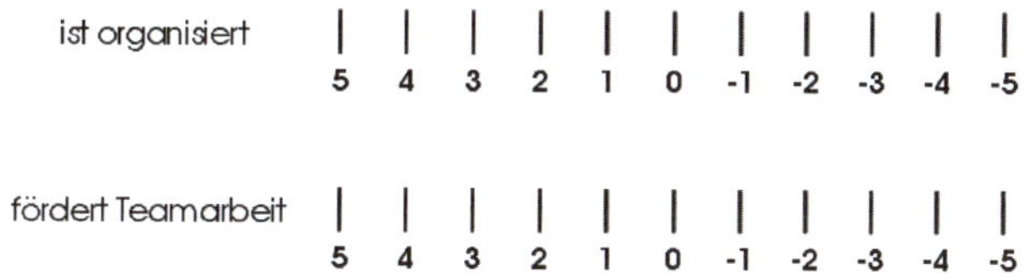

Abb. 13.1 Beispiel Fragebogen

ist organisiert

| | | | | | | | | | |
5   4   3   2   1   0   -1 -2 -3 -4 -5

fördert Teamarbeit

| | | | | | | | | | |
5   4   3   2   1   0   -1 -2 -3 -4 -5

Welche Eigenschaften kann man als meine fatale Schwäche bezeichnen? Genau jetzt werden Sie sich fragen – Weshalb? Gerade wurde noch der Fokus auf Stärken gelegt, und jetzt werden doch Schwächen mit einbezogen?

Die Antwort ist einfach. Die Definition einer Schwäche ist alles, was sich einer ausgezeichneten Leistung in den Weg stellt. Bedenken Sie, dass eine große Schwäche unter Umständen sogar Ihren Job kosten, oder zumindest Ihren Aufstieg bremsen kann. Ist das tatsächlich der Fall, lohnt es sich, einen potentiell gefährlichen Mangel zu managen.

Der Fragebogen

Sie können ein eigenes Formular entwerfen oder sich einen Fragebogen von meiner Website downloaden. Der Fantasie sind keine Grenzen gesetzt. Ich bevorzuge eine Zahlenskala von eins bis fünf in positiver und negativer Richtung, wobei 5 eine ausgeprägte Stärke und −5 eine extreme Schwäche anzeigt. Dazu habe ich 15 Kompetenzen ausgewählt, von denen jede einzelne eine Führungskraft erfolgreich machen kann. Ergänzen Sie die Liste, wenn Ihre Tätigkeit weitere oder andere Fähigkeiten erfordert. Ein Beispiel finden Sie in Abb. 13.1.

►   Entwerfen Sie ein Formular.

Die Kompetenzen

- ist ehrlich und steht zu Ihrem Wort
- verfügt über Fachwissen
- analysiert und löst Probleme
- ist innovativ
- ist flexibel
- ist organisiert
- setzt konkrete und anspruchsvolle Ziele
- ist ergebniskonzentriert
- ergreift die Initiative und handelt schnell
- entwickelt Strategien
- kommuniziert wirkungsvoll
- motiviert und inspiriert
- baut Netzwerke aus
- fördert Fähigkeiten und Entwicklung anderer
- fördert Teamarbeit

Die Analyse
Entwerfen Sie mit den Daten aus den Fragebögen eine aussagekräftige Statistik. Machen Sie nicht den Fehler, sich sofort auf schlechte Bewertungen zu stürzen. Eine unbändige Kraft verleitet uns zur Fehlersuche. Widerstehen Sie der Versuchung, auch wenn Sie die eine oder andere Bewertung nicht akzeptieren. Glauben Sie mir – Sie sind bestimmt nicht die erste, die erkennen muss, dass Mitarbeiter eine Eigenschaft, von der Sie dachten, dass das diese Ihre größte Stärke ist, als mangelhaft beurteilen. Sehen Sie es positiv – es wäre doch fatal, wenn Sie wegen Ihrer schlechten Selbsteinschätzung an einer falschen Kompetenz arbeiten. Diesbezüglich kann ich Ihnen empfehlen, sich auf einem Formular selbst zu bewerten und dann mit der Statistik zu vergleichen. Es zeigt Ihnen, wie weit oder nah Ihr Selbst- und Fremdbild auseinander liegt.

2. Stärke(n) wählen
Gelegentlich liefert die Statistik ein klares Bild über das Stärkenprofil, doch es kommt häufig vor, dass sich mehrere Kompetenzen auf Augenhöhe befinden. Wählen Sie ein bis zwei Stärken aus, mit denen Sie sich identifizieren können und die auch wichtig für Ihr Unternehmen sind. Es bringt nichts, an einer bestätigten Fähigkeit zu arbeiten, wenn Ihnen dazu die Leidenschaft fehlt oder diese keinen ersichtlichen Nutzen für die Firma bringt. Denken Sie daran, dass es besser ist, eine Sache perfekt zu können als viele gut. Konzentrieren Sie sich lieber nur auf eine Stärke, bevor Sie Ihren Expertenstatus opfern, weil Sie an zu vielen Rädchen schrauben!

3. An der Stärke arbeiten und weiterentwickeln
Wenn Sie Ihre Stärke perfektioniert haben, müssen Sie an Ihren komplementären Fähigkeiten arbeiten. Im Sport nennt man das Crosstraining. Einer erfahrenen Läuferin reicht es irgendwann nicht mehr, ihre Laufeinheiten zu erhöhen oder Sprints einzubauen. Sie kann sich nicht mehr steigern. Um vorwärts zu kommen muss sie ihre ergänzenden Fähigkeiten aufbauen. Diese trainiert sie mit Schwimmen, Muskeltraining, Dehnübungen und Yoga.

Die gefürchtete Vorhand von Boris Becker entstand nicht nur, weil er unzählige Male mit einer bestimmten Technik auf den Ball schlug, sondern weil er auch an den Kompetenzverstärkern gearbeitet hat. Kraft durch Rumpfrotation, Beintechnik und Schulterrotation ergänzten diese Stärke und verdreifachten dessen Wirkung.

Nutzen Sie diese Erkenntnis, um an Ihrer Karriere zu arbeiten. Wenn zum Beispiel Ihr umfangreiches Fachwissen Ihre Stärke ist, werden Sie irgendwann weitere Fachbücher nicht mehr weiterbringen, außer Sie trainieren an Ihren Kompetenzverstärkern wie zum Beispiel „Kommunikation". Damit können Sie Ihren Kollegen oder Kunden Ihre Erkenntnisse zugänglicher machen. Mit Verbesserung Ihrer „analytischen Fähigkeiten" schaffen Sie es, effektiver und effizienter Ihr Fachwissen zu verarbeiten. Überlegen Sie, welche Verstärker Ihre Fähigkeit nach vorne bringen. Ich bin überzeugt, dass Sie mit dieser Vorgehensweise überdurchschnittliche Ergebnisse erreichen werden.

13.1.3 Der dritte Erfolgsbringer

Der dritte Erfolgsbringer ist, sich in den Mittelpunkt zu stellen, den Erfolg zu genießen, fordern statt bescheiden sein und respektiert zu werden.

Manche Feministinnen vertreten die These, dass Führung „männlich" wäre. Sie stützen sich auf Fachliteratur und Forschungen, die angeblich belegen, dass Frauen weniger hierarchisch strukturieren. An dieser Stelle sei gesagt, dass diese verallgemeinerte Aussage keine Gültigkeit besitzt, da sämtliche, wichtige Kriterien und Kompetenzen für eine erfolgreiche Menschen- und Unternehmensführung, sowohl für männliche als auch für weibliche Leader gelten. Die Anforderungen umfassen Skills wie analytisches und strategisches Denken, People- Management, Entscheidungsstärke bis hin zu einem charismatischen Auftritt. Vor allem People-Management gewinnt beim Erklimmen der Karriereleiter mit jedem Schritt an Bedeutung, da die Menge an eigener, operativer Tätigkeit abnimmt und der Anteil an Delegieren, Kontrollieren, Erstellen von Zielvorgaben und Bewertungen steigt. Und wer macht dann die Arbeit? – Das Team, für das die Führungskraft verantwortlich ist. Und hier entscheidet sich, wie gut die Gruppe performt, die Ziele erreicht, gut miteinander arbeitet und von Kunden und Kollegen geachtet wird. Wie hoch der Spaßfaktor ist und wie das Team von der Führungskraft geleitet wird.

►   Es gibt keine männliche oder weibliche Führung.

Doch worin unterscheiden sich nun weibliche Führungskräfte von männlichen? Sie unterscheiden sich nicht in den Anforderungen oder Bewertungskriterien oder dem Ziel, sie unterscheiden sich in der Art und Weise, wie sie die oben genannten Kriterien erfüllen – also dem Weg zum Ziel. Das ist ein grundlegender Unterschied. Die Zukunft bei den Führungskräften könnte den Frauen gehören, denn vor allem in den Bereichen der wichtigsten Schlüsselqualifikationen wie emotionale und soziale Intelligenz sind sie den Männern deutlich überlegen. Diese Stärke können sie in der Mitarbeiterführung ausspielen und so für ein besseres Betriebsklima sorgen. Diese Führungskompetenz wird in Zukunft mehr und mehr den Erfolg einer Fima bestimmen.

Jeder Leader, egal welches Geschlecht, erreicht seine Ziele auf seine Art und Weise
Frauen sind kompetent und haben bei der beruflichen Ausbildung die Männer bereits eingeholt. Der Anteil an akademischen Abschlüssen ist bei Frauen um 10 % höher als bei Männern (Statistik Austria 2013). Das bestätigt, dass sie fachlich mindestens genauso fit sind wie ihre Kollegen. Im Arbeitsumfeld hat sich diese Erkenntnis jedoch noch nicht durchgesetzt. Das zeigt sich im Berufsalltag immer wieder. Hierfür ein Beispiel: Eine Regionalleiterin hält ein zweitägiges Filialleiter-Treffen ab, deren Teilnehmer fast ausschließlich Männer sind. Alles läuft spitze, alle arbeiten hochkonzentriert und interessiert. Beim Verlassen der Tagung erhält sie von einem Filialleiter das Kompliment: „Für eine Frau machen sie das wirklich gut." Dieses Statement mag aufrichtig und bestärkend ge-

meint sein. Es zeigt aber auch, welches Frauenbild noch in den Köpfen vieler Männer lauert.

Abends beim gemeinsamen Abendessen passiert es, dass ein Teilnehmer sagt: „Schöne Frau, ich setze mich mal zu ihnen und spendiere ihnen ein Getränk." In solchen Situationen ist es wichtig, klare Grenzen zu setzen und den Respekt einzufordern. Leider reagieren die meisten Frauen falsch. Entweder verkriechen sie sich oder handeln überzogen und aggressiv. Beides ist der falsche Weg. Meist empfiehlt sich höfliche Neutralität oder entschärfender Humor. Damit signalisiert man am besten, dass man „die Herrin der Lage" ist.

Praxisbeispiel

So entschärfen Sie heikle Situationen und holen sich den nötigen Respekt

„Für eine Frau machen Sie das richtig gut"

Mögliche Antworten:

„Vielen Dank für das Kompliment. Darüber freue ich mich besonders, weil es von einem richtigen Mann kommt."

„Für einen Mann arbeiten Sie aber auch richtig gut!"

„Danke. Es macht sich wohl doch bezahlt, neben dem Geschirrspülen auch Fachbücher zu lesen!"

„Vielen Dank für das Kompliment. Erklären Sie mir noch genauer, warum Sie es so gut finden, obwohl ich eine Frau bin!"

„Schöne Frau, ich setze mich mal zu Ihnen und spendiere Ihnen ein Getränk."

Mögliche Antworten:

„Lieber Herr Müller, ich bevorzuge mein Getränk selbst zu bezahlen. Verwechseln Sie den Rahmen des heutigen Abends nicht mit einem Barbesuch."

„Mein Name ist … und nicht schöne Frau. Ich kann mich nicht erinnern, Sie eingeladen zu haben, sich neben mich zu setzen. Bitte nehmen sie bei einem Ihrer Kollegen Platz."

„Hasi – Ich möchte nichts trinken, danke!"

Konzentrieren Sie sich dabei auf Ihre Stimme. Fakt ist – Männer haben eine tiefere Stimme. Sie sind meist größer und kräftiger. Das unterstreicht die körperliche Präsenz und wirkt sich positiv auf Brustresonanz und Lautstärke aus. Diesen sogenannten „Brustton der Überzeugung" sollten wir nutzen, wenn wir überzeugend und glaubwürdig sprechen wollen. Eine laute und tiefe Stimme wirkt stark und einschüchternd, während eine laute, aber hohe Stimme schwach und hysterisch klingt. Aufgeregte Frauen verwenden leider häufig die zweite Stimmlage, die nicht von „unten" sondern von „oben", der sogenannten Kopfresonanz kommt. Üben Sie, Ihre Stimme aus der Brust kommen zu lassen, insbesondere bei wichtigen oder aufregenden Gesprächen. Ein gelungenes Statement, mit fester Stimme und Blickkontakt vorgebracht, reicht oft aus, um wieder die nötige, berufliche Distanz herzustellen. Diese Arbeit macht sich bezahlt, wenn man bedenkt, dass laut Untersuchungen mehr als 40 % der Wirkung eines Menschen auf seiner Stimme beruht.

Frauen wird bei der Ergreifung von Karrierechancen ein geringes Selbstwertgefühl unterstellt. Ebenso mangelnde Karrieremotivation und zu geringe Bereitschaft, sich auf den Kampf um Macht und Aufstieg einzulassen. Dadurch ließe sich erklären, warum es in Unternehmen so wenige Frauenfördermaßnahmen gibt. Es deuten aber tatsächlich einige psychologische Untersuchungen auf einen gewissen Wahrheitsgehalt dieser These hin – das sogenannte „Selbstunterschätzungssyndrom".

Was Frauen in diesem Fall von Männern lernen können: Sich in den Mittelpunkt stellen und Erfolge genießen. Wenn Frauen ein wichtiges Projekt abgeschlossen haben, stellen sie ihr Licht häufig unter einen Scheffel. Dabei ist es im Berufsleben extrem wichtig, Erfolge und Leistungen zu kommunizieren. Gute Arbeit und Fleiß reichen heute nicht mehr aus, um vorwärts zu kommen. „Tue Gutes und sprich darüber!" Männer legen ihre Erfolge sofort auf den Tisch. Ist ein Projekt beendet, wird sofort der Abschluss kommuniziert und Lob eingeholt. Während der Pfau seine Federn aufstellt, steckt der Strauß seinen Kopf in den Sand. „Meine Arbeit spricht für sich selbst", meinen viele Frauen und machen sich damit unsichtbar. Wen wundert es, dass Männer bei Beförderungen bevorzugt werden. An welche Kandidaten denkt man bei einer Postenvergabe? An Mitarbeiter, die man ständig lobt oder an Unsichtbare? Nie und nimmer erhalten Sie eine verantwortungsvolle Position oder ein neues Projekt, wenn niemand erfährt, wie gut Sie sind. Ändern Sie das! Die eigene Leistung zu erkennen und andere darüber zu informieren, hat nichts mit Angeberei zu tun. Es geht um positive Selbstaussagen. Nehmen Sie es als Aufgabe, ab sofort jeden Abschluss, jedes gute Kundengespräch, jeden erfolgreichen Tag enthusiastisch in die Welt zu posaunen. Schicken Sie E-Mails mit dem Vermerk: „Auftrag bereits zwei Tage vor Projektende fertig. Ich habe zwar Tag und Nacht durchgearbeitet, aber der Aufwand hat sich gelohnt." Die Zeiten mit dem Kopf im Sand ist vorbei. Ab sofort sind Sie eine Katze, die Ihre Beute prahlerisch zur Schau stellt.

▶   Tue Gutes und sprich darüber.

Egoselling

Nutzen Sie Ihr neues, erfolgreiches Selbstmarketing bei der nächsten Gehaltsverhandlung oder bei einem Vorstellungsgespräch. Denn auch hier ist Understatement fehl am Platz. Wenn Sie bereits an Ihrem Stärkenprofil gearbeitet haben, können Sie mit einer Spezialisierung oder einem Alleinstellungsmerkmal punkten. Je prägnanter Ihr Profil, desto größer ist nicht nur der Wiedererkennungswert, sondern auch das Wissen anderer um Ihre Qualifikation für eine Aufgabe.

Dabei sollten Sie folgende Fragen ausreichend beantworten:

- Was habe ich zu bieten?
- Wo liegen meine Stärken?
- Was macht mich einzigartig?
- Wofür stehe ich?

Schwächen? Ja, aber nur eine! – „Schokolade"

Nein, bitte nicht. Verzeihen Sie mir diesen Scherz. Gestehen Sie ehrlich eine Ihrer Schwächen. Diese erkannt zu haben, zeugt von Selbstreflexion und wenn man an dieser negativen Eigenschaft bereits arbeitet, von guter Selbstführung. Wichtig! Zerreden Sie die Sache nicht. Kurz und bündig.

„Meine größte Schwäche ist meine Ungeduld. Wenn es mir zu langsam geht, werde ich manchmal zu fordernd. Ich arbeite aber daran und gehe bereits besonnen damit um."

Wie schon erwähnt, verdienen Frauen bis zu 30 % weniger, als ihre männlichen Kollegen mit gleicher Qualifikation (Statistik Austria 2015). Man ist gewohnt, dass Frauen von sich aus ein geringeres Gehalt verlangen, oder sich zumindest damit begnügen. Aus diesem Grund wird man Ihnen im ersten Schritt auch nicht mehr anbieten. Deshalb ist eine gute Vorbereitung für Ihre eigene Gehaltsverhandlung unbedingt notwendig.

„So jemanden wie sie bekomme ich viel billiger!"

Verteidigen Sie nicht Ihre Forderung, denn so geraten Sie in die Defensive. Sprechen Sie nur über Ihre Leistung! – Sie verlangen die Summe nicht, weil Sie das Geld brauchen, sondern weil sie es wert sind! Das ist ein gewaltiger Unterschied. Geben Sie nicht nach und fordern ein, was Ihnen zusteht. Oft will man Sie nur aus der Reserve locken. Das soll testen, wie ernst Sie es meinen.

Wichtig! „Man bekommt nicht das, was man verdient, sondern immer das, was man verhandelt!"

13.2 Frauen und Netzwerke

Nur 27 % der weiblichen Führungskräfte sind der Meinung, dass Networking für ihre Karriere ausschlaggebend ist (Schutt 2015). Dieses Ergebnis zeigt ganz deutlich, dass der Faktor Networking von Frauen massiv unterschätzt wird. Für Männer ist gegenseitiges Vernetzen selbstverständlich. Im Gegensatz zu Frauen, die gerne als Einzelkämpfer auftreten, nützen Männer diese wichtige Führungskompetenz. Man kommt einfach schneller weiter, wenn man jemanden kennt und eine Hand die andere wäscht. Frauen sollten manchmal ihren Hang zur Perfektion ein wenig zurücknehmen und sich Unterstützung aus ihrem Netzwerk holen. Gerade für Frauen ist übertriebener Perfektionismus ein echter Karrierekiller. Selbstgemacht ist immer schöner und besser und schneller – aber führt dieser Aufwand immer zu höherem Nutzen? Außerdem gibt es Sie noch, die traditionellen Männer-Seilschaften. Positionen in der Führungsebene werden oft ausschließlich unter „Kameraden" verteilt. Die kleinen bis nicht vorhandenen Netzwerke von Frauen verringern deren Chancen, in höhere Ebenen berufen zu werden. Es ist wichtig – Sie brauchen ein großes und funktionierendes Netzwerk um voran zu kommen. Gewöhnen Sie sich an, sofort um eine Visitenkarte zu bitten. Im Internet finden Sie zahlreiche Möglichkeiten, um sich miteinander zu vernetzen. Nutzen Sie Xing oder Linkedin, aber keinesfalls Facebook, da sich diese Plattform für den Business Bereich nicht eignet. Facebook wird hauptsächlich für den Privatbereich genutzt und viele Nutzer empfinden geschäftliche Anschreiben als störend. Kontaktieren Sie umgehend Ihre neue Geschäftsbekanntschaft und bitten um gegenseitige Kontaktaufnahme. Oder/Und schicken Sie eine E-Mail mit den Worten „Ich bedanke mich für unser interessantes Gespräch und freue mich, Sie kennengelernt zu haben." Bitten Sie hin und wieder um Rat oder um eine Meinung und bieten das Gleiche im Gegenzug an. So wachsen gute und hilfreiche Netzwerke.

▶   Vergrößern Sie Ihr Netzwerk.

13.3 Kinder und Karriere

Beruflicher Erfolg und Karriere haben für viele weibliche Führungskräfte einen hohen Preis, den in erster Linie sie selbst bezahlen müssen. Fast zwangsläufig scheint beruflicher Aufstieg einen Lebensstil zu fordern, der über kurz oder lang die eigenen physischen und psychischen Kraftreserven angreift. Arbeitstage mit mehr als zehn Stunden sind die Regel. Allmählich gerät man in einen Zustand, bei dem das Leben außerhalb des Berufes – Familie, Freunde, Freizeit, Erholung, persönliche Interessen – zu einer Restgröße zusammenschrumpft. Das trifft Frauen besonders, vor allem wenn sie eine Familie gründen wollen oder schon Kinder haben. 60 % der Berufstätigen in Deutschland und Österreich glauben laut einer aktuellen Studie, dass Kinder und Karriere für Frauen nicht vereinbar sind (Gfk Verein Deutschland und Financial Times 2012). Wird man durch Karriere automatisch zur Rabenmutter? Ich glaube nein. Dafür gibt es mittlerweile genug positive Beispiele erfolgreicher Geschäftsfrauen. Damit meine ich aber nicht die Art von Frauen, die sich Kinder- und Hausmädchen leisten können. Auch im Mittelstand findet man viele Frauen, die es geschafft haben, beides unter einen Hut zu bringen. Wichtig ist, dass man seine Familie liebt und Lust auf seinen Job hat, dann schafft man es – wenn man es schaffen will! Und – wenn zu Hause Gleichberechtigung herrscht! Es ist heutzutage auch nicht mehr unüblich, dass der Ehemann die Erziehung des Kindes übernimmt.

Ein viel diskutiertes Thema in Mütterrunden ist die Unterbringung der Kinder während der Arbeit. Zum einen geht ein Großteil des schwer verdienten Geldes für die Kita drauf, zum anderen kommt der tägliche Stress, die Kinder in den Kindergarten oder in die Schule zu bringen und wieder abzuholen. Das hat durchaus einen ähnlichen Effekt wie ein Halbmarathon. Vergessen Sie aber die hohen Kosten für die Kita, denn darum geht es beim schnellen Wiedereinstieg in den Beruf gar nicht. Es geht um den unbezahlbaren Vorteil, im eigenen Job am Ball zu bleiben. Wenn Sie Karriere machen wollen, müssen Sie in Betracht ziehen, die Auszeit so kurz wie möglich zu halten.

Schwieriger wird es, wenn Sie, aus der Mutterschaft kommend, eine neue Karriere starten wollen. In einem klassischen Diskriminierungsexperiment wurden Mütter bei Stellenbewerbungen deutlich seltener für den Job empfohlen (Shelley 2013). Man ging dabei offensichtlich davon aus, dass Mütter aufgrund des familiären Status weniger kompetent und engagiert sind. Das spiegelte sich im Gehalt wieder. 30 % weniger Einstiegsgehalt wurden Müttern im Vergleich zu kinderlosen Frauen angeboten.

Ein Folgeexperiment zeigte auf, dass Mütter, die ein ausgezeichnetes Zeugnis oder eine überdurchschnittliche Leistungsbeurteilung aus einem früheren Job vorlegen konnten, nicht mehr als deutlich weniger kompetent und engagiert eingeschätzt wurden (Shelley 2013). Sorgen Sie deshalb immer dafür, dass Sie von Ihrem letzten Arbeitgeber eine ausgezeichnete, schriftliche Bewertung erhalten.

13.4 Auf den Punkt gebracht

- Selbstbewusstsein reicht nicht. Sie brauchen auch Mut, um etwas zu wagen!
- Überwinden Sie Glaubensmuster wie „Das kannst Du nicht", „Gib nicht an"!
- Frau bleiben und auf Ihre Intuition hören!
- Wählen Sie eine Garderobe, die Ihre weibliche Individualität ins richtige Licht rückt!
- Finden und trainieren Sie Ihre Stärken!
- Verteilen Sie regelmäßig Fragebögen, um Ihr Selbst- und Fremdbild zu prüfen!
- Vervielfachen Sie Ihre Stärke durch Perfektionieren Ihrer komplementären Fähigkeiten!
- Schwächen nicht ignorieren, sondern managen!
- Arbeiten Sie an Ihrer Stimme. Lassen Sie diese von „unten" kommen!
- Stellen Sie klar, wer Sie sind und holen Sie sich den nötigen Respekt!
- Fordern Sie das Gehalt, das Ihnen zusteht. Man bekommt immer das, was man verhandelt!
- Arbeiten Sie an Ihrem Netzwerk!
- Stellen Sie sich in den Mittelpunkt. Kommunizieren und genießen Sie Ihre Erfolge!
- Gewöhnen Sie sich an, positiv über sich selbst zu sprechen!
- Ergreifen Sie Chancen, wenn sie sich bieten!
- Arbeiten Sie an Ihrem Netzwerk – Sammeln Sie Visitenkarten!
- Widerstehen Sie dem Perfektionismus!
- Überlegen Sie, ob Ihnen Familie oder Karriere wichtiger ist und wie Sie diese unterbringen können!

Auf meiner Homepage www.romanpatzelt.com können Sie sich Fragebögen über Stärkenkompetenz und Fremd-/Selbstbildanalyse downloaden, ebenso Erläuterungen zu den Führungskompetenzen und Verstärker.

13.5   Über den Autor

Roman T. Patzelt ist Speaker, Unternehmer und Impulsgeber. Als Experte in Unternehmensführung und Strategie betreut er seit 2009 Marktführer, Konzerne, aber auch KMU's in diesen Schwerpunkten. Als Speaker bringt er in fundierten und mitreißenden Vorträgen seinem Publikum das Thema „Stärkenkompetenz" und „Frauen als Führungskraft" nahe. Die eigene Akademie ergänzt seit 2013 das Gesamtkonzept des Redners und Beraters. Sein Ziel ist es, Führungskräften und Unternehmern, Wissen in den Bereichen Unternehmens- und Mitarbeiterführung zu vermitteln, denn dabei spielt die eigene Entwicklung als Führungskraft eine große Rolle.

Mehr Infos unter www.romanpatzelt.com

Literatur

Gfk Verein Deutschland und Financial Times (2012). *Leben & arbeiten in Deutschland*. http://www.gfk-verein.de/forschung/studien/studienuebersicht/leben-arbeiten-deutschland-deutsch. Zugegriffen: 15.04.2015

Schick, M. (2013). Überfälliger Kulturwandel. *Harvard Business Manager*, (10).

Schutt, H. (2015). *Bericht Austria Business Women „Karrierefaktoren bei Männern und Frauen"*. http://austrianbusinesswoman.at/index.php/service/servicelinks/4280-karrierefaktoren-bei-maennern-vs-frauen. Zugegriffen: 5.05.2015

Shelley, J. C. (2013). *Gender work: Minimizing the Motherhood Penalty*. https://sociology.stanford.edu/publications/minimizing-motherhood-penalty-what-works-what-doesn%E2%80%99t-and-why. Zugegriffen: 15.04.2015

Statistik Austria (2013). *Gender Statistik 2013*. http://www.statistik.at/web_de/statistiken/soziales/gender-statistik/index.html. Zugegriffen: 15.04.2015

Statistik Austria (2015). *„Geschlechtsspezifische Unterschiede" – Analysen zum Gender Gap*. http://www.statistik.at/web_de/statistiken/soziales/gender-statistik/index.html. Zugegriffen: 15.04.2015

Der weibliche Erfolg kann völlig anders sein als der männliche 14

Welchen Weg Sie gehen, entscheiden Sie selbst!

Dirk Schöttelndreier

Inhaltsverzeichnis

Eine Anmerkung vor der Einleitung

Glauben Sie mir von den folgenden Dingen nichts, außer, dass ich vor jedem der einge-schlagenen Wege Respekt und Achtung habe. Probieren Sie aus, testen Sie, fühlen Sie, was davon für Sie das Richtige sein mag und welches Ihr persönlicher Weg ist. In vielen Trainings und Coaching, sei es im Bereich für „meine Zahnärzte(innen)" und auch als Trainer bei der Be The Champion AG, ist mir bewusst geworden, dass jeder von uns die Wahl hat. Seien Sie bereit, Ihre Wahl aktiv zu treffen.

Dirk Schöttelndreier ✉
Praxis für Zahn,- Mund- und Kieferheilkunde Schöttelndreier & Partner,
Graf-von-Stauffenberg-Str. 9, 33615 Bielefeld, Deutschland
e-mail: ds@be-the-champion.com

© Springer Fachmedien Wiesbaden 2015
P. Buchenau (Hrsg.), *Chefsache Frauen*, DOI 10.1007/978-3-658-07498-2_14

14.1 Einleitung

Als ich gebeten und eingeladen wurde, hierüber zu schreiben, kamen mir dazu viele Gedanken auf. Die Frauenquote war bei diesen Gedanken heute wieder mehr denn je in aller Munde. Sollte ich mich hierüber auslassen und das Für und Wider diskutieren?

Nein, genau das wollte ich nicht. Es geht in meinem Beitrag zu diesem Buch nicht darum, wo andere tatsächlichen oder vermeintlichen Erfolg mit einem gewissen Zwang umsetzen oder umsetzen wollen, sondern darum, was tatsächlich aus meiner ganz persönlichen Sicht etwas mehr als die Hälfte unserer Bevölkerung tatsächlich erfolgreich macht oder was einem Teil eben dieser hälftigen Bevölkerung, fehlt, um tatsächlich erfolgreich zu sein.

Oder verweise ich auf erfolgreiche Frauen, mächtige Frauen in echten Führungspositionen in Konzernen oder an der Spitze von Regierungen? War eine Maggy Thatcher, ist eine Angela Merkel tatsächlich erfolgreich? Eine Nina Ruge oder eine Claudia Pechstein, die mit dem begonnenem Kampf und ersten Urteilen Geschichte schreiben wird, gehen andere Wege! Sind die erfolgreich? Oder ist eine „Vorzeigefrau" aus der Politik, unsere aktuelle Verteidigungsministerin Ursula von der Leyen, die nach außen doch einen erfolgreichen Spagat zwischen Familie und Beruf zeigt, das Maß der Dinge für die Frauen in unserer westlichen Gesellschaft?

Bei diesem Stichwort kamen schon wieder andere Gedanken auf. Westliche Gesellschaft. Die unsägliche Diskussion über Andersdenkende, das Nichtgestatten konstruktiver Kritik an (einigen) Minderheiten in unserem System und die vielleicht sich daraus nährende Unterdrückung der Meinung und der Freiheit andere bis hin zu einer Gewaltbereitschaft, ist – mit Ausnahme dieses kleinen Hinweises – nicht Inhalt dieses Buches. Doch ist Erfolg, sei es für uns Männer und auch für die Damen in jeglicher Gesellschaft schon von dieser anders definiert.

Ein anderes Beispiel ist Mutter Theresa. Ist jemand, der, wenn er (sie) Geld brauchte für ein Projekt, sofort entsprechenden Zugriff hatte, eine Frau, die immer, wenn Sie Menschen für Projekte brauchte, welche fand, die Sie unterstützten, erfolgreich? Ja, das war bei Mutter Theresa so und ist auch immer noch so.

Doch was ist mit den Tausenden oder Millionen von Frauen, die tagtäglich ihren Beruf ausüben, sei es in „einfachen Jobs" oder bis hin in die Führungsetagen. Was ist mit den Frauen, die ihre Kompetenz nutzen, die Firma Familie zum Wohle aller zu steuern und zu leiten? Was ist mit denjenigen, die ich an dieser Stelle vergessen habe zu erwähnen?

Liebe Leserinnen, für Sie halte ich es für extrem wichtig, dass Sie Ihre Ziele definieren! Es ist dabei egal, ob Sie Familienmanagerin, Vorstandsvorsitzende oder gar Bundeskanzlerin sind oder werden wollen. Sie können sich nur an exakten Zielen messen und Ihr privates Umfeld, Ihr Lebenspartner, Ihre Familie kann und wird Sie dann unterstützen. Doch vorab müssen auch diese wissen was *Sie* wollen. Es reicht nicht, das mal abends beim Essen oder mal nebenbei vorm Zubettgehen zu sagen. Das ist der Zeitpunkt, an dem wir Männer oftmals nicht ganz genau hinhören (können).

Liebe Leser, wenn Sie Ihre Ziele definiert haben, was sicherlich der Fall ist, wenn Sie eine Führungsposition innehaben, kommunizieren Sie diese auch. Kommunizieren Sie auch, welche Unterstützung Sie von Ihrer Partnerin dazu haben möchten und/oder auch brauchen.

Wenn Sie eine Partnerschaft, wie immer diese aussieht, haben oder besser gesagt eingegangen sind, wird sich Erfolg für beide einstellen. Einer allein wird in seinen gesamten Lebensbereichen eben nicht erfolgreich sein, sondern höchstens punktuell.

14.2   Definition und Wahrnehmung von Erfolg

14.2.1   Was ist Erfolg überhaupt?

Bevor wir hier über die Bewertung des Erfolges reden und Beurteilungen abgeben, müssen wir uns ein bisschen über Erfolg generell unterhalten.

- Was ist Erfolg überhaupt?
- Wer misst Erfolg?
- Wie misst man (frau) Erfolg?
- Für wen kann ich Erfolg messen?

Kann ich überhaupt eine Aussage darüber treffen, ob jemand anderes erfolgreich ist?

Im Mittelalter wurde „Erfolg" nur als eine Ableitung von „Folgen" im Sinne von notwendigen (schicksalhaften) Abläufen oder Folgen von Abläufen gesehen. Ein Wandel dazu ergab sich erstmals zur industriellen Revolution als wertfreies, neutrales Resultat, quasi als ein Ergebnis aus dem Arbeitsprozess. Seiner heutigen Bedeutung entnahm das Wort Erfolg Bezeichnungen wie Sieg oder Glück. Allein diese kurze Exkursion zeigt, dass Erfolg gar nicht präzise definiert ist und ein erst seit kurzem verwendetes Wort ist, das ein subjektives Ereignis oder Ergebnis bewertet oder manchmal auch beschreibt. Somit lassen Sie uns hier gemeinsam festlegen, dass wir Erfolg für dieses Kapitel als Glück, Sieg, Anerkennung und somit als das „Fühlen eines angestrebten Ergebnisses" bezeichnen.

14.2.2   Erfolg fühlen

Richtig! Erfolg fühlen. Ob ich erfolgreich bin, hängt davon ab, ob die Dinge, die ich erreiche, in meinem Wertesystem hoch oben angesetzt sind und ob ich mich damit gut fühle. Wenn aber nun Erfolg oder Erfolgreichsein ein Gefühl ist, so ist umso deutlicher und klarer, dass ein jeder von uns Erfolg anders definiert bzw. fühlt. Dieses Anders wird umso größer sein, je größer die Unterschiede zwischen zwei Personen sind, sei es in Genetik, Kultur, persönlichem Energielevel, gesellschaftlicher Stellung, Religion, aber auch beim

Geschlecht. Da es in diesem Buch insbesondere um den Unterschied von Erfolgssichtweisen beim Betrachten der verschiedenen Geschlechter geht, möchte in an dieser Stelle ein wenig auf die Unterschiede – nicht die biologischen und sichtbaren – zwischen Frauen und uns Männern eingehen. Provokant gesagt, wird dieses zum jetzigen Zeitpunkt insbesondere einigen von Ihnen, verehrte Leserinnen, nicht unbedingt zusagen und Sie werden der Meinung sein, Frauen können dasselbe leisten wie Männer auch, dann werde ich sagen, ja, Sie haben Recht. Doch warten Sie ab, die Damen kommen in dieser Betrachtungsweise wesentlich besser weg und es folgt daraus, dass sie eine ganz andere Option auf Erfolg haben als wir Männer, denen dieser Weg versperrt ist.

Erstmaligen Kontakt mit dieser Betrachtungsweise hatte ich ganz zu Beginn meines persönlichen Weges im Bereich Personal Development mit meiner damaligen Trainerin Maria, lange bevor ich begann, selbst als Trainer und Speaker tätig zu werden und – lassen Sie mich das noch vorweg nehmen – ich verstand diese Betrachtungsweise zu Beginn nicht, da mir bereits in dieser Gesellschaft beigebracht wurde, dass Männer und Frauen, außer den „kleinen Unterschieden" im Äußerlichen doch gleich seien. Wenn vielen von Ihnen diese Dinge auch gelehrt worden sind, wundern Sie sich bitte nicht, wenn es auch Ihnen vielleicht schwer fällt, den nachfolgenden Unterschied zu erkennen oder zu akzeptieren.

14.3 Der kleine Unterschied, der so viel ausmacht

Das archaische Sinnbild des Mannes liegt in seiner Macht, seiner Stärke. Er geht hinaus, jagen und kämpft mit dem Säbelzahntiger und anderen gefährlichen Kreaturen. Er ist dafür verantwortlich, dass die Horde, seine Familie, ausreichend Fleisch und Nahrung bekommt. Diese Stärke wird in der Wissenschaft und Psychologie auch Potenz genannt. Wir Männer haben diese Potenz in unseren Genen und müssen sie nicht erlernen oder uns anerziehen.

Auf der anderen Seite ist das archaische Sinnbild der Frau der Zusammenhalt der Horde, der Familie, und das Fortbestehen der Familie in die nächste Generation. Hierzu benötigt sie etwas, das dem heutigen Begriff der „sozialen Kompetenz" sehr nahe kommt und die Frauen haben es seit alters her mit in die Wiege gelegt bekommen. Die soziale Kompetenz müssen Sie, verehrte Leserinnen, nicht erlernen. Sie besitzen sie intuitiv, ohne dass Sie sich verbiegen, neudeutsch anpassen müssen.

Diese Verteilung hat mehrere Konsequenzen. Zum einen müssen beide Geschlechter erkennen, dass Ihnen gewisse Eigenschaften eben per se nicht zu eigen sind und dass es einen Unterschied gibt, ob uns dieses gefällt oder nicht, ob dieses in der aktuellen gesellschaftlichen Konstellation unter die „political correctness" fällt oder nicht. Präzise auf diese Dinge ausgerichtet heißt das, die Frau, die hinaus in die Welt zieht, um Macht und Stärke in der Wirtschaft in den Führungsetagen zu zeigen, muss etwas erlernen, was sie von Haus aus nicht mitbekommen hat. Bitte nicht falsch verstehen, ich will an dieser Stelle nicht die Diskussion darüber eröffnen, ob das richtig oder falsch ist oder gar gut oder schlecht, sondern darauf aufmerksam machen, dass diese Dinge zusätzlich erlernt werden müssen. Gleiches gilt auch für die Männer. Als Kämpfer „konstruiert", um die Familie zu schützen und zu ernähren und den eigenen Einfluss sogar in andere „Stammesgebiete auszuweiten", erwartet die Gesellschaft von diesen eine umfassende soziale Kompetenz, eine Zurückhaltung, ein Miteinander und hat diese erzwungene Zurückhaltung z. B. im Straßenverkehr in Unmengen von Regeln und Gesetzen festgehalten. Ein Teil dieser Unmengen an Regeln und Gesetzen sind nur in unserem Staat geregelt, andere wiederum werden ausschließlich als sogenannte Moral (das tut man nicht) festgehalten. Beide beeinflussen jedoch unser Leben maßgeblich, ob es der oder dem Einzelnen gefällt oder nicht.

Daraus folgt jedoch auch, dass es in einer Beziehung, von der ich behaupte, dass eine Beziehung im archaischen Sinn der Familie, der Höhle, dem „Gebiet der Frau" entspricht, keine Gleichheit gibt, sondern dass die Frau hieran einen wesentlich höheren Anteil inne hat. Dieses teilt sich in zwei Drittel zu einem Drittel auf.

Also meine Herren, wir Männer können das Maß an sozialer Kompetenz, das die Frauen haben, gar nicht erlernen. Weder im Umgang nach außen noch im Umgang nach innen, eben unserer Familie selbst.

Doch wozu dieser Ausflug in die Unterschiede? Rücken diese beiden Tatsachen, die uns in unserer heutigen Welt immer wieder begegnen, nicht das Thema „Erfolg" oder besser die Betrachtungsweise, den Standpunkt oder Perspektive des Themas „Erfolg" in ein ganz anderes Licht? Ja, ganz bewusst wähle ich hier das Wort Perspektive. In meinen Trainings ist diese Perspektive ein ganz wichtiger Aspekt, denn aus quantenphysikalischer Sicht verändert die Perspektive immer eines mit: Die Realität.

Das ist sehr bedeutsam, denn der wahrgenommene Erfolg einer Person verändert sich in dem Moment, in dem sich die Perspektive verändert. Dieses ist aus meiner persönlichen Erfahrung – sowohl privat als auch als Trainer – immer dann der Fall, wenn aus einer Zweierbeziehung eine Familie wird, also Nachwuchs dazu kommt. Es verschiebt sich dann sehr viel an Prioritäten, an wichtig und unwichtig. Auf eine Bewertung verzichte ich hier bewusst.

14.4 Erfolg in der Beziehung

Wann ist eine Beziehung erfolgreich? Ist sie erfolgreich, wenn ein guter Job, ein gutes Business und die Dinge aus der Sparkassenwerbung (Auto, Haus, Pool, Boot etc.) von beiden gemeinsam erreicht sind? Oder stehen andere Kriterien an? Sicher wird jeder von Ihnen sagen, es stehen andere Dinge an, denn der finanzielle Teil kann doch nicht alles sein.

Freuen Sie sich, denn mit letzterer Aussage haben Sie Recht. Es ist mitnichten alles, denn das ist nicht der Grund, sondern ein Teil eines Ergebnisses. Doch wie kommt eine Beziehung zu einem solchen Ergebnis?

Viele von Ihnen, meine sehr verehrten Damen und Leserinnen, wissen, dass Sie uns Männer steuern können. Einige von uns können Sie sogar an- und ausschalten und Sie wissen sehr wohl, wo diese Schalter liegen und wie Sie diese einsetzen können. Ebenso können wir Männer mit unserer Potenz die Damen einerseits beschützen, ihnen einen „Save Place" bieten, andererseits jedoch auch bedrohlich wirken oder gar sein.

Da es in diesem Kapitel jedoch um den Erfolg der Frauen geht, geht es um die Frage, wie Sie eine Beziehung erfolgreich machen können. Sind Sie, wenn Sie schon den größeren Anteil daran haben, auch zu einem größeren Teil dafür verantwortlich? Die berühmte Antwort ist ja und nein! Denn jede Kette ist nur so stark wie ihr schwächstes Glied, wenn also der Mann nicht mitspielt, dann wird es nicht funktionieren! Das war das Nein.

Auf der andern Seite sind die Tools, die die Frauen in der Beziehung besitzen um vieles stärker als die Tools der Männer und somit obliegt es Ihnen schon ein wenig, diese auch einzusetzen, um den Mann nicht das schwächere Glied in der Kette sein zu lassen.

„Machst Du Deinen Mann zum König, so bist Du auch die Frau eines Königs!"

„Machst Du den Mann zum Diener, so bist Du auch die Frau eines Dieners!"

Dieses Zitat, etwas frei zitiert nach Shakespeare, verdeutlicht die Wirksamkeit des Tools, also, dass die Frau den Mann steuern kann.

Sie kennen sicherlich das Stück: „Der Widerspenstigen Zähmung". Dieses Stück gibt es in unendlich vielen Verfilmungen und Inszenierungen. Das Resümee ist jedes Mal, dass er zum König wird, weil sie ihm folgt, als er sie ruft und er als König dann die Macht hat, sie zur Königin zu machen.

Keine Inszenierung stellt dies deutlicher heraus als die Verfilmung mit Elisabeth Taylor und Richard Burton, die mehrmals auch privat ein Paar waren. Gönnen Sie sich unter dieser neuen Betrachtungsweise diesen Film oder zumindest die letzten zehn Minuten!

Doch kehren wir zur Frage der Perspektive zurück!

Ist es Erfolg für eine Frau, an der Seite ihres Mannes diesen zu steuern und Königin zu werden? Königin ist hier ein Synonym für ein gewisses Maß an Freiheit, an gesellschaftlicher Stellung, aber auch an Macht, vielleicht sogar mehr Macht als der in der ersten Reihe, im Tagesgeschäft, stehende Mann, aber vielleicht auch an finanziellen Möglichkeiten und Raum für Reichtum jeglicher Art, den der US-Trainer und Speaker Dave Buck (Online-Training für UIBC-Mitglieder vom 01.10.2012) auf neun verschiedene Arten definiert hat, wie Reichtum an:

- Wissen
- Erfahrung
- Talent
- Charakter
- Integrität (wer Du geworden bist)
- Gemeinsamkeit (Community)
- Gelegenheit
- Finanzieller Reichtum
- Energie
- Liebe

Ich möchte das nicht mehr in Frage stellen! Ich rede auch nicht davon, dass dieses viel Vertrauen, eine intensive Abstimmung und kontinuierliche Arbeit erfordert. Ist jedoch ein solcher Weg nicht – und jetzt komme ich ganz bewusst in eine Wertung – vielleicht sogar der bessere, als im gleichen Haifischbecken wie der Mann zu kämpfen und Eigenschaften einzusetzen oder einsetzen zu müssen, die nicht zu den per se vorhandenen Stärken gehören und umgekehrt den Einsatz von nicht vorhandenen Stärken beim anderen zu fordern?

Ich provoziere hier bewusst, es ist ein „*kann*" und derzeit sicherlich jenseits der politischen „Correctness". Und es geht auch andersherum. Frau Merkel und ihr Gatte sind hierzu das lebende Beispiel.

Andersherum gibt auch die politische Kaste ein Großteil an Beispielen, dass die Personen im Hintergrund oftmals mächtiger sind, als die großen Führer der Staaten. Oder glauben Sie, dass ein Barack Obama die wesentlichen Entscheidungen selbst trifft oder treffen darf?

Wie war das in „Der Widerspenstigen Zähmung"? Weshalb wird Petruchio König? Er wird König, weil Katharina seinem Ruf folgt, während die anderen Damen eben dem Ruf nicht folgen, sondern eigenwillig, ja gerade trotzig reagieren. Nachdem Petruchio nun König geworden ist, kann er seine Frau zu Königin machen.

Wer von beiden hat somit den entsprechenden Anstoß gegeben?

Wer hat wen auf den höchsten weltlichen Stand gehoben?

Meine Damen, meine Herren, insbesondere letztere, es lohnt sich einmal darüber nachzudenken und daraus die entsprechenden Schlüsse zu ziehen.

14.5   Die Familienmanagerin ist viel mehr

Was also tun die großen Berater dieser Welt, was also tun Frauen, die im Hintergrund den Erfolg der ganzen Mannschaft verantworten und zu dieser Verantwortung stehen?

Lassen Sie mich hier feststellen, dass es keineswegs darum geht, den Erfolg der nach außen scheinbar oder tatsächlich führenden Frauen dieser Welt in Frage zu stellen. Es geht nicht darum, die Kompetenz von Frauen in Führungspositionen jeglicher Art in Frage zu stellen oder gar die Besetzung solcher Positionen. Ich möchte an dieser Stelle auch nicht die Frauenquoten diskutieren.

Es geht um etwas anders. Ich möchte verdeutlichen, dass der Erfolg derer, die sich nicht selbst in das wirtschaftliche, politische oder auch sportliche Rampenlicht stellen, sondern mit diffizilen Steuerungsmethoden, die Reporting- und Managementsysteme mancher Unternehmen sicherlich übertreffen (müssen), nicht ausreichend gewürdigt und anerkannt wird. Und Anerkennung in irgendeiner Form ist nun einmal das, wofür jeder Mensch sich wirklich bewegt und bereits ist, (fast) alles zu geben. Die ganzen Reichtümer, auch die, wie sie Dave Buck beschreibt, sind lediglich ein Ausdruck dafür, wie man oder frau zu dieser Anerkennung kommt oder kommen möchte.

Ich bin mir zudem sicher, dass bei einer ausreichenden Anerkennung solcher Leistungen in unserer Gesellschaft, sich auch gewisse „Quoten" erübrigen. Insbesondere, wenn die Leistungen, die nun einmal nicht vergleichbar sind, nicht als in einem Missverhältnis stehend angesehen werden.

Doch was tut diese erfolgreiche Frau, die zuhause nicht nur die Geschicke ihrer Familie, die Stimmungslage der Kinder, die Aufgaben einer Privatsekretärin für den im Business erfolgreichen Ehemann (mit allen Klischees), die Abstimmung der sozialen Kontakte der Familie, die Bedürfnisse der Mitarbeiter (Familienmitglieder) befriedigt, sondern auch noch die daraus fehlende Anerkennung für sich selbst kompensieren muss?

Einen solchen Tag möchte ich kurz skizzieren und ich bin sicher vieles nicht aufzuführen, weil ich als Mann einiges davon nicht mitbekomme oder noch genauer, nicht einmal davon weiß.

Aufstehen um 05.30 Uhr vor allen anderen, etwas Zeit für sich haben und im Bad dafür sorgen, dass der Mann einen schon morgens attraktiv findet, Vorbereitung des Frühstücks für die anderen Familienmitglieder, Vorbereitung der Kinder für die Schule und vielleicht den Mann noch motivieren, ein paar Tipps für den Umgang mit den wieder mal nicht funktionierenden, insbesondere weiblichen Mitarbeitern geben und diesen dann energiegeladen und voller Tatendrang Richtung Büro „zu schicken" und ihn damit zu führen, ja gewissermaßen der begleitende Vorgesetzte zu sein. Gleiches mit den Kindern …

An dieser Stelle höre ich auf, die Aufzählung zu vervollständigen. Sie sind der Meinung, ich übertreibe? Gut, dann haben Sie sicherlich begriffen, was ich meine. Zumindest hoffe ich, dass jedem klar geworden ist, dass für diese Aufgabe jemand gefordert ist, der oder besser die über eine Vielzahl an Fähigkeiten, Talenten und über ein ungeheures Maß an Energie verfügen muss. Gibt es hierfür die passenden Managementkurse? Gibt es hier jemanden, der einen unterstützt, durch Trainings, Coachings oder was auch immer?

Oder gehen hier die Empfehlungen dann eher in eine andere Richtung, zu Freundinnen, Frauen, die den anderen, den „Männerweg" gegangen sind oder auch von unserem Staat oder unserer Gesellschaft, die sie, meine Damen, als Familienmanagerin gar nicht erfolgreich sehen will. Denn rein volkswirtschaftlich betrachtet, sollen Sie dem Staat zur Verfügung stehen und eben draußen Ihren Job machen und nicht zu Hause, etwas was schon da ist, erfolgreich leiten. Die Erziehung von Familie, ja Familie, das heißt von Kindern, von Männern und auch von Ihnen selbst, überlassen Sie doch bitte denen, die es können (sollen), nämlich wiederum den Institutionen des Staates. Wie viele von Ihnen wollen das? Wie viele wollen das nicht?

Wenn das Ihre Wahl ist: gut! Wenn das nicht Ihre Wahl ist: ebenfalls gut. Doch treffen Sie diese Entscheidung bewusst und lassen Sie sich nicht in irgendetwas hineindrängen.

14.6   Wann sind Frauen, die diesen Weg gehen, denn jetzt nun wirklich erfolgreich?

Nur damit wir uns klar verstehen, ich zeige hier einen möglichen Weg auf, der für mich den Erfolg einer Frau darstellt. Es geht an dieser Stelle nicht darum, die Frauen, die einen anderen Weg wählen, die sich in der scheinbaren oder tatsächlichen Männerwelt Ihren

Weg suchen und diesen auch gehen, in den Hintergrund zu stellen. Es geht nicht darum, die einzelnen Wege zu bewerten, sondern eine Art von Erfolg sichtbar zu machen, der für die meisten von uns einfach nicht sichtbar ist. Vielleicht weil wir überhaupt nicht wissen, was dort geleistet wird, vielleicht weil wir nicht wissen, was täglich an Kleinigkeiten gemacht werden muss, damit das Große funktioniert, vielleicht aber auch, weil es Gesellschaft und Staat einfach nicht anerkennen, sondern klein halten und mit Frauenquote und Ähnlichem nach Wegen suchen, um die Frauen, gerne auch Damen, aufzuwerten.

Und genau diese künstliche Aufwertung ist nicht notwendig. Sie zwingt beide Geschlechter in Rollen, für die sie vielleicht nicht geschaffen sind und die sie vielleicht nicht wollen. Die freie Entscheidung eine solche Rolle einzugehen, ist gut und die Wege dafür sollen jedem und jeder von uns möglich sein. Diese fehlende Anerkennung, wenn die Frau ihre Position in der Familie einnimmt, die Bezeichnung, sie sei „nur" Familienmanagerin oder noch weniger, führen doch eben zu den vermeintlichen Aufwertungen von Frauen im Beruf – ist Managerin, egal wofür, kein Beruf? Ich hoffe, dass jetzt viele der Leserinnen und Leser aufschreien. Und – auch in eigener Sache – sie führt gleichzeitig zu einer Abwertung des Mannes. Dieser soll nämlich die Eigenschaften (unmöglich) und Aufgaben (z. T. möglich) einer Frau übernehmen. Auf das Thema soziale Kompetenz bin ich oben schon intensiv eingegangen.

Kämpfen, auf der Jagd das Wild vor dem Säbelzahntiger erlegen und es dann noch sicher nach Hause bringen, sollen wir im übertragenen Sinne immer noch. Für uns bedeutet das, früh morgens mit einer Menge an männlichen Hormonen energiegeladen das Haus verlassen, die besseren Abschlüsse machen, die Horde, das heißt heute die Mitarbeiter im Unternehmen oder der Abteilung führen, sowie die Familie nach außen hin schützen und fördern.

Doch gleichzeitig wird inzwischen der Ruf nach anderen Aufgaben, die erledigt werden sollen, wie Erziehungszeit, das Zuhausebleiben bei Krankheit der Kinder oder ähnlichem, laut. Wir Männer sollen somit die gleichen Aufgaben der Frau übernehmen. Auch hier fragt keiner, ob wir das wollen oder nicht. Es fragt auch keiner, ob damit ein Teil unserer Stärken demontiert werden ebenso bei den Damen, die in der Männerwelt gewisse Eigenschaften übernehmen, die hier notwendig sind oder zu sein scheinen.

14.7   Was bedeutet das „Erfolgreichsein" nun für mein aktives Verhalten?

Eine Frau, die die Männer in ihrer Umgebung nicht umziehen und demontieren will, ist in meinen Augen extrem erfolgreich. Diejenige, die akzeptiert, dass sie die Rolle mit der massiven sozialen Kompetenz, die wir Männer nur „krückenhaft" erlernen können, übernimmt, und die Männer, vor allen Dingen ihren Mann, damit steuern kann. Steuern heißt an dieser Stelle jedoch nicht manipulieren, denn der Grat zwischen Manipulation und Motivation ist schmal. Dieselben Ansätze, die eine Motivation bewirken, können genauso gut auch eine Manipulation sein. Der einzige Unterschied dazwischen ist die Intention, also ihre Absicht, die dahinter steckt.

Die Frauen übernehmen somit mit dieser Steuerung eben eine hohe Verantwortung für sich selbst und für andere. Wir haben am Beispiel der „Widerspenstigen Zähmung" gesehen, dass die Frau durch ihr Verhalten den Mann zum König gemacht hat und sie nur deswegen danach durch ihn zur Königin aufsteigen konnte. Ihr Erfolg ist somit eng an den seinen gekoppelt. Wenn eine Frau nun diesen Weg geht und sich bewusst dafür entscheidet, so sollte ihr diese enge Verbindung des beiderseitigen Erfolges bewusst sein, genauso wie der Mann sich darüber bewusst werden sollte, dass er eben diese Steuerung auch zulassen muss.

Haben Sie Ihren Erfolgsweg, den Weg für den Sie sich entschieden haben, auch glasklar kommuniziert?

Haben Sie ihn für sich selbst glasklar kommuniziert?

Und haben Sie ihn für andere glasklar kommuniziert?

Wenn Sie selbst Zweifel daran haben, welcher Weg der richtige ist, wie wollen Sie dann denen, mit denen Sie diesen Weg gehen wollen oder müssen, so etwas klar machen? Daraus ergibt sich eine ganz klare Handlungsnotwendigkeit. Zuerst für Sie selbst und dann von Ihnen für andere.

Dieser Beitrag und auch der meiner Mitautoren ist sicherlich gut geeignet, Ihnen verschiedene Möglichkeiten des speziellen weiblichen Erfolges aufzuzeigen. Ihre Aufgabe ist es nun, sich Ihren möglichen Erfolgsweg daraus zu erstellen.

Dabei kann die folgende Fragestellung hilfreich sein:

1. Wer bin ich?
2. Wer möchte ich sein?
3. Welches ist diese einzigartige Fähigkeit, die ich allen Menschen voraus habe und die ich bekommen habe, um sie zu meine Wohle und zum Wohle aller zu nutzen?
4. Wenn ich einmal gehen muss, was möchte ich hier lassen, welche Spur von mir soll es dann weiterhin geben?

Es ist vielleicht sinnvoll, diese Fragen nicht in den nächsten ein oder zwei Minuten zu beantworten, sondern sich einen gewissen Zeitrahmen dafür zu lassen und die Fragen vielleicht auch mehrfach zu überdenken und zu „überfühlen"! Nach der Beantwortung wird Ihnen viel klarer sein, wie Ihr Weg aussehen kann oder soll. Dies war jedoch nach alter Wilhelm-Busch-Tradition lediglich der erste Streich, doch der zweite folgt sogleich. Wenn Sie sich Ihres Weges klar geworden sind, müssen Sie diesen an Ihr Umfeld auch kommunizieren.

Das in Abschn. 14.8 beschriebene Tool des Debriefings ist hierfür sicherlich ein geeignetes Instrument und Zeitpunkt. Kommunizieren Sie Ihren gewünschten Weg klar und deutlich. Auch das Kommunikationsverhalten zwischen Mann und Frau ist völlig unterschiedlich. Wir Männer verstehen einiges von dem, was eine Frau (angeblich) klar und deutlich gesagt hat, nicht. Nicht aus böser Absicht, wir haben es wirklich nicht verstanden und es ist bei uns nicht angekommen. Die selektive Wahrnehmung mit den geschlechtsspe-zifischen Unterschieden unterbricht oftmals die Kommunikation an dieser Stelle. Fragen Sie nach, nicht ob, sondern was von Ihren Vorschlägen und Ideen auch wirklich verstanden worden ist. Nur dann können Sie sicher sein, dass es auch angekommen ist.

Ganz nebenbei, meine Herren, auch Sie können diese Tools einsetzen. Sie sollten je-doch in der Kommunikation darauf achten, dass Sie nicht zu deutlich unterwegs sind und Ihre Kommunikationspartnerin nicht überfahren.

14.8   Welche Management Tools kann ich einsetzen, um auf dem Weg der Familienmanagerin erfolgreich zu sein?

Sie werden erstaunt sein, wenn ich Ihnen an dieser Stelle sage, dass Sie für diese Positi-on dieselben Tools einsetzen können wie auch an allen anderen Managementpositionen. Denn es ist *völlig egal*, was für ein Team Sie führen. Ob es uns gefällt oder auch nicht, knapp 7 Milliarden Menschen funktionieren nach ähnlichen Mustern, wenn sie auf Din-ge reagieren. Ungefähr die Hälfte davon – nämlich Sie, meine Damen – hat eine höhere Kompetenz, dies sinnvoll zu kommunizieren.

Nachfolgend möchte ich sieben wichtige Dinge, einen Auszug aus den „Regeln der Champions", ja Champions, denn genau das sind Sie, geben. Diese werden Sie in der Ausübung Ihrer Position noch erfolgreicher machen!

Beginnen Sie immer mit sich selbst
Sie können anderen nichts geben, was Sie nicht selbst haben. Wenn Ihnen die Ruhe mor-gens fehlt, wie wollen Sie diese Ihrer Familie mit auf den Weg geben? Ein weiteres Beispiel ist noch deutlicher: Wenn Sie jemandem einen 100 Euroschein geben wollen, müssen Sie diesen vorher auch selbst besitzen. Beginnen Sie mit allem, was Sie tun, bei sich selbst! Erst dann können Sie es auf andere übertragen.

Respekt
Respektieren Sie sich selbst, so wie Sie jetzt sind, denn Sie machen einen großartigen Job! Respektieren Sie andere! Wenn Sie beides erfüllen, werden auch Sie den Respekt erfahren, der Ihnen gebührt.

Vertrauen
Vertrauen Sie sich selbst! Vertrauen Sie anderen, insbesondere Ihren Partnern und Kindern und loben diese dafür! Das gilt auch für andere „Mitarbeiter". Wenn Sie das erfüllen, werden auch Sie das Vertrauen erfahren, das Ihnen gebührt.

Vertrauen Sie Ihrem Gefühl
Intuitiv, meine Damen, sind Sie nicht besser als wir Männer. Doch aufgrund Ihrer hö-heren sozialen Kompetenz hören Sie viel genauer zwischen den Zeilen hin und fühlen

damit auch viel genauer hin. Achten Sie auf dieses Gefühl und nutzen Sie es! Wie sagt Deepak Chopra (2004), ein höchst erfolgreicher Psychologe und Autor: „Wenn sich eine Entscheidung für beide Seiten gut anfühlt, dann führe sie aus. Wenn Du fühlst, dass es für eine Seite nicht positiv ist, so überdenke die Entscheidung noch einmal. Wenn sie sich für beide Seiten schlecht anfühlt, dann verwerfe sie sofort!"

Schaffen Sie sich Ihren persönlichen Freiraum
Was tun Sie für sich selbst, um leistungsfähig, fröhlich und ausgeglichen zu bleiben? Machen Sie wirklich etwas nur für sich selbst, täglich, ungeachtet dessen, was auf sie einströmt oder einschlägt. Etwas um Ihre Leistungsfähigkeit zu erhalten, Ihre Ausgeglichenheit. Egal, welches Ritual es ist, welche Dinge es sind. Wenn Sie ihn noch nicht haben, dann schaffen Sie sich schnellstens einen solchen Freiraum. Ansonsten verbrennen Sie!

Sie steuern die Emotionen und nicht die Emotionen steuern Sie!
Hierbei gibt es zwei Arten von Emotionen:

1. Die eigenen.
   a. Üben Sie eine Einwandsbehandlung in Rollenspielen. Steht eine Konfrontation an, wird so etwas Ihren Energielevel erhöhen und Sie besser vorbereiten.
   b. Wenn die Emotionen stärker werden, nehmen Sie, so es möglich ist, eine kurze Auszeit um sich zu sammeln und widmen sich dann wieder der Sache.
   c. Erkennen Sie immer die Einwände der anderen an, auch wenn diese auf Sie „einprasseln". Antworten Sie darauf mit offenen Fragen, treiben Sie den anderen damit nicht in die Enge.
   d. Fragen Sie spezifisch immer mit den folgenden Worten: „Wer, Was, Wie und Warum".
2. Die der anderen.

Die Emotionen der anderen werden ebenso behandelt, nur dass Sie hier mit einer bestimmten Fragestellung die Art der Emotion herausfinden und identifizieren müssen. Die Emotionen, um die es hier geht, sind Ärger, Frustration, Verwirrung, Misstrauen, Furcht, Traurigkeit und Apathie. Diese sind die primär negativen Emotionen, auch wenn die Liste nicht vollständig ist. Wenn solche Emotionen aufzutauchen beginnen, ist es das Beste, das Gespräch dahingehend zu unterbrechen, um die Emotion mit gezielten Fragen genau zu identifizieren. Wenn dies gelungen ist, wird die andere Person entspannter sein und wieder beginnen logischer zu handeln.

Wöchentliches Debriefing
Wie können Sie wissen, was für Aufgaben Ihr Partner diese Woche gut erledigt hat, welche Aufgaben nicht und was er in der kommenden Woche vor sich hat?

Gleiches gilt für Sie selbst. Woher soll Ihr Partner wissen, was los ist, was Sie bewegt hat, welche Ihrer Ziele Sie erreicht haben?

Vereinbaren Sie einfach einen Termin zum Debriefing, wo solche Sachen in entspannter Atmosphäre besprochen werden können. Wichtig hierbei ist, jeder darf ausreden und wird nicht unterbrochen. Berichtet wird dabei nur über sich selbst und es wird keine Wertung über den anderen vorgenommen. Das ist eine wesentliche Voraussetzung, um zielgerichtet unterwegs zu sein. Ein solches Debriefing kann dabei in entspannter Atmosphäre bei einem guten Getränk durchgeführt werden. Eine feste Terminierung einmal wöchentlich ist für den Erfolg unumgänglich.

Dieses waren nur einige Anregungen, wie Sie noch erfolgreicher im Umgang mit den Menschen sein können, die Sie managen. Beginnen Sie immer bei sich selbst und versuchen Sie nicht, die anderen zu ändern. Glauben Sie mir dies, denn das sollten Sie nicht ausprobieren. Naturgesetze gelten immer und dies ist eines. Egal ob es Ihnen gefällt oder nicht.

14.9 Zusammenfassung

Sie haben die Entscheidung und sie sind die einzige Person, die diese Entscheidung treffen soll und dies entscheiden darf. Lassen Sie sich von niemandem – auch von mir und den anderen Autoren hier in diesem Buch – nicht vorschreiben, was für Sie persönlich Erfolg bedeutet und wie Sie ihn sehen sollen. Auch nicht – oder insbesondere nicht – von diesem Staat und Teilen unserer Gesellschaft. Gehen Sie Ihren Weg!

Doch eines sollten Sie dabei nie vergessen: Die Macht und (Sozial-)Kompetenz, die Sie besitzen, ist auf der anderen Seite auch eine Verantwortung, der Sie sich zu stellen haben, wenn Sie sich für den hier beschriebenen Erfolgsweg entscheiden. Ihr Einfluss auf die Tagesform Ihrer Familienmitglieder und auch auf das Verhalten Ihres Lebenspartners in seinem Unternehmen ist bedeutend. Wenn Sie dies erst einmal erkannt und vielleicht auch verinnerlicht haben, so glauben Sie mir, wird dies einen immensen Einfluss auf Ihr Auftreten und Ihren Selbstwert haben. Ich persönlich habe mit vielen Damen gesprochen, ebenso eine Vielzahl an weiblichen Coaches erlebt, denen so etwas nicht bewusst war.

Mit dem Bewusstwerden fühlten sich viele von Ihnen besser und plötzlich wurde klar, dass sie eben keine Hilfsarbeiter und unselbstständigen Anhängsel sind, sondern ein wichtige, vielleicht sogar die wichtigste Position im Gefüge einer Familie oder Lebensgemeinschaft darstellen, die Respekt, Anerkennung und Liebe vergibt und verdient.

Auf der anderen Seite soll Sie dieses Mehr an Bewusstsein, Verantwortung, Zufriedenheit und/oder Respekt nicht davon abhalten, in die Männerwelt einzutauchen und neben oder anstatt einer Familienmanagerin eben selbige Aufgabe in einem Konzern oder auch einem kleineren Unternehmen auszuüben. Nur sollte dies Ihre persönliche Entscheidung sein, vielleicht mit Unterstützung derer, mit denen Sie die anderen Entscheidungen Ihres Lebens treffen, und nicht die weiter oben beschriebenen aufoktroyierten Bedingungen von unzufriedenen, besserwissenden gesellschaftsdesignenden Politikern und selbsternannten

Experten sein. Um diese Menschen geht es nicht, diese Menschen interessieren sich auch nicht für sie ... Es geht dabei ausschließlich um Sie selbst und Ihr persönliches Umfeld.

Viele, wenn nicht die meisten von uns – besser – von Ihnen, liebe Leserinnen, haben Ihren Weg doch bereits gewählt. Denjenigen von Ihnen, die sich eben für den Weg der, wie ich ihn hier nenne, Familienmanagerin entschieden haben, sollen diesen Weg doch entschieden weiter gehen. Dieser Teil unseres Buches kann Ihnen helfen, Ihren eigenen Weg als einen sehr erfolgreichen Weg anzusehen und durch die Anerkennung und die kleinen Hilfen, diesen Weg noch erfolgreicher zu gehen und sich eben nicht dem Mainstream zu unterwerfen, der Ihnen selbst nicht behagt.

Diejenigen, die diesen Weg nicht gewählt haben, sondern eine Karriere im Arbeitsleben der vermeintlichen Männerwelt anstreben oder diese bereits erreicht haben, gehen eben bitte auch Ihren Weg weiter. Wichtig dabei ist jedoch, dass der jeweils andere Weg auch geachtet und anerkannt wird und nicht der eigene als der allein seligmachende Weg gesehen wird und die eine Seite als mit dem „bisschen Mann und Familie" und die andere Seite als „beziehungsunfähig" angesehen und dargestellt wird.

Respektieren Sie jeweils die Perspektive des anderen hierbei. Versuchen Sie eben nicht, eine Familienmanagerin in die Führungsposition eines Unternehmens zu drücken oder umgekehrt. Mein Appell ist daher, dass Sie nicht versuchen Ihre Freundin und womöglich noch deren Mann oder Lebensgefährten umzuerziehen und dann gemeinsam mit ihr ein Männerumerziehungsprogramm zu starten. Eine tragisch-komische Geschichte sende ich hierzu gerne jeder Leserin oder jedem Leser unter der Anfrage an trainer@be-the-champion.com zu.

Gehen Sie den Weg, denken Sie jedoch immer daran, dass das, wofür Ihr Herz steht, nur für Sie Gültigkeit hat und wenn Sie es anderen auferlegen wollen, Sie deren Herzen eher brechen können.

Genau das gleiche gilt auch für uns Männer. Auch wir müssen die Toleranz aufbringen, den Weg, den wir gewählt haben, als nur für uns richtig anzusehen und den Familienmanagerinnen, nicht nur der unsrigen, die notwendige Achtung und den notwendigen Respekt entgegen bringen. Und dieses genauso, wie auch die Frau in unserem Business-Club ohne Quote zu respektieren, während wir beachten, dass es ihre freie Entscheidung ist oder war, diesen Weg zu gehen.

Nur dann eröffnen sich alle diese Möglichkeiten zu einer freien Entfaltung und Entscheidung und sowohl die chauvinistische Seite als auch die unisexbasierte Gleichmacherei finden keine Nahrung, um das Miteinander nicht nur biologisch unterschiedlicher Menschen zum Wohl aller zu ermöglichen.

Gleichzeitig ist dies eine Aufforderung an unsere Politiker und alle, die unsere Gesellschaft steuern oder anderweitig Einfluss nehmen (wollen), die Entscheidung eines jeden einzelnen für sein Leben wenigstens etwas zu respektieren und den Menschen die Entscheidung über ihr eigenes Leben auch zu lassen.

Beginnen Sie jetzt, sich Ihren Erfolg einzuladen!

14.10   Über den Autor

Dirk Schöttelndreier ist ehemaliger deutscher Segelmeister und einer der erfolgreichsten Unternehmer im Mittelstand im deutschsprachigen Raum. Er ist mehrfach ausgezeichnet als Träger des Ludwig-Erhard-Preises des Deutschen Mittelstandes, als Top 100 Unternehmer in Deutschland, Österreich und der Schweiz, als Mitglied der „Best 49" und als Mitglied der Top 100 Excellente Unternehmer von Speakers Excellence.

Er ist eine Autorität rund um die Themen Qualitätsmanagement, Prozessmanagement, Servicemarketing, Selbstmanagement und gelebter Führung auf Basis des „Code of Honor". Seit mehr als zwanzig Jahren leitet er ein medizinisches Unternehmen und hat mehrere Beteiligungen an Erfolgsfirmen, die er aktiv berät, begleitet und als Trainer und Coach an die Spitze entwickelt. Dirk Schöttelndreier ist Performance-Redner, Spitzen-Trainer und Erfolgs-Coach und gibt sein Wissen sowohl auf der großen Bühne als auch im Einzelcoaching weiter.

Inspiriert und als Trainer international ausgebildet in Europa, den USA und in Asien ist der aktive und mitreißende Persönlichkeitsentwickler und Fachbuchautor von den besten Trainern der Welt, unter anderem von der Erfolgslegende T. Harv Eker und seinem persönlichem Mentor Blair Singer.

Lebendig und voller Herz, eindrucksvoll und informativ, fundiert und kompetent, eindringlich und nachvollziehbar gibt er sein Wissen aus dem Spitzensport und dem Spitzenunternehmertum weiter – auf Deutsch und Englisch, aber immer in der Terminologie der Gewinner. Er gilt als der Inspirator der Business-Entscheider und als Starthelfer in Sachen wirtschaftlicher Spitzenleistung.

Mehr unter www.be-the-champion.com und www.be-the-champion-academy.com

Literatur

Chopra, D. (2004). *Die sieben geistigen Gesetze des Erfolgs*. Berlin: Allegria.

Die Lippen rot, die Röcke kurz

Kurt Steindl

15

Inhaltsverzeichnis

Der provokante Titel soll Ihnen, meine verehrte Leserin, gleich aufzeigen, wie es **nicht** geht. Es wird kaum reichen, sich sexy herzurichten und mit rotem Schmollmund die Karriereleiter zu erklimmen.

Obwohl . . . ? Die Geschichte zeigt, dass manche Damen damit recht ansehnlichen Erfolg hatten. Schon in der Antike und im Mittelalter hatten Mätressen mitunter sagenhafte Aufstiege zu verzeichnen. Oder denken Sie doch an die Filmindustrie der Neuzeit. Den Begriff „Besetzungscouch" kennen Sie bestimmt. Nicht selten werden heute noch ehemals kleine Sekretärinnen zu mächtigen Unternehmenslenkerinnen. Vielleicht weniger durch ihre Kompetenz als durch die Wahl des richtigen Mannes.

Gar nicht so selten hat sich der Boss eines Unternehmens in die langen Beine seiner Sekretärin verliebt und diese Beine schließlich in Pumps sogar zum Traualtar geführt. Es folgte ein Leben in Luxus und . . . ja, natürlich hat es auch seine Schattenseiten. Mitunter wurde daraus ein Leben im goldenen Käfig. Schließlich war sie ja von diesem Mann abhängig und musste sich seinen guten Willen vielleicht sogar täglich neu verdienen. Aber ganz verteufeln sollte man das nicht.

Sie sind interessiert? Gut, dann sprechen wir darüber, wie man den vermögenden Gentleman bezirzt und für sich gewinnt.

Kurt Steindl ⊠
Im Weideland 8, 4060 Leonding, Österreich
e-mail: office@kurtsteindl.com

© Springer Fachmedien Wiesbaden 2015
P. Buchenau (Hrsg.), *Chefsache Frauen*, DOI 10.1007/978-3-658-07498-2_15

15.1 So angeln Sie sich einen reichen Mann

15.1.1 Wählen Sie die richtige Garderobe

Wenn Sie anstreben, sich einen reichen Mann zu angeln und fortan ein Leben in Saus und Braus zu führen, empfehle ich Ihnen gleich zu Beginn, schaffen Sie sich eine aufregende Garderobe an und trainieren Sie einen stilvollen und doch lasziven Gang. Ein breiter Hüftschwung lässt keinen Mann kalt. Wenn er vielleicht auch noch stilvoll und nicht vulgär zelebriert wird, dann schaut auch der Vorstandsvorsitzende des christlich geprägten Weltkonzerns gerne nach und wackelt verträumt mit dem Kopf.

Wenn Sie einen reichen Mann auf sich aufmerksam machen wollen, dann müssen Sie bei den entsprechenden gesellschaftlichen Veranstaltungen auffallen. Das tun Sie am besten mit Ihrer stilvollen Kleidung. Wählen Sie deshalb für Festlichkeiten möglichst eine einzige Farbe. Alles in einem Rot ist natürlich der absolute Bringer. Aber auch knallige Farben wie gelb, rosa, grün oder hellblau sind wunderbar geeignet. Je nachdem, was Ihnen besser steht. Verzichten Sie aber auf eine zweite Farbe. Auch wenn es sich noch so wunderbar kombinieren ließe. Nein, Sie wählen eine einzige Farbe. Und zwar im exakt gleichen Farbton. Zwei verschiedene Rottöne sind eben auch zwei verschiedene Farben. Auch wenn sie sich ähnlich sind. Denken dabei an den berührenden Song von Chris de Burgh „Lady in red". Diese Dame hatte bestimmt nur ein rotes Kleid gewählt, ohne weitere Ablenkungen (außer ihrem Schmuck vielleicht!).

15.1.2 Üben Sie ein Hohlkreuz

Ihre Haltung muss besonders aufrecht sein. Zum Üben stellen Sie sich so an eine Wand, dass sowohl Ihr Po als auch die Schultern die Wand berühren, der Rücken selbst jedoch nicht. Wenn Sie in dieser Hohlkreuzhaltung durch eine Veranstaltung schreiten, ziehen Sie garantiert alle Blicke auf sich. Natürlich tragen Sie dabei hohe Schuhe. Und zwar mächtig hohe Schuhe. Diese verlängern optisch nicht nur Ihre Beine, sondern zwingen Sie auch zu einem aufrechten Gang. Sie sollten nicht gehen, sondern vielmehr schweben. Damit wäre Ihr Gang anschaulich beschrieben.

„Aber hohe Schuhe sind doch schädlich für die Füße. Besonders das Kniegelenk wird überbeansprucht", höre ich Sie vielleicht murmeln. Ja, liebe Leserin, da haben Sie Recht. An der Harvard Medical School in Boston hat man dies sogar wissenschaftlich untersucht und bestätigt (Lancet 1998). Sie sollen auch nicht tagein und tagaus mit diesen Ungetümen herumlaufen. Aber auf jeden Fall, wenn Sie sich einen vermögenden Mann angeln wollen. Für ein Leben im Überfluss kann man schon mal ein überschaubares gesundheitliches Risiko eingehen. Von ein paar Schritten bekommen Sie außerdem bestimmt keine Arthrose.

Kleine Schritte sind eine Selbstverständlichkeit. Weite Schritte zeugen nicht von Eleganz, sondern eher von Tölpelhaftigkeit. Und diesen Eindruck wollen Sie nicht einmal im Ansatz erwecken. Also: small steps like a princess!

15.1.3   Scheu, wie ein Reh …

Wenn Sie dermaßen aufgetakelt durch eine Gesellschaft wandeln, achten Sie darauf, dass Sie mit dem richtigen Mann kurzen Blickkontakt halten. Kein starrer Blick, sondern eher ein flüchtiges, aber bewunderndes Hinhauchen eines Blickes. Senken Sie dann schnell wieder die Augen und agieren Sie dabei wie ein scheues Reh. Suchen Sie sich eine ruhige Ecke, einen ruhigeren Platz an der Bar, aber nicht zu weit weg – schließlich soll der Jäger ja nicht bereits außer Atem sein, wenn er Sie erreicht – und warten Sie.

15.1.4   Ansprechen verboten

Sprechen Sie niemals den Mann von selbst an. Bleiben Sie beim furchtsamen Rotwild und senken Sie unschuldig die Augen, wenn Sie angesprochen werden. Männer sind Jäger und Sammler. Das zeigt sich am deutlichsten, wenn sie auf Frauenfang aus sind. Sie wollen erobern, sich als tollen Hecht präsentieren und vor allem die Beute erlegen. Wenn das zu leicht gemacht wird, verlieren sie schnell wieder das Interesse.

Wenn Sie von ihm angesprochen werden, dann zeigen Sie sich schüchtern, aber gleichzeitig auch interessiert. Nehmen Sie seine Komplimente dankbar und mit kleinen, verlegenen Gesten entgegen und lächeln Sie, wenn der Glatzkopf etwas Heiteres von sich gibt. Auch wenn die Anmache noch so stümperhaft sein soll, seien Sie großzügig und geben Sie dem Herrn das Gefühl, dass er die Krönung der Schöpfung ist. Stürmische Annäherungen weisen Sie sanft aber doch entschieden zurück. Was er sich in mühevoller Arbeit erjagen muss, behält länger seinen Reiz. Wenn er gar das Gefühl bekommt, die Beute wehrt sich standhaft, ohne das Weite zu suchen, dann gerät er völlig aus dem Häuschen.

15.1.5   Seien Sie bloß nicht intelligent

Wenn der Auserkorene von sich und seiner Arbeit erzählt, dann lauschen Sie andächtig und zeigen, wie sehr Sie beeindruckt sind von seinen Erfolgen, seiner Position, vom Gesamtpaket an sich. Verzichten Sie darauf, durch besondere Intelligenz beeindrucken zu wollen. Das ängstigt die meisten Männer. Bleiben Sie unverbindlich, charmant und vor allem lächeln Sie. Auch wenn Sie die Anmache oder den Witz eher abtörnend finden. Reden Sie selbst nicht zu viel, stellen Sie ihm vielmehr Fragen.

Keine Angst, das kleine Dummchen ist auch nur noch selten gefragt. Aber seien Sie auf keinen Fall klüger als der Bauchträger vor Ihnen. Auch wenn Sie es besser wissen, behalten Sie Ihre Meinung für sich. Schließlich geht es darum, das feine Netz ganz dicht zu spinnen, um das Opfer nicht mehr auszulassen. Männer wollen imponieren. Das scheint die primäre Aufgabe des Mannes zu sein, die ihm von der Evolution zugewiesen wurde. Also setzen Sie ihm im Geiste eine kleine Krone auf und lauschen Sie seinen erfolgreichen Taten. Ab und an sondern Sie bewundernde Kommentare ab und schütteln ungläubig den Kopf, aufgrund seiner fantastischen Taten. Gut dosiert natürlich, aber immer wieder.

15.1.6 „Ach, sind Sie stark!"

Weisen Sie darauf hin, wie sehr Sie starke Männer bewundern, wie gern Sie selbst so stark wären. Aber leider sind Sie ja nur ein schwaches Häschen, eine ängstliche Gazelle, die sich im Großstadtdschungel verlaufen hat und dringend nach einer stützenden Hand und einem kräftigen Beschützer Ausschau hält. (Zu dick aufgetragen? Ach, was soll's. Männer sind in dieser Phase unfähig auch nur einen einzigen klaren Gedanken zu fassen. Das Blut verlässt das Gehirn, weil es woanders gebraucht wird. Also tragen Sie ruhig richtig dick auf. Er hört Ihnen sowieso nur peripher zu. In seinen Gedanken wälzen Sie sich sowieso schon bereits nackt in seinen seidenen Laken.)

„Schöne Frauen machen Männer dümmer", lautete sogar der provokante Titel einer Studie von Wissenschaftlern der Radboud Universität (Die Zeit 2009) in den Niederlanden. Demnach wollen Männer bei schönen Frauen Eindruck schinden und darunter leide dann die geistige Leistungsfähigkeit, erklärt der Studienautor Sozialpsychologe Johan Karremans. Wenn der gute Mann also zu stottern beginnt und sich schwertut einen vernünftigen Satz hervorzubringen, dann ist das nur der Ausdruck seiner Verehrung. Er findet Sie schön. Seine Intelligenz macht jetzt Pause, weil der Testosteronhaushalt ihm andere Prämissen vorgibt. Jetzt ist nicht Klugheit gefragt, sondern pure Manneskraft. Bei Frauen tritt dieses Phänomen übrigens nicht auf. Sie können auch in Gegenwart von attraktiven Männern immer noch kluge Sätze bilden.

15.1.7 Raus aus der Herde! Aber dalli!

Wenn Sie in Gesellschaft sind, dann meiden Sie die Gegenwart von gleichgesinnten Damen. Konkurrenz soll ja das Geschäft beleben, ist hier aber fehl am Platz. Der gute Mann soll schließlich nicht aus dem Vollen schöpfen können. Eine breite Auswahl würde den Galan bloß verwirren. Achten Sie darauf, dass Sie in Gegenwart anderer Damen deutlich an Schönheit gewinnen. Neben Gisele Bündchen würde sich fast jede Frau schwer tun, zu glänzen. Ältere Semester sind eindeutig zu bevorzugen. Nicht gerade die eigene Großmutter, aber mütterliche Freundinnen wären eine Idealbesetzung. Da können Sie neben der erotischen Aufmachung auch noch mit Jugend und straffer Haut punkten.

Meiden Sie auch die Gesellschaft von Männern, die Ihnen zwar gefallen aber nicht über das nötige Kleingeld verfügen. Arm und schön ist nur bei Frauen reizvoll. Außerdem soll der Auserwählte ja nicht die Feindseligkeit testosterongeschwängerter Bübchen fürchten müssen. Bereiten Sie ihm eine Bühne, die er zwar erklimmen muss, deren Besteigung aber keine körperliche oder mentale Höchstleistung verlangt. Sonst gibt das Männchen am Ende noch vorzeitig auf.

► Frauen definieren sich vornehmlich über Äußerlichkeiten. Die milliardenschwere Kosmetik- und Bekleidungsindustrie spricht eine deutliche Sprache. Männer definieren sich im Gegensatz dazu vornehmlich über Status und Leistung. Also über ihr großes Auto, ihre tolle Position, ihr gefährliches Hobby. Homosexuelle Männer bilden die Ausnahme, aber die werden gegen Ihre Strategie auch immun sein.

15.1.8 Seien Sie nachsichtig mit ihm

„Important men" (Achtung das „r" und die richtige Schreibweise ist wichtig) hören sich selbst gerne reden. Bewundern Sie seine Geschichten und Taten. Zeigen Sie Interesse an dem, was er tut und drücken Sie Ihre Hochachtung dafür aus. Auch wenn Sie keine Ahnung haben, was diese vielen Fachausdrücke bedeuten sollen. Zeigen Sie ihm, dass Sie seine Größe, Stärke, Klugheit oder was auch immer bewundern. Nehmen Sie Komplimente dankbar entgegen und zeigen Sie sich erfreut, wenn er Ihre schönen Augen besonders hervorhebt. Agieren Sie großzügig, wenn seine Wortgewandtheit zu wünschen übrig lässt. Seien Sie nachsichtig, wenn er etwas plump und unbeholfen agiert. Nervöse Männer sind nicht souverän. Und wenn er in Ihrer Gegenwart nervös wird, dann läuft alles nach Plan.

15.1.9 Kleine Happen erhalten das Verlangen!

Um ihn nervös zu machen, bücken Sie sich vielleicht ein wenig und gestatten ihm einen kurzen tieferen Einblick in Ihr Dekolleté. Oder Sie richten Ihre Brüste ein wenig, weil der Büstenhalter etwas zwickt. Vielleicht zeigen Sie auch etwas Bein, indem Sie beim Treppensteigen das Kleid ein wenig zu hoch heben. Ihrer Fantasie sind keine Grenzen gesetzt. Wenn der gute Mann nur noch stammelt oder irritiert zu kichern beginnt, dann haben Sie vielleicht etwas zu viel des Guten gemacht. Aber keine Sorge, Männer sind leicht zu lenken. Also etwas runter vom Gaspedal und warten, bis er wieder ausreichend Luft bekommt.

Bleiben Sie zickig, wenn er Ihnen zu nahe tritt. Nichts reizt einen Mann so sehr wie eine Beute, die sich nicht gleich erlegen lässt. Die Jagd ist das Ziel, mag man meinen. Und tatsächlich, wenn Sie zu schnell „Ja" sagen, laufen Sie in Gefahr, nur eine Gespielin zu werden, mit der man(n) ab und an eine nette Zeit verbringt. Ohne Verpflichtungen, versteht sich. Nein, da müssen Sie schon strategisch vorgehen. Lassen Sie in regelmäßigen Abständen einen kleinen Happen fallen, auf den er sich gierig stürzen kann. Aber nicht mehr. Nichts ist so interessant, wie etwas was man nur schwer bekommen kann.

15.1.10   Ein bisschen Erotik gefällig?

Aber Vorsicht, Sie sollten ihn schon auch bei Laune halten. Wenn das Ziel unerreichbar scheint, geben Männer schon mal vorzeitig auf. Verteilen Sie deshalb kleine Genusshäppchen. Vielleicht darf er Ihnen einen zarten Kuss auf die Wange hauchen, beim Tanzen vielleicht die Hand ein klein wenig zu tief auflegen (Sie reklamieren natürlich scheinbar entrüstet aber belassen es schließlich dabei) und bei der Verabschiedung geben Sie ihm vielleicht sogar einen flüchtigen Kuss? Kurz und eher angedeutet. Ich verspreche Ihnen, der Kavalier dreht nach einigen Tagen durch, wenn Sie ihm manchen kleinen Übergriff erlauben. Sein Denken und Handeln wird sich ausschließlich um die Eroberung Ihrer Festung drehen.

15.1.11   Es braucht Zeit, bis ich dir vertrauen kann

Wenn er beginnt, Ihnen großzügige Geschenke zu machen, können Sie sich zufrieden zurücklehnen und die Dosis etwas reduzieren. Der Fisch hängt am Haken und will gefressen werden. Mit Haut und Haaren. Jeder kleine Schmerz steigert das Verlangen noch zusätzlich. Also seien Sie auch einmal unpässlich und sagen ein Treffen kurzfristig ab. Außerdem sollten Sie Unsicherheit vortäuschen, weil Sie ihn schon recht gern haben, aber auch gleichzeitig etwas Angst vor ihm und seiner rauen Männlichkeit verspüren. Schließlich wurden Sie von anderen Männern bereits schwer enttäuscht und nun zweifeln Sie an der Echtheit seiner Gefühle. Es braucht Zeit, bis Sie ihm wirklich vertrauen können und in der Zwischenzeit können Sie ja Freunde sein.

Liebe Leserin, das ist ein dramatisches Thema! Kein Mann will der Freund der Angebeteten sein. Auch wenn er zustimmt und vorgibt, das für eine gute Idee zu halten. Ich schwöre es Ihnen, nur Kastraten und pubertäre Müttersöhnchen sind dazu aufrichtig bereit. Alle anderen wollen Sie ins Bett kriegen, koste es, was es wolle. Da ist kein Aufwand zu groß, keine Mühe zu anstrengend. Wenn das Testosteron die Steuerung übernommen hat, gibt es nur noch den Tunnelblick, der auf das Ziel – auf Sie – fokussiert ist.

> **Beispiel**
>
> In meinem eigenen Bekanntenkreis kenne ich eine Frau, die einen sehr erfolgreichen Unternehmer an den Rand des Wahnsinns brachte, weil sie sich einerseits willig zeigte und andererseits aber auch widerspenstig. Die kleinen Gefügsamkeiten der Frau hat er sich Mal um Mal mit teuren Geschenken erkauft. Und doch, so richtig hingegeben hat sie sich erst, als die Hochzeit bereits fixiert war. Schließlich soll der vermögende Mann doch seinen Reichtum teilen, wenn sie schon ihr Kostbarstes – ihren Körper – gibt. Wie das enden wird? Ich habe bereits auf das Datum gewettet, wann die nette Dame ihn so richtig abzockt und sich die Ehezeit mit viel Geld abgelten lässt. Warum ich mir so sicher bin? Es ist schließlich nicht das erste Mal, dass diese Frau so mit Männern verfährt. Weiß er das nicht? Natürlich weiß er, dass seine attraktive Gemahlin schon

zwei Männer in den Ruin getrieben hat. Aber bei ihm ist das anders. Ganz sicher! Er ist doch ein toller Hecht und dieses Mal ist ihre Liebe echt. Garantiert.

Männer sind schlicht gesagt einfach blöde, wenn das Testosteron den Takt vorgibt. Vielleicht, weil der Hypothalamus des Mannes in solchen Momenten akut unterversorgt ist. Aber das haben wir ja bereits geklärt.

15.1.12   Worüber reden Männer auf der Toilette?

Als Mann wollte ich immer wissen, was Frauen auf der Toilette so reden. Schließlich ist es ja Usus, dass Frauen das stille Örtchen zu zweit aufsuchen. Sollten Sie sich als Frau eine ähnliche Frage stellen, ist die Antwort einfach. Männer reden auf der Toilette über die schönen Brüste der Sekretärin, die langen Beine der Frau vom Boss, über die tolle Figur der neuen Marketingleiterin und die geschmeidigen Bewegungen der Praktikantin. Und natürlich, wie schön es wäre, die alle im Bett zu haben.

„Männer sind Schweine", mögen Sie jetzt vielleicht entrüstet ausrufen. Ja, meine Dame, im Grunde sind wir Männer das wohl. Bis auf ein paar lobenswerte Ausnahmen mag diese Beschimpfung durchaus zutreffend sein. Erlauben Sie hierzu einen kurzen Witz.

Beispiel

Der Chef eines großen Unternehmens sucht eine persönliche Assistentin. Er beauftragt eine Headhunter-Agentur und schon bald gibt es einen Termin mit drei aussichtsreichen Kandidatinnen.

Die erste Dame wird in das Büro gebeten und der Headhunter stellt ihr die Frage: „Wie viel ist zwei und zwei?" Die Kandidatin antwortet wie aus der Pistole geschossen: „Vier!" Der Headhunter bedankt sich und ersucht die Dame draußen zu warten. Die nächste Dame tritt ein und es erfolgt erneut die Frage: „Wie viel ist zwei und zwei?" Sie überlegt kurz und antwortet schließlich: „22!" Der Headhunter bedankt sich und bittet schließlich die dritte Dame ins Büro. Sie nimmt auf dem Stuhl Platz und erneut erfolgt die Frage: „Wie viel ist zwei und zwei?". Die Dame überlegt lange und antwortet schließlich: „Es kommt darauf an. Es kann vier sein aber auch 22!" Der Headhunter bedankt sich und bittet die Kandidatin draußen zu warten.

Zum Chef gewandt resümiert er: „Sie haben nun die drei besten Kandidatinnen unseres Ausleseverfahrens kennengelernt. Die erste Kandidatin ist eine sachliche Person. Sie weiß, dass zwei und zwei vier sind. Sie werden sich auf ihre Zuverlässigkeit und Nüchternheit verlassen können. Die Zweite rechnet das Maximale aus und kommt auf 22. Sie ist eine Optimistin. Das kann bei einer Assistentin ganz wichtig sein. Sie wird versuchen in der jeweiligen Situation immer das Positive sehen. Die Dritte schließlich weiß, dass zwei und zwei vier sind, kann sich aber auch vorstellen die beiden Zahlen zu 22 zu optimieren. Sie ist geschmeidig und flexibel im Denken. Sowohl realistisch als auch optimistisch. Für welche Kandidatin wollen Sie sich entscheiden?"

Darauf der Boss lakonisch: „Die große Blonde mit den dicken Titten!"

Pfui, da schreibt einer einen frauenfeindlichen Witz in einem Frauenbuch. Liebe Leserin, bevor Sie mich verdammen, es geht hierbei nicht um den Witz an sich, sondern um eine Haltung, die in den männerdominierten Vorstandsetagen vieler Unternehmen tatsächlich verbreitet ist. Natürlich wird das nicht offen ausgesprochen, aber die meisten Männer – und speziell, wenn sie vom Machtgedanken geprägt sind – ticken vornehmlich nach dem evolutionären Grundsatz: Wie kann ich mein genetisches Potenzial möglichst weit streuen?

Deshalb malen sich Männer auch bildhaft aus, wie es wäre, mit der Frau des Chefs die Matratzen des nahen Hotels einer Belastungsprobe zu unterziehen. Das tun sie oftmals im leisen Zwiegespräch mit farbigen Bildern mit sich selbst oder eben im Austausch mit den Kumpels. Kann beim Bier in der Kneipe sein, beim Duschen nach dem Sport oder eben auf der Toilette.

Über eine Studie, die die Psychologin Terri Fisher an der Ohio State University durchgeführt hat, wurde in der Tageszeitung „Der Standard" berichtet (Niedenzu 2013). Zitat: „Die männlichen Probanden dachten zwischen ein- und 388-mal täglich an Sex – also an einem 16-Stunden-Tag maximal alle zwei bis drei Minuten –, die Frauen ein- bis 140-mal. Niemand gab jedoch an, am Tag kein einziges Mal an Sex zu denken."

► Männer denken zumindest dann an Sex, wenn sie eine attraktive Frau sehen. Punkt. Egal ob auf einer Plakatwand oder in real life.

Liebe Leserin, ich weiß, das klingt jetzt sehr nach Machos. Und das sind wir Männer im Grunde auch! Natürlich gibt es auch Frauenversteher und Warmduscher, die bei einer Frau nach inneren Werten und nicht nach den Äußerlichkeiten suchen. Solche Männer werden Sie in den oberen Etagen der Wirtschaft aber nicht finden. Weicheier werden vorher ausgesiebt. Im Management herrscht das Gesetz des Dschungels. Der stärkste Löwe kriegt die schönsten Brocken – und die Weibchen.

Im Freundeskreis steigert sich die Mitteilsamkeit der Männer noch zusehends. Da werden auch intime Details ausgebreitet und Fragen gestellt. Das hat nichts mit Bösartigkeit zu tun. Das tun Sie, liebe Leserin, doch auch mit Ihren Freundinnen. Oder etwa nicht? Ach nee? Dann entschuldige ich mich.

15.1.13 Kultivieren Sie Ihren Heiligenschein!

Der amerikanische Forscher Robert Cialdini hat in seinen Schriften den sogenannten „Halo-Effekt" (Cialdini 2002) ausführlich beschrieben. Halo bedeutet im Englischen Heiligenschein und damit ist auch schon gut umrissen, worum es geht. Wir trauen attraktiven Menschen in der Regel mehr zu als weniger attraktiven Menschen. In Amerika gibt es tatsächlich ein Gesetz, das Straftätern mit einer Entstellung auf Staatskosten eine Schönheitsoperation bewilligt. Man hat in mehreren Studien nachgewiesen, dass die smarten, attraktiven Straftäter signifikant mildere Strafen bekamen als die Jungs mit einer hässlichen Narbe im Gesicht. Also Schönheit ist ein wesentliches Thema in der westlichen Welt. Die Castingshow „Germany's next Topmodel" und all die Ableger dieses Genres sprechen eine deutliche Sprache über den Schönheitswahn in unseren Breiten. Die Werbung suggeriert uns zusätzlich ein unrealistisches Schönheitsideal. Wir wissen alle, dass selbst die makellosen Körper und Gesichter der Topmodels noch retuschiert und aufgehübscht werden. Da werden die Beine am Computer verlängert, die Haut geglättet und eventuelle Pickel entfernt und natürlich die weiblichen Attribute besonders hervorgehoben. „Sex sells", lautet die Devise. Photoshop sei Dank.

Eine unabdingbare Voraussetzung, wenn Sie die Karriereleiter im Business nach oben klettern wollen, ist Ihre Attraktivität. Wohlgemerkt nicht Schönheit, sondern Attraktivität. Darunter versteht man Ihre Anziehungskraft. Anziehend kommt von anziehen, hat also auch damit zu tun, was Sie im Berufsleben anziehen, wie Sie sich kleiden.

Ihr Auftritt hängt wiederrum davon ab, was Sie anstreben. Die Sache mit dem reichen Mann haben wir ja schon geklärt. Wenn Ihre Motivation an der Karriere ein angenehmes Leben ist, dann suchen Sie sich einen Mann, der Geld hat und vielleicht sogar noch nett ist. In der Folge engagieren Sie sich vielleicht für soziale Projekte, schaffen sich ein paar Kinder an und genießen das Dolce Vita zwischen Kaffeekränzchen und Shoppingreisen.

Ihr Erscheinungsbild spielt eine große Rolle. Wie sich unbedingt kleiden müssen, um nach oben zu kommen, haben wir schon kurz besprochen. Im nächsten Kapitel gibt es dazu mehr.

So, meine Damen. Das wäre *eine* Möglichkeit, Karriere zu machen. Klingt vielleicht etwas einfacher als es tatsächlich ist. Andererseits werden Sie dabei auch viel Spaß haben, wenn das ungeschickte Dickerchen sich zum Tarzan aufspielt, um Sie zu beeindrucken. Wenn Sie jedoch Karriere machen wollen, weil Sie Ansehen, Status und Geld ohne das lästige Beiwerk Mann suchen, dann lesen Sie bitte weiter.

15.2   Als Frau erfolgreich Karriere machen

Wie Sie als Frau erfolgreich werden, hat neben der Attraktivität noch viele Facetten. Das Zusammenspiel vieler Faktoren bestimmt schlussendlich den Karriereweg. Ihre fachliche Qualifikation und Ihr Fleiß, Ihre soziale Kompetenz und Teamfähigkeit, Ihr Auftreten und Erscheinungsbild, Ihre persönliche Lebenseinstellung und die Bereitschaft, mehr Leistung zu erbringen als erwartet wird, Ihre Geschicklichkeit, sich mit den richtigen Leuten zu vernetzen, Ihre Zielstrebigkeit und auch Härte zu sich selbst und viel, viel mehr. Und natürlich ist es auch Glücksache. Zum richtigen Zeitpunkt am richtigen Ort zu sein ist oft entscheidender als all die vorherigen Faktoren zusammen.

Diese Zeilen sind kein Ratgeber á la „In fünf Schritten zum Erfolg". Zu unterschiedlich sind die Menschen, ihre Schicksale und vor allem ihre Geisteshaltung, als derartige „Ich-weiß-wie-du-dein-Leben-gestalten-sollst-Bücher" in ihrer Begrenztheit zu erfassen vermögen.

Ich möchte Ihnen, verehrte Leserin vielmehr ein paar Gedanken näherbringen, wie ein Mann den Karriereweg einer Frau sieht. Allerdings nicht in Form einer Aneinanderreihung von nützliches To-Dos. Wesentlich nützlicher für Sie scheint mir, dieses Thema verkehrt herum aufzuziehen und Anregungen anzuführen, wie Sie Ihre Karriere wesentlich behindern können. Mit welchen Aktivitäten Sie sich selbst in ein schlechtes Licht rücken und so Ihr berufliches Fortkommen erschweren.

Fangen wir also an, Ihre Karriere den Bach runter gehen zu lassen. Was sollten Sie tun, um den beruflichen Aufstieg mit Sicherheit an die Wand zu fahren. Bereit? Na dann los.

15.2.1 Elegante Kleidung ist nur was für Spießer!

Also achten Sie bitte darauf, dass Ihr Kostüm nicht knitterfrei ist. Sonst kommt man noch auf den Gedanken, dass Sie auch ordentliche Arbeit leisten wollen. Also ein paar kräftige Falten reingedrückt, notfalls lässt sich das auch im Auto oder in der U-Bahn erledigen. Sollte der Stoff Widerstand leisten, dann machen Sie sich doch einen kleinen aber sichtbaren Fleck auf den Rock. Ketchup, Senf und Saft sind wunderbar geeignete Hilfsmittel und Ausdruck Ihrer Individualität und Selbstsicherheit. „Wer sich an meiner Kleidung stört, der hat doch selbst ein Problem", wäre eine gute innere Haltung dazu.

Vielleicht kombinieren Sie auch Farben und Stile, die bislang unentdeckt waren. Kreieren Sie Ihren eigenen Style. Je deutlicher Sie sich von der grauen Masse der Schlipsträger und Kostümtussis unterscheiden, umso besser. Also bloß kein Dunkelblau, Grau oder Schwarz. Greifen Sie vielmehr zu auffälligen und kräftigen Farben. Wenn Sie im Vorzimmer sitzen, dann punkten Sie mit knallendem Pink oder grellem Gelb in all dem Einheitsbrei an Farbgestaltung der oberen Etagen. Vielleicht bringen Sie auch Applikationen an Ihrer langweiligen Kleidung an. Funkelnde Strasssteine, glitzernde Spangen, blitzendes Chrom oder andere Auffälligkeiten. Schließlich sind Sie ja nicht irgendwer und wollen sich auch entsprechend in Szene setzen.

Strümpfe sind ein ausgezeichneter Blickfang. Natürlich nicht diese langweiligen in Hautfarbe. Nein, die grellen in rosa, gelb, violett oder rot, sind ein Hingucker. Vielleicht auch noch mit sexy Muster? Wenn Sie wirklich mutig sind, dann wählen Sie klassische Strapse. Wählen Sie die Strümpfe dann aber nicht zu lang, sonst merkt ja keiner, dass Sie die Tradition des Hüftgürtels hoch halten. Dazu ein etwas kürzerer Rock, damit man auch sieht, dass Sie nicht verklemmt sind, sondern ein gesundes Verhältnis zur Erotik haben. Gerade wenn sie täglich Kundenkontakt haben, wird man sich noch lange an Sie erinnern. Nein, nicht nur die Männer. Auch die Frauen, die Sie neidlos für ein leuchtendes Vorbild erklären werden. In Zeiten wie diesen ist Sex doch ganz normal. Was soll also das Gezicke?

15.2.2   Ein paar Totenköpfe schaden nie!

Um Aufmerksamkeit und Kreativität zu zeigen, sind Totenkopfmotive besonders gut geeignet. Vielleicht ein T-Shirt mit einer grellen Fratze als Hingucker? Dass Sie ein Freigeist sind, beweisen sie besonders gekonnt mit engen Jeans, die großflächig mit Rissen und Löchern versehen sind. Dass Sie Lebenslust als Motto haben, rücken Sie mit luftiger Kleidung ins rechte Licht. Tops mit hauchdünnen Spaghettiträgern, vielleicht auch ein wenig durchsichtig. Wenn Sie mutig sind, dann lassen Sie ruhig den Büstenhalter weg. Schließlich haben Sie ja was vorzuzeigen und brauchen sich wegen Ihrer Reize nicht zu schämen. Hand aufs Herz, die geilen Kerle in der Abteilung haben sowieso nur das eine im Kopf. Sie merken es doch, wenn Sie den Gang zur Kantine entlang gehen, dass sich alle umdrehen und Ihnen nachsehen. Ist doch gut für das Selbstwertgefühl, wenn Sie begafft werden.

15.2.3   Bauchfrei ist ein Zeichen von Selbstbewusstsein!

Sobald die Außentemperatur es zulässt, experimentieren Sie ruhig auch bauchfrei. Wenn Sie, liebe Leserin, besonders hart zu sich selbst sein können, dann ruhig auch im Winter. Schließlich sind die Büroräume ja hoffentlich gut geheizt. Das verträgt dann schon Mal eine sommerliche Leichtigkeit. Man arbeitet auch befreiter, wenn man auf dicke Pullover und Blazer verzichtet. Man ist dann auch weniger eingeengt im Denken, wenn alles frei schwingen kann. Außerdem ist das auch ein Signal an die da oben, dass Sie teamfähig sind. Schließlich liegt Ihnen daran, dass die anderen etwas zu reden haben.

15.2.4   Schuhe müssen bequem sein! Oder?

Die Schuhe müssen in erster Linie bequem oder besonders auffällig sein. Alles andere ist doch wider der fraulichen Natur. Also entweder praktische Gesundheitslatschen, die so ein breites Fußbett haben und die Fußsohle angenehm massieren oder hochhackige Pumps, die in violett oder rot so richtig geil aussehen.

Die Latschen in grau oder weiß, weil die kein wirklicher Hingucker sind, aber man will ja auch schließlich nicht jeden Tag eine Sexbombe sein. Man will auch mal seine Ruhe haben und den Arbeitstag ohne diese geilen Blicke hinter sich bringen. Zu den Schlapfen eignen sich dicke Wollsocken besonders gut. Die halten schön warm und der Fuß kann trotzdem atmen. Außerdem haben Sie doch im Strickkurs zwei schräge Exemplare gebastelt und es wäre doch schade, wenn man die niemals verwenden würde. Für die eigenen vier Wände sind sie einfach zu schön und auch zu bunt. Der Chef soll doch auch sehen, dass Sie handwerklich begabt sind.

Wenn Pumps, dann aber in knalligem Couleur und kombiniert mit einem knappen Röckchen, das die Breite eines Gürtels nur knapp überragt. Dann kommen diese Schuhe gut zur Geltung. Da bleibt den Besuchern schon mal das Herz stehen, wenn Sie so im Vorzimmer des Chefs herumstaksen. Die stolzen Blicke des Chefs und die neidvollen Augen der Kunden werden kaum zu ignorieren sein. Und fürs Selbstwertgefühl sind die geifernden Blicke der alten Knacker auch gut.

Als dritte Variante bieten sich sogenannte Ballerinas an. Diese flachen Füßlinge lassen sich auch schön mit kleinen Herzchen, Maschen oder auch Schmetterlingsmotiven versehen und sehen allerliebst aus. Nicht umsonst bezeichnet man diese Treter als „Hab-mich-lieb-Schuhe". Die Welt ist ja so grausam und hart. Es braucht schon eindeutige Signale, dass Sie damit nicht einverstanden sind. Zeigen Sie, dass Sie die Blumen und die Tiere auf der Wiese lieben. Dass Sie Konflikte verabscheuen und lieber in Harmonie die Einkaufspreise verhandeln wollen. Ballerinas machen die Trägerin zu einem besseren Menschen, das kann man spüren.

15.2.5 Ich schmücke mich!

Dass Sie kreativ sind und nicht in Normen und Regeln denken, können Sie auch gut mit Schmuck zeigen. Je größer und auffälliger umso besser. Kleckern ist was für Anfänger und Gehemmte. Sie wollen wirkungsvoll Ihre Karriere verhindern? Dann klotzen Sie. Behängen Sie sich wie ein übervoller Christbaum. Mit Ohrringen, die in der Größe eines Sportlenkrades dimensioniert sind. Mit Ketten, die sich mehrfach um den Hals winden und im gewagten Dekolleté münden. Auch hier können Sie mit Größe punkten. Modeschmuck mit Kugeln aus Holz zum Beispiel, die jeweils an einen Tennisball heranreichen, ist der absolute Blickfang. Diese dünnen Kettchen, die man an den Hälsen der verklemmten Weiber sieht, sind doch sowas von unauffällig und ein deutliches Zeichen mangelnden Selbstbewusstseins. Nur Vogelscheuchen wollen sich dezent im Hintergrund halten, ein Vollweib muss sich zeigen.

Auch an Armen und Händen kann man etwas nachlegen. Armreifen, Freundschaftsbänder, klotzige Uhren und natürlich Ringe. Ja, Ringe! Da gehen Sie möglichst ans Maximum. Schließlich haben Sie zehn Finger und an jeden passen zumindest zwei Exemplare. Schön sind auch hier wieder Totenköpfe oder ähnliche Motive, die auf Ihr privates Easy-Rider-Leben hinweisen. Innovation entsteht schließlich nicht durch Einheitsbrei und Konformität. Also spielen Sie Ihre Trümpfe sichtbar aus.

Da wir gerade bei den Fingern sind: Lassen Sie sich in einem der zahlreichen Nagelstudios beraten und die neuesten Kreationen vorführen. Die Damen dort sind hautnah am Zeitgeist und wissen, was die Karrierefrau braucht. Dort gibt es sensationelle Entwürfe zu bestaunen, die Sie sich einfach auf die Nägel kleben können. Alle Farben dieser Welt und eine endlose Variation von ausdrucksstarken Motiven. Hier ist wieder der Totenkopf besonders zu empfehlen, weil er neben der unbestrittenen Attraktivität auch ein Zeichen gegen Krieg und Töten ist. Man will doch auch schließlich etwas für den Weltfrieden tun.

15.2.6 Seien Sie immer authentisch!

Generell sollten Sie Ihr Erscheinungsbild von Ihrer Stimmung abhängig machen. Schließlich wollen Sie ja authentisch bleiben. Also wählen Sie etwas Aufreizendes, wenn Sie ins Gespräch kommen wollen oder eben etwas Schlabbriges, wenn Sie in Ruhe gelassen werden wollen. Weite Pullover, vielleicht schon etwas in die Jahre gekommen und entsprechend geweitet, sind ein deutliches Signal an die Umwelt, dass Sie heute eine Novemberdepression haben, dass Sie schlecht geschlafen haben und keinen Bock auf Anmache und Arbeit haben. Ziehen Sie die Ärmel ruhig noch etwas länger, bis sie über die Fingerspitzen reichen. Dann weiß auch jeder Trottel sofort, dass heute ein schlechter Tag zum Anpacken ist und Sie eher feinsinnig über den Lauf des Lebens reflektieren wollen. Schließlich soll das Ganze hier ja auch einen Sinn haben und Sie machen sich die Mühe, gleich für die Anderen mitzudenken. Sie beweisen damit auch, dass Sie ein Feingeist sind und den Dingen gerne auf den Grund gehen.

Sind Sie in bester Stimmung, dann wählen Sie doch etwas Festliches. Ein bodenlanges Kleid mit entsprechender Hochsteckfrisur. Wenn Sie neu im Team sind, dann verzichten Sie vielleicht in der ersten Zeit auf ein Diadem oder ein kleines Krönchen. Das könnte den Neid der Kollegen hervorrufen. Aber zeigen Sie stolz, dass Sie in Wahrheit als Prinzessin geboren sind und man Sie bei der Geburt offenbar mit einer Göre vertauscht hat. Zeigen Sie damit anschaulich, dass Sie es gewohnt sind, Befehle zu erteilen und Sie erwarten, dass andere Ihnen zu Diensten sind. Das beweist doch, dass Sie als Führungskraft geradezu prädestiniert sind.

▶ Wer sich so kleidet wie andere, wird in der Masse untergehen und übersehen werden.

15.2.7 Haare und Gesicht sind meine Marken

Sie kennen bestimmt den Satz „Kleider machen Leute". Dieser Gottfried Keller hat mit dem Titel seines gleichnamigen Stücks aber etwas übersehen: dass auch das Gesicht und die Haare ein wesentlicher Teil des Erscheinungsbildes sind. Was nützt die schönste Robe, wenn das Antlitz bleich wie Asche ist und die Haare wie Fransen vom Kopf hängen? Also liebe Leserin, hierauf sollten Sie besonderes Augenmerk legen.

Beginnen wir mit dem Gesicht. Natürlich schminken Sie sich nur, wenn Ihnen danach ist. Wenn Sie in legerer Stimmung sind, dann verzichten Sie selbstredend darauf. Dann lassen Sie aber auch gleich die Haare wie sie waren, als Sie sich von der Nachtruhe erhoben haben. In erster Linie ist man doch Mensch und die Natürlichkeit ist akut unterbewertet. An einem Bad Hair Day haben Sie außerdem sowieso keine Chance eine anständige Frisur hinzubekommen. Also wozu der Stress? Die Kollegen und der Chef wissen ja, wie Sie aussehen, wenn Sie sich aufdonnern. Kunden wollen Sie heute sowieso nicht sehen. Da müssen dann eben mal die anderen ran.

Also heute keine Schminke. Gut so. Setzen Sie sich durch und lassen Sie sich bloß nicht einem Schminkdiktat unterwerfen. Ist ja aber auch wirklich lästig, die ganze Farbe aufzutragen und am Abend das ganze Zeugs wieder runter zu spachteln. Wozu das Ganze? Damit einen die Männer freundlich ansehen. Pfeif drauf. Das brauchen Sie nicht. Sie sind schließlich fachlich kompetent und stecken die anderen sowieso in die Tasche. Der Chef weiß doch, was er an Ihnen hat. Wenn Sie wollen, dann können Sie es gleich mit zwei anderen Girls aufnehmen. Ohne Sie läuft hier sowieso nichts. Keiner kennt den Laden so gut wie Sie. So what!

Die Lieblingsfarbe ist „bunt"!

Es ist Ihnen heute doch nach Schminken zumute? Gut, dann achten Sie bitte besonders auf die Farbgestaltung. Blass ist out. Bunt ist das neue Schlicht! Ihre Lieblingsfarbe sollte bunt sein. Also rein in die Töpfe und kräftig gestrichen. Wozu soll denn das Ganze gut sein, wenn man es fast nicht sieht. Kombinieren Sie auch hier Farbkombinationen, die man eher selten sieht. Kräftiges Rouge mit dunklem Gelb vielleicht. Ziehen Sie den Kajalstift oberhalb und unterhalb des Auges ruhig etwas weiter und färben Sie die Augenlider bloß nicht einfarbig. Auffällige Abstufungen intensivieren den Ausdruck. Wenn Sie besonders clever sind, dann malen Sie sich geöffnete Augen auf die Augenlider. Das hilft, wenn Sie am Schreibtisch kurz einnicken. So wirken Sie immer wach und aufmerksam. Damit könnten Sie vielleicht sogar ein paar Überstunden rauskitzeln und frisch ausgeruht in den Feierabend gehen.

Der Mund muss natürlich knallig leuchten. Alles andere wäre zu unauffällig. Farbloser Lipgloss ist reine Verschwendung. Wozu etwas auftragen, wenn man es dann nicht sieht. Damit die Farbe auch schön breit aufgetragen werden kann, sollten Sie unbedingt eine Eigenfettaufspritzung der Lippen in Erwägung ziehen. Je voller der Kussmund, desto besser.

Bürstzeiten sind ein Muss

Wenn Sie lange Haare haben, dann sollten Sie der Pflege Ihrer Pracht ausgiebig Zeit geben. Nehmen Sie Ihre Lieblingsbürste mit ins Büro und sorgen Sie für regelmäßige Bürstzeiten. Auf keinen Fall stecken Sie Ihre Haare zusammen oder binden diese zu einer Ponyfrisur. Schließlich hat es Jahre gedauert, bis diese schönen langen Haare gewachsen sind. Sie jetzt zu verstecken, wäre geradezu ein Frevel. Mit offenen, langen Haaren symbolisieren Sie zudem sanfte Weiblichkeit. Sie werden damit vornehmlich als Frau wahrgenommen und nicht nur als kompetente Mitarbeiterin. Eine wahre Wohltat in der harten Männerwelt.

Ich empfehle Ihnen, liebe Leserin, lassen Sie sich auch keine Stirnfransen schneiden, sondern legen Sie die Haare in einer leichten Wellenbewegung quer über den oberen Teil des Gesichtes. Wenn Sie dabei ein Auge verdecken können, dann zeigen Sie, dass sich in Ihnen auch Geheimnisvolles verbirgt. Trainieren Sie sich dazu vielleicht auch noch eine geschmeidige Handbewegung an, mit der Sie die Haarsträhnen aus dem Gesicht streichen. Wir bewegen uns ja allgemein viel zu wenig. Das fördert die Durchblutung und stärkt das

Immunsystem. Wer dahinter bloß Eitelkeit vermutet, hat den Ernst der gesundheitlichen Vorsorge am Arbeitsplatz nicht erkannt.

Hart bis in die Haarspitze

Sind Sie ein Kurzhaartyp, dann bitte streng! Ein Scheitel wie mit dem Lineal gezogen, die Stirn mit einer Haarklammer freigehalten und den Herren angepasst. Ist Ihnen das zu verweichlicht, dann gleich rasant kurz. Also Stoppelfrisur. Ist doch besonders bequem zu handhaben. Man erspart sich diese lästige Haarwascherei, sondern fährt sich einfach mit nassen Händen durch die Stoppeln. Fertig!

Außerdem demonstrieren Sie mit einer derartigen Frisur, dass Sie sich auch in der harten Männerwelt durchsetzen. Dass Sie Ihren Mann stehen! Dass Sie hart und kompromisslos für Ihre Ziele einstehen und sich durch nichts und niemanden davon abbringen lassen. Diesen Eindruck können Sie noch verstärken, indem Sie sich gleich eine Vollglatze scheren lassen. Gesunde Frauen mit Glatze sind extrem selten und man wird Sie mit Respekt behandeln.

Grün, pink, … so wie Haare eben sind

Wenn Sie sich für ein Mittelding entscheiden, also mittellange Haare, dann haben Sie schlechte Karten. Das haben schließlich auch die meisten Konkurrentinnen. Da müssen Sie sich schon was Besonderes einfallen lassen. Wie wäre es denn mit einer knalligen Haarfarbe? Grün oder pink wären schön. Oder zumindest Strähnchen in violett. Das wirkt sehr apart und sogar etwas künstlerisch.

Auch eine Haarverlängerung wäre eine originelle Alternative. Mit farbigen Extensions können Sie nicht nur mehr Farbe in Ihr Leben bringen, sondern die Haarlänge über Nacht selbst bestimmen. Dann würde ich gleich zu Gesäßlänge raten. Sonst sind Sie ja wieder vergleichbar mit den Kolleginnen. Die langen Haare lassen Sie sich vielleicht noch in große Locken drehen. Dann sehen Sie besonders zauberhaft aus und bekommen die Anmutung einer Elfe. Ach, ist das schön. Jetzt bereue ich es, ein Mann zu sein.

Half shaved hair ist der Hit

Der letzte Schrei der Frisurenmode ist zweifellos die Mischung aus Kurz- und Langhaarstil, also eine Seite möglichst lange Haare und gegenüber möglichst kahl geschoren. Das ist trendig und sieht abenteuerlich aus. Individualität und Mut zum Neuen sind Attribute, die sich nicht jeder auf die Fahnen heften kann. Gerade wenn Sie Ihre Karriere nachhaltig verhindern wollen, ist dies eine wunderbare Möglichkeit, sich als unabhängig und outstanding zu definieren.

15.2.8 Figurbetont ist immer schön

Das zu erwähnen ist im Grunde überflüssig. Wer eine gute Figur hat, der soll sie auch zeigen. Enge Blusen oder T-Shirts in Verbindung mit engen Jeans oder noch besser knallengen Leggings. Achten Sie darauf, dass das Ganze auch schön bunt ist. Vielleicht in dicken Längsstreifen gezeichnet? Das macht schlank. Wenn Sie sattes Hüftgold Ihr eigen nennen, dann empfehle ich es umso mehr, enge Kleidung zu tragen. Eine richtige Frau darf auch Rundungen zeigen und braucht diese nicht zu verstecken. Ausladende Formen galten schon immer als besonders verführerisch. In arabischen Ländern ist das auch heute noch so.

Männer haben doch auch keine Scheu ihren Bauch zu zeigen. Manche tragen ihn auch in den Vorstandsetagen mit Stolz umher. Warum soll das für Frauen nicht gelten? Generell ist Wohlgenährtheit doch ein Zeichen, dass man zu genießen versteht. Dass man auch eine gemütliche Ader hat und den Freuden des Lebens offen gegenüber steht.

Diese vermaledeiten Hungerhaken, die wir in den Zeitschriften vorgesetzt bekommen, haben doch nichts Frauliches an sich. Die brechen doch schon auseinander, wenn man nur etwas schärfer hinschaut. Nein, eine richtige Frau darf schon ein paar Pfunde zu viel auf die Waage bringen und stolz darauf sein. Da darf der Hintern schon etwas vibrieren, wenn man sich bewegt. Und auch noch etwas nachzittern, wenn man bereits wieder stillsteht. Die Rockgruppe „Die Ärzte" haben das in ihrem Song „Elke" so schön auf den Punkte gebracht: „Im Sommer gibt sie Schatten, im Winter hält sie warm!" Also nur Vorteile auf der ganzen Linie. Denken Sie doch an Italien. So hat eine echte „Mamma" auszusehen. Das ist der Inbegriff von Häuslichkeit und guter Verpflegung. Warum soll man das nicht auch im Business besonders hervorstreichen? Wenn Sie von der Natur hier etwas benachteiligt sind, dann legen Sie ein paar Wochen mit intensiverer Hausmannskost ein und schon wird die Sache runder.

15.2.9 Tattoos sind so schick!

Tätowierungen entstanden bereits in der Frühzeit der Menschheit und hatten rituelle oder sakrale Bedeutungen. Brandzeichen und Tätowierungen wurden schon seit Urzeiten zur Kennzeichnung von Tieren eingesetzt. Sie wurden oft als Zugehörigkeitszeichen gebraucht. Heute noch sind sie bei manchen Stämmen in Neuguinea oder bei den Aborigines in Australien ein Zeichen der Stammeswürde. Je mehr Tätowierungen, desto angesehener. In Japan war es beispielsweise jahrhundertelanger Brauch, Kriminelle und Prostituierte mit Zeichen zu versehen.

Bei der Urform der Tätowierungen wurden meist bei Inaugurationsriten zum Erwachsenenalter absichtlich Menschen verletzt und Farbe und Schlamm in die Wunden gestreut. Damit wollte man die Heilungskraft des Mannes erforschen. Wer gut verheilte Narben trägt, ist für die Weiblichkeit interessant, weil er vermutlich gute Gene für die Nachkommenschaft in sich trägt.

Daran sollten Sie denken, wenn Sie noch ohne Körperzeichnungen durch die Welt laufen. Heute ist es schick, sich mit der Nadel Ornamente und dergleichen in die Haut stechen zu lassen. Man zeigt damit, dass man in der Neuzeit angekommen ist. Köperkult ist angesagt. Also rein in die Stechbude und sich ein schickes Motiv an den Hals gesetzt. Warum

an den Hals? Ja wo denn sonst? Wenn es nicht sichtbar ist, war doch die ganze schmerz-
hafte Prozedur für die Katz! Tattoos muss man sehen. Genauso wie Piercings. Was nutzt
der Ring im Bauchnabel, wenn man nicht bauchfrei geht? Was nutzt das Zungenpier-
cing, wenn man nicht ab und an damit spielt und es geräuschvoll an den Zähnen klimpern
lässt?

In meiner Jugend war das Leben schwer. Nur Häftlinge und Mitglieder einer kriminel-
len Vereinigung haben sich tätowieren lassen. Den anderen war es unter Androhung von
lebenslanger Ächtung verboten. Wie gerne hätte ich mir als Zwölfjähriger einen großen
Adler auf meine Brust tätowieren lassen. Alles Flehen und Zetern half nichts. Meine Eltern waren dagegen. Heute ist das Gottseidank anders. Moderne Zehnjährige sind eifrig
gepierct und manche Elfjährige denkt bereits über ein Gesamtkunstwerk auf ihrem Körper
nach.

Schade, dass das Bedürfnis, sich ein Arschgeweih oberhalb des Hinterteils stechen zu
lassen, wieder nachgelassen hat. Diese Naturverbundenheit mit den Rothirschen war herz-
erwärmend. Heutzutage ist man spürbar weniger kreativ. Da werden simple Koordinaten
der Geburtsorte oder die Namen der Kinder eingestochen. Direkt an der Halsschlagader
hat es zwar wieder seinen Reiz, aber das kann man doch spektakulärer machen! Wie wäre
es denn mit den Buchstaben „H", „A", „S", „S" auf den Handknöcheln? Der Wiener Kaf-
feehauskellner mit diesem Schmuck ist mir bis heute lebendig in Erinnerung. Ein klares
Statement, dass er nicht der Spielball seiner verwöhnten Gäste ist. Das kann man nur als
mutig bezeichnen. Oder wie wäre es denn mit einem Totenkopf (ja, den finde ich immer
wieder besonders bezaubernd) auf der Schläfe? Denken Sie an den Weltfrieden und daran,
dass Sie aufgefordert sind, sich eindeutig dazu zu bekennen.

Wenn Ihnen dazu der Mumm fehlt, dann lassen Sie sich zumindest eine Träne unter
die Augen stechen. Damit zeigen Sie sich solidarisch mit den Ausgestoßenen der Gesellschaft, den Häftlingen. Da weiß man, dass Sie auch fürsorglich sein können. Oder drei
Punkte zwischen Daumen und Zeigefinger tätowiert, der Code für nichts hören, nichts
sehen, nichts sagen. Dann weiß man auch in den höheren Etagen, dass man sich auf Sie
verlassen kann. Sich einen Skorpion auf die Brust oder einen Schmetterling auf die Schulter tätowieren zu lassen, ist schmählich. Sie vertun damit die Chance, ein klares Statement
zu setzen. Es sei denn, Sie zeigen Ihre Brust und Schulter permanent, dann nehme ich den
Vorwurf gleich wieder zurück.

Ich kenne die Argumente der Ewiggestrigen gegen Tätowierungen. Das ist nur eine
Modeerscheinung, lässt sich nicht mehr wegmachen, stempelt einen ab und dergleichen.
Das stimmt doch nicht. Bereits vorher habe ich auf die jahrhundertelange Tradition von
Tattoos hingewiesen. Natürlich kann man die wieder wegmachen. Mit Laser. Ja ich weiß,
ein wenig bleibt immer sichtbar, aber dann macht man eben einen großen Totenkopf
drüber und schon sieht es wieder schön aus. Die Sache mit dem Abgestempeltsein ist
überhaupt der größte Witz. Schauen Sie sich doch um, die meisten Menschen haben mittlerweile ein oder mehrere Tattoos. Ja, das Gegenteil ist der Fall. Wenn Sie heute kein
Tattoo haben, dann sind Sie ein Außenseiter. Die breite Masse kann doch nicht irren. Da
sind doch genügend kluge Leute darunter, die mit sich selbst absolut im Reinen sind, die

eine Fratze auf der Wade tragen. Reden Sie doch mit solchen Menschen und Sie werden merken, dass hier in Wahrheit die geistige Elite des Landes vertreten ist.

Auch wenn Psychologen diesen Körperkult als psychische Störung abtun – lassen Sie sich nicht beirren. Seinen Körper zu verschönern ist keinesfalls ein Hinweis auf etwaige Defizite im Selbstwertgefühl. Nein, nein und nochmals nein. Psychologen haben meist doch selbst einen auf der Klatsche und verstehen nichts vom Zeitgeist. Also machen Sie sich doch ein paar schöne Teufel auf den Oberarm oder ein paar Piercings ins Gesicht. Das hilft auf jeden Fall beim beruflichen Abstieg.

15.2.10 Wenn schon bräunen, dann aber richtig

Ein schöner Teint ist genauso wichtig wie die richtigen Proportionen. Bräunungsstudios haben mittlerweile Filialen an allen Ecken und Enden des Landes. Kaufen Sie sich aber bloß keinen mickrigen Zehnerblock, sondern greifen Sie gleich in die Vollen und erstehen Sie eine Jahreskarte mit unbegrenztem Zugang. Dann können Sie, sooft Sie es für notwendig erachten, ausgiebig Sonnenbräune tanken. Seien Sie konsequent, damit Sie auch schön Farbe bekommen. Drei- bis viermal pro Woche ist das Minimum, um eine knackige Bräune zu erzielen. Wenn Sie dies mindestens zwei Jahre durchhalten, verändert das die Hautstruktur und Sie sehen im Gesicht schön gegerbt aus. Das geht dann auch nie wieder weg und das ganze Geld ist sinnvoll investiert. Die Mädels und Jungs der Weltgesundheitsorganisation (WHO) lehnen zwar die Benutzung von Solarien zur kosmetischen Bräunung der Haut ausdrücklich ab, wissen aber bestimmt nichts über Eleganz und Attraktivität.

Wenn Sie eine blasse Maus sind und schon immer davon geträumt haben, innerhalb von Minuten nahtlos braun zu werden, dann entscheiden Sie sich für eine Bräunungsdusche. Dieser Hit wurde aus Amerika importiert und ist garantiert unschädlich für die Haut. Zwar ist der afrikanische Teint nach ein paar Duschen wieder weg, aber in der Kaffeepause beim Smalltalk mit dem Abteilungsleiter, leuchten Ihre Augen noch weißer, im starken Kontrast zum satten Gesichtsfarbe. Wenn Ihnen das zu aufwendig ist, dann einfach ausreichend Selbstbräuner ins Gesicht und Dekolleté. Das sollte reichen, um den Chef beim Diktat zu verwirren.

15.2.11 Zahnärzte sind Spielverderber

Die Natur ist ja meist ungerecht und verteilt ihre Gaben offenbar nach Gutdünken. Da sind die Zähne manchmal kerzengerade und in Reih und Glied wie Perlen aufgereiht, dann wieder wild durcheinander und in eher gelblichen Farbtönen. Aber der Mensch ist erfindungsreich genug und so kann man als Frau auch hier gut nachhelfen. Lassen Sie sich einfach die Zähne bleichen. Je weißer sie strahlen, desto besser. Ja, ich weiß, dass die Zahnärzte davon abraten. Aber was verstehen die schon von Karriere?

Sollten Sie das Glück haben, dass Ihnen ein Zahn im vorderen Bereich verlustig gegangen ist, dann sind Sie auf dem besten Weg ein Original zu werden. Eine sensationelle
Type, die es versteht, das Gegenüber zu lenken. Achten Sie mal darauf, wie Sie unweigerlich die Blicke auf Ihre Lücke ziehen. Da schaut keiner weg. Ein oberer Schneidezahn
fällt erst so richtig auf, wenn er abwesend ist. Aber auch seine gelben Kumpels machen
noch mächtig Eindruck, speziell wenn Sie lachen. Raucher sind da wesentlich im Vorteil.
Wenn die Glück haben, wird aus dem satten Gelb mit der Zeit ein kräftiges Braun. Das
korrespondiert dann prima mit dem Sonnenstudio-Teint.

15.2.12   Rauchen ist cool

Tabak ist ein Genussmittel. „Wer nicht genießen kann, wird ungenießbar", lautet eine
Weisheit. Rauchen steht für Geselligkeit und Freiheit. Denken Sie doch an den berühmten Marlboro-Mann auf seinem Pferd. Freiheit pur! Natürlich sollten Sie nicht irgendeine
Marke rauchen, sondern eine im höheren Preissegment. Das zeigt Ihren Vorgesetzten auch,
dass Sie bereit sind zu investieren. Die Probleme einer Firma werden schließlich nicht in
den Besprechungen gelöst, sondern in den Rauchpausen! Teambuilding findet doch nach
dem Job in der gemütlichen Kneipe statt. Erst bei ein paar Drinks und Zigaretten findet
man zueinander.

Ja, ich weiß, in vielen Ländern ist in Lokalen das Rauchen verboten. Man muss dafür
ins Freie gehen. Na prima! Die frische Luft tut gut, wenn man mit Kollegen um einen
Standaschenbecher steht. Das Stimmungsbarometer ist immer dann am höchsten, wenn
es vielleicht noch bitterkalt ist und man gemeinsam über diese blöden Gesetze schimpfen
kann. Gemeinsame Feinde verbinden!

Außerdem finden Sie schnell internationale Freunde und können als Raucher schnell
Kontakt zu anderen Kulturen knüpfen. Wenn Sie das nächste Mal auf dem Flughafen sind,
denken Sie an diese Worte. Also rein ins Raucherkabinchen und mächtig gepafft!

Fürs Essen bleibt während der Arbeit ja kaum noch Zeit, also besorgen Sie sich Ihre
Nahrung möglichst in einem Fastfood-Restaurant. Wie der Name schon sagt, ist es dann
schnell gegessen und Sie verplempern nicht zu viel Zeit damit. Wenn Ihr Körper mit einer
Gastritis oder Ähnlichem reagiert, dann können Sie sich bequem ein paar Tage im Krankenhaus oder Zuhause ausruhen. Wenn Sie sich dann noch ein paar Unterlagen vom Büro
schicken lassen, dann sind Sie der Star der Abteilung. Wohlgemerkt nur schicken lassen,
nicht bearbeiten! Schließlich wollen Sie sich ja ausruhen. Wenn Sie die Akten dann uner-
ledigt wieder mit in die Arbeit nehmen, dann erklären Sie, dass Sie sich redlich bemüht
hätten, aber die Schmerzen waren einfach zu stark. Oder Ihr Kopf war so benebelt von den
vielen Medikamenten, dass Sie keinen klaren Gedanken fassen konnten. Oder der Arzt
hätte Ihnen strikt verboten auch nur kurz reinzusehen. Ihnen wird schon was Passendes
einfallen.

Wenn Sie ausnahmsweise mal etwas Gesundes essen wollen, dann greifen Sie zu reich-
lich Knoblauch und Zwiebel. Knoblauch ist ein wahrer Gesundbrunnen. Er regt den Kreis-

lauf an, vertreibt eventuellen Wurmbefall im Darm und soll bei Männern sogar bei erektiler Dysfunktionalität helfen. Das mit den Erektionsschwierigkeiten wird Ihnen vermutlich egal sein, aber die kleine Knolle wertet den Geschmack eines jeden Gerichtes auf. Gut, bei der Schokotorte ist es etwas grenzwertig. Andererseits ...

Die Zwiebel darf ja sowieso in keinem guten Essen fehlen. Am besten ist sie jedoch naturbelassen zu rohem Speck. Ein Stück Brot, ein saftiger Karreespeck und eine große Zwiebel. Herz, was willst du mehr? Die Zwiebel ist übrigens auch ein wunderbarer Begleiter zu mariniertem Lachs. Etwas Senf und Weißbrot ... herrlich. Das bisschen Mundgeruch kann man ja mit ein paar Zigaretten auf dem Weg in die Arbeit wieder übertünchen.

15.2.13   Zucker ist himmlisch!

Süße Limonaden wurden ausschließlich dazu erfunden, damit das Futter auch gut runterrutscht. Also her damit! Und Süßes! Vergessen Sie bloß nicht, die Apfeltasche mitzunehmen. Ohne Süßes mit ausreichend Fettgehalt verkümmert Ihre Verbrennungsbilanz und Sie müssen dieses eklige gesunde Zeugs in sich reinstopfen. Wenn es wenigstens nach etwas schmecken würde. Gemüse? Pfui Teufel! Mit Burgern und Fertigpizzen kommt man doch viel besser über die Runden. Da sind wenigstens Geschmacksverstärker drin. Generell sollten Sie Nahrungsmitteln misstrauen, die wenige bis gar keine E-Nummern bei den Inhaltsstoffen anführen. Die schmecken auch nicht! Ausreichend Glutamate und anständig Hefeextrakte sind das Mindeste, was eine geschmackvolle Nahrung braucht.

Bio ist sowieso der größte Schmarrn! Nur weil die da drei Buchstaben außen raufpappen, kostet das Gemüse gleich das Doppelte. Die blasse Farbe sagt doch auch etwas aus!

15.2.14   Fremdsprachen? Wozu?

Mittlerweile gibt es genügend Übersetzungsprogramme. Die Bedeutung von Fremdsprachen wird absolut überschätzt. Heutzutage kann man schließlich mit dem Smartphone genügend Apps dafür runterladen. Da klickt man einfach auf den deutschen Begriff und eine Stimme übersetzt das in die gewünschte Landessprache. Besser geht's nicht! Dieses Sprachenpauken ist doch so etwas von überholt. Englisch? Brauchen Sie nicht! Sie sprechen deutsch und da sind mittlerweile so viele Anglizismen enthalten, dass die Sprache ja bereits weltweit verständlich ist. Außerdem ist es von den Amis und Engländern ziemlich unverschämt, zu glauben, dass wir uns alle nach ihnen richten sollen. Nichts da! Wir sind deutschsprachig und das ist gut so. Sollen doch die anderen sich nach uns richten! Basta!

Verwässern Sie nicht Ihre Originalität und Abstammung. Kultivieren Sie Ihren angestammten Dialekt. Sprechen Sie selbstbewusst, wie Sie es von den Großeltern und Eltern gelernt haben. Sie sind damit authentisch und traditionsverbunden. Sie bereichern damit auch den Wortschatz der anderen und bewahren gleichzeitig Ihre sprachlichen Wurzeln.

15.2.15   Vom Umgang mit schwierigen Menschen (den Kollegen)

Wer braucht schon ein Team?

„Team! Wir müssen ein gutes Team werden! Im Team zusammenarbeiten! Teamfähig sein!" Wenn ich das schon höre! T.E.A.M. ist doch nur ein Akronym für **T**oll **E**in **A**nderer **M**acht's! Dieses weiche Geschwafel ist doch der Grund allen Übels in den Unternehmen. Was wir brauchen sind starke Persönlichkeiten, die Durchsetzungskraft und Härte an den Tag legen. Die auch mal unpopuläre Entscheidungen treffen, die auch mal ohne falsche Rücksichtnahme den richtigen Weg verfolgen.

Bleiben Sie unabhängig und bewahren Sie ruhig Ihren Sturkopf. Die Welt da draußen besteht doch nur aus Idioten und die einzige, die sich wirklich auskennt, sind doch Sie! Stehen Sie dazu! Lassen Sich bloß nicht einkochen von dem Team-Gesülze! Sie brauchen kein Team. Das hält nur auf. Da wollen Kollegen vielleicht sogar mitreden, mitbestimmen und so Zeugs. Wir sind doch keine Wohlfahrt! Zeigen Sie den anderen, dass Sie niemanden brauchen. Das Sie ganz gut alleine zurechtkommen.

Everybody's darling is everybody's Depp. Der alte Herr Strauß kannte sich aus! Dieser Ausspruch zeigt, worum es geht. Seien Sie niemals weich und nachgiebig. Hart wie Kruppstahl sollen Sie sein, sagte mal einer. (Nein, das war nicht der Herr Strauß aus Bayern, aber aus dem Grenzbereich der Region stammte er ab.) Unnachgiebig und kompromisslos. Wenn jemand einen Fehler gemacht hat, prangern Sie ihn an. Am besten öffentlich! Wie sollen wir uns als Unternehmen sonst weiter entwickeln, wenn wir Fehler nicht sofort mit aller Kraft ausmerzen?

Wer nicht spurt, wird diffamiert. Bauen Sie Seilschaften und ein Netz von Abhängigkeiten in der Abteilung. Es kann zwar etwas dauern, bis Sie alle von sich abhängig gemacht haben, aber umso größer wird die Ernte sein, die Sie einfahren. Wer es versteht, verdeckte Intrigen zu stricken, kann die aufstrebende Jungakademikerin rechtzeitig aus dem Verkehr ziehen. Halten Sie die Fäden in der Hand und achten Sie auf Freundschaften innerhalb der Kollegenschaft. Wenn Sie ein zartes Pflänzchen der Harmonie verspüren, dann streuen Sie ein Gerücht, um dieses Unkraut zu vernichten.

Wenn es die Situation verlangt, geben Sie sich auch mal loyal und verbindlich. Freundlich und gesellig. Bitten Sie dann die Bambis unter den Kolleginnen um Unterstützung und bürden Sie ihnen so viel Arbeit auf, bis sie ächzen und keine Zeit mehr für Freundlichkeit haben. Die Selbstsicheren unter den Kollegen schüchtern Sie ein, indem Sie gnadenlos auf ihre Fehler hinweisen und drohen, diese weiter zu leiten.

Sollte Ihnen selbst einmal ein Missgeschick passieren, dann suchen Sie sich sofort jemanden, den Sie dafür verantwortlich machen können. Die Bambis sind immer willfährige Opfer. Geben Sie bloß keinen Fehler zu. Dazu sind Sie zu dominant. Großzügig sind Sie nur, wenn es um Fehler des Chefs geht. Dann stellen Sie sich wie eine Löwin davor. Vielleicht können Sie es sogar einrichten, dass Sie ihm einen Fehler zuschieben können, um ihn dann zu verteidigen? Er wird es Ihnen mit der nächsten Gehaltserhöhung und Beförderung danken.

Weiblichkeit ist Schwäche!

Angst ist eine große Triebfeder. Es gibt kaum etwas vor dem Männer mehr Angst haben als vor einer männlichen Frau. Sie als Amazone können bei den schwachen Weibern ruhig dominant sein und das wilde Weib geben. Bei knallharten Hosenträgerinnen pissen sich die Tussis vor Angst ja gleich ins Höschen. Denken Sie darüber nach, ob nicht stilvolle Koteletten an den Schläfen und ein angedeutetes Bärtchen auf der Oberlippe Ihre Strahlkraft nicht noch verstärken würde. Einen Versuch ist es allemal wert.

Brechen Sie aus der herkömmlichen Geschlechterrolle aus und zeigen Sie starke maskuline Züge. Kleiden Sie sich im ähnlichen Stil wie Ihr Vorgesetzter. Also Hosenanzug und stramme Blazer. Harsches Auftreten und kompromisslose Härte. Ich weiß, das steht im Gegensatz zu den Rundungen, die zu Beginn angeführt wurden. Aber eine erfolgreiche Karriereverhinderung hat viele Facetten. Wenn die Fraulichkeit nicht zum Erfolg führt, dann probieren Sie es anders rum. Mit Härte. Seien Sie dann aber gleich überhart. Ihre Eier müssen dicker sein als die der gesamten Führungsriege zusammen.

Zeigen Sie den Jungs mal, wie ein richtiger Kerl spucken kann. Sie demonstrieren, dass Workaholics nur Dünnbrettbohrer sind. Wer rastet, der rostet und Sie sind unerbittlich in Ihren Statements. Schwäche wird sofort registriert und ausgemerzt. Verbreiten Sie Angst und Schrecken, wenn Sie durchs Unternehmen gehen. „Management by Terror" (Ziele setzen und Mittel verweigern) ist ein guter Ansatz. Kritisieren Sie alles und jeden. Ohne Ausnahme. Wenn sich Ihr Vorgesetzter beginnt sich vor Ihnen zu fürchten, werden Sie bei der nächsten Beförderung bestimmt berücksichtigt.

An der Sprache erkennst du den Menschen!

Eine gewählte Ausdrucksweise bedeutet nur, sich zu verstellen. Wer ehrlich ist, redet wie der Schnabel gewachsen ist. Sie wissen, wie wichtig es ist, für klare Verhältnisse zu sorgen. Sagen Sie, was gesagt werden muss. Wer zu lange überlegt, wie es richtig formuliert sein soll, schwächt ab und die Aussage verliert an Wirkung. Es könnte jemand gekränkt sein? Na und? Sie wurden bestimmt auch schon mal gekränkt. Da hat auch niemand Rücksicht genommen. Sie mussten die bittere Pille auch schlucken. Hat es Ihnen etwa geschadet? Na also! Das müssen die anderen schon vertragen, wenn Tacheles geredet wird. Diese unwürdige Schleimerei haben Sie nicht nötig. Sie sagen, was Sache ist. Ehrlich und kompromisslos. Wie soll sich die Kollegin sonst weiter entwickeln, wenn das Feedback aus ein paar Nettigkeiten besteht?

Eignen Sie sich vielleicht ein paar Fremdwörter an, die möglichst niemand versteht. Reden Sie gerne auch in Abkürzungen. Die Jungs und Mädels sollen wissen, dass hier eine Fachfrau spricht, die etwas vorantreibt. Das erweckt Bewunderung und zeigt Ihren Führungsanspruch. Wer sich schwer tut, Sie zu verstehen, dem ist nicht zu helfen. Da muss die Tussi eben ein paar Extraschichten einlegen, bis sie den Jargon intus hat. Sie steigern damit Ihr Ansehen und Ihrer Klugheit wird Respekt gezollt. Wer einfach und verständlich spricht, wird als einfältig abgekanzelt. Also rein ins Internet und ein paar Highlights gegoogelt. Sie möchten ein Beispiel? Gerne.

„Die spirituelle Kapazität eines Agrarökonomen ist reziprok proportional zur kubischen Expansion seiner subterranen Produkte.", heißt frei übersetzt: Der dümmste Bauer kann die größten Kartoffeln ernten. Aber das ist unwichtig. Den Satz versteht sowieso keiner und den können Sie gerne auch mal in einem Meeting mit dem Vorgesetzten anbringen. Die Stille nach dem Ausspruch wird Sie entzücken.

Sollte jedoch die neue Kollegin auf die Idee kommen, mit überbordender Ausdrucksweise punkten zu wollen, dann weisen Sie sie gleich vor allen anderen darauf hin, dass derartiges Fachvokabular hier im Kollegenkreis unpassend ist und Sie überhaupt kein Verständnis für diese Art der Profilierungsneurose haben. Das sollte in der Regel reichen, um die Neue zur Räson zu bringen und Ihre Vormachtstellung zu festigen. Wenn Sie noch aufmuckt, dann verweisen Sie elegant auf den Fehler von voriger Woche, der nur durch ein Missverständnis aufgrund ihrer geschwollenen Ausdrucksweise zustande kam. Das sollte in der Regel reichen!

Wenn nötig, dann fahren Sie ruhig auch derbe Wortgeschütze auf und bringen damit klar zum Ausdruck, dass eine gelebte Emotionalität der Schlüssel für eine gedeihliche Zusammenarbeit ist. Wer seine Emotionen unterdrückt, spielt doch nur was vor, dem ist generell nicht zu trauen. Echte Menschen sagen, was sie denken und halten damit nicht hinterm Berg. Mit einigen bodenständigen Gassenausdrücken beweisen Sie gleichzeitig, dass Sie Ihre Ursprünglichkeit bewahren konnten und bringen Ihre Verbundenheit mit dem Proletariat zum Ausdruck. Sie sind einer von ihnen, ist die dahinterstehende Aussage.

Ich bin nicht unordentlich, ich bin kreativ

Wirkliche Kreativität lässt sich nicht konstruieren. Wenn es echt ist, dann erkennt man das sofort. Zum Beispiel an Ihrem Arbeitsplatz. Wer hier zu viel Ordnung halt, wird schnell als Spießer und Technokrat angesehen. Achten Sie darauf, ein überdurchschnittliches Maß an Unordnung auf dem Arbeitsplatz zu haben. Innovation entsteht nur im Chaos und nicht in den vorgefertigten, genormten Bahnen der Regelmacher.

Arbeiten Sie auch immer gleichzeitig an mehreren Projekten. Sie als Frau sind doch geradezu prädestiniert dafür. Männer sind nicht multitaskingfähig. Angeblich sollen es Frauen ja auch nicht sein, aber das ist natürlich Quatsch! Sie können wie beiläufig gleichzeitig ein Telefonat mit Ihrer Mutter führen, eine E-Mail an Ihre Freundin tippen, dabei den neuen, smarten Kollegen auf dem Gang betrachten und sich dabei auch noch spielend leicht Gedanken über die Party heute Abend machen. Sie können das! Damit niemand auf den Gedanken kommt, Sie arbeiten zu wenig, soll Ihr Arbeitsplatz immer angefüllt sein. Wer Zeit zum Aufräumen hat, ist offensichtlich unterfordert. Wenn zu wenige Arbeitspapiere vorhanden sind, dann drucken Sie einfach den Menüplan der Kantine für das nächste Halbjahr aus und verteilen die einzelnen Blätter großräumig auf dem Tisch. Ein paar Zeitschriften vom letzten Arztbesuch darunter, dann sieht es mächtig füllig aus.

Achten Sie auch penibel darauf, immer etwas Arbeit offen zu haben. Wer alles erledigt hat, fällt unangenehm auf und gerät in Verdacht zu wenig zu tun. Vermitteln Sie Ihren Kollegen und Vorgesetzten deshalb immer den Eindruck von Geschäftigkeit und Stress. Ab und an sollten Sie auch hörbar ausschnaufen und so darauf aufmerksam machen, dass Sie sich für die Firma regelrecht aufopfern. Bewegen Sie sich deshalb auch immer schnell. Lassen Sie die anderen spüren, dass Sie keine Zeit für Fragen haben. Keine Zeit für Erklärungen. Die Arbeit ruft. Es ist etwas anstrengend zu Beginn, aber nach einiger Zeit wird das akzeptiert und man lässt Sie in Ruhe.

Ich tue mehr, als für mich gut ist

Bringen Sie vielleicht auch mal das Wort „Burnout" ins Spiel. Dass Sie eigentlich knapp davor stehen, aber durch eiserne Selbstdisziplin die Sache schon aussitzen werden. Natürlich tun Sie das nicht wirklich. Aber es bewirkt, dass alle in Ihrer Umgebung mitbekommen, dass Sie viel zu tun haben. Dass Sie weit über die normale Belastungsgrenze hinausgehen. Wenn es niemand merkt, dann sprechen Sie es selbst an. Erzählen Sie im Kollegenkreis und bei Terminen mit den Vorgesetzten, dass Sie bereits Herzrhythmusstörungen haben, weil Sie sich die Arbeit immer mit nach Hause nehmen und stundenlang über den Auftragspapieren der Konkurrenz gebrütet haben. Wenn Sie nach konkreten Ergebnissen der Brüterei gefragt werden, dann weisen Sie darauf hin, dass Sie den Verdacht von Betriebsspionage hegen, weil der Mitbewerb es genauso macht wie hier in Ihrer Firma. Das streut auch Unsicherheit und regt zur allgemeinen Vorsicht an.

Bescheidenheit ist eine Zier

Wenn Sie eher ein Bambi-Typ sind, dann können Sie auch mit Bescheidenheit Ihre Karriere gut behindern. Lassen Sie immer die anderen vor und stellen Sie sich in der Reihe immer hinten an. Dann haben Sie auch die größten Chancen übersehen zu werden. Pflegen Sie das Image des lieben Lämmchens und sagen Sie zu allem Ja und Amen. Ganz egal, was passiert. Seien Sie so rücksichtsvoll, dass Sie den anderen den Erfolg zuschieben und machen Sie Ihre eigene Leistung möglichst runter.

Wenn Ihnen etwas gut gelingt, dann gehen Sie möglichst gleich auf die Suche nach einer Kollegin, der Sie damit die Chance geben können, sich zu profilieren. Schließlich kommt das Ganze ja in Form von Dankbarkeit bestimmt zurück. Bescheidene Menschen bekommen früher oder später immer die Anerkennung, die sie verdienen. Manchmal dauert es halt ein wenig länger. Aber der Glaube daran ist schon so schön und lässt Sie willig durchhalten. Sie freuen sich ja auch am Erfolg der Anderen.

Bescheidene Menschen beharren nicht auf ihrer Meinung, sondern richten sich nach der allgemeinen Ansicht. Schließlich geht es ja darum, gemeinsam erfolgreich zu sein. Was zählt da schon der Einzelne? Auf die Abteilung kommt es doch an! Auf das Erreichen der gemeinsamen Ziele! Sie selbst waren zwar nicht bei der Erstellung der Ziele dabei, aber die Kollegen werden sich schon etwas dabei gedacht haben. Also ran an die Buletten! Unterstützen Sie die anderen, so gut Sie können. Achten Sie bloß nicht auf Ihr eigenes Fortkommen. Das wäre schäbig. Die werden sich schon erkenntlich zeigen. Mit den Jahren werden die schon merken, was Sie alles auf dem Kasten haben. Ja gut, bis dahin werden Sie vermutlich mehrmals bei Beförderungen übersehen. Aber das Gute währt schließlich am längsten. Sie werden schon noch Ihre Chance bekommen. Sie müssen es halt nur aussitzen.

Dass die Neuen ständig an Ihnen vorbei ziehen, hört bestimmt auch einmal auf. So viele Neue können ja gar nicht mehr eingestellt werden. Außerdem sind Sie ja so lieb, dass man Ihnen ständig versichert, wie nett und brav Sie sind. Das ist doch auch etwas Schönes, nicht? Und dann sind da ja noch die Blumen und die Tiere auf der Wiese …

Sie sind auch noch schüchtern? Schön. Es ist ein Irrglaube, dass man schüchterne Menschen vorschnell als inkompetent abstempelt. Nein. Schüchternheit ist nur ein Ausdruck von innerer Größe. Die wahren Stärken werden nicht wie ein Schild vor sich hergetragen, sondern im Verborgenen gehalten, bis der richtige Zeitpunkt kommt. Wenn man dann so einen Zeitpunkt verpasst hat, ist es auch nicht schlimm. Es kommt wieder eine Gelegenheit. Wann? Wer weiß, vielleicht schon in zwei, drei Jahren?

Die Blender werden schon noch die Rechnung präsentiert bekommen. Sie werden sich selbst Vorwürfe machen, dass sie zu wenig Rücksicht auf Sie genommen haben. Die Vorwürfe werden ihnen bestimmt den Schlaf rauben. Das schlechte Gewissen wird sie latent unzufrieden machen und ihre Lebenslust auffressen, während Sie sich weiterhin jeden Morgen an den Blumen und Tieren auf der Wiese vor Ihrem Büro erfreuen.

Sie werden es schon richtig machen. Wenn nicht, bleibt ja immer noch die Heirat mit einem reichen Bonzen. Machen Sie's gut.

15.3 Über den Autor

Kurt Steindl (MBA) ist selbstständiger Redner und Experte für positive Emotionen. Seine beruflichen Wurzeln liegen in der Hotellerie & Gastronomie. Als gelernter Restaurantfachmann stieg er innerhalb weniger Jahre ins Management auf. Dort war er mehr als 15 Jahre in leitender Funktion tätig.

Positive Emotionen sind für den ehemaligen Gastwirt die Grundlage erfolgreicher Dienstleistung. Deshalb gründete er im Alter von vierzig Jahren eines der erfolgreichsten

Weiterbildungsinstitute Österreichs. Seine Firma Gastlichkeit & Co betreut Tophotels und namhafte Kunden im In- und Ausland.

Kurt Steindl ist auch Österreichs oberster Hoteltester (Tageszeitung Kurier). Seine Bewertungen dienen als Grundlage für die österreichische Hotelklassifizierung. Er gilt als profunder Tourismusexperte und zählt zu den gefragtesten Beratern zum Thema SINN- und WERTEorientierte Unternehmensführung. „Wer Leistung will muss Sinn stiften", lautet sein Credo.

Kurt Steindl lebt in Leonding in Österreich und arbeitet weltweit. Er ist Jahrgang 1960, verheiratet und Vater von zwei Söhnen.

Weitere Infos unter www.kurtsteindl.com

Literatur

Begemann, P. (2007). *der große Business-Knigge*. Frankfurt/Main: Eichborn Verlag.

Böschemeyer, U. (2005). *Vom Typ zum Original*. Norderstedt: Books on demand.

Cialdini, R. B. (2002). *Die Psychologie des Überzeugens*. Bern: Verlag Hans Huber.

Covey, S. R. (2000). *So leben Sie die die sieben Wege zur Effektivität*. Frankfurt/Main: Campus Verlag.

Von Cube, F. (2000). *Lust an Leistung*. München: Piper Verlag.

Frankl, V. E. (2007). *Das Leiden am sinnlosen Leben*. Freiburg: Verlag Herder.

Frink, S. (2007). *Der feminine Stil*. Planegg: Rudolf Haufe Verlag.

Fromm, E. (2006). *Haben oder Sein*. München: Deutscher Taschenbuchverlag.

Grün, A. (2006). *Menschen führen – Leben wecken*. München: Deutscher Taschenbuchverlag.

Haller, R. (2013). *Die Narzissmusfalle*. Salzburg: Ecowin Verlag.

Isaacson, W. (2011). *Steve Jobs*. München: C. Bertelsmann Verlag.

Lancet, (1998) Bd. 351

Lelord, F., & André, C. (2012). *Der ganz normale Wahnsinn*. Berlin: Aufbau Verlag.

Mayer, U. (2011). *perfekte Kleidung fördert die Karriere*. Wien: Amalthea Signum Verlag.

Molcho, S. (2001). *Alles über Körpersprache*. München: Wilhelm Goldmann Verlag.

Niedenzu, S. (2013). *Wie oft denkt Mann an Sex?*. http://derstandard.at/1369361862317/Wie-oft-denkt-Mann-an-Sex. Zugegriffen: 19.05.2015

Riemann, F. (2003). *Grundformen der Angst*. München: Ernst Reinhardt Verlag.

Rohr, R., & Ebert, A. (2000). *Das Enneagramm*. München: Claudius Verlag.

Schäfer-Elmayer, T. (2006). *Früh übt sich*. Salzburg: Ecowin Verlag.

Storch, M. (2010). *Die Sehnsucht der starken Frau nach dem starken Mann*. München: Wilhelm Goldmann Verlag.

Die Zeit (2009). *Schöne Frauen machen Männer dümmer*. http://www.zeit.de/online/2009/25/studie-karremans-maenner-frauen. Zugegriffen: 19.05.2015

Selbstbehauptung: Mit weichen Bandagen© zum Ziel!

Was Frauen vom Quizbox-Weltmeister lernen können

Christoph Teege

Inhaltsverzeichnis

16.1 Grundlagen

Selbstbehauptung – ein Wort, das häufig mit Selbstverteidigung in Verbindung gebracht wird. Da heißt es dann, sich gegen körperliche Angriffe angemessen zu verteidigen, sich zu wehren, sich einem anderen selbstbewusst entgegenzusetzen. Doch um diese körperliche Abwehr geht es in diesem Fall bei der Selbstbehauptung nicht. Hier geht es vielmehr um die Verteidigung der eigenen Ziele und der eigenen Gesundheit: gegen Mobbing, verbale Angriffe, Ignoranz, Stress, Zeitdruck, gegen sich selbst etc. Vor diesen „Angriffen" des Alltags müssen wir Menschen im Allgemeinen uns tagtäglich wehren. Für Frauen im Speziellen sind diese Herausforderungen besonders schwierig zu lösen.

Doch warum ist das so? Ist diese Ansicht in Zeiten der Emanzipation und weiblichen Unabhängigkeit nicht langsam veraltet? Ich sage „Nein". Nicht, weil ich mir als Mann diese Meinung gerne erlauben möchte, sondern weil mir viele Kolleginnen, weibliche Bekannte und weibliche Führungskräfte diese Vermutung in Interviews und Recherchen für

Christoph Teege ✉
Zingel 35, 31134 Hildesheim, Deutschland
e-mail: mail@christoph-teege.de

© Springer Fachmedien Wiesbaden 2015
P. Buchenau (Hrsg.), *Chefsache Frauen*, DOI 10.1007/978-3-658-07498-2_16

diesen Beitrag bestätigt haben. Frauen leiden häufiger unter Selbstsicherheitsproblemen. Das macht es ihnen schwerer „Nein" zu sagen und sich durchzusetzen.

Dies hängt sicherlich mit der unterschiedlichen Erziehung von Mädchen und Jungen zusammen. Zwar leben wir im 21. Jahrhundert und man sollte meinen, dass sich das allgemeine Rollenverständnis geändert hat, doch leider zeigt sich immer wieder, dass diese Klischees vom männlichen und weiblichen Rollenverhalten bis heute Bestand haben – natürlich etwas aufgeweichter und nicht mehr ganz so starr wie früher, doch immer noch spürbar. Im Unterbewusstsein vieler Frauen setzt sich daher das unbestimmte Gefühl fest, weniger wichtig, weniger kompetent als Männer, aber dafür stärker abhängig zu sein. Dieses unkonkrete Gefühl äußert sich dann in konkreten Verhaltensweisen: Frauen verzichten für ihre Männer auf eine eigene Karriere, sie übernehmen häufig den größten Part in der Kinderbetreuung, stellen die Ziele und Bedürfnisse der anderen über ihre eigenen. Am Arbeitsplatz fällt es ihnen schwer, sich gegen Männer durchzusetzen – schließlich könnte man sie dann als zickig, überemanzipiert oder unweiblich abstempeln. Sie sind fremdbestimmt durch das Rollenverständnis und schließlich durch die eigenen Stimme in ihrem Kopf, die immer wieder murmelt: „Das ist nicht die Aufgabe einer Frau", „Eine Frau sollte …", „Das gehört sich nicht für eine Frau".

Wenn wir Männer doch einmal ehrlich sind, dann fördern wir dieses Rollenverständnis – bewusst und unbewusst. Schätzen wir doch im Umgang mit Ihnen, liebe Frauen, Ihre Zurückhaltung, Sanftmütigkeit, Passivität, Sensibilität, Sanftheit, Fürsorglichkeit etc. Wenn Frauen diese Rollenklischees dann aber nicht bedienen, sind viele Herren der Schöpfung plötzlich schwer verunsichert, werden zum „Chauvi" und stempeln die Frauen als „frustrierte Emanzen" ab.

Frauen sind heute so emanzipiert, dass sie sich – verdient – immer mehr ihren Platz in Männerdomänen erkämpfen. Doch der Preis, den sie dafür zahlen, ist weit höher als bei uns Männern.

Frauen sind besonders gefährdet, sich zu übernehmen

Der „weibliche Perfektionismus", das heißt eine hohe Erwartung an die eigenen Leistungen und eine große Angst vor Fehlern, führt häufig dazu, dass Frauen über ihre körperliche und geistige Leistungsgrenze hinausgehen. Sie erwarten – stärker als viele Männer – Bestätigung und Anerkennung für ihre Leistungen. Wenn sie diese nicht in angemessener Weise bekommen, entstehen Frustration und Wut. Frauen setzen sich daher privat und beruflich unter besonders großen Stress. Durch die zunehmenden beruflichen Möglichkeiten wächst der Druck, Fehler und Unzulänglichkeiten könnten als „weibliche Schwäche" ausgelegt werden und schüren das Vorurteil, dass die „weichen" Frauen eben doch nicht für die „harte" Berufswelt geschaffen sind. Das hat zur Folge, dass sie noch mehr Engagement an den Tag legen, um die Männer vom Gegenteil zu überzeugen. Zudem fühlen sie sich stark verantwortlich für die sorgfältige Erledigung von Aufgaben und handeln häufig unter der Prämisse „Wenn ich das nicht mache, wer dann?".

Frauen leiden unter fehlender Harmonie

Unterschied

Ärger und Wut sind Gefühle, die auch vor Frauen nicht Halt machen. Doch im Job bringen sie sie seltener zum Ausdruck. Denn auch hier könnte dieses Verhalten als „zickig" empfunden werden. Daher neigen Frauen häufig dazu, gute Miene zum bösen Spiel zu machen und „Ja" zu sagen, obwohl sie doch eigentlich „Nein" meinen – nur um die Harmonie und den Frieden zu bewahren. Frauen versuchen daher stärker, sich zu kontrollieren, schließlich wollen sie es sich mit den anderen nicht verscherzen. Sie möchten gemocht werden. Wo Männer schon einmal aggressiv und mürrisch werden, schlucken sie ihren Ärger herunter. Gleichzeitig fällt es Frauen eher schwer, mit den Aggressionen anderer umzugehen.

Frauen leiden stärker unter einem schlechten Gewissen

Die Erwartungen an die Frauen in dieser Gesellschaft sind besonders hoch: Sie sollen das Familienleben managen und gleichzeitig mit ihren Jobs einen finanziellen Beitrag zur Haushaltskasse leisten. Diese Doppelbelastung hat zur Folge, dass sie meinen, beide Bereiche häufig nicht so perfekt meistern zu können wie erwartet. Das schlechte Gewissen meldet sich dann häufig schon bevor überhaupt die Klagen vom Ehemann, den Kindern, dem Chef oder den Kollegen kommen. „Ich bin nicht gut genug" oder „Ich bin eine schlechte Mutter/Ehefrau/Kollegin/Mitarbeiterin" – diese Gedanken tun dann ihr übriges, um die Frauen auf direktem Wege in den Ich-bin-nichts-wert-Teufelskreis zu manövrieren.

Frauen denken intensiver über Fehler nach

Unterschied

Wissenschaftliche Studien haben belegt, dass Frauen eher dazu neigen, über Dinge zu brüten, die in der Vergangenheit schief gelaufen sind. Sie denken – intensiver als Männer – immer wieder über die eigenen Schwächen nach. Psychologen haben den biologischen Fachbegriff der „Rumination" für das tierische Wiederkäuen als Fachbegriff für das menschliche Grübeln über Unglück, Pech oder Missgeschicke übernommen. Frauen gaben in den Umfragen an, häufiger über Fehler und deren Ursachen nachzudenken, wohingegen die Männer bestätigten, sich von solchen Gedanken bewusst abzulenken (Randenborgh und Ehring 2013). Die Folge der Rumination ist erhöhter Stress und häufigeres Versagen.

Dieser Beitrag soll Ihnen, liebe Frauen, zur Selbstreflektion dienen und die leicht umsetzbare Selbstbehauptungs-Strategie „Mit weichen Bandagen© zum Ziel" aufzeigen, damit Sie selbstsicherer werden und sich wehren können: gegen Angriffe des Alltags, Zeitdruck, eigene Selbstzweifel. Viele Menschen machen das mit „harten Bandagen". Sie gehen „über Leichen" und erreichen Ihre Ziele auf Kosten der Gesundheit. Ich möchte Ihnen zeigen, dass es auch anders geht: cleverer, intelligenter, gesünder und flexibler – eben mit „weichen Bandagen". Die Strategie hat mir – bewusst und unbewusst angewendet – schon sehr häufig dabei geholfen, Ziele zu erreichen, die eigentlich unerreichbar schienen. In der Schule hatte ich in Mathe und Physik eine 5 – trotzdem studierte ich Maschinenbau und erhielt nach der Regelstudienzeit mein Diplom-Zeugnis. Meinen sicheren und gut bezahlten Job als Ingenieur habe ich gekündigt, obwohl mir alle davon abrieten – trotzdem machte ich mich als Schnelllese-Trainer und Fitness-Coach selbstständig.

Ich war starker Raucher und hatte keinerlei Marathon- oder Triathlon-Erfahrung – trotzdem finishte ich den Ironman nach zwei Jahren harten Trainings. Ich nahm beim TV Total Quizboxen teil. Zum Zeitpunkt des Castings hatte ich gerade einmal 1,5 Jahre Fitness-Box-Erfahrung – trotzdem behielt ich in der Live Show vor einem Millionen-Publikum die Nerven und gewann als einziger Kandidat alle fünf Kämpfe.

Was Frauen vom Boxen lernen können

Viele Herausforderungen, vor denen Frauen in ihrem Alltag stehen, kenne ich aus dem Boxring. Das größte Problem, wenn man mit dem Boxen beginnt, ist das Überwinden der eigenen Hemmungen. Man traut sich nicht, richtig zuzuschlagen, hat regelrecht Angst, dem anderen weh zu tun. Doch irgendwann kommt der Moment, wo man diese Angst und andere Hemmungen ablegt. Man wird durch das Box-Training nicht nur konditionell stärker, sondern bekommt mehr Selbstvertrauen und Selbstsicherheit. Man traut sich mehr zu und lernt sich, seinen Körper, seine Stärken und Grenzen besser kennen. Das hat mir mehr Wissen über selbstbewusste Körpersprache und sicheres Präsentieren gebracht als jedes Seminar über Rhetorik. Man lernt auch, mit der eigenen Energie hauszuhalten. Das ist sehr wichtig, wenn man ambitionierte Ziele verfolgt.

In diesem Beitrag profitieren Sie, liebe Frauen, von meinen Erfahrungen aus dem Boxring beim Quizboxen – ohne dass Sie dafür selbst in den Ring steigen müssen. Ihre Zukunft ist wie der Kampf beim Quizboxen: Gegner und Fragen, die sich Ihnen stellen, sind unbekannt. Eine detaillierte Vorbereitung? Kaum möglich! Dennoch müssen Sie Ihren Erfolg nicht dem Zufall überlassen.

16.2 Quick-Check: Können Sie sich selbst behaupten?

Um eine Vorstellung zu bekommen, wie stark Sie sich schon jetzt gegen Menschen und Situationen behaupten können, wo es noch Entwicklungspotenzial gibt und wo eventuell dringender Handlungsbedarf besteht, lade ich Sie im Folgenden dazu ein, über sich und Ihre Verhaltensweisen im Job und Privatleben nachzudenken. Nehmen Sie sich dafür ausreichend Zeit, denn das Nachdenken über die unterschiedlichen Situationen ist immens wichtig, wenn es darum geht, nicht förderliche Verhaltensmuster abzulegen.

- Fällt es Ihnen häufig schwer, „Nein" zu sagen und anderen einen Wunsch abzuschlagen?
- Haben Sie häufig das Gefühl, dass Sie zuhören, Ihnen aber seltener zugehört wird?
- Kümmern Sie sich häufig ungefragt um die Probleme anderer?
- Wünschen Sie sich mehr Anerkennung und Wertschätzung für Ihre Arbeit und sind beleidigt, wenn Sie diese nicht bekommen?
- Haben Sie häufig das Gefühl, die Erwartungen Ihrer Mitmenschen nicht ausreichend erfüllen zu können?

- Schmieden Sie euphorisch einen Plan und verwerfen ihn dann auf halbem Wege wieder?
- Zweifeln Sie häufig an Ihrer Kompetenz?
- Fühlen Sie sich verpflichtet, Dinge zu übernehmen, für die Sie eigentlich nicht zuständig sind?
- Verlieren Sie im hektischen Alltag häufig das eigentliche Ziel aus den Augen?
- Haben Sie körperliche Beschwerden wie Kopfschmerzen, Rücken- oder Nackenschmerzen, Magen- oder Darmbeschwerden, Reizhusten etc.?
- Nehmen Sie die Anliegen anderer wichtiger als Ihre eigenen?

Wenn Sie diese Fragen häufiger mit „Ja" als mit „Nein" beantwortet haben, dann kann es sein, dass Sie sich zu wenig gegen Ihre Umwelt behaupten – seien es andere Menschen, die Forderungen an Sie stellen oder Situationen, die Sie zeitlich oder inhaltlich überfordern. Wenn man nicht auf seine Ressourcen achtet, kann das langfristig gesehen zu einem gesundheitlichen K.O. führen.

Im Folgenden gebe ich Ihnen einen Überblick, was Selbstbehauptung ist und wie ich mich auf meinem Weg zum Quizbox-Weltmeister gegen meine Gegner und mich behauptet habe.

16.3   Was ist Selbstbehauptung?

Selbstbehauptung ist nicht einheitlich definiert. Die Fähigkeit, sich abzugrenzen und durchzusetzen: gegenüber dem inneren Schweinehund (den es in Wirklichkeit nicht gibt), gegenüber anderen Menschen, gegenüber Kritikern, gegenüber neuen, unbekannten Situationen und vor allem gegen sich selbst. Das ist für mich Selbstbehauptung.

Menschen, die sich selbst behaupten können, erkennt man daran, dass sie „ihren" Weg gehen und sich ihren Ängsten stellen. Sie können frei entscheiden, wie sie sich verhalten. Sie wissen, was sie können und was sie wollen. Und genauso wissen sie auch, was sie nicht können und nicht wollen. Sie setzen ihre Interessen und Rechte durch, ohne die der anderen zu verletzten. Menschen mit der Fähigkeit zur Selbstbehauptung machen ihre Stimmungen nicht von anderen Menschen abhängig. Sie sind selbst denkende Menschen, die nicht unreflektiert die Meinungen von anderen übernehmen. Sie sagen überzeugt „Ja", können aber auch selbstbewusst „Nein" sagen.

Ganz anders handeln Menschen ohne die Fähigkeit zur Selbstbehauptung. Sie sind „nette Ja-Sager". Durch ihr „Ja" werden sie dann zum Spielball der anderen. Auf der Arbeit sind diese Menschen die Ablade-Station für unangenehme und unpopuläre Aufgaben. Im privaten Bereich haben sie kaum Zeit für sich, weil jeder etwas von ihnen will. Sie hetzen von Termin zu Termin, kommen nicht zur Ruhe, sind dauernd im Stress. Doch warum handeln wir häufig so fremdbestimmt? Die Antwort ist kurz und schmerzvoll: Weil wir Angst haben.

- Wir haben Angst davor, Nein zu sagen.
- Wir haben Angst davor, abgelehnt und nicht gemocht zu werden.
- Wir haben Angst davor, die falsche Entscheidung zu treffen.
- Wir haben Angst vor den Konsequenzen.
- Wir haben Angst davor, etwas zu verpassen.
- Wir haben Angst davor, ein Egoist zu sein.

Ich spreche bewusst von „Wir", denn hier möchte ich uns Männer einschließen. Wir haben die gleichen Ängste wie Frauen, wir gehen häufig nur anders – vermeintlich selbstsicherer – damit um. Wir trommeln uns auf die Brust, stürmen mit unseren Meinungen und Ansichten auf den anderen zu und schlagen sie ihm mit roher Gewalt um die Ohren. Doch die wenigsten Boxkämpfe werden durch stumpfes Draufschlagen gewonnen. Harte Bandagen haben heute ausgedient. Wer sich seine Kraft bewusst einteilt, konzentriert, bedacht und selbstbewusst vorgeht, der wird den Kampf für sich entscheiden.

16.4 Die Selbstbehauptungs-Strategie „Mit weichen Bandagen© zum Ziel"

Wenn man über das Boxen spricht, dann fallen häufig Aussagen wie „brutal" oder „gewaltverherrlichend" – nicht selten von Frauen. Ich möchte Sie nun davon überzeugen, dass Boxen mehr ist als Prügeln ohne Sinn und Verstand. Das Boxen lehrt uns viele Erfolgseigenschaften, die dabei helfen, sich gegen die Angriffe des Alltags zu behaupten:

- Mut ohne Selbstüberschätzung
- Selbstbewusstsein
- Disziplin
- Willenskraft
- Durchhaltevermögen
- selbstbewusster Umgang mit Rückschlägen
- Konzentration
- Respekt
- Regeln
- Selbstreflektion
- Demut
- Vertrauen
- Fairness

Harte Bandagen sind zur Selbstbehauptung nicht notwendig, sie sind häufig sogar hinderlich. Wir können täglich beobachten, was die Folgen von harten Bandagen sind: Stress, Hektik, Streit, Zeitdruck, Burnout, Aggression. In Unternehmen arbeiten immer mehr Manager und Managerinnen ohne Pause und Ausgleich. Sie verfolgen ihre Ziele ohne

Rücksicht auf Verluste, wollen nur allzu oft mit dem Kopf durch die Wand. Dabei gehen sie äußerst rücksichtslos mit sich um. „Durchhalten und niemals aufgeben!" lautet die Prämisse. Um sich weiterhin zu Höchstleistungen zu pushen, greifen sie irgendwann zu Drogen. Morgens Aufputschmittel, abends Tranquilizer. Sie schnupfen Kokain oder dopen sich mit Neuro-Enhancern. Auch in der freien Zeit gönnen sie sich keine Ruhe. Schließlich wollen sie zu ihren Kindern, Freunden, Eltern nicht „Nein" sagen. Völlig ausgelaugt gehen sie dann abends ins Bett, um viel zu kurz zu schlafen. Der Körper ist sehr robust und hält einiges aus. Doch irgendwann sendet auch er SOS-Signale. Sie spüren die Müdigkeit, den Druck und die Schmerzen, doch wie jeden Tag legen sie die harten Bandagen an und sagen sich immer wieder: „Stell dich nicht so an" oder „Das geht schon wieder weg."

Um den Boxring als Sieger zu verlassen, muss man kurzfristig auch über seine Grenzen gehen und durchhalten. Trotz der körperlichen Schmerzen muss die Konzentration immer da sein, denn sie ist nötig, um die Runden zu überstehen. Unkonzentriertheit, zu wenig Selbstreflektion und schlechte Kondition werden schmerzhaft bestraft. Wenn die Konzentration nachlässt, fällt die Deckung und wir kassieren harte Treffer, die nicht selten zum K.O. führen. Das ist im Alltag und im Business genauso. Der Unterschied ist: Der Boxer hat sich viele Monate körperlich und geistig auf den Kampf vorbereitet und gönnt sich nach dem Kampf eine Regenerationsphase. Die wird häufig von beiden Geschlechtern vernachlässigt, weil sie nach wie vor der Überzeugung sind, dass für Stress-Ausgleich „keine Zeit" sei. Stattdessen werden Ziele mit „harten Bandagen" und auf Kosten der eigenen Gesundheit erreicht.

Es geht aber auch anders: intelligenter, gesünder, flexibler – eben mit „weichen Bandagen©". „Weich" hat hier nichts mit „Weichei", „Schwächling" oder „Nachgeben" zu tun, sondern mit intelligentem und effizientem Einsatz der eigenen Ressourcen.

16.5 Der Kern der Selbstbehauptungs-Strategie

Das Ziel des Boxers ist es, den Ring als Sieger zu verlassen. Weil das Ziel sich nicht genau planen lässt, muss man während des Kampfes flexibel reagieren, seine Kraft gut einteilen, den Gegner analysieren und die eigenen Stärken gezielt einbringen. Dann hat man gute Chancen zu gewinnen.

Den Kern der Selbstbehauptungs-Strategie bilden die zwei Grundvoraussetzungen:

16.5.1 Selbstverantwortung

Auf dem Weg zum Boxring können Sie noch „Nein" sagen und aufgeben. Aber wenn Sie einmal im Boxring stehen, dann sind Sie auf sich alleine gestellt und müssen kämpfen. Im Boxring gibt es auch keinen „inneren Schweinehund". Ich weiß, das ist eine Metapher für die Macht unserer Gedanken und Gewohnheiten, die uns von Veränderungen abhalten sollen. Ich denke, dieser Begriff wird als Ausrede missbraucht: „Wir können nicht anders",

„Die anderen sind schuld", „Der Schweinehund verhindert, dass wir aktiv werden" etc. Als ich das erste Mal im Ring stand, habe ich endgültig begriffen, dass ich da jetzt alleine durch muss. Das war eine der intensivsten Erfahrungen, die ich bis heute machen durfte.

▶ Übernehmen auch Sie die volle Verantwortung für das, was Sie tun und für das, was Sie nicht tun. Erfolgreiche Frauen und Männer handeln so. Sie setzen sich mit sich und ihren Zielen auseinander und hinterfragen ihre Taten immer wieder. Das ist anstrengend, schmerzhaft und kostet Kraft. Sie kassieren auch Rückschlä- ge und fallen auf die Nase, wenn Sie sich behaupten wollen. Das angestrebte Ziel rückt immer mal wieder in weite Ferne. Verdrängte Gefühle und die Angst, ei- ne falsche Entscheidung getroffen zu haben, tauchen auf. Bequemer ist es, jetzt aufzugeben und andere für den Misserfolg verantwortlich zu machen. Wenn es schwierig oder ungemütlich wird, dann möchte man sich am liebsten wieder hinter dem inneren Schweinehund verstecken. Doch erfolgreiche Menschen sa- gen „Jetzt erst recht" und nehmen die Rückschläge zum Anlass, das Ziel neu zu definieren und den Plan flexibel anzupassen. Darin besteht die wirkliche Kunst der Selbstbehauptung. Gründen Sie daher mit sich eine GmvH – eine Gesell- schaft mit voller Haftung.

16.5.2 Kontrollierte Aggressivität

Aggression hat ein schlechtes Image in der Gesellschaft. Sie wird von Frauen meist mit Gewalt assoziiert. Doch es gibt auch durchaus positive Seiten der Aggression. Ein Min- destmaß ist notwendig, um Ziele erreichen zu können. Aggression kommt aus dem lateini- schen aggredi „herangehen", „angreifen". Sie sorgt demnach dafür, dass wir uns ohne den berühmten „Tritt in den Hintern" selbst bewegen und aktiv auf ein Ziel zugehen. Sowohl im Ring als auch im Alltag ist Aggression eine starke Emotion, die es zu kontrollieren und dosiert einzusetzen gilt. Im Boxkampf bringt es nichts, seine gesamte Kraft und Ener- gie durch unkontrolliertes Schlagen in der ersten Runde zu verpulvern. Dann fehlt die Power für die weiteren Runden. Das Ziel mit weichen Bandagen zu erreichen, bedeutet, ein Gleichgewicht zwischen „Vorantreiben" und „Ausruhen" zu schaffen. Weil das nicht selbstverständlich ist, müssen Sie sich hier gegenüber anderen behaupten. Sie haben ein Recht darauf, dass es Ihnen gut geht. Also kämpfen Sie für Ihr persönliches Wohlbefinden.

16.6 Die fünf Bausteine der Selbstbehauptungs-Strategie

Selbstbehauptung ist nicht nur die Fähigkeit, sich nach außen hin abzugrenzen. Selbstbe- hauptung bedeutet auch, sich nach innen abzugrenzen, das heißt, Herr im eigenen Ring zu sei. Selbstbehauptung ist nötig, wenn Ideen umgesetzt, Träume und Wünsche erfüllt werden wollen. Sie ist aber ebenso wichtig, wenn alte Pfade verlassen werden sollen und das Wagnis eines Neustarts bevorsteht.

Abb. 16.1 Selbstbehauptungs-
Strategie

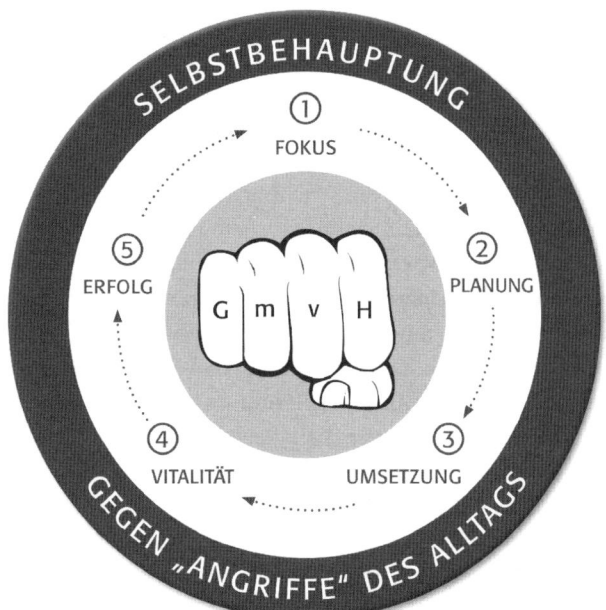

Mein persönliches Wagnis war die Teilnahme am TV Total Quizboxen, die Live Show von und mit Stefan Raab, die von 2012 bis 2013 live auf Pro7 ausgestrahlt wurde. Ich hatte mich zum Casting angemeldet und wurde prompt eingeladen. Zu diesem Zeitpunkt boxte ich erst seit eineinhalb Jahren. Doch ich nahm die Herausforderung an.

Beim Quizboxen geht der Kampf über zehn Runden. Es müssen abwechselnd zwei Minuten geboxt und anschließend zwei Minuten Fragen beantwortet werden. Das war hart. Denn im Gegensatz zu „Wer wird Millionär" oder „Schlag den Raab" wurde diese Show zum ersten Mal produziert. Referenzpunkte? Fehlanzeige! Es gab nichts, woran ich mich hätte orientieren können. Doch trotz aller Widerstände, schlechter Prognosen und – ich gebe zu – einigen Selbstzweifeln, habe ich alle Kämpfe und Quizfragenrunden gewonnen. Doch nicht der Sieg hat mir viele wertvolle Erkenntnisse eingebracht, sondern der Weg dorthin. In den fünf Box-Kämpfen habe ich mehr über mich gelernt als in jedem Seminar über Persönlichkeitsentwicklung. Aus diesen Erfahrungen habe ich die Selbstbehauptungs-Strategie „Mit weichen Bandagen© zum Ziel" entwickelt. Unabhängig davon, welches Ziel wir verfolgen, wir brauchen immer Selbstbehauptung zur Umsetzung.

Die Selbstbehauptungs-Strategie besteht aus fünf Bausteinen, die logisch ineinander greifen: Fokus, Planung, Umsetzung, Vitalität und Erfolg (vgl. Abb. 16.1).

16.6.1 Fokus

Um ein Ziel zu erreichen, brauchen wir Selbstbehauptung. Selbstbehauptung gegenüber dem eigenen Zweifeln, dem Zeitdruck, dem Stress, den überzogenen Erwartungen und der Kritik der anderen. Wir müssen uns jeden Tag gegen die unterschiedlichsten Situationen und Menschen behaupten. Wenn man sich behaupten will, dann muss man aber wissen, gegen wen, wofür und warum. Es geht um das Ziel, das wir verfolgen. Nur dann können wir entscheiden, ob es Sinn macht, sich zu behaupten und zu kämpfen oder ob es vielleicht sogar besser ist, aufzugeben. Denn die ganzen „Halte durch"- Parolen ergeben nur Sinn, wenn man nicht „auf einem toten Pferd" sitzt.

Wahrscheinlich haben Sie diese Art von Sprüchen schon 1000-fach in Management- oder Life Balance-Büchern gelesen:

„Du musst ganz fest an dich glauben!"

„Du muss nur positiv denken!"

„Dein Ziel muss SMART sein!"

Ich verrate ihnen mein kleines Geheimnis: Wenn ich mich an die Empfehlungen gehalten hätte, hätte ich beim Quizboxen nicht gewonnen. Denn nur durch Glaube, positives Denken und SMARTE Ziele gewinnt man keinen Boxkampf und erreicht auch sonst im Leben seine Ziele nicht.

Wir brauchen ehrliche und schonungslose Antworten auf die folgenden Fragen:

- Was will ich wirklich und warum will ich das Ziel erreichen?
- Gegen wen oder was muss ich mich behaupten, wenn ich das Ziel erreichen will?
- Was kann ich an meinem Ziel unmittelbar beeinflussen?
- Wo sind die Grenzen meines Handelns?
- Wie bleibe ich im Alltag fokussiert?

Eine zentrale Frage, die häufig unterschätzt wird, ist: Wo sind meine Grenzen? Sind diese Grenzen zu nah gesteckt, dann schwächen und unterfordern sie uns. Wir bleiben hinter unseren Möglichkeiten zurück und nutzen nicht unser ganzes Potenzial. Sind unsere Grenzen hingegen zu weit gesteckt, dann ist das Revier, das wir beschützen müssen, zu groß und würde uns überfordern. Fehlende Grenzen können dazu führen, dass wir unsere Kraft vergeuden. Legen Sie daher den Fokus auf sich und Ihren Einflussbereich und definieren Sie ein mögliches Ziel. Das ist der erste Schritt, um Ordnung und Klarheit in das eigene Leben zu bringen. Schon allein dadurch verändert sich der Umgang mit sich selbst und den anderen.

Wer sich gegenüber der Umwelt behaupten will, der braucht Zielklarheit. Durch sie nehmen Sie eine neue Perspektive ein und es fällt Ihnen leichter, sich auf das zu fokussieren, was wirklich wichtig ist. Sie können Ihre Interessen stärker wahrnehmen und erkennen, wenn andere Menschen Sie für ihre eigenen Interessen benutzen. Nur, wenn die Einstellung zu Ihrem Vorhaben, dem Ziel hundertprozentig stimmt, dann können Sie sich dagegen behaupten und ihr Ziel erreichen.

Abb. 16.2 Fokus

Wenn ich beim Quizboxen in den Ring stieg, wollte ich immer gewinnen (vgl. Abb. 16.2).

Mit der SMART-Formel (Ziele müssen spezifisch, messbar, akzeptiert, realistisch und terminiert sein) wäre mein Ziel aber zum Scheitern verurteilt gewesen. All diese „smarten" Adjektive funktionieren im Ring und meiner Meinung nach auch in der Wirtschaft nicht. Ein Boxer kann nicht voraussagen, dass er den Gegner in der dritten Runde nach einer Minute und 26 Sekunden durch einen Leberhaken K.O. schlägt. Genauso wenig funktioniert es in der Wirtschaft, auch wenn es immer wieder versucht wird. Hier werden genaue Umsatzzahlen zum Beispiel für die nächsten sechs Monate auf zwei Nachkommastellen vorhergesagt. Schönes Ziel, auch stimmig nach den SMART-Kriterien, aber die Erfahrung zeigt, dass die Realität häufig anders aussieht.

Beim TV Total Quizboxen habe ich das Ziel „Ich will gewinnen" in drei Bereiche aufgeteilt: das Boxtraining, die Vorbereitung auf die Quizfragen und den Umgang mit Angst, Nervosität und Lampenfieber. Als Anfänger ist man voller Adrenalin, wenn man den Ring betritt. Es ist schon eine bedrohliche Situation, wenn man weiß, dass der Gegner kein Mitleid hat und alles für einen K.O.-Sieg tun wird. Und auch der Wechsel von körperlicher

Aktivität und Denken war nicht ohne. Im Boxkampf habe ich meine Konzentration daher ganz bewusst nur auf meine Atmung, die Deckung und meine Bewegungen gelegt – egal, was passiert, auch bei Rückschlägen. Beim Quiz habe ich im Vergleich zu meinem Gegner immer gestanden. Das hatte zwei Vorteile. Erstens: Wenn man sitzt, dann ist es schwieriger, wieder aufzustehen. Und zweitens kann man den Gegner damit einschüchtern. Denn man steht über ihm und signalisiert, dass man noch Kraft und Kondition für die nächsten Runden hat. Das war mein Einflussbereich. Das waren meine Grenzen. Mehr konnte ich in diesem Moment nicht tun.

Stellen Sie sich bei der Definition Ihrer Ziele die folgenden Fragen:

- Was kann ich – das Ziel betreffend – unmittelbar beeinflussen?
- Wo liegen die Grenzen meines Verantwortungsbereiches?
- Welche Stärken und Schwächen habe ich?
- Wo kann ich meine Stärken optimal einsetzen?
- Wie kann ich meine Schwächen mit geringstem Aufwand kompensieren?
- In welchen Situationen sage ich „ja", obwohl ich „nein" meine?
- Wo muss ich mich in Zukunft mehr abgrenzen?
- Wo stecke ich zurück, wo sollte ich hingegen aggressiver für meine Bedürfnisse eintreten?

16.6.2 Planung

Durch eine detaillierte Planung behaupten Sie sich vor allem gegen den Zeitdruck, der uns häufig einen Strich durch die Rechnung macht. Ein gut und realistisch durchdachter Plan ist daher der nächste notwendige Schritt, um sich auf dem Weg zum Ziel nicht zu verzetteln. Planung wird wesentlich einfacher, wenn Sie sich an die folgende, wichtige Regel halten: Logik vor Zeit!

Denn die Zeit wird uns meistens durch die äußeren Rahmenbedingungen vorgegeben. Beim Quizboxen waren es die Termine der Kämpfe. Ich plante die Tage bis zum nächsten Kampf detailliert und verknüpfte das Ziel immer wieder mit der Emotion des Gewinnens, des Bejubelt-Werdens, des Erfolges. So verlieh ich meinem Ziel emotionales Gewicht, was mich dazu anspornte, jeden Tag eisern meinen Plan zu verfolgen. Natürlich war am Anfang besonders große Willensstärke und Disziplin nötig, doch irgendwann führte die routinierte „Abarbeitung" meines Plans dazu, dass sich die Vorgehensweisen automatisierten und zu einer Gewohnheit wurden. Meine To-dos waren mit einem emotionalen Gefühl verknüpft, das mich dazu anspornte, meine Zeit gerne in das Training zu investieren.

Ohne eine grobe Planung, die uns die Laufrichtung vorgibt, verlieren wir den Überblick. Die folgenden Fragen helfen Ihnen dabei, den Weg konsequent zu verfolgen und das Ziel nicht aus den Augen zu verlieren.

- Was sind die logischen Schritte, um das Ziel zu erreichen?
- Was ist bis wann zu tun, um das Ziel zu erreichen?
- Wie kann ich mich selber motivieren, wenn mir Motivation fehlt?
- Wie sorge ich dafür, dass ich dranbleibe?
- Wer könnte mir bei der Planung helfen?
- Was kann ich tun, um die festen Zeiten für die Umsetzung einzuhalten?
- Wie reagiere ich auf Rückschläge?

Halten Sie die Planung unbedingt schriftlich fest und behalten Sie die Ziele für sich. Es sind Ihre Ziele und gehen niemanden etwas an, wenn sie es nicht möchten. Schreiben Sie die Ziele und die nötigen Schritte auf ein Blatt und deponieren Sie es zum Beispiel in der Schublade Ihres Schreibtisches. Durch das Aufschreiben bringen Sie Klarheit in den Kopf. Sie erkennen Zusammenhänge und Kausalketten und können bestimmte Aufgaben intelligent verknüpfen. Beim Quizboxen habe ich zum Beispiel das leichte Lauftraining dazu genutzt, um mich auf die Quizfragen vorzubereiten.

Mit Hilfe einer soliden Planung wird es Ihnen gelingen, die einzelnen Schritte zum Ziel logisch miteinander zu verknüpfen und ihnen emotionales Gewicht zu verleihen.

16.6.3 Umsetzung

Wenn der Plan steht, geht es darum, aktiv zu werden und ihn in die Tat umzusetzen. Eigentlich ganz logisch, oder? Doch genau hier gelangen viele Frauen an einen Punkt, der ihnen große Schwierigkeiten bereitet. Sie warten und warten, weichen dem Beginn aus. Frau kommt einfach nicht ins Handeln, weil der Plan möglicherweise noch nicht gut genug ist. Das ist das Ergebnis meiner Recherchen und Interviews mit Frauen. Ich kann Ihnen aber auch sagen, dass es genugend Manner gibt, die angstlich und zögerlich sind. Sie zeigen es nur nicht nach außen. Fest steht: Nur vom Denken und Planen werden Sie das Ziel nicht erreichen. Sie müssen mit der Umsetzung beginnen und für die auftretenden Hindernisse Lösungen finden.

Wenn Sie Schwierigkeiten bei der Umsetzung haben, dann fragen Sie sich:

- Was hindert mich daran, anzufangen?
- Wer oder was kann mir helfen, in die Umsetzung zu kommen?
- Welches ist der kleinste Schritt, den ich gehen kann?
- Welche Personen können mich bei der Umsetzung unterstützen?
- Was könnte im schlimmsten Fall passieren, wenn ich mein Ziel NICHT erreiche?

In der Umsetzungsphase werden Sie immer wieder in Situationen kommen, die Sie über das Aufgeben nachdenken lassen. Plötzlich treten Hindernisse auf, an die Sie vorher gar nicht gedacht haben. Die anderen Menschen aus Ihrem Umfeld zweifeln daran, dass Sie es schaffen können. Oder Sie selber sind plötzlich nicht mehr davon überzeugt, ihr

Abb. 16.3 Umsetzung.
(© Willi Weber)

Ziel zu erreichen. Häufig ist dann die mitreißende (Anfangs-)Euphorie schnell wieder verflogen und Ernüchterung gewinnt die Oberhand. Fragen Sie sich in Situationen, in denen Sie zweifeln, ganz konkret:

- Wie könnte eine Lösung für das Hindernis aussehen?
- Wie kann ich das Hindernis überwinden?
- Was brauche ich, um das Hindernis zu überwinden?
- Welche langfristigen Folgen hat es, wenn ich jetzt aufgebe?

Wenn Sie kurz vor dem Aufgeben sind, fragen Sie sich, warum Sie überhaupt angefangen haben.

Kommen jetzt wieder positive Gefühle in Ihnen hoch, dann machen Sie unbedingt weiter! Falls nicht, seien Sie flexibel und passen Sie Ihren Plan den veränderten Rahmenbedingungen an.

Wenn Sie im Boxring stehen und die Ringglocke ertönt, dann müssen Sie handeln, sonst droht ein schneller K.O. (vgl. Abb. 16.3). Das ist im Alltag genauso wie beim Boxen. Es gibt Rückschläge und manche tun sehr weh. Sie können aber nicht erwarten zu gewinnen, wenn sie nichts tun. Sie müssen den Schutz der Ringecke aufgeben und alles geben, um das Ziel zu erreichen. Dass Sie sich dabei eine blutige Nase holen könnten, ist das Risiko eines Boxkampfes. Aber die Schmerzen gehen vorbei, der Erfolg bleibt.

Genau das gleiche gilt im täglichen Business – nur mit dem Unterschied, dass sie hier keine körperlichen Rückschläge erleiden. Hier sind es mentale Rückschläge, die Sie möglicherweise an den Rand des Aufgebens bringen: „Neins", (Selbst-)Zweifel und Kritik machen sich breit. Das ist das Risiko, wenn Sie ihre Komfortzone verlassen und mit der Umsetzung beginnen.

Nutzen Sie im Job feste Zeiten für Ihre wichtigsten Ziele. Denn gerade im hektischen Tagesgeschäft verlieren wir unsere Ziele schnell aus den Augen und fragen uns abends manchmal, wo die Zeit geblieben ist. Empfehlenswert sind zu Beginn des Arbeitstages

Abb. 16.4 Vitalität

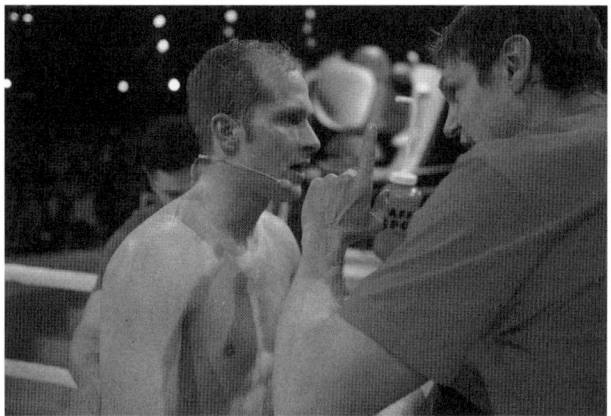

zwei Stunden fokussierte Arbeit. Erst dann stürzen Sie sich in das Tagesgeschäft. Das Gefühl, etwas Wichtiges schon am Morgen erledigt zu haben, motiviert Sie für den Rest des Tages.

16.6.4 Vitalität

Gegen die „Angriffe" des Alltags können Sie sich nur behaupten, wenn Ihr Körper ein starkes Schutzschild ist. Dieses Schutzschild heißt „Vitalität". Ein Wort, in dem so viel Kraft steckt, denn „vitalis" bedeutet „lebensfähig". Vitalität ist demnach die Fähigkeit, Angriffe zu überleben. Denn selten wird ein Ziel auf direktem Wege erreicht. Im täglichen Leben müssen wir uns häufig mit Rückschlägen auseinandersetzen. Sie sind nicht schön, aber wir müssen sie auch nicht fürchten. Wer sich mental und körperlich auf Rückschläge einstellt, wird leichter mit ihnen fertig.

Wenn ein Boxer in den Ring steigt, geht er davon aus, dass er mit blauen Augen, einer Gehirnerschütterung und/oder Prellungen den Ring wieder verlassen könnte. Im Kampf wird ausgeteilt und eingesteckt (vgl. Abb. 16.4). Das gehört dazu – ebenso wie die disziplinierte Vorbereitung auf Rückschläge. Ein Boxer trainiert seine Muskulatur, um den Schlägen Stand zu halten. Er trainiert seine Reflexe. Und er trainiert seine Kondition. Und vor allem hält er strikt die Trainingspausen ein, um dem Körper die nötige Regenerationszeit zu gönnen.

Im Alltag schenken viele Frauen ihrem Körper – vor allem in Stresssituationen – nicht die nötige Aufmerksamkeit. Sie opfern sich auf und müssen ganz einfach funktionieren: Der Kindergeburtstag muss organisiert werden, die Schwiegermutter wartet im Krankenhaus auf einen Besuch, der Wocheneinkauf muss erledigt werden – und das alles noch nach einem langen Tag im Büro. Irgendwann sendet der Körper dann durch die folgenden Symptome „SOS":

- Migräne
- Muskelverspannungen
- Tinnitus
- Reizhusten
- Herzrasen
- Magenschmerzen
- Reizdarm
- dauernde Müdigkeit etc.

Wenn Sie diese Symptome kennen, dann zeigt Ihnen Ihr Körper damit an, dass Sie oder andere Menschen Ihre Grenzen überschritten haben. Fragen Sie sich daher in solchen Situationen:

- Wodurch wurde das Symptom möglicherweise ausgelöst?
- Welche Menschen treten regelmäßig in Ihren Grenzbereich ein? Durch welches Verhalten?
- Was würde Sie animieren, Ihre Grenzen zu wahren?
- In welchen Situationen sind Sie es selbst, die Grenzen überschreiten und Ihrem Körper zu viel zumuten?
- Wo tanken Sie neue Motivation auf?
- Was macht Ihnen Spaß?
- Was macht Sie glücklich?

Wer im Job langfristig volle Leistung erbringen will, darf körperliche SOS-Symptome nicht länger überhören. Es bringt nichts, „mit harten Bandagen" immer weiter dagegen anzukämpfen – getreu dem Motto: „Gelobt sei, was hart macht." In Ausnahme-Situationen, wie zum Beispiel einem Boxkampf oder bei einer wichtigen Deadline, mag das kurzfristig zum Ziel führen, langfristig bezahlt man den Erfolg mit einem mehrtägigen Krankenhaus-Aufenthalt. Hier müssen Sie die Verantwortung für Ihre Vitalität übernehmen. Denn: Vitalität ist Chefsache, das können Sie nicht delegieren! Mit Ihrem Lebensstil können Sie gezielt Einfluss auf Ihre Vitalität nehmen: durch Bewegung, Ernährung und Mentaltraining.

Hier müssen Sie sich für Ihre Bedürfnisse einsetzen und sich nach außen abgrenzen. Sie haben ein Recht darauf, dass es Ihnen gut geht. Nur dann sind Sie in der Lage, in Privat- und Berufsleben Vollgas zu geben. Denken Sie daran: Fehlt die Selbstbehauptung, droht der gesundheitliche K.O.!

Bekämpfen Sie Stress-Symptome nicht mit Kaffee, Nikotin oder Alkohol, sondern gehen Sie den Ursachen auf den Grund. Machen Sie etwas, das Ihnen gut tut – und zwar am besten täglich. Reservieren Sie sich ihre persönliche Wohlfühl-Stunde, in der Sie tun und lassen können, was sie wollen – ohne sich rechtfertigen zu müssen. Entspannen Sie. Schlafen Sie, gehen Sie spazieren oder treiben Sie Sport. Dafür müssen Sie sich noch nicht einmal im Fitness-Studio anmelden. Sie können überall trainieren. Es gibt genügend

Übungen mit dem eigenen Körpergewicht. 15 Minuten reichen aus, um den gesamten Körper zu straffen, Fett und Stress abzubauen.

Der ideale Tag besteht aus dem morgendlichen zweistündigen Block, in dem Sie Ihre wichtigsten Schritte zur Zielerreichung angehen. Dann folgt das Tagesgeschäft und zum Abschluss des Tages gönnen Sie sich etwas, das Ihnen gut tut. Versuchen Sie anfangs einen Tag in der Woche so zu organisieren. Wenn Sie sich sicher und gut fühlen, dann fügen Sie den zweiten Tag hinzu. Und später den dritten. Und Sie werden feststellen, dass der Stress-Level auf ein normales Niveau gesunken ist und Sie Ihre Ziele gesund erreicht haben.

16.6.5   Erfolg

Es war ein unglaubliches Gefühl, als ich am 18.10.2012 vor Millionen Fernsehzuschauern meinen ersten Boxkampf gewann. Für mich war das Erreichen dieses Ziels ein kleines Wunder. Die Chancen standen 50 zu 50. Wer hatte schon damit gerechnet, dass ich als Boxanfänger tatsächlich als Sieger aus dem Ring steigen würde. Es war unbeschreiblich – und musste natürlich gebührend gefeiert werden. In der ganzen Zeit der Vorbereitung habe ich strikt auf Alkohol verzichtet, doch abends in der Hotel-Lobby ließen wir die Korken knallen und feierten bis in die Morgenstunden dieses unglaubliche Erfolgserlebnis.

Es gibt wahrscheinlich hunderte Definitionen von Erfolg. Die meisten Menschen würden vielleicht antworten: viel Geld, ein tolles Auto, eine ansehnliche Karriere oder viel Zeit mit der Familie und Freunden. Für mich bedeutet Erfolg die Folge von Denken, Fühlen und Handeln. Wenn Sie sich an der Selbstbehauptungs-Strategie orientieren, dann werden Sie einen Erfolg erzielen. Nur mit dem Fokus auf das Ziel können Sie einen Plan schmieden. Nur mit einem flexiblen Plan können Sie in die Umsetzung gehen. Nur mit Vitalität haben Sie die Kraft dranzubleiben und durchzuhalten. Und mit dem Erreichen des Ziels haben Sie einen Erfolg erzielt. Und dieser Erfolg wird Ihnen genügend Motivation bringen, um die nächste Herausforderung anzugehen.

Was bedeutet für Sie Erfolg? Definieren Sie immer, was Erfolg für Sie ausmacht. Wie sollen Sie sonst wissen, wofür Sie kämpfen? Stellen Sie sich dazu die folgenden Fragen:

- Was wäre das optimale Ergebnis, das Sie erreichen könnten?
- Warum bedeutet das Ergebnis des besonderen Erfolgs für Sie?
- Warum ist das Ziel den Aufwand wert?
- Was wäre eine ebenso erfolgreiche Alternative, wenn es mit dem ursprünglichen Plan nicht klappen sollte?

Fazit

Es war relativ einfach, TV Total Quizbox-Weltmeister zu werden. Die Chancen standen 50:50. Schwieriger war es, den Titel zu verteidigen. Schließlich wollte ich nicht als One-Hit-Wonder gelten, sondern den Erfolg reproduzieren. Plötzlich war man der „Gejagte"

und der Erfolgsdruck nahm zu. Was mir geholfen hat, cool zu bleiben und nicht abzuheben, war meine Vorbereitung. Ich habe das Ziel heruntergebrochen und mich auf das
konzentriert, was ich beeinflussen konnte. Im Training habe ich alles gegeben, ohne dabei
meine Gesundheit zu riskieren. Denn krank zu werden, konnte ich mir nicht erlauben. Im
Wettkampf wollte ich unbedingt gewinnen. Da waren mir blaue Augen, blutige Nasen und
aufgeplatzte Lippen egal. Denn ich gönnte mir danach genügend Regenerationszeit.

Und selbst wenn ich mein Ziel nicht erreicht und verloren hätte, hätte ich mir keine
Vorwürfe machen können. Denn ich habe alles in meiner Macht stehende getan, um das
Ziel zu erreichen. Und meinen Kritikern hätte ich gesagt: „Steig erst einmal selber in den
Ring und beantworte die Fragen, bevor du meine Leistung kritisierst."

Am Ende bleibt eine große Dankbarkeit: für den Erfolg und für die Menschen, die mich
dabei begleitet haben. Und natürlich für die Erlebnisse im Boxring. Durch diese Erfahrung im Grenzbereich, dem Handeln außerhalb der eigenen Komfortzone und durch eine
intensive Auseinandersetzung mit der eigenen Persönlichkeit ist die Selbstbehauptung-
Strategie „Mit weichen Bandagen© zum Ziel" entstanden. Mit dieser Strategie werden
Sie sich, liebe Frauen, im Business und im privaten Alltag gegen alle Widrigkeiten behaupten können. Ich wünsche Ihnen viel Erfolg dabei. Bleiben Sie sich treu!

16.7 Über den Autor

Christoph Teege ist Redner, Personal Trainer und Lehrbeauftragter an der Universität
Köln, der Hochschule Hannover und der Hochschule Hildesheim. Er ist der Erfinder und
Entwickler der Selbstbehauptungs-Strategie und zeigt Privatpersonen, Führungskräften
und Unternehmern, wie mit weichen Bandagen© außergewöhnliche Ziele erreicht werden können.

Schon mehrfach hat er selbst bewiesen, dass seine Strategien in der Praxis funktionieren und zum gewünschten Erfolg führen: Er kündigte seine Festanstellung als Ingenieur,
um sich als Trainer und Speaker selbständig zu machen – mit Erfolg. Und auch sportlich konnte er sich gegenüber sich selbst und gegenüber anderen behaupten. So finishte

er 2010 den Ironman-Triathlon nach zwei Jahren Vorbereitungszeit, ohne vorher auch nur einen Triathlon absolviert zu haben. Von 2012 bis 2013 boxte er bei der Show „TV Total Quizboxen" von und mit Stefan Raab auf Pro7 um den Weltmeistertitel – und gewann. Christoph Teege konnte als einziger Teilnehmer alle fünf Kämpfe für sich entscheiden und ist bis heute als ungeschlagener Weltmeister im Quizboxen einem Millionen-Publikum bekannt.

In den Medien ist Christoph Teege ein gefragter Interviewpartner und Autor von Fachartikeln (u. a. Personal im Fokus, CASH, Berliner Tagesspiegel, Niedersächsische Wirtschaft, LOOX Magazin, Huckup usw.) sowie Gast in diversen Fernseh- und Rundfunksendungen (u. a. TV Total, Bayern 3 usw.).

Weitere Infos unter www.christoph-teege.de

Literatur

v. Randenborgh, A., & Ehring, T. (2013). „Ich denke, also bin ich traurig": Über die Folgen des Grübelns, im „In-Mind-Magazin". herausgegeben von Dr. René Kopietz, Dipl. Psych.Institut für Psychologie, Arbeitseinheit Sozialpsychologie, WWU Münster. http://de.in-mind.org/article/ ich-denke-also-bin-ich-traurig-ueber-die-folgen-des-gruebelns. Zugegriffen: 7. April 2015

Erfolg mit Herz

17

Stärken weiblicher Führung nutzen

Claus Walter

Inhaltsverzeichnis

> Oft muss erst der Kopf aus dem Weg gehen, damit das Herz klar sehen kann.
> (Autor unbekannt)

17.1 Erfolg? Eine Frage der (Herz-)Resonanz

Mitte Juni 2014 landet sie in meiner E-Mailbox, die Anfrage für die Co-Autorenschaft zu diesem Buch. Aus meiner männlichen Sicht soll ich beschreiben, was Frauen erfolgreich macht – „Chefsache Frauen" eben.

Ich zögere, denn als Führungskräfte- und Unternehmens-Coach habe ich es meist mit dem Gegenteil zu tun. Mit dem, wie Frauen ihre eigenen Erfolgschancen sabotieren, häufig bis zur absoluten Erschöpfung. Aber natürlich liegt genau hier die Chance. Die Summe der gesammelten Erfahrungen aus vielzähligen Coachings mit weiblichen und männlichen Führungskräften bietet eine Fülle an praxisnahem „Material", zeigt das große Potenzial und die grundsätzlich vorhandenen Stärken weiblicher Führung auf. Das allein ist es jedoch nicht, was mich zur Teilnahme an diesem Buchprojekt bewegt.

Claus Walter ✉
c/o C for C GmbH, Buchgrindelstrasse 13, 8623 Wetzikon, Schweiz
e-mail: c.walter@cforc.biz

© Springer Fachmedien Wiesbaden 2015
P. Buchenau (Hrsg.), *Chefsache Frauen*, DOI 10.1007/978-3-658-07498-2_17

Abb. 17.1 Der Mensch umgeben von seinem Energiefeld und seinem elektromagnetischen Herz-Resonanzfeld. (© Susanne Jost)

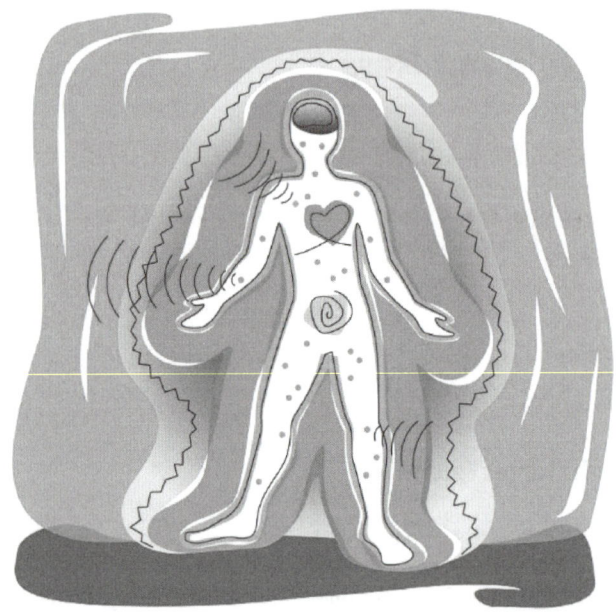

Der zweite, maßgebliche Impuls resultiert aus dem zentralen Thema, mit dem ich mich seit einigen Jahren persönlich und in meiner Arbeit beschäftige – dem Herz. Einerseits ist es lebensspendendes Organ für den Körper. Andererseits ist es Sitz der Gefühle. Ein Aspekt, der bisher immer noch zu wenig beachtet wird. Laut der Weltgesundheitsorganisation (WHO) entwickeln sich Herzerkrankungen und Depressionen bis 2020 zu den führenden Volkskrankheiten. Das Herz ist demnach in seinen beiden Funktionen belastet.

Was heißt das im Klartext? Zurück zum Ureigenen des Menschen, d. h. in starker Verbindung zu sein mit Intuition und Herz. Deshalb widme ich meine Arbeit der Herz-Resonanz und der energetischen Medizin (siehe Abb. 17.1). Denn ist der Mensch in seiner ureigenen Resonanz, kommt er auch zu seinen für ihn sinnhaften Zielen und damit zum ganz persönlichen Erfolg.

Den Weg dorthin habe ich hier in den häufigsten Irrtümern, denen Frauen im Laufe ihrer Karriere begegnen können, und dazu passenden Lösungsangeboten zusammengefasst. Eines schon vorweg: Dank ihrem meist von Natur aus vorhandenen hohen Maß an emotionalen Fähigkeiten, fällt es Frauen per se deutlich leichter als Männern, ihrem Herz im Sinne einer emotionalen Navigation zu folgen. Tun sie das tatsächlich, sind sie als Führungskräfte fast immer erfolgreich oder werden noch erfolgreicher.

Rutsche ich mit dieser Aussage ab ins Klischee? Sicher nicht, dem widersprechen zahlreiche Beweise aus Wissenschaft und Praxis. Dennoch ist diese Botschaft bei vielen Frauen offenbar noch nicht angekommen. Dabei sind emotionale und soziale Kompetenzen heute wieder mehr denn je gefragte, jedoch wenig bewusst geförderte Qualitäten in den Führungsetagen und überall in der täglichen Arbeitswelt.

17.2 Mut zum Herzblut

Mut ist laut Duden die Bereitschaft, angesichts zu erwartender Nachteile etwas zu tun, was man für richtig hält. „Beherztheit" ist als ein Synonym aufgeführt. Bereits rein sprachlich sind Mut und Herz demnach verbunden. Wen wundert es da, dass die Kombination aus Mut und Herzblut, wird sie von weiblichen und natürlich auch männlichen Führungspersönlichkeiten gelebt, zum Erfolg führt.

Jedoch: gemäß einer Stichprobe bei 6500 Arbeitnehmern weltweit, leisten Top-Manager offenbar keine gute Arbeit, so der „Ketchum Leadership Communication Monitor 2014" (Ketchum 2014). Laut diesem glauben nur 22 % der Befragten an die Fähigkeiten ihrer Top-Manager. In Deutschland sind es gar nur 16 %.

Interessant dabei: Die schlechten Werte beziehen sich vor allem auf männliche Führungskräfte. Dazu Dirk Popp, CEO von Ketchum Pleon: „Den Führungsqualitäten von Frauen wird großes Vertrauen entgegengebracht: Hier glauben immerhin 58 % der Deutschen, dass Frauen besser als ihre männlichen Kollegen mit den Veränderungen und Herausforderungen in den nächsten fünf Jahren zurechtkommen. Sie liegen mit dieser positiven Einschätzung um zwölf Prozentpunkte über dem weltweiten Durchschnitt" (Ketchum 2014).

Wettbewerbsdruck, Fusionen und Restrukturierungen verändern die Rahmenbedingungen der Zusammenarbeit in den Unternehmen. Die drei wesentlichen Faktoren dafür sind (SKP 2008):

- Unverbindlichere *Arbeitsverhältnisse – gefordert:* ziel- und leistungsorientiertes Führen,
- *Projektstrukturen nehmen zu – gefordert:* Teambilder- und Leadership-Kompetenz,
- *Mitarbeiter arbeiten eigenverantwortlicher – gefordert:* kommunikative Kompetenz und die Fähigkeit zu delegieren.

Als Unternehmerinnen setzen Frauen ihre Stärken weiblicher Führung bereits erfolgreich ein. Laut einer Erhebung der Internetdatenbank Moneyhouse von 2011 haben von Frauen gegründete Unternehmen ein viermal geringeres Risiko in Konkurs zu gehen, als die der männlichen Kollegen. Warum? Frauen gründen ihre Unternehmen anders als Männer: Sie setzen weniger Kapital und Personal ein, halten das Innovationsrisiko möglichst gering und haben häufig die stabileren Geschäftsmodelle. In Schweizer Klein- und Mittelunternehmen liegt der Anteil von Frauen in der Führung, im Firmeneigentum und bei den Firmengründungen im Herbst 2014 zwischen 30 und 40 %. Das zeigt eine Studie der Universität St. Gallen (Bergmann et al. 2014).

In den Führungsetagen vieler größerer Unternehmen und Konzerne sieht es noch ganz anders aus, obwohl Studien wie z. B. der McKinsey Report „Women matter" (2007) längst belegen, dass gemischte Teams an der Spitze ein Unternehmen profitabler machen.

Diese Beispiele sind eine kleine Auswahl einer ganzen Fülle von vergleichbarem Material. Was sich aus ihnen klar ablesen lässt: Emotionale Kompetenzen bzw. Sozialkompe-

Einleitung 2

tenzen sind gefragter denn je. Sie sind heute wichtiger als Fachwissen, um die zukünftigen Arbeitsanforderungen erfolgreich zu bewältigen. Zu dieser Erkenntnis kam u. a. Klaus Fischer, Inhaber der Fischer-Werke, bereits 2012: „Mir ist die Sozialkompetenz von Führungskräften wichtig, das Führen können. Danach kommt natürlich die Fachkompetenz. Denn eine zentrale Aufgabe ist es, das Unternehmen auf die Zukunft vorzubereiten und zu führen." (Handelsblatt 2012).

Warum verwandeln weibliche Führungskräfte diesen beinahe ideal zugespielten Ball nur so selten in ein Tor?

17.3 Die acht häufigsten Irrtümer weiblicher Führungskräfte

Frauen gehen oft voll motiviert an Themen oder Aufgaben heran. Sie nutzen die gesellschaftlichen Freiräume (Emanzipation) und die zunehmende Offenheit für Gender Diversity in den Unternehmen. Bestehende Problemfelder („heiße Eisen") werden mutig angepackt. Mit viel Elan geht es vorwärts bis es manchmal jäh zu einem Stopp kommt. Entweder, weil sie selber aufgrund für sie untragbarer Situationen konsequent eine neue Aufgabe suchen. Oder sie werden entlassen, weil sie zu „unbequem" geworden sind, ihre Arbeit eventuell zu große Veränderungen gefordert hätte.

Beispiele dafür sind u. a. die Amtsaufgabe von Eva-Lotta Sjöstedt (CEO) bei Karstadt (Juli 2014) nach fünf Monaten oder Marion Schick, Arbeitsdirektorin Deutsche Telekom (April 2014). Während die Karstadt-Eigentümer Eva-Lotta Sjöstedt nicht in ihren Vorhaben unterstützten, wurden Marion Schick Kompetenzen weggenommen.

So viel zur Außensicht auf diese Situation. Inwieweit aber tragen weibliche Führungskräfte durch ihr Verhalten selber dazu bei? Wie ist es möglich, die Stärken der weiblichen Führung pro-aktiv zu nutzen? Diese Fragen verlangen dringend nach Antworten, denn eines ist klar:

Es braucht zum einen eine Bereitschaft zur Öffnung für emotionale Kompetenzen seitens männlicher Führungskräfte. Ebenso gefragt ist das Verabschieden von nicht mehr zeitgemäßen Verhaltensweisen von Frauen und Männern. Beides mit dem Ziel, die Zusammenarbeit zu fördern, eine Balance im arbeitsbezogenen Miteinander zu schaffen. Sind männliche und weibliche Anteile oder, anders gesagt, rationales und emotional-intuitives Handeln ausgewogen, werden die immer komplexeren Aufgaben in einem Unternehmen leichter und erfolgreicher gelöst.

Wie sieht es also mit der Innensicht aus? Welchen Irrtümern sind Frauen möglicherweise aufgesessen? Wo liegen die Ursachen für diese Irrtümer, die in vielen Fällen zu tiefgreifenden Erschöpfungszuständen (Burnout), Krankheit oder Unfall führen?

Der „Irrtum" oder „irrtümlich" bedeutet gemäß Duden: falsche Handlungsweise/ Vorstellung, Fehleinschätzung, Verirrung, Verkennung, fälschlicherweise, nicht gewollt, unabsichtlich, versehentlich.

Ein Mensch handelt also fälschlicherweise auf eine bestimmte Art und Weise. Anders ausgedrückt: Jemand handelt nicht im Einklang mit seiner eigenen inneren Einstellung

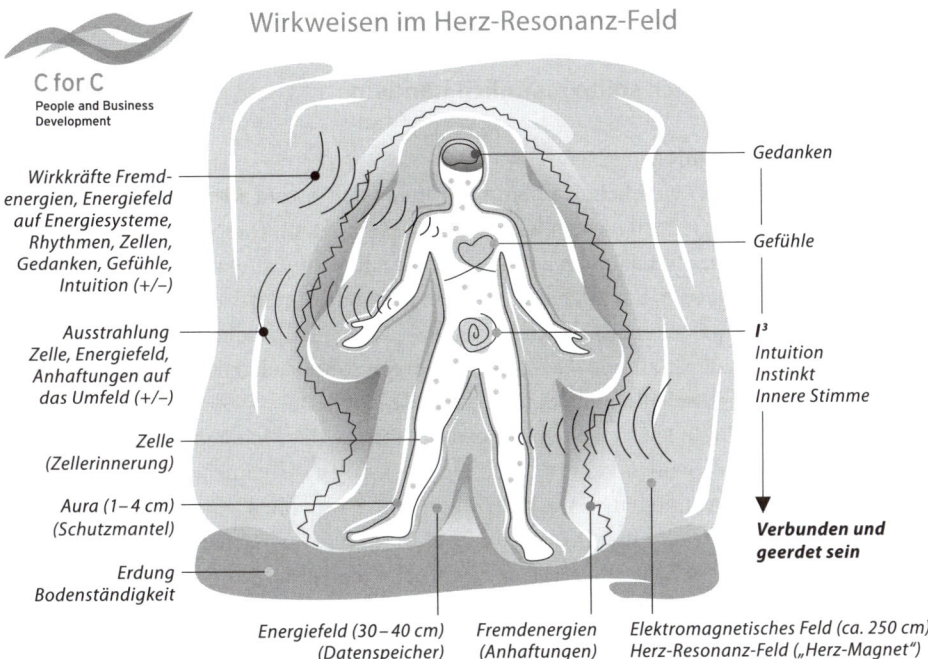

Abb. 17.2 Wirkweisen im Herz-Resonanz-Feld. (© Susanne Jost)

bzw. Persönlichkeit. Die Ursachen für diese Handlungen oder Verhaltensweisen kommen aus vererbten Mustern. Innerhalb der letzten 20 Jahre hat die Wissenschaft nachgewiesen, dass auch emotionale Eigenschaften eines Menschen vererbt werden und das sogar über mehrere Generationen.

Emotionale Eigenschaften wie z. B. Ängste sowie alle negativen Gefühlserlebnisse, so u. a. Schocks und Traumata, sind beim Menschen an zwei Orten gespeichert: im Energiefeld (Datenspeicher) ca. 30–40 cm über dem Körper, sowie als Zellerinnerung auf Zellebene im Körper (siehe Abb. 17.2). Aufgrund der Wirkweise dieser Erinnerungen, in Verbindung mit dem elektromagnetischen Feld des Herzens, ergibt sich das ganz persönliche (Herz-)Resonanzfeld eines Menschen, welches genau das anzieht, was darin gespeichert ist. Das heißt, jede und jeder „sendet" auf einer bestimmten Frequenz. Diese lässt sich verändern, indem evtl. vorhandene „Störfelder", z. B. in Form negativer Erinnerungen, unwirksam gemacht bzw. neutralisiert werden. Die Details dazu erläutere ich in Abschn. 17.4.

17.3.1   Die acht häufigsten Irrtümer und ihre Ursachen:

Irrtum 1: Ich meinte, ich sollte männlich handeln

Konflikte in Teams, mit Vorgesetzten

Niemand verlangt von weiblichen Führungskräften, sich betont männlich zu verhalten. Viele Frauen erliegen jedoch diesem kontraproduktiven Irrtum. Daher rühren Feststellungen wie: „Wenn ich nicht männlich auftrete, werde ich nicht wahrgenommen", oder „Ich muss ja männlich handeln, um mich unter all den Männern durchzusetzen." Diese Verhaltensmuster erzielen jedoch meist das Gegenteil von dem, was erreicht werden soll. Anstatt für mehr Durchsetzungskraft und Akzeptanz zu sorgen, verursacht betont männliches Verhalten von Frauen oft Irritation und daraus rührende Konflikte.

Das bestätigt indirekt auch eine repräsentative Umfrage der Meinungsforscher von Forsa: Nicht nur Männer wollen keine Frauen als Chef, sogar Arbeitnehmerinnen sind von Frauen in Führungspositionen wenig überzeugt. Nur 3 % wollen eine Chefin. Neunmal so viele finden es besser, einen Mann als Chef zu haben (Wirtschaftswoche, 28.7.14). Auf den ersten Blick scheinen diese Aussagen im Widerspruch zu den Ergebnissen der KLCM-Studie zu stehen. Sie zeigen jedoch nur, wie weit Wunsch und Wirklichkeit im Arbeitsumfeld der Führungskräfte noch auseinanderliegen. Der Wandel hat gerade erst begonnen.

Ursache

Frauen werden oftmals nicht so ernst- oder wahrgenommen, wie es ihnen aufgrund ihrer Ausbildungen und Fähigkeiten zusteht. Tritt dieser Fall ein, vertreten Frauen ihr Können und Wissen oft sehr strikt. Sie stehen für sich selbst ein, wollen wichtige und aus ihrer Sicht richtige Themen durchsetzen. Dieses Engagement kann entgleiten zu einem Kräftemessen mit stark männlich geprägten Verhaltensmustern.

Obwohl heute viele Frauen-Wirtschafts-/Business-Netzwerke bestehen, sind Männer oft nach wie vor besser vernetzt. Das sowohl in rein männlichen wie gemischten Verbänden, Clubs etc. Treten Frauen zu männlich auf, werden sie von Männern als „Gefahr" für ihre Netzwerke wahrgenommen und z. B. mit Intrigen oder Unwahrheiten konfrontiert. (Zu) Männlich handelnde Frauen aktivieren bei vereinzelten Männern alte unbewusste Muster (siehe Zellerinnerungen, Abschn. 17.4), die sie an die weibliche Seite ihrer Familien wie Schwestern, Mutter oder Großmütter erinnern. Verbinden sich mit diesen Familienmitgliedern überwiegend negative Ereignisse oder Erinnerungen, werden diese Situationen reaktiviert. Der menschliche Körper aktiviert sein „Schutzsystem" um den Menschen vor einem erneuten Erleben dieser negativen Ereignisse zu schützen. Das Unterbewusstsein des Mannes reagiert demzufolge mit einer Art Ablehnung oder einem irrationalen Handeln.

Auswirkung

- Frauen arbeiten gegen ihr Naturell, daraus entsteht ein innerer Konflikt.
- Innerer Konflikt verursacht äußeren Konflikt.
- Gegenüber diesen Frauen entsteht Ablehnung, sie werden übergangen.
- Daraus entsteht eine kämpferische Haltung, die Konfrontation auslöst. Dabei ist das grundsätzlich nicht die Absicht der Frauen.

Lösung

Erkennen und Hinterfragen der eigenen Handlungsweise. Diese Fragen unterstützen: Wer in unserer Familie hat auch so gehandelt bzw. hatte auch solche negativen Erlebnisse? Klären und Auflösen der negativen Erlebnisse, die man selbst oder die die Eltern, Großeltern oder andere Familienangehörige aus früheren Generationen erlebt haben. Diese Konfliktlösungen wären gut sowohl für Frauen und Männer gleichzeitig durchzuführen, um eine nachhaltige Auflösung zu bewirken. Weitere Details im Abschn. 17.4.

Irrtum 2: Ich setze bewusst männliche oder weibliche Verhaltensmuster ein

Der weibliche und der männliche Anteil

Oft sind die weibliche und männliche Seite aus der Balance und ein Aspekt wird überbetont. Das kann dazu führen, dass Frauen in schwierigen oder provokanten Situationen zu hart und dominant reagieren bzw. auftreten. In der Führungsstruktur von manchen Betrieben werden diese Frauen ernst und wahrgenommen. Ihr Auftreten wird scheinbar mehr respektiert. Oder aber, sie sind die ewig Verständnisvolle und Hilfsbereite, die „gute Seele", die möglicherweise immer ausgenutzt wird. Diese Frauen fallen erst auf, wenn sie nicht mehr da sind, weil dann niemand mehr ihre Arbeit erledigt.

Ein Praxisbeispiel

Eine leitende Angestellte handelt immer loyal gegenüber dem Unternehmen und mit der besten Lösung für ihre Mitarbeitenden und ihren Vorgesetzten. Sie ist beliebt bei ihren Mitarbeitenden und den leitenden Führungskräften auf gleicher Ebene. Ihr Vorgesetzter konfrontiert sie jedoch wiederholt mit Seitenhieben, Kontrollen, negativen Äußerungen und Angriffen. Ihre Reaktionen darauf fallen unterschiedlich aus. Tritt sie betont männlich auf, wird ihr Vorgesetzter ruhig und stellt sich nicht mehr gegen sie. Reagiert sie sehr weiblich und verständnisvoll, muss sie viele Vorwürfe und ständige Kontrollen einstecken. Schließlich kommt es zu einem zermürbenden Machtspiel, das die Frau in einen Burnout führt. Ihre extreme Handlung in die eine oder andere Richtung führte dauerhaft nicht zum Erfolg.

Ursachen

Jeder Mensch hat in sich einen männlichen oder weiblichen Anteil. Männlich = rational (Selbstbehauptung und Durchsetzungsvermögen), weiblich = emotional (gefühls- und intuitivbezogenes Vorgehen). Abhängig davon, welcher Anteil in einer Frau stärker ausgeprägt ist, handelt sie tendenziell mehr männlich oder mehr weiblich.

Die Art und Weise, wie sich Frauen oder Männer in ihrem beruflichen Umfeld verhalten, spiegelt oft frühere Konstellationen aus der Familie in Verbindung mit Eltern oder Großeltern wider. Je nachdem, wie die Betreffende damals reagiert hat, männlich oder weiblich geprägt, wiederholt sie dieses Muster in der aktuellen Situation.

Viele dieser heutigen Verhaltensweisen der Frauen, wie z. B. überzeichnetes, dominantes Verhalten, entstammen den Verhaltensweisen ihrer Mütter oder Großmütter und werden nachgelebt. Sie stammen aus einer Zeit, in der männliches patriarchalisches Verhalten zum normalen Lebensstil gehörte. Einige dieser Muster stammen aus Notsituationen heraus (z. B. Krieg), wo es zur Überlebensstrategie gehörte, Herz und Bauch zu unterdrücken. „Ich muss funktionieren" war der Leitsatz, um alle Aufgaben bewältigen zu können.

Darüber hinaus bestimmen viele soziokulturelle (landsmannschaftliche, länderspezifische) Verhaltensweisen oder religiöse Glaubenssätze auch heute noch unterbewusst die Handlungsweisen von Frauen.

Auswirkung

- Frauen handeln gegen ihre eigene Wesensart.
- Besteht über längere Zeit eine innere Dis-Balance zwischen dem männlichen und weiblichen Anteil, kann dies zu Belastungen auf körperlicher und emotionaler Ebene führen.
- Verhaltensweisen aus Notzeiten, soziokulturellen oder religiösen Aspekten heraus zeigen sich bis heute noch als vererbte Zellerinnerungen. Die eigenen Handlungen entsprechen daher oftmals nicht dem eigenen Selbst, sondern werden nur nachgelebt.
- Vermehrte Konflikte im Arbeitsumfeld, denn moderne Führungsstile orientieren sich an einer hohen Sozialkompetenz an Stelle von patriarchalischem Führen.

Lösung

Erkennen der persönlichen männlichen oder weiblichen Handlungsweisen. Diese Fragen unterstützen:

- Wie bin ich im Grunde meines Wesens selbst und wie handle ich nach außen?
- Was habe ich für eine Wirkung im Fremdbild und im Selbstbild? Klären und Auflösen von in diesem Kontext prägenden Erlebnissen, negativen Themen und Verhaltensweisen.

Bewusst die Dinge anders tun und sich an den Erfolgen der erreichten Verhaltensveränderungen orientieren. Weitere Details im Abschn. 17.4.

Irrtum 3: Ich „gebe alles" für Chancengleichheit

Gesellschaftliche Veränderungen – Emanzipation

Frauen wollen sich als gleichwertige Partner in der Berufswelt beweisen. Sie setzen sich mit aller Kraft für ihre Belange ein und lassen sich von einem Mann so schnell nichts sagen. Um zu beweisen, dass sie sich in vergleichbaren Positionen behaupten können, leisten sie oft bis zu einem Drittel mehr als ihre männlichen Kollegen. Aus einem „gesunden" Engagement für Gleichberechtigung wird öfters Verbissenheit, zusätzlich angeheizt durch raumgreifende Diskussionen z. B. über Quotenregelungen.

neues Gleichberechtigung?

Ursachen

Der Wandel von der patriarchalischen Führung der Männer hin zu den freien Handlungsmöglichkeiten von Frauen war ein langer Weg. Die Emanzipationsbewegung hat hier eine enorme Arbeit geleistet und breiten gelebten Erfolg erzielt.

Gleichzeitig setzt dieser umfassende gesellschaftliche Wandel manche Frauen unter Handlungsdruck. Dann heißt es z. B.: „Wir haben uns schließlich emanzipiert, also handeln wir auch danach." Agiert eine Frau aus diesem „Muss", wirkt das bei Männern oft überemanzipiert. Dadurch provoziert sie bei Männern die alten unbewussten Muster (siehe Irrtum 1, Abschn. 17.3.1). Hier ist die Geduld der Frauen gefordert. Die stärkere Öffnung hin zu den eigenen emotionalen und intuitiven Fähigkeiten hat bei vielen Männern bereits eingesetzt und ist eine große Chance für ein tatsächlich gleichberechtigtes Miteinander der Geschlechter. Das braucht jedoch genauso seine Zeit, wie vorher die Einführung der Emanzipation.

Daneben gibt es eine Kontroverse zum positiven Verlauf der Gleichberechtigung. Dies zeigen u. a. die Ergebnisse der Allensbacher-Studien vom Sommer 2013: 64 % der Männer „reicht es" mit der Gleichberechtigung.

Auswirkung

- Frauen missverstehen Emanzipation als Verpflichtung und setzen sich dadurch selbst unter Druck,
- Frauen machen ihre Wirkung von einem emanzipationsbetonten Auftreten und Handeln abhängig,
- Burnout als Folge von Arbeitsüberlastung.

Lösung

Ein erster wichtiger Schritt ist der Wechsel der Perspektive von „Ich *muss* emanzipiert handeln" hin zu „Ich *darf* emanzipiert handeln." Dazu kommt das Erkennen und Hinterfragen der eigenen Handlungsweise. Diese Fragen unterstützen:

- Was möchte ich denn erreichen?
- Handle ich so, um konform zu den Diskussionen rund um Gender und Emanzipation zu erscheinen?
- Verfolge ich durch dieses Auftreten meine persönliche Vision und Ziel oder orientiere ich mich an Vorbildern oder Dritten?

Weitere Details in Abschn. 17.4.

Irrtum 4: Ich meinte, ich müsste mehr leisten

Mehr leisten, um anerkannt zu werden
Im Rahmen meiner Coaching-Arbeit mit Frauen hat sich gezeigt, dass Frauen in Führungspositionen sehr oft zwischen 30 und 50 % mehr leisten als ihre männlichen Kollegen. Sie übernehmen häufig mehr Verantwortung und sind eher bereit knifflige Aufgaben zu bearbeiten und damit mehr Risiko einzugehen.

Ursachen
Wenn ich mehr leiste, erhalte ich mehr Anerkennung und Wertschätzung. Hinter dem Streben nach mehr Anerkennung steht der Wunsch nach Liebe. Dahinter verbergen sich alte Verhaltensmuster wie:

- Wenn die Tochter mehr leistet, ist ihr Vater stolz auf sie.
- Ich erfülle indirekt nicht realisierte Erfolgswünsche meiner Mutter, da sie nicht die Chance hatte, sich beruflich oder auch generell zu verwirklichen.
- Ich hatte in meiner Kindheit und Jugend oder in meiner Familie keine Möglichkeiten, meine Fähigkeiten zu entwickeln. Diese wurden unterdrückt oder klein gehalten. Jetzt möchte ich, basierend auf der Mehrleistung, zeigen, was in mir steckt. Ich will mir dadurch den Raum eröffnen, in dem ich meine Fähigkeiten ausleben kann.

Auswirkung

- Wird die Mehrleistung nicht ausreichend belohnt oder anerkannt, führt dies zu Frustration oder Enttäuschung.
- Arbeit wird zu einer Kompensation für nicht erhaltene Liebe.
- Bei langanhaltenden körperlichen und gefühlsmäßigen Überlastungen führt dies in eine Erschöpfungsdepression.

Lösung
Erkennen und Hinterfragen der eigenen übersteigerten Leistungsbereitschaft. Diese Fragen unterstützen:

- Wo bin ich überlastet (Arbeitsprozesse, Arbeitsorganisation, Führungsstruktur, Firmenpolitik, Marktgegebenheiten etc.)?

- Wo bin ich überfordert, weil mir wichtiges Wissen oder Fähigkeiten fehlen?
- Was ist der Grund hinter dem Grund, weshalb ich glaube, so viele Arbeiten erledigen zu müssen?
- Wie sieht es mit meiner Selbstliebe aus? Habe ich mich selbst in den Mittelpunkt meines Lebens gestellt?

Weitere Details unter Abschn. 17.4.

Irrtum 5: Ich will meinem Chef gefallen

Mitarbeitende → Vorgesetzter
Viele Frauen bewerten die Anerkennung und Wertschätzung ihres Vorgesetzten überdurchschnittlich hoch, stellen ihn auf ein Podest.

Ein Praxisbeispiel

Eine Personalleiterin engagierte sich in hohem Maße für ihr Unternehmen. Sie ist direkt dem CEO unterstellt. Alle Aufgaben versucht sie perfekt und sehr gut zu erledigen, um mit ihren Leistungen zu glänzen. Arbeitsüberlastung gibt sie nicht zu erkennen, obwohl andere Geschäftsleitungsmitglieder bereits ihre Leistungsgrenzen bemerken. Nicht optimal ausgeführte Unterstützungsarbeiten gegenüber Bereichsleitern auf gleicher Stufe kaschiert sie, Warnsignale anderer Bereichsleiter missachtet sie und weicht Gesprächen aus. Erschöpfung und Eigenresignation bringen die Frau schließlich soweit, ihre Arbeitsstelle zu kündigen.

Ursachen
Weibliche Führungskräfte, die ihrem Vorgesetzten gefallen wollen, wiederholen ein Verhaltensmuster aus ihrer Jugend, in der sie ihrem Vater besonders gefallen wollten. Dahinter steht der Wunsch nach Liebe. Hinzu kommt das Verlangen nach Anerkennung: „Ich möchte, dass mein Vorgesetzter, wie früher mein Vater, stolz auf mich ist für das, was ich erreicht und bewirkt habe."

Ausgelöst sind diese Muster häufig durch alte Zellerinnerungen basierend auf vererbten Themen früherer Generationen wie Gutmütigkeit, Helfersyndrom etc. Die Betroffenen leben letztlich Verhaltensweisen nach, die nicht ursprünglich von ihnen, sondern vorherigen Generationen übernommen wurden.

Auswirkung

- Die Frau erhält nicht das (Liebe, Anerkennung), was sie sich wünscht. Daraus entsteht Frustration oder Enttäuschung.
- Erschöpfung, da sich die Frau ungeachtet ihrer eigenen körperlichen und geistigen Kraft völlig überarbeitet hat, nur um zu gefallen.

Lösung

Erkennen und Hinterfragen, in welchen alten Mustern man möglicherweise selbst unterwegs ist. Diese Fragen unterstützen:

Lebe ich alte Muster von meiner Kindheit nach oder die Muster meiner Mutter, meiner Großmütter? Haben Frauen ihre Herz-Resonanz „befreit", wird auch die Emotionsbilanz wieder positiv ohne die Anerkennung ständig im Außen zu suchen. Gezielte Auflösungsarbeit der überholten Verhaltensmuster. Weitere Details unter Abschn. 17.4.

Irrtum 6: Ich glaube, anders erscheinen zu müssen, als ich bin

Meine Authentizität: Fremdbild ≠ Eigenbild
„Vom Sein zum Scheinen. Vom Schein zum Sein."

Frauen treten geschäftlich anders auf, als sie eigentlich sind, aus Sorge, missverstanden/missdeutet zu werden, wenn sie authentisch sind. In Dienstleistungsberufen spricht man in diesem Fall von „Emotionsarbeit". Daneben gibt es auch viel „Schein" im Auftritt von Menschen, z. B. um daraus materielle Vorteile zu generieren. Beide Vorgehensweisen bedeuten einen enormen Kraftakt und wirken gegen die eigene Authentizität.

Ein Praxisbeispiel

Eine Frau arbeitet im Verkauf und ist dort sehr erfolgreich unterwegs. Sie erledigt ihre beruflichen Aufgaben mit Herzblut und ist zudem attraktiv. Das führt dazu, dass sie wiederholt zweideutige Angebote von Männern erhält. Um sich davor zu schützen, verändert sie ihren Auftritt nach außen. Sie lebt ihre echte Persönlichkeit nur noch bedingt. Selbstzweifel, Misstrauen und Aggressionen sind die Folge und verursachen eine tiefgehende Erschöpfung.

Ursachen

Die Emotionsarbeit lässt oft keine volle eigene Authentizität zu. Frauen passen sich an, um ihrer beruflichen Aufgabe gerecht zu werden. Nach außen wird ein Scheinbild abgegeben.

Im Rahmen von weiblichen Verhaltensmustern früherer Generationen wurde oft ein Scheinbild nach außen gelebt, um in der Gesellschaft gut da zu stehen. Viele waren mit einer Maske unterwegs und spielten eine doppelbödige Rolle.

Viele Frauen folgen noch in der heutigen Zeit unbewusst diesen nicht mehr zeitgemäßen Verhaltensmustern. Dazu gehört die z. B. die Vorgabe, eine Frau müsse gut aussehen. Hat eine Frau subjektiv von sich die Meinung, dem wäre nicht so, führt das häufig zu Minderwertigkeitsgefühlen.

Frauen (das Gleiche gilt hier auch für Männer) folgen demnach oft alten Mythen, Glaubenssätzen, landsmannschaftlichen Verhaltensweisen oder falschen Vorbildern (Werbung, Film, Funk etc.). Demzufolge handeln sie nicht aus sich selbst oder dem freien Willen und „verstellen" ihre wahrhaftige Erscheinung.

Auswirkung

- Handle ich gegen mein eigenes Wesen, hat dies Nervosität, innere Unruhe oder Erschöpfung zur Folge.
- Neid, Missgunst, Minderwertigkeitsgefühle gegenüber „optisch" gut aussehenden Frauen.
- Frauen werden im Außen falsch wahrgenommen. Dadurch ziehen sie entweder falsche Verhaltensmuster oder Männer an, die sich auf dieses Scheinbild beziehen.
- Ich bekomme das bzw. ich ziehe das an, was ich *nicht* will.

Lösung

Mittels Reflexionen das Fremd- und Selbstbild erkennen und hinterfragen. Sich Wirkungen von Stimme, Gesten, Wortwahl und Erscheinungsbild bewusst machen. Diese Fragen unterstützen:

- Wer bin ich?
- Warum trete ich so auf?
- Woran habe ich Freude?
- Welche Selbstzweifel habe ich, die ich überdecken will?

Gezielte Auflösungsarbeiten und Änderungen der Verhaltensweisen führen hin zur authentischen Persönlichkeit. Weitere Details unter Abschn. 17.4.

Irrtum 7: Ich wähle meinen Job dort, wo ich mich wohlfühle

Meine Wahl der Arbeitsstelle, des Unternehmens

Frauen treffen ihre Arbeitsplatzwahl stark geleitet vom Wohlfühlfaktor und sind frustriert, wenn ihre Stelle später zu einer einzigen Enttäuschung, Desillusionierung und Ernüchterung wird.

Zwei Praxisbeispiele

a. Eine Frau (Fachbereichsleiterin Personalrekrutierung) hat bereits während ihrer Einarbeitungsphase zunehmende Konflikte mit ihrer Vorgesetzten wegen anscheinend nicht richtig erledigter Aufgaben. Das Argument der noch andauernden Einarbeitung erachtet die Vorgesetzte als nicht relevant, da sie bei dem vorhandenen Erfahrungs- und Ausbildungsstand der Frau einen höheren Anspruch hat. Die Frau erkennt sich wiederholende Konfliktmuster aus ihrer Kindheit und Auseinandersetzungen mit ihrer Mutter. Mit ihrer Vorgesetzten bleibt die Situation angespannt, sie verlässt das Unternehmen vor Ende der Probezeit.

b. Die erfolgreiche Verkaufsleiterin eines Juweliergeschäfts erhält einen neuen Vorgesetzten. Dieser kontrolliert alles, mauschelt im Hintergrund, verlangt sehr viel und führt dominant. Die Verkaufsleiterin erkennt mit Unterstützung eines begleitenden Coachings dasselbe Konfliktmuster, wie sie es bereits mit ihrer Mutter erlebt hat. Nach einem Klärungsgespräch mit ihrem Vorgesetzten und Hinweisen auf ihre bisherigen Erfolge normalisiert sich das Arbeitsverhältnis.

Ursachen

Mobbing, Konflikte und negative Erlebnisse in der Arbeitswelt mit Vorgesetzten oder Mitarbeitenden weisen oft auf vergleichbare Themen der Vergangenheit aus unserem familiären Umfeld hin. Das sind Themen, die offenbar bis zum gegenwärtigen Zeitpunkt nicht neutralisiert sind (siehe Abschn. 17.4.) und sich daher wiederholen.

Das Herz-Resonanz-Feld des Menschen zieht sowohl in der Partnerschaft als auch in der Berufswelt negative Themen an, die ihren Ursprung bei früheren Generationen haben. Wir handeln also innerlich nicht frei in Verbindung mit unserer eigenen Persönlichkeit respektive unserem tiefsten Herzenswunsch.

Auswirkung

- Alte Vater-, Mutter-Themen, die über die Vorgesetzten nachgelebt bzw. nochmals erlebt werden. Es wird einem selbst quasi der Spiegel vorgehalten bzw. man wird an diese „alten Themen" erinnert – letztlich, um sie zu erkennen und auszuräumen (Spiegelungen).
- Durch mein Verhalten löse ich eventuell im Gegenüber etwas aus, was bei dieser Person zu negativem Verhalten z. B. Vorwürfen, Anschuldigungen etc. mir gegenüber führt. In meinem Gegenüber werden Zellerinnerungen geweckt, die die Person auf eine bestimmte Art handeln lassen, obwohl sie es vielleicht gar nicht möchte. Diese Reaktion hat nichts mit mir zu tun (Projektionen).

Lösung

Erkennen und Hinterfragen, warum die Wahl auf diese Arbeitsstelle gefallen ist. Diese Fragen unterstützen:

- Was für Erkenntnisse habe ich gewonnen, wenn ich die Situation am Arbeitsplatz mit solchen aus meiner Familie vergleiche?
- Erkenne ich sich wiederholende Muster?

Gezielte Auflösungsarbeiten relevanter negativer Erlebnissen mit meinen Eltern und/oder Großeltern oder negativer Erlebnisse von ihnen. Weitere Details unter Abschn. 17.4.

Irrtum 8: Ich traue mich nicht richtig

Mein Vorwärtskommen im Beruf – Blockaden aus der Kindheit/zwei Szenarien

---

Zwei Praxisbeispiele

    a. Eine Frau möchte sich gerne für eine neue Stelle bewerben. Sie bringt alle Voraussetzungen dafür mit, lediglich bei ein oder zwei Punkten fehlen ihr tiefere Kenntnisse. Diese könnte sie aufgrund ihrer Fähigkeiten einfach erwerben. Ihr Fokus liegt allerdings genau auf diesen fehlenden 10 %, weshalb sie sich nicht bewirbt.

    b. Einer Frau wird intern eine höhere Position angeboten. Sie wäre die ideale Kandidatin, weil sie bei den Mitarbeitenden viel Vertrauen genießt und über gutes Fachwissen verfügt. Sie hätte Freude, diese Stelle anzunehmen, spürt jedoch eine innerliche Blockade, welche sie den Schritt nicht gehen lässt.

Ursachen

Eigene Kindheitserlebnisse wie z. B. Unfälle, negative Erfahrungen aus Kindergarten, Schule, Umgang mit anderen Kindern/Jugendlichen wirken sich bis heute noch als innere Blockaden aus. Ebenso können es Kindheitserlebnisse der Eltern oder Großeltern sein, die die Betroffene in Form von Zellerinnerungen (siehe Abschn. 17.4.4) geerbt hat.

Es handelt sich in beiden Fällen um ein „gestauchtes" Selbstvertrauen. Je nachdem wie schwerwiegend diese Erlebnisse waren, umso stärker wirkt die Blockade nach. Dies hängt mit einem inneren Schutzsystem des Körpers zusammen. Der Körper möchte uns vor dem erneuten Erleben eines gleichen negativen Erlebnisses bewahren und wir werden quasi blockiert.

Auswirkung

- Ängste, Mutlosigkeit, Misstrauen,
- Fehlendes Selbstvertrauen,
- Innere Blockaden aufgrund eines Schocks. Die Reaktionen sind bei jedem Mensch unterschiedlich, da jeder Mensch ein anderes Schockempfinden hat.

Lösung

Mittels gemeinsamer Reflexion mit den Eltern und/oder Großeltern erkennen und hinterfragen, wann im eigenen oder deren Leben negative Erlebnisse in der Kindheit (besonders in der Zeit von 0 bis 6 Jahren) passiert sind, die das Selbstvertrauen des Kindes gestaucht/erschüttert haben.

Nach der Klärung sollten die Blockaden aufgelöst werden. Weitere Details unter Abschn. 17.4.

17.3.2   Die Folgen der 8 Irrtümer im Überblick

- Frauen arbeiten gegen ihr Naturell, sich selbst, ihr eigenes Wesen,
- Konflikte oder negative Erlebnisse werden als wiederkehrende Muster angezogen,
- Ablehnung und Distanzierung sich selbst gegenüber,
- Ablehnung durch Dritte, da Ablehnung ein vererbtes Thema aus der eigenen Familie ist,
- Themen aus der Kindheit wie Unterdrückung, klein gehalten werden, wiederholen sich,
- Dis-Balance zwischen Körper, Gedanken, Gefühlen (Reaktionen durch Körpersymptome),
- Überzogen kämpferisches Verhalten, um sich vermeintlich durchzusetzen,
- Nachleben überholter soziokultureller, landsmannschaftlicher etc. Glaubenssätze und Verhaltensweisen,
- Sich wiederholende Gefühle erleben wie: Enttäuschungen, Aggressionen, Ohnmacht, Ängste, Minderwertigkeitsgefühle,
- Erleben von Spiegelungen: Spiegeln der Themen aus der eigenen Familie,
- Erleben von Projektionen: Konfrontation mit Themen einer anderen Person aus deren Familie,
- Fehlendes Selbstvertrauen, sich etwas nicht zutrauen, innere Blockaden.

Stauen sich die Folgen der Irrtümer innerlich auf, können eine Erschöpfung, eine Erschöpfungs-Depression oder gar ein Burnout (kompletter Zusammenbruch der körperlichen, geistigen und emotionalen Leistungsfähigkeit) die Folge sein. Dem lässt sich wirksam und nachhaltig entgegensteuern, indem die eigenen erfahrenen Themen geklärt und damit den Ursachen für die verschiedenen Irrtümer der (Nähr-)Boden entzogen wird. Dies sollte fachkundig angeleitet im Rahmen eines Coachings geschehen.

17.4   Irrtümer ade dank intakter Herz-Resonanz

Es lohnt sich daher, einen intensiveren Blick auf die Wirkweisen und Wechselwirkungen von Körper, Geist und Gefühl zu werfen. Wer die Zusammenhänge versteht, kann vielen körperlichen und emotionalen Disharmonien vorbeugen. Oder weiß im Krankheitsfall, wo Ursachen und Ansatzpunkte liegen können. Das gilt ebenso für die benannten Irrtümer.

17.4.1   Der Herz-Kompass, die Lebensnavigation

Bereits in der Einleitung ist erwähnt, dass es den meisten Frauen aufgrund ihrer im Vergleich zu Männern meist stärker ausgeprägten emotionalen Fähigkeiten relativ leicht fällt, ihrem Herz im Sinne einer emotionalen Navigation zu folgen. Stellen wir uns also vor, das menschliche Herz ist vergleichbar mit einem Kompass. Was ist die Hauptaufgabe

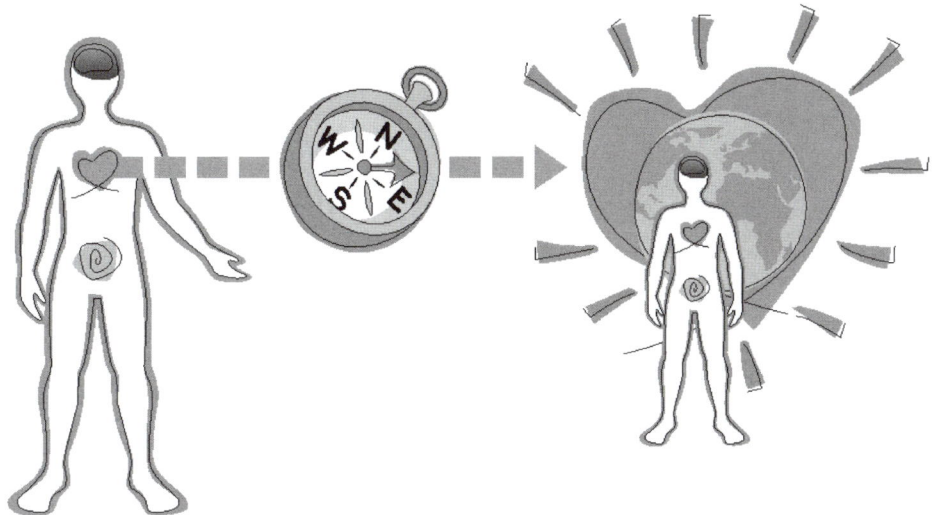

Abb. 17.3 Das Herz, das natürliche Navigationssystem (Kompass) des Menschen. (© Susanne Jost)

eines Kompasses? Er gibt uns Orientierung, er zeigt uns die Richtung an. Wir können ihn nutzen, um eine gewählte Richtung einzuschlagen und zu halten (siehe Abb. 17.3). Letztlich erreichen wir mit seiner Hilfe unser Ziel. Wird der Kompass durch magnetische Störfelder, z. B. von Vulkanen, Energiespalten aus der Erde etc. abgelenkt, weist er uns eine falsche Richtung und wir gelangen nicht oder nur auf größeren Umwegen an das gewünschte Ziel.

Genau nach diesem Prinzip funktioniert auch der Herz-Kompass. Er kann beeinflusst und durch Störfelder im menschlichen Herz-Resonanz-Feld abgelenkt werden. Solche Störfelder sind z. B. die Ursachen der aufgeführten Irrtümer.

17.4.2 Was ist die Herz-Resonanz?

Jeder Mensch strahlt über das elektromagnetische Feld seines Herzens Informationen aus und zieht Informationen an. Dieses elektromagnetische Feld des Herzens wird als Herz-Resonanz-Feld bezeichnet. Es erstreckt sich mit einem Durchmesser von rund zweieinhalb Metern rund um das Herz (siehe Abb. 17.2).

Innerhalb des Herz-Resonanz-Feldes wirken zwei Impulse: die elektrische Kraft des Herzsignals (EKG) und sein Magnetfeld (Anziehung). Die elektrische Kraft (EKG) ist 60-mal stärker, das Magnetfeld ist sogar 5000-mal stärker als die entsprechenden Signale des Gehirns.

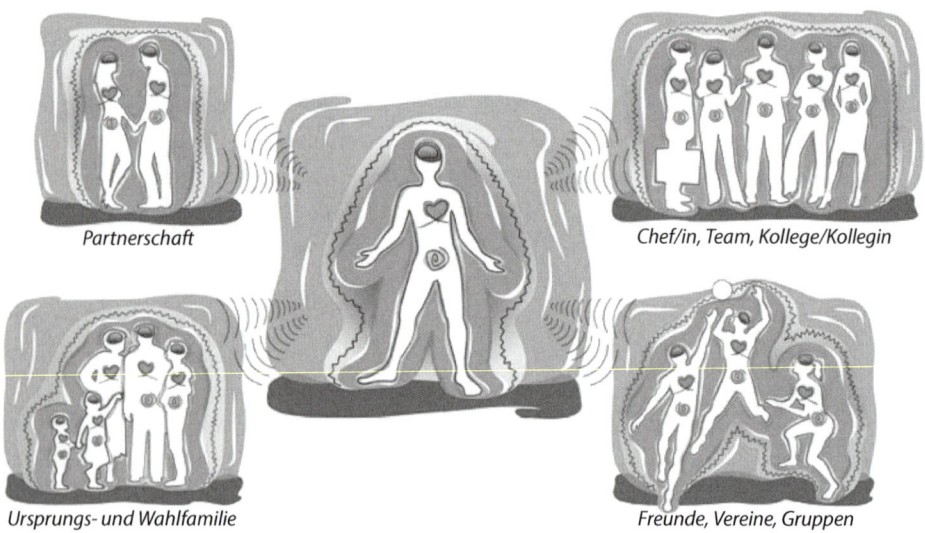

Partnerschaft   *Chef/in, Team, Kollege/Kollegin*

Ursprungs- und Wahlfamilie   *Freunde, Vereine, Gruppen*

Abb. 17.4 Wechselwirkungen der Herz-Resonanz-Felder. (© Susanne Jost)

17.4.3   Wie wirkt die Herz-Resonanz? Die Wirkung im Außen

Nach dem Gesetz der Resonanz sind Menschen, Tiere, Pflanzen und Naturelemente über Schwingung miteinander verbunden. Innerhalb des Herz-Resonanz-Felds befindet sich ein Energiefeld, vergleichbar mit einem Computer-Datenspeicher (siehe auch Abb. 17.2). Darin sind emotionale Themen von uns selbst und zurückliegenden Generationen unserer Familien gespeichert. Dies sind positive und negative Gefühle, evtl. Schockerlebnisse oder Traumata, Verhaltensweisen und Überzeugungen.

Das Herz-Resonanz-Feld (*Außen*), transformiert diese im Energiefeld gespeicherten Informationen in elektrische und magnetische Wellen und übt, wie ein Magnet, entsprechende Anziehungskraft aus.

Allerdings verhält sich der „Herzmagnet" entgegengesetzt zur bekannten Funktionsweise eines Magneten. Während sich beim „normalen" Magneten die gegensätzlichen Pole anziehen, zieht beim Herzmagneten *Gleiches Gleiches* an. Negative Schwingungen ziehen demnach *Negatives* und positive Schwingungen *Positives* an (siehe Abb. 17.4).

Die negativen Schwingungen der Herz-Resonanz sind stärker als die positiven Schwingungen. So bleiben auch heute noch negative Erlebnisse von uns oder früheren Generationen wie z. B. ein Schock oder ein Trauma in anhaltender Erinnerung. Sie wirken gleich wie magnetische Störfelder auf einen herkömmlichen Kompass: Sie lenken einen Menschen von seiner ursprünglichen inneren Ausrichtung ab.

17.4.4 Was sind Zellerinnerungen? Die Wirkung im Innen

Bei einigen der aufgeführten Irrtümer spielen die eigenen und die vererbten Zellerinnerungen von anderen Personen (meist Familienmitglieder) eine wichtige Rolle. So, wie negative Erlebnisse oder Folgen von diesen Irrtümern im Energiefeld (*außen*) gespeichert sind, so können sie auch im Körper (*innen*) als sogenannte Zellerinnerungen verankert sein. Diesen Sachverhalt hat die Epigenetik zwischenzeitlich nachgewiesen. Zu den in einer Zelle abgelegten Informationen gehören u. a. positive oder negative emotionale Erlebnisse, emotionale Verletzungen oder Ängste. Diese Zellerinnerungen sind irgendwo im Körper respektive den dort vorhandenen Zellen „gespeichert" und können sich durch Krankheiten oder als Folge von Unfällen negativ auswirken.

17.4.5 Den Herz-Kompass von Störungen befreien

Störungen im Magnetfeld des Herz-Kompasses werden über Disharmonien des Körpers (z. B. Krankheit) oder einschneidende Lebensveränderungen (z. B. Unfall) angezeigt. Das Herz-Resonanz-Coaching® (HRC) ist eine Möglichkeit, die Ursachen für die falsche Ausrichtung zu erkennen, zu neutralisieren und den Herz-Kompass neu „einzuorden". Dafür nutzt das HRC eigens entwickelte Tools, die mit individuell ineinandergreifenden Elementen auch die Wandlung der negativen Eigenschaften auf Zellenebene unterstützen. Es kommt zu einer Neutralisierung von außen nach innen (Herz-Resonanz-Feld) und innen nach außen (Zellerinnerungen). Das mit dem Ziel, die vollumfängliche Vitalität eines Menschen (wieder)herzustellen (siehe Abb. 17.5). Mehr Details zum methodischen Vorgehen unter: www.cforc.biz.

17.4.6 Quintessenz: Was macht Frauen erfolgreich?

Frauen verfügen über viele positive Führungsqualitäten, begeistern mit ihrer hohen Sozialkompetenz und arbeiten sehr fokussiert, vorausgesetzt, sie haben den Zugang dazu gefunden. Und das ist machbar. Hier einige Impulse dazu auf einen Blick:

a) Befreien von vererbten negativen Themen eröffnet den Zugang zur vollen inneren Kraft (Wer bin ich – wer bin ich nicht?).
b) Klären der negativen Themen, die im Herz-Resonanz-Feld gespeichert sind. Störfelder des Herz-Kompass neutralisieren für einen ausbalancierten Umgang mit Gefühlen. Daraus ergibt sich eine positive Emotions- und Energiebilanz.
c) Die eigenen Stärken und Talente aktivieren und fördern führt zu einem Zuwachs an Selbstvertrauen (Stärken – stärken).
d) Sinnhaftigkeit meines Tuns – das was ich arbeite, tue ich aus tiefem Herzen und tiefer innerer Überzeugung.

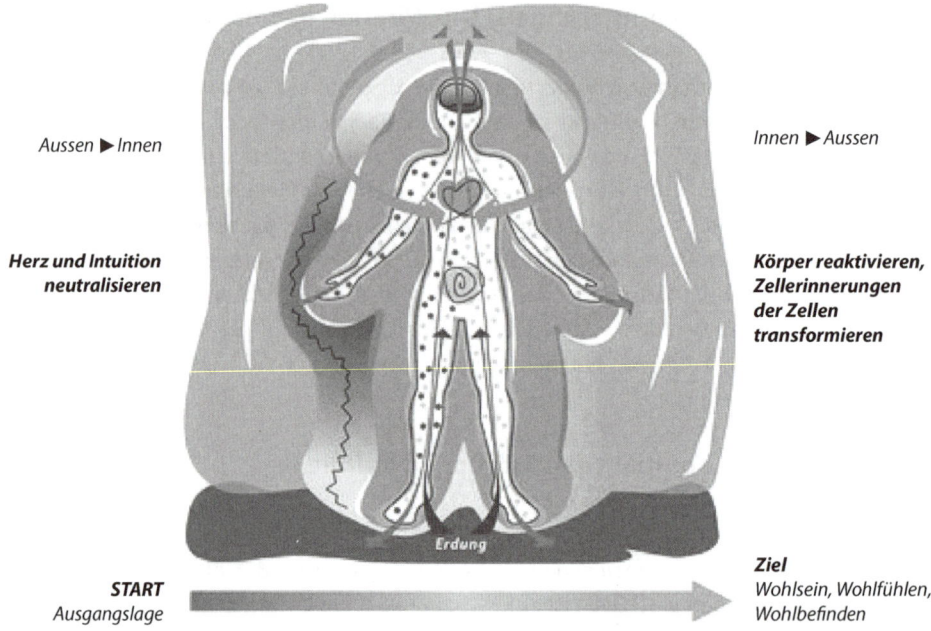

Aussen ▶ Innen

Herz und Intuition
neutralisieren

Innen ▶ Aussen

Körper reaktivieren,
Zellerinnerungen
der Zellen
transformieren

Erdung

START
Ausgangslage

Ziel
Wohlsein, Wohlfühlen,
Wohlbefinden

Abb. 17.5 Wirkungsverlauf der Neutralisierung der Herz-Resonanz und der Zellerinnerungen (v.l.n.r.). (© Susanne Jost)

e) Aktives Nutzen der „typisch weiblichen" Fähigkeiten, Talente, Kompetenzen, Stärken.

f) Das eigene Wesen mit dem erforderlichen Fachwissen verbinden – sowohl als auch, anstatt entweder oder – fördert die Authentizität.

g) Balance zwischen männlichen (Selbstbehauptung und Durchsetzungsvermögen) und weiblichen Anteilen (emotionale Stärken voranbringen und einsetzen) steigert die Akzeptanz.

h) Übergeordnete persönliche Visionen und klare Ziele definieren, auf die der eigene Herz- Kompass zusteuert. Das schützt vor Ablenkungen (z. B. Störfelder, Angriffe durch Spiegelungen oder Projektionen).

Wir sollten die Wirkung des eigenen Herz-Resonanz-Energiefeldes ernst nehmen. Sie wurde von führenden Naturwissenschaftlern in Europa und der USA aus der Herz-Resonanz-Arbeit, den Kohärenz-Feldern, der Quantenphysik und der Herz-Raten-Variabilität nachgewiesen. Und sie wirkt – in eben der Energie, in der sich jede und jeder einzelne gerade befindet – ob wir, wollen oder nicht.

Ein Mensch, im Sinne dieses Buchs eine Frau, die ihre Irrtümer erkennt und deren Ursachen ausräumt, erhöht demnach unweigerlich ihre Chancen auf mehr beruflichen Erfolg. Im Einklang mit ihrer Persönlichkeit, ihrer wirkungsvollen Weiblichkeit, kann sie in dieser noch stark von männlichen Attributen geprägten Berufswelt erfolgreich ihren Weg gehen.

Übrigens: Wirkungsvoll nachhaltiger sind die Veränderungsprozesse in Unternehmen, wenn auch Männer diese „Aufräumarbeiten" durchführen. Frauen und Männer begegnen sich dann auf einer gleichen Ebene. Frühere Konflikte lösen sich damit in Luft auf.

Ganz im Sinne von *„Erfolg mit Herz"*.

17.5 Dank

Der besondere Dank des Autors gilt Peter Buchenau für die Einladung zur Mitwirkung an diesem Buch und Dorit Schmidt-Purrmann für ihre inhaltliche Mitarbeit an diesem Beitrag. Die Unternehmerin (www.iangels-pr.ch) lieferte wertvolle Impulse aus ihren eigenen Erfahrungen als Führungskraft sowie als langjähriges Mitglied des Verbands Frauenunternehmen (www.frauenunternehmen.ch) und Medienverantwortliche für dieses Schweizer Unternehmerinnen-Netzwerk.

17.6 Über den Autor

Veranlasst durch ein eigenes Burnout im Jahr 2004 recherchiert **Claus Walter** (Jahrgang 1962) nach einer zielgerichteten Methode zur Revitalisierung erschöpfter Menschen und Unternehmen. Seine Nachforschungen fokussieren sich auf die Wirkungen des Herz-Resonanz-Feldes, der Kohärenz-Felder und der Quantenphysik, die in den letzten 20 Jahren von führenden Naturwissenschaftlern Europas und des Heartmath Institute (USA) nachgewiesen wurde. Aus diesem Wissen und seinen eigenen Erfahrungen entwickelt Claus Walter innerhalb von sieben Jahren das innovative Herz-Resonanz-Coaching® (HRC). Seit 2011 setzen der Inhaber der C for C GmbH in Wetzikon (CH) und sein Team diese Methode mit nachhaltigen Erfolgen ein. Ergänzend dazu entstand zwischenzeitlich ein integratives Vitalisierungsmodell, welches das HRC, verschiedene Vitalisierungselemente und Methoden der energetischen Medizin zu einem wirksamen Gesamtkonzept kombiniert. Dies wird sowohl für Einzelpersonen wie auch Unternehmen eingesetzt.

Claus Walter war bis 2004 als Betriebswirt und Marketingexperte sowie u. a. in den Bereichen Innovationsmanagement sowie Business Development in verschiedenen internationalen Konzernen sowie kleinen und mittelständischen Unternehmen auf Führungsebene tätig. Er ist Master Coach DVNLP und verfügt über das Certificate of Advances Studies in Betrieblichem Gesundheitsmanagement.

Mehr unter www.cforc.biz

Literatur

Bergmann, H., Fueglistaller, U., & Benz, L. (2014). *Bedeutung und Positionierung von Frauen in Schweizer KMU – Studie im Auftrag des Schweizerischen Gewerbeverbandes sgv und der KMU Frauen Schweiz, Forschungsbericht KMU-HSG*. Universität St. Gallen.

Handelsblatt, dpa (7.7.2012). Dübel bleiben in der Familie, mit Zitat von Klaus Fischer

Institut für Demoskopie Allensbach (2013). Der Mann 2013: Arbeits- und Lebenswelten – Wunsch und Wirklichkeit

Ketchum (2014). *Ketchum Leadership Communication Monitor (KLCM)*. New York.

Loyd, A., & Johnson, B. (2012). *Der Healing Code*. Reinbek: Rowohlt Verlag.

McKinsey&Company (2007) Report "Women matter"

Moneyhouse AG (2011). *Erhebung zu Unternehmertum und Entwicklung von KMU in der Schweiz*. Rotkreuz.

SKP AG (2008). *Führungskräfte der Zukunft*. München.

Wirtschaftswoche (1.4.14), Karrieresünden, Diese zehn Fehler verbauen Frauen die Karriere

She got Game

Das Spiel der Frau in der Führungsrolle

Floris Weber

Inhaltsverzeichnis

Es geht ums Gefühl

18.1 Joker

Haben Sie schon mal gegen eine neunzigjährige Frau Scrabble gespielt? Ich sage Ihnen, Spaß macht das nicht. Meine Oma, eine damals schon hochbetagte und einige Jahre ver- witwete Dame, stellte mit ihrem Haus im Grünen im hessischen Odenwald nicht nur Anziehungspunkt für jegliche Familienmitglieder dar, sondern sie war auch eine wahre Meisterin in Spielen wie Sudoku, Kreuzworträtsel und natürlich Scrabble. Brettspiele in-

Floris Weber ✉
Alsterchaussee 13, 20149 Hamburg, Deutschland
e-mail: kontakt@floris-weber.com

© Springer Fachmedien Wiesbaden 2015
P. Buchenau (Hrsg.), *Chefsache Frauen*, DOI 10.1007/978-3-658-07498-2_18

nerhalb der Familie können im höchsten Maße emotionalisieren, ja ich persönlich würde sagen, sie sind das zweitgefährlichste Familienereignis knapp nach Weihnachten.

Immer wenn meine Oma ein zweistelliges Wort mit Hilfe einer ihrer berühmten „Joker" legte, dann war das wie der Stich in das Herz aller anderen Familienmitglieder, die den Ehrgeiz aus ihren Frankfurter Büros mit an den Wohnzimmertisch der großmütterlichen Residenz brachten. Die vernichtende Wirkung ihres „Jokers" wurde dadurch verstärkt, dass sie das Wort immer „Joker" aussprach, so dass man nie genau wusste, worüber man sich am meisten ärgern sollte: darüber, dass sie *schon wieder* einen Joker gezogen hatte oder über die Art, wie sie das Wort aussprach. Eines Tages, als Oma verdächtig viele Joker in einem Spiel legte und Tante Amei mit ihren kreativen Wortneuschöpfungen wie Amtslehrernachweis oder Freundinnenfahrschein auf keine große Gegenliebe bei ihren Mitspielern gestoßen war, drehte sie kurzerhand einen von Omas „Jokern" um und siehe da, auf der Rückseite fand sich ein Buchstabe. Auch ein weiterer von Oma gelegter Joker entpuppte sich als Bluff.

Und so wurde das Rätsel der beim Scrabble unbesiegbaren Oma gelüftet. Diese hochbetagte Dame wusste ihre „Joker" einzusetzen, sich sogar der Joker zu bedienen, die andere gar nicht für möglich hielten.

Ich möchte dafür Bewusstsein schaffen, dass sich in Ihrem „Spiel", der Führungsrolle als Frau, mehr Joker befinden als Sie möglicherweise auf den ersten Blick sehen. Ein paar der Vorteile, die Sie als Frau gegenüber Männern in Ihrem Business nutzen können möchte ich hier darstellen.

18.2 Kleines Ego – große Wirkung

Wussten Sie, dass es manche Wildtiere gibt, die so clever und so erfahren sind, dass selbst gewiefte Jäger mit modernster Technik kaum eine Chance haben, das Wild zu erbeuten? Aber es gibt eine Ausnahme: bei jeder Wildart, egal wie klug und erfahren das Tier sein mag, gibt es einen meistens nur einige Tage bis wenige Wochen dauernden Vermehrungszyklus, bei dem sogar die erfahrenen, reifen und alten Eber und Hirsche ihre natürliche Vorsicht ablegen und so stark um die Gunst der Weibchen buhlen, dass sie vor lauter Prahlerei vergessen, auf mögliche Gefahren, wie den Menschen, zu reagieren.

Man kann gespaltener Meinung darüber sein, wie stark sich der Mensch von anderen Tieren unterscheidet (insbesondere in Bezug auf bestimmte Menschen und bestimmte Tiere), Tatsache ist jedoch, dass wir genauso Tier sind, wie andere Lebensformen auf der Erde auch. Ja, ich weiß, natürlich sind wir viel cleverer und hübscher dazu, aber auch wenn wir in klimatisierten Wohnungen schlafen und Raketen auf den Mond schießen, steckt immer noch viel Animalisches in unserem Handeln. Wenn man nun zu dem Beispiel aus der Tierwelt zurückkehrt, dann stellt man fest, dass es bei den Menschen keine feste Paarungszeit gibt. Sicher gibt es Spitzenzeiten wie Stromausfälle oder die Veröffentlichung von „Shades of Grey", aber im Großen und Ganzen sind wir, auch wenn wir Männer es nie zugeben würden, rund um das Jahr im Paarungsmodus. Für Männer bedeutet dies, dass quasi immer imponiert werden muss. Dazu gehört, sich wie ein Pfau aufzuplustern, wie der Eber mit seinen Hauern seine Konkurrenten zu bearbeiten oder wie der Brüllaffe durch die Bäume zu fegen und lautstark auf sich aufmerksam zu machen: Ich bin der größte! Egal, welche Formen der Selbstdarstellung betrieben wird, sie haben alle eins gemeinsam: Sie mindern die klare Wahrnehmung der Außenwelt. Und hier kommen Sie als weibliche Führungskraft ins Spiel: Sie haben von Natur aus mehr Vakanz für die Außenwahrnehmung, dabei insbesondere die Wahrnehmung Ihrer Mitarbeiter. Damit Sie mich richtig verstehen: Es geht mir ganz und gar nicht um das unnütze Wetteifern der Geschlechter. Es geht mir darum, dass Sie sehen, welche wertvollen Buchstaben sich auf Ihrem Scrabble-Tablett befinden. Und hier haben Sie einen wirklich wertvollen Buchstaben wie das Y vor sich. Das Y bringt viele Punkte, ist aber vielleicht nicht so schnell und augenscheinlich leicht spielbar wie ein E. Nutzen Sie die Stärke, die Ihnen die Natur mitgibt, nämlich Ihr Ego nicht zur Schau stellen zu müssen. Nutzen Sie die Kraft, die sich aus einer klaren Wahrnehmung ableitet: Klarheit ist Stärke. Durch eine klare Außenwahrnehmung können Sie die Menschen, die Sie führen und mit denen Sie Geschäfte machen besser einschätzen als der Gorilla, der damit beschäftigt ist, sich selber auf der Brust herumzutrommeln. Allein Menschen aufmerksam zuzuhören ist eine großartige Gabe. Alle Menschen teilen sich auf irgendeine Art und Weise mit. Verbal oder nonverbal lassen wir Menschen durchblicken, wie wir zu etwas stehen und fühlen. Führung ist kein einseitiger Prozess, sondern ist wie das Reiten eines Pferdes abhängig von den Reaktionen des Pferdes. Gute Reiter sind feinfühlige Reiter, die zwar führen aber im Rahmen des Führens auf die Reaktionen des Pferdes adäquat reagieren.

Ein weiterer Vorteil, der sich daraus ergibt, sein Ego nicht zur Schau stellen zu müssen, ist die zurückgelehnte Art, die damit einhergeht. Da Sie sich nicht so profilieren müssen wie Männer, können Sie viele Dinge ruhiger angehen. So wie eine Mama, die sich nicht aus der Ruhe bringen lässt, wenn sich ihre beiden Söhne um einen Bauklotz streiten. Sie weiß, dass es viel besser ist, wenn die Kinder ihren Konflikt selbst austragen. Sie wird nur dann einschreiten, wenn die beiden sich wirklich nicht alleine einigen können.

Manche Frauen haben als Führungskraft das Gefühl, sich besonders beweisen zu müssen. Schließlich gehört man ja zu einer Minderheit, zumindest in den großen Konzernen. Im politischen Bereich haben smarte Politikerinnen wie Angie oder Ursi jedoch ihre männlichen Kollegen mit Hilfe des Volkes aus ihren Posten verdrängt und das mit an Sicherheit grenzender Wahrscheinlichkeit zu Recht. Wie man sich als Frau in einer Männerdomäne fühlt und gibt, ist abhängig von Ihrer individuellen Wahrnehmung. Wie Sie in einer Männerdomäne klarkommen, hängt von Ihrem Selbstverständnis ab. Je gesünder Ihr Selbstwertgefühl, desto leichter werden Sie es haben. Stellen Sie sich mal einen Korb mit Äpfeln vor und einem Pfirsich vor. Ihnen wird dabei aufgefallen sein, dass die Frucht, die selten ist, von alleine aus der Masse heraussticht. Das heißt für Sie, dass Sie sich selbst nicht anpreisen oder auf sich aufmerksam machen müssen, da man bereits durch die ungleiche Mengenverteilung auf Sie aufmerksam wird. Das ist doch mal wirklich fetter „Joker": nicht unbedingt besser sein zu müssen als Männer in vergleichbaren Positionen. Für Ihre Mitmenschen wirkt es extrem selbstsicher, wenn Sie sich als besondere Frucht wohlfühlen und sich gerade deswegen überhaupt gar nicht profilieren müssen. Das ist Attraktion pur.

18.3   Die Kraft der Emotion

Bitte beantworten Sie für sich folgende Frage: Eine Freundin von Ihnen hat Geburtstag, sie liegt mit ihrer Kleidergröße genau zwischen Small und Medium, in welcher Größe schenken Sie ihr ein Oberteil?

Antwort: Bei der Beantwortung der Frage werden sich die meisten Frauen darüber Gedanken machen, wie die Frau reagiert, wenn das Oberteil möglicherweise zu klein oder zu groß ausfällt. Frauen, die auf Nummer sicher gehen, werden eher M wählen, während wagemutige Frauen klar für S plädieren, nach dem Motto: Kann man immer noch umtauschen!

Wenn Sie die gleiche Frage *Männern* (einzige Ausnahme: Guido Maria Kretschmar) stellen, dann werden diese die emotionale Reaktion der Frau auf das möglicherweise nicht passende Kleidungsstück gar nicht ins Kalkül ziehen. Die dahinter liegende Thematik bleibt den Männern einfach verschlossen, so als würde es den Raum hinter der Tür nicht geben.

Als Frau haben Sie naturgemäß eine nähere Verbindung zu Ihrem Gefühl. Konkret bedeutet dies, dass Frauen vielfach emotional intelligenter sind als ihre männlichen Kollegen. Kaum etwas wird in der Führungsebene so stark unterschätzt wie emotionale Intelligenz. Vor allem männliche Führungskräfte unterschätzen die Rolle, die Emotionen auf der Arbeit spielen. Viele männliche Führungskräfte sind der Meinung, dass auf der Arbeit kein Platz für Gefühle ist. Dabei spielen unsere Gefühle eine entscheidende Rolle dabei, wie erfolgreich und gewissenhaft wir arbeiten. Klar kann man die Augen zumachen und dann sagen, dass man nichts mehr sieht, nur hilft es einem nicht dabei, die Dinge anzugehen, die sich tatsächlich vor einem befinden. Gerade im Berufsleben werden unter Männern häufig Wettstreite ausgetragen, wer der härteste Bursche ist. Gefühle zu haben oder zu zeigen gilt eher als Zeichen von Schwäche. Und auf die Gefühle der anderen zu achten und darauf adäquat zu reagieren, fällt vielen Chefs schwer. Hier liegt gerade der nächste echte Joker auf Ihrem Scrabble-Tablett. Jetzt ist nur die Frage, wie man diesen Joker am besten einsetzt.

Sie wollen als Führungskraft sicher, dass Ihre Mitarbeiter einen guten Job machen, oder? Sie möchten vorankommen und Ihr Unternehmen oder Ihre Abteilung erfolgreich führen. Sie wollen, dass Ihre Mitarbeiter das Bestmögliche geben. Jetzt stellt sich die Frage, wann und wie Mitarbeiter die bestmögliche Leistung erbringen und dabei noch langfristig gesund bleiben. Fast alle bisher verfügbaren Trainings für Unternehmen zielen auf die Outer Skills ab. Verkäufer bekommen beigebracht, wie man verkauft. IT-ler bekommen Schulungen zur Weiterentwicklung ihrer IT-Kenntnisse. Doch bisher haben nur einige innovative Unternehmen den Wert erkannt, der sich hinter den sogenannten Inner Skills verbirgt. Eigentlich ist „Skills" der falsche Ausdruck, denn es geht nicht um innere

Fähigkeiten, sondern um den emotionalen Zustand der Mitarbeiter. „Ach nee, jetzt soll ich auch noch gucken, dass meine Mitarbeiter gut drauf sind, oder was?", wird sich jetzt vielleicht manche von Ihnen denken. Ja, genau das sollen Sie. Und zwar aus folgendem Grund: Die Energie, die Sie in diesem Bereich in Ihre Mitarbeiter investieren, wird Ihnen und Ihrem Betrieb doppelt und dreifach zugutekommen.

Sie müssen es aber *richtig* machen. Bunte Kugelschreiber alleine schaffen noch keine glücklichen Mitarbeiter. Sie sollten idealerweise dafür sorgen, dass Sie selbst und Ihre Führungskräfte in emotionaler Kompetenz geschult werden. Fachliche Schulungen sind Standard, emotionale Schulungen so gut wie unbekannt. Wir sind gesellschaftlich gerade erst dabei, die Wichtigkeit dieses blinden Fleckes zu erkennen. Betrieblich wird das Thema Emotion immer noch tabuisiert. Emotionen sind aber immer und überall mit dabei, auch im Job. Ich gehe jetzt einen Schritt weiter und sage Ihnen, dass es nicht genug ist, sich um Ihre eigene emotionale Kompetenz und persönliche Entwicklung und die Ihrer Führungskräfte zu kümmern. Sie müssen sich sogar um die emotionale Gesundheit der einfachen Mitarbeiter in Ihrem Unternehmen kümmern. Das funktioniert über zwei Ebenen: emotional kompetentes Führen und Bieten einer professionellen und wirklich effektiven Anlaufstelle für Mitarbeiter mit emotionalen Problemen. Eine Erhebung der Stiftung Deutsche Depressionshilfe (2014) zur Arbeitslosigkeit und psychischen Erkrankungen zeigte erstaunliche Ergebnisse. Dabei wurde interessanterweise festgestellt, dass nicht überwiegend Langzeit-Arbeitslose depressiv werden, sondern umgekehrt, Depressive langzeitarbeitslos werden. Die Kausalität ist also ganz anders, als man bisher angenommen hatte. Wenn Sie sich um die emotionale Gesundheit Ihrer Mitarbeiter kümmern, investieren Sie auf eine sehr kluge Weise in die Arbeitskraft und Leistungsfähigkeit Ihres eigenen Unternehmens.

Hier ein Beispiel dafür, welche Kosten ein Mitarbeiter verursacht, der emotional nicht gesund ist. Der Betroffene wird aufgrund seiner emotionalen Probleme nicht nur häufiger Opfer von normalen Erkältungen, sondern fällt aufgrund seiner emotionalen Probleme selber häufiger aus. Dann verursachen die Betroffenen Kosten durch Langzeitkrankschreibungen durch Burnout und Depression. Nun kommt ein weiterer Faktor hinzu, der vorhanden, aber nur indirekt messbar ist. Jedes Team, jede Einheit eines Unternehmens ist abhängig von dem Einsatz und der Leistungsfähigkeit des Einzelnen. Ein schwacher Satellit kann ein ganzes Systems schädigen, da die Energie, die an dieser Stelle verloren geht, anderweitig überbrückt und ausgeglichen werden muss. Das zieht Energiepotential von den starken Satelliten ab. Jeder Mitarbeiter, der emotional nicht auf der Höhe ist, kostet Sie Leistungsfähigkeit und damit Geld. Wenn Sie sich um die emotionale Gesundheit Ihrer Mitarbeiter kümmern, senken Sie deren Risiko, krank zu werden, helfen ihnen dabei, glücklicher zu leben und erfolgreicher zu arbeiten. Sprich, Sie tun Gutes und werden Gutes zurückbekommen. Das Prinzip beruht auf echter Wertschätzung für den Angestellten. Sicher nicht passend für jedes Unternehmen, aber sehr lohnend für Unternehmen, die eine menschliche Unternehmenskultur tatsächlich pflegen. Genau an diesem Punkt unterscheidet sich bei Unternehmen die Spreu vom Weizen: Manche Unternehmen sprechen von einer gesunden und wertschätzenden Unternehmenskultur, ohne etwas dafür zu tun. Andere Unternehmen sind wirklich an der Umsetzung der Unternehmenskultur interessiert und tun auch etwas dafür, weil Sie den Nutzen erkannt haben, den emotional gesunden Mitarbeitern ihren Unternehmen bieten.

Ich möchte an dieser Stelle auf einen Punkt aufmerksam machen, der noch zu wenig Beachtung findet: die Geschichte Ihrer Mitarbeiter. Sicher, Sie sind ja nur der Arbeitgeber und müssen sich nicht darum kümmern. Auf der anderen Seite bringt jeder Mensch seine eigene Lebensgeschichte mit auf die Arbeit und beeinflusst durch seine Leistungsfähigkeit und seinen Emotionszustand den Wert Ihres Unternehmens. Menschen mit einem positiven Background sind perfekt: Hier müssen Sie keine Aufräumarbeit leisten, sondern können über eine Förderung einen Selbstläufer schaffen. Anders bei Menschen, die emotionale Probleme von früher mit sich herumtragen: Ihr Energie- Niveau ist niedriger als das Gesunder. Sie werden schneller krank. Sie leisten weniger. Sie haben weniger Stress-Resistenz. Sie verursachen Probleme im zwischenmenschlichen Bereich. Sie kämpfen mit ihren eigenen Gefühlen anstatt den eigentlichen Aufgaben nachzugehen. Wer den Handlungsbedarf hier erkennt und den entsprechenden Mitarbeitern dabei professionelle Hilfe zuteil kommen lässt, handelt nicht nur moralisch vorbildlich, sondern sorgt mit seinem Weitblick dafür, dass aktiv für Gesundheit und Leistungsfähigkeit getan wird.

Ich spreche hierbei nicht vom klassischen Unternehmenspsychologen, sondern von einer externen Expertenstelle, die gezielt innerhalb kürzester Zeit den Menschen dabei hilft, emotional zu genesen und für sich und Ihr Unternehmen das Beste herauszuholen.

18.4 Richtige Rezeptur

Oma war übrigens gemäß der Zeit, in der sie groß geworden war, eine hervorragende Köchin. Ob Ochsenschwanz in Brandy- Sauce oder Rehrücken mit Pfifferlingen, sie war stets in der Lage, hervorragend zu kochen und dafür zu sorgen, dass ihre Gäste sich wohl fühlten. Allerdings gab es in aller Herrlichkeit ihrer Kochkünste einen kleinen Umstand, der für etwas Angst unter ihren Gästen sorgte. Wenn Omas Leidenschaft für das Kochen ihre volle Wucht entfaltete, so konnte es vorkommen, dass sich bei ihr ein kleines Tröpfchen an der Nasenspitze bildete, das drohte, in eine der gerade zubereiteten Pfannen zu fallen. Kein Damokles-Schwert, aber immerhin ein Damokles-Tröpfchen.

Als Führungskraft kann man sich die Frage stellen, wie viel Angst man in der Führung einsetzen sollte. Wie bei jedem Kochrezept, geht es um die einzelnen Zutaten, mit denen Sie kochen und die Dosierungen. Soll es ein gestrichener Esslöffel sein, eine Messerspitze, wenige Spritzer oder lediglich ein Tröpfchen?

Vielleicht kennen Sie selber das Phänomen des Blackout oder kennen jemanden, der schon einmal ein Blackout hatte. Ein Blackout ist nichts anderes als eine sehr starke Angstattacke. In so einem Moment ist die Angstreaktion so stark, dass man nicht mehr auf Gedächtnisinhalte zurückgreifen kann. Das, was wir eigentlich problemlos wiedergeben können, ist auf einmal einfach weg. Spannenderweise werden die Gedächtnisinhalte kurz nach einem Blackout auf einmal wieder voll zugänglich, sie sind also nur temporär nicht mehr verfügbar. Die Angstreaktion in dem Gehirn führt nämlich dazu, dass Gedächtnisinhalte unterdrückt werden und andere Gehirnareale, nämlich die, die für das Fliehen und Kämpfen zuständig sind, aktiviert werden. Wir könnten also in so einem Moment der Angst problemlos mit einem Grizzlybären ringen, aber keine einfache Rechenaufgabe lösen. Wenn man sich die Aufgaben anschaut, die Mitarbeiter in Unternehmen bewältigen müssen, dann sind dies fast ausschließlich intellektuelle Leistungen. Und gerade die werden unter einem Übermaß an Angst blockiert. Ein Führungsstil, bei dem Angst kaum eine Rolle spielt, hilft dabei, dass Ihre Mitarbeiter sich in Ihren Unternehmen entwickeln können. Und genau das brauchen Unternehmen, um sich zu entwickeln: Mitarbeiter, die dazulernen, besser werden und damit immer wertvoller für Sie werden. Man sollte sich bewusst sein, dass die Rolle als Chefin per se beinhaltet, dass die Mitarbeiter etwas mehr Angst vor Ihnen haben als vor den eigenen Kollegen. Wenn Sie korrekt mit Ihren Mitarbeitern umgehen und für sich versuchen, das Beste in jedem Menschen zu erkennen, dann wird man mit Ihnen genauso umgehen. Achten Sie auf die Resonanz, die Sie selbst erzeugen. Zu diesem Thema kommen wir gleich noch.

Sie kennen vielleicht den Spruch: Nett ist der kleine Bruder von Scheiße. Und die Frage ist, wie nett dürfen und sollten Sie als Chefin sein. Ein Führungsstil, der dazu führt, dass sich Ihre Mitarbeiter wohl fühlen, wird bewirken, dass deren individuellen Potentiale freigesetzt werden und sie auch Dinge für Sie und Ihr Unternehmen tun, die sie eigentlich nicht müssten. Wenn Sie selber Ihren Mitarbeitern etwas mehr geben, als Sie müssten, bekommen Sie eben etwas mehr zurück. Nur dürfen Sie nicht *nur* nett sein. Der gefährliche Punkt wird dann überschritten, wenn Sie so nett sind, dass niemand sie mehr ernst nimmt. Wer nämlich nur nett ist, kann seine Interessen und die seiner Mitarbeiter nicht adäquat durchsetzen. Es ist ein Zeichen von Stärke, wenn man sich im gesunden Maße selbst behaupten und durchsetzen kann.

Im Internet gibt es ein Video das zeigt, wie Angela Merkel und Wladimir Putin gemeinsam mit ein paar anderen Politikern debattieren. Putin sagt dabei. „Wissen Sie, es gibt dieses Sprichwort bei uns. Man sagt, das ist wie bei einer Hochzeitsnacht, egal wie man es dreht und wendet, am Ende wird man immer gefickt." Nachdem die Übersetzung durch ist, dreht Angela Merkel ihren Kopf zu Putin, schaut ihn mit einem Blick an, der töten könnte, und dreht sich ganz langsam wieder weg. Sie hat mit ihrem Verhalten wortlos gezeigt, dass sie so einen respektlosen Umgang nicht duldet und Putin wirkt am Ende wie ein dummer Junger, der versucht, seine Mutter zu provozieren. Es ist Ihr Recht und vielmehr noch Ihr Job, sich auch durchzusetzen. Ihre Mitarbeiter werden klare Ansagen und eine eindeutige Haltung bei Ihnen als weibliche Führungskraft extrem zu schätzen wissen.

18.4.1 Mein Tanzbereich, dein Tanzbereich

Ein Lieblingsspruch meiner Oma war: „Wollt Ihr noch etwas getrunken haben?" Wenn man dann ganz froh darüber war, bedient zu werden und selbstzufrieden „gerne, Cola", antwortete, so sagte sie: „Dann holt sie euch."

Oma selbst war also willens, dafür zu sorgen, dass die notwendigen Ressourcen zur Verfügung gestellt wurden, sie war allerdings nicht bereit, dem Einzelnen seine eigenen Laufwege abzunehmen. Das wäre sicher bei der Vielzahl der Gäste mit deren unterschiedlichen Ansprüchen auch gar nicht möglich gewesen.

Oma hat da etwas ganz Wichtiges gemacht, sie hat dafür gesorgt, den Überblick zu behalten und sich um ihre eigenen Kernkompetenzen zu kümmern. Sie ist nicht in die Falle getappt, Dinge zu tun, die andere auch selber tun konnten. Sie hat stattdessen die Eigenverantwortung des Einzelnen gefördert. So hatte jeder seinen Platz und seinen Aufgabenbereich, den er selbst zu verwalten hatte. Und genauso gab es Dinge, die sie nicht aus der Hand gegeben hat. Wenn dann jemand versuchte, während des Kochens in die Küche einzudringen, dann wurde er oder sie klar und deutlich der Fläche verwiesen.

Sie hat damit im gesunden Maße die Bedürfnisse und Fähigkeiten ihrer Familie respektiert und sich gleichzeitig für sich und ihre Bedürfnisse und Fähigkeiten einen Raum geschaffen. Dass sie das konnte, hatte ganz sicher mit ihrem Selbstwertgefühl zu tun. Ob man sich in einem gesunden Maße abgrenzen und sich für seine eigenen Bedürfnisse einsetzen kann, ist davon abhängig, wie wir emotional zu uns selber stehen.

Es gab mal eine Anwaltsserie im Ersten, bei der einer der beiden Anwälte nicht „Nein" sagen konnte. Daraufhin besuchte er ein Nein-Sager-Seminar. Ein paar Tage später saßen er und sein Kollege an einer Bar und eine wunderhübsche Frau näherte sich den beiden. Mit verführerischem Blick fragte sie ihn dann: „Ist neben Ihnen noch frei?", woraufhin er kurz und scharf antwortete: „Nein." Die Moral von der Geschichte: Sich auf eine gesunde Art und Weise selber zu behaupten, lässt sich nicht erlernen.

Nein zu sagen, wenn man es wirklich fühlt, hat vielmehr damit zu tun, sich seiner selbst sicher zu sein. Die Hemmung vor dem Nein-Sagen hat primär etwas mit der Angst vor Ablehnung zu tun. Wir riskieren nämlich beim Nein-Sagen, von unserem Gegenüber nicht mehr gemocht zu werden. Menschen mit einem gesunden Selbstwertgefühl gehen dieses Risiko ein. Menschen, mit einem angeschlagenen Selbstwertgefühl haben eben Angst für sich selber einzutreten. Und damit sind wir bei dem – in meinen Augen – wichtigsten Wert einer Führungskraft angekommen: dem Selbstwert. Selbstwert ist der Kern gesunder Handlungen: sich selbst behaupten können, Nein-Sagen können, sich selbst und andere wertschätzen können, mutig sein, sich weiterentwickeln können, Chancen zu sehen und zu nutzen. All dies sind äußere Fähigkeiten, die Folgen eines gesunden Selbstwertgefühls. Der bisherige und meist sehr frustrane Ansatz ist, an den äußeren Fähigkeiten zu arbeiten, anstatt am Selbstwertgefühl selber. So wird jedoch lediglich Reibung erzeugt: Da die gewünschte Handlung nicht mit dem Gefühl kongruent ist, kämpfen die Menschen gegen sich selber. So kann man langfristig kein gutes Ergebnis erzielen. Es geht vielmehr darum, so nachhaltig und effektiv das Selbstwertgefühl zu verbessern, dass die gewünschten, gesunden Handlungen durch das positive innere Grundgefühl ausgeführt werden. So ziehen dann Verstand und Gefühl an derselben Schnur, anstatt sich gegenseitig zu bekämpfen.

Aber wie macht man das denn mit dem Selbstwert? Unser Selbstwert wird vor allem davon bestimmt, wie wir als Kinder von unseren Eltern behandelt wurden. Die Gefühle, die unsere Eltern bei uns ausgelöst haben, werden von unserem Emotionsgedächtnis abgespeichert und gemerkt. Und eben diese kindlichen Gefühle sorgen dafür, dass wir uns selber annehmen, oder auch nicht. Diese Gefühle sind die größten Stolpersteine für unseren persönlichen und beruflichen Erfolgsweg. Häufig äußern sich diese Gefühle als Glaubenssätze wie „Ich schaffe das nicht, ich bin nicht gut genug, oder ich bin nichts wert". Vielfach wird laienpsychologisch davon gesprochen, diese Glaubenssätze einfach umzuprogrammieren. Das funktioniert in der Praxis jedoch leider nicht. Es geht vielmehr darum, die Gefühle abzuarbeiten, die zu den negativen Glaubenssätzen führen. Wie das funktioniert, erkläre ich gleich.

18.5 Ihre Resonanz, Ihre Stärke

Es gibt den Spruch: Wie man in den Wald hineinruft, so schallt es wieder heraus. Für die meisten Menschen ist es verständlich, dass sie durch die Art und Weise, wie sie mit ihren Mitarbeitern umgehen, eine Resonanz erzeugen, die im Großen und Ganzen dem entspricht, was sie *selbst* denken und fühlen. Und so kennen Sie sicher Tage, an denen Sie sich großartig fühlen und alle Menschen, mit denen Sie in Kontakt kommen interessanterweise genauso herrlich gelaunt sind wie Sie selber. Verantwortlich dafür sind Spiegelneuronen in unserem Gehirn, die dafür sorgen, dass wir in unserem Gegenüber durch unsere eigene Gefühlslage ähnliche Gefühle auslösen. Und genauso wirkt die Stimmung unseres Gegenübers auf unsere eigene Stimmung. Diese Spiegelneurone sorgen dafür, dass wir gefühlsmäßig auf demselben Level wie unser Gegenüber schwingen. Wenn Sie großartig gelaunt auf eine Beerdigung gehen, könnte man Ihnen das übel nehmen. Wenn Sie total miesepetrig auf einer Geburtsfeier einlaufen, bei der eine großartige Stimmung herrscht, wird sich Ihre Stimmung schnell bessern, weil die anderen Sie mit ihrer großartigen Stimmung „anstecken."

Was wäre aber, wenn die Resonanz, die Sie ausstrahlen, weit über den direkten Kontakt zu Menschen hinausgeht? Was wäre, wenn die Resonanz eben nicht innerhalb eines Umkreis von wenigen Metern verhallt? Ich möchte Ihnen hierzu eine kleine Geschichte erzählen, um Ihre Vorstellungskraft etwas zu beanspruchen: Vor vier Jahren gab ich in Hamburg eine Ausbildung für Menschen, die Hypnose lernen wollten. Es war der dritte Tag der Fortbildung und ich war frühzeitig vor Ort, um in Ruhe vor den Teilnehmern da zu sein. Ich stand vor der Tür der Praxis – und kam nicht rein. Es war Sonntagmorgen, kurz nach acht, sprich eine Uhrzeit, zu der eigentlich kein Mensch der Welt wach sein sollte. Und ich versuchte verzweifelt, die Tür zu öffnen, aber der Schlüssel passte nicht. Haben Sie jemals vor einer verschlossenen Tür gestanden, in die sie unbedingt hinein wollten? Es fühlt sich nicht besonders prickelnd an. Da kam auch schon die erste Teilnehmerin, ich ließ sie probieren, da ich mittlerweile an meinem Verstand zweifelte, aber wir kamen einfach nicht rein. Super, dachte ich, die anderen Teilnehmer werden gleich eintrudeln und du stehst ziemlich blöd vor deiner eigenen Praxis und kriegst die Tür nicht auf. Ich beschloss, über den Hinterhof von außen in die Wohnung reinzuschauen, denn sie befindet sich im Souterrain. Ein Fenster stand sperrangelweit offen und ich befürchtete das Schlimmste.

Ich kletterte durch das offene Fenster hinein und schaute mich erst einmal um. Es fehlte jedoch nichts, es war auch nichts zerwühlt. Also ging ich durch die Wohnung zur Eingangstür und schloss von innen auf. Außen wartete das Groß der Teilnehmer. Wir fanden dann gemeinsam heraus, dass ich nicht verrückt geworden war, sondern, dass tatsächlich jemand nachts versucht hatte, in die Praxis einzubrechen. Dabei hatte der Einbrecher das Schloss derart heftig bearbeitet, dass mein Schlüssel, ja es war der Richtige, nicht mehr passte. Aber wieso war denn dann das Fenster noch auf? Das hatte ein Teilnehmer am Vortag aufgemacht, was ich aber nicht sehen konnte, weil es in einem Nebenraum des eigentlichen Seminarraumes lag. Der Einbrecher hätte also nur in den Hinterhof laufen und durch das offene Fenster hineinklettern müssen – stattdessen hatte er vergeblich versucht, die Tür aufzubrechen. Die dümmsten Verbrecher der Welt – es gibt sie also wirklich.

Der Grund, warum ich diese Geschichte erzähle, ist der folgende: Wir hatten bei dieser Ausbildung eine Teilnehmerin dabei, die mehrfach Opfer von Einbrüchen geworden war. Da sie in Folge der Einbrüche an Ängsten litt, führten wir im Rahmen der Ausbildung eine Hypnose mit ihr durch. In der Hypnose verschlossen wir imaginär das offene Fenster, durch das damals eingebrochen worden war. Die Frau stellte sich innerlich vor, dass das Fenster durch feste Holzplanken ganz sicher verschlossen wurde und die Einbrecher keine Chance mehr hatten, reinzukommen. Dadurch veränderte sich ihr Gefühl und sie fühlte sich auf einmal innerlich viel sicherer.

Im Laufe der letzten sechs Jahre, also an genau 2190 Tagen, hat niemals jemand versucht, bei uns einzubrechen. Die Chance, dass der Einbruchsversuch zufällig an dem Tag geschah, an dem wir die „Einbruchsverhinderungs-Hypnose" machten ist 1:2189. Ich überlasse es Ihrem Urteil, ob das Zufall war oder nicht. Ich halte es da wie Fox Mulder: I want to believe … Was wäre, wenn wir durch das, was wir fühlen, was in uns passiert, unser Leben viel stärker unbewusst beeinflussen, als wir uns das bisher vorstellen? Was wäre, wenn wir unbewusst nicht nur uns selber und die Menschen, mit denen wir direkt in Kontakt stehen, beeinflussen, sondern vielmehr ein weitaus größeres Resonanz-Feld erzeugen, das unser Leben maßgeblich beeinflusst? Wenn es so wäre, dann wäre es doch höchste Zeit daran zu arbeiten, welche Resonanz wir erzeugen, oder nicht?

Die Quintessenz davon ist, dass Sie erfolgreicher werden, wenn Sie aktiv anfangen, über Ihre Vorstellungskraft Ihre Visionen zu gestalten. Die äußere Welt folgt der inneren Welt, also investieren Sie mehr Zeit, Ihre gewünschte Realität innerlich zu erzeugen. Ihre Sprache, Ihr Verhalten, Ihr Handeln, Ihre Energie werden der inneren Vorstellung folgen und ein positives Resonanzfeld erzeugen.

18.6   Persönlichkeitsentwicklung – Wachstum ist Pflicht

Ist Ihnen schon einmal aufgefallen, dass Lachen eine geradezu magische Anziehung auf uns ausübt? Egal ob auf einer Party, im Restaurant oder auf der Arbeit: Wenn wir irgendwo jemanden lachen hören, wollen wir intuitiv näher ran und schauen, was da so lustig ist. Der Hintergrund dieses Impulses ist, dass auch wir etwas abhaben möchten von der guten

Laune. Gute Laune macht sexy. Es ist also sehr attraktiv, wenn es Ihnen selbst gut geht. Ich als Arzt verschreibe Ihnen hiermit also die Aufgabe, für sich selbst so zu sorgen, dass es Ihnen gut geht. Sie müssen das Rezept selber einlösen, sprich, die Weichen für sich so stellen, dass Sie sich glücklich und zufrieden fühlen. Während Männer aus Ego-Gründen hier tendenziell viel beratungsresistenter sind, arbeiten Frauen in der Regel gerne an sich und ihrer persönlichen Entwicklung.

Die Frage ist natürlich, wie man das Ganze angeht. Ich selbst, als erklärter Feind des positiven Denkens, empfehle Ihnen, sich Ihren größten Problemen zuerst zu widmen. Stellen Sie sich mal ein schmutziges T-Shirt vor, mit ein paar kleinen Flecken und einem richtig großen. Sie werden mir wahrscheinlich Recht geben, wenn ich sage, dass man mit der Entfernung eines großen Fleckes ein optisch besseres Resultat erreicht, als wenn man drei kleine Flecken beseitigt. Gehen Sie also Ihre großen Themen zuerst an. Bei der Persönlichkeitsentwicklung geht es vor allem ums Gefühl. Auf keiner anderen Ebene können Sie so schnell so viel erreichen wie durch die Arbeit mit dem Gefühl. Sie sollten sich die Frage stellen: Gibt es irgendwelche Gefühle, die mich stören? Angstgefühle, Druckgefühle, Minderwertigkeitsgefühle, Stressgefühle? Wenn ja, haben Sie einen Ansatzpunkt, an dem Sie arbeiten können. Falls es Ihnen schwer fällt, zu sagen, ob Störgefühle eine Rolle spielen, dann nehmen Sie sich im Laufe der nächsten Wochen immer mal wieder einen kurzen Moment, auch tagsüber, wo Sie einfach die Augen schließen und in sich hineinspüren, um zu spüren, wie es Ihnen geht.

Da viele unserer Gefühle im Wachzustand von logisch arbeitenden Hirnrealen unterdrückt werden, neigen wir dazu, in der Regel zu viel zu denken und zu wenig spüren. Tranceverfahren wie Hypnose, Meditation oder Energiearbeit bieten sich an, um schnell und sicher ans Gefühl heranzukommen und dort zu arbeiten, wo man wirklich etwas zum Guten bewegen kann. Im Trancezustand lassen sich Gefühlsblockaden und negative Emotionen schnell und nachhaltig auflösen. Wenn Sie im Hinterkopf haben, dass Sie das Zugpferd Ihrer Mannschaft sind, macht es Sinn, bei sich selbst alles an Gefühlen aus dem Weg zu räumen, was Sie blockiert. Je freier, kreativer und stärker Sie sind, desto freier, kreativer und stärker werden Ihre Angestellten sein. Es ist sehr selten, dass es bei einem Menschen keine Aufräumarbeit zu verrichten gibt. Auch Menschen, die schon gut im Leben stehen, haben in der Regel ihr Päckchen zu tragen, so dass man bei fast allen Menschen durch Aufarbeitung emotionaler Probleme riesige Entwicklungsfortschritte machen kann. Wenn man sich nicht sicher ist, ob es Störgefühle gibt, kann man einfach in der Trance nachschauen, das ist ohnehin viel zielgenauer, als den Verstand zu stark zu bemühen.

Gesetzt dem seltenen Fall, dass Sie innerlich völlig aufgeräumt sind und keine negativen Emotionen mehr abzuarbeiten sind, kann und sollte man ebenfalls Trance nutzen, um seine persönliche Entwicklung voranzubringen. Das Spannende an einer Trance ist nämlich, dass Ihr Gehirn in diesem Zustand anders, nämlich kreativer arbeitet. Wenn Sie sich eine breite, unüberwindliche Schlucht vorstellen, dann ist der Trancezustand ein Werkzeug, um Brücken entstehen zu lassen, diese Schlucht zu überwinden. Einmal in dem Zustand der Trance angekommen, klappen auf einmal von alleine Seiten, Brücken und

Stege herab, über die Sie eine Seite betreten können, die normalerweise nicht zugänglich ist. Was auf der einen Seite etwas total Magisches, Unbegreifliches hat, lässt sich hirnphysiologisch einfach erklären. Im Trancezustand werden manche Gehirnareale in ihrer Aktivität reduziert, andere werden stimuliert. Die Assoziationsfähigkeit steigt deutlich an, was dabei hilft, vernetzter zu spüren und zu denken als im Wachzustand. Man wird im Trancezustand „schlauer". Ich habe neulich über eine Freundin von einer extrem erfolgreichen Hamburger Steuerberaterin gehört, die Trancezustände nutzt, um Möglichkeiten für ihre Mandanten in der Zukunft zu explorieren. Zu den Kunden dieser Dame gehören wirklich extrem erfolgreiche und große Unternehmen, so dass ihr Erfolg ihr Recht gibt. Wichtig ist einfach erst einmal offen für etwas zu sein, das man noch nicht genau kennt. Glauben Sie mir, was Sie mit Trance erreichen können, ist wirklich total fantastisch.

18.7   Selbstwertgefühl: Ihr größter Schatz

Haben Sie sich schon einmal die Frage gestellt, wie Sie sich selbst finden? Wahrscheinlich ja. Es geht dabei nicht um die normalen Tagesschwankungen, die jeder hat, wenn er an verschiedenen Tagen in den Spiegel schaut. Es geht vielmehr um das Grundgefühl, das Sie zu sich selber haben. Wenn Sie sich einen Moment Zeit nehmen für diese Frage, ist der spannende Punkt, ob Sie sich selbst gegenüber eher annehmend oder ablehnend eingestellt sind. Erfolg ist übrigens kein Paramater, der hier wirklich Relevanz hat. Es gibt wirklich sehr erfolgreiche Menschen mit einem sehr schlechten Selbstwertgefühl. In manchen Fällen sind Menschen gerade wegen eines schlechten Selbstwertgefühls völlig getrieben und verlieren sich in ihrem Beruf. Der übertriebene, selbstzerstörerische Einsatz im Job klappt nur kurz- bis mittelfristig. Langfristig führt er zur chronischen Erschöpfung und zur Depression.

Falls Sie sich selbst mit sich wohl fühlen und innerlich das Gefühl haben, sich annehmen zu können, ist das wunderbar. Dann ist dieses Kapital für Sie eher in Bezug auf Ihre Mitarbeiter relevant. Falls Sie für sich spüren, dass Sie mit sich selbst noch nicht im Reinen sind, dann ist dieser Abschnitt für Sie persönlich interessant.

Wenn Sie ein Haus bauen, fangen Sie in der Regel mit dem Fundament an. Sie kennen die Metapher von dem einen Haus, das auf Sand gebaut ist und dem anderen Haus, das auf einem Felsen steht. Das Fundament Ihres Selbstwertgefühls ist Ihre Kindheit. Im Laufe der ersten Lebensjahre werden durch das Verhalten Ihrer Eltern bei Ihnen bestimmte Gefühle ausgelöst und abgespeichert. Wenn Ihre Eltern Sie lieben, fördern und wohlwollend behandeln, wird bei Ihnen das Gefühl ausgelöst, dass Sie liebenswert sind. Das sind Idealbedingungen, die nicht allen Menschen vergönnt sind. Wenn Ihre Eltern Sie aber übermäßig kritisieren, selbst zu viel streiten und nicht genügend für Sie da sind, entsteht dadurch ein negatives Gefühl, das im Gehirn abgespeichert wird. Dadurch entsteht ein negatives Selbstbild, welches wieder später im Leben zu mehreren Problemen führt: das abgespeicherte negative Gefühl entzieht Ihnen Energie, weil es emotionale Reibung erzeugt, wenn es Ihnen eigentlich gut gehen sollte. Und es blockiert natürlich im großen

Maße die Möglichkeiten, die Chancen Ihres Lebens voll auszukosten. Visionen werden blockiert, stattdessen malen sich die Menschen aus, was schief gehen könnte.

Wichtig ist hierbei, sich helfen zu lassen. Alleine wird man Selbstwertprobleme nicht los, im Gegenteil, es kann sehr frustrierend sein „an sich selbst zu arbeiten" und dabei nicht voranzukommen. Das Tolle ist, wenn Sie an Ihrem Selbstwertgefühl arbeiten, tun sich ganz neue Wege und Möglichkeiten für Sie auf, in jedem Lebensbereich. Ihr Selbstwertgefühl reist nämlich mit, egal wo Sie sind und mit wem Sie interagieren. Es gibt Menschen, die an die entlegensten Orte dieser Welt flüchten, um ihren eigentlichen Problemen zu entkommen. Wie heißt es in dem Song von Lauren Hill: You can run, you can hide, they are gonna find you ... Es ist wie mit der Angst: je mehr man versucht, ihr zu entkommen, desto größer wird sie. Wenn an sich ihr jedoch stellt, verschwindet sie.

18.8 Identität: Wer sind Sie eigentlich? (Und warum ist das gut so?)

Das Selbstwertgefühl ist eng verknüpft mit Ihrer Identität. Während es bei dem Selbstwertgefühl darum geht, welche innere Haltung Sie sich selbst gegenüber haben, geht es bei der Identität darum, wer Sie sind. Nun ist die Frage, wer Sie sind, ja gar nicht so leicht zu beantworten. Wenn Sie selbst Kinder haben oder Kinder von Freunden aufmerksam beobachten, dann werden Sie merken, dass sich Geschwister häufig ganz früh stark voneinander unterscheiden. Während ein Kind in einer neuen Umgebung sich in der ersten Zeit auf dem Schoß der Mutter am wohlsten fühlt, krabbelt das andere Kind sofort los, um die Spielsachen, die sich vor ihm befinden, in Beschlag zu nehmen. Während ein Kind sich stundenlang im eigenen Spiel vertiefen kann, möchte das andere Kind lieber mit seinen Eltern oder anderen Kindern spielen. Während ein Kind das aktive kompetitive Spiel mag, bevorzugt das andere Kind das phantasievolle, ruhige Spiel. Auch wenn es natürlich im Reifungsprozess eines Säuglings zu einem Kind, zu einem Jugendlichen, zu einem Erwachsenen verschiedene Stationen und Verhaltensmuster gibt und sich manche Vorlieben und Abneigungen im Laufe des Lebens verändern, so gibt es doch so etwas wie einen roten Faden, einen tieferen Kern der Persönlichkeit, der lebenslang bestehen bleibt. Das ist Ihre Identität. Und die gilt es, tatsächlich zu leben und bestmöglich für Ihr Lebensglück und Ihren Erfolg einzusetzen.

Heutzutage wird häufig über Authentizität gesprochen. Authentizität gilt mittlerweile als eines der höchsten geistigen Güter. Doch was heißt das nun eigentlich konkret, authentisch sein? Es geht dabei darum, seine wirkliche Identität anzunehmen und aktiv zu leben. Viele Menschen wären gerne authentisch, also sie selber, doch trauen sie sich nicht oder haben noch kein Feld gefunden, in dem sie ihre Authentizität wirklich leben können.

Wir bewundern die Menschen, die authentisch leben. Sie sagen auch mal was, was sich gegen den allgemeinen Trend richtet. Sie tun Dinge, die sich andere nicht trauen, aus ihrem Selbstverständnis heraus. Sie sind unsere Helden des Alltags. Doch es ist Unsinn, dass wir diese Menschen zu Helden stilisieren, denn sie leben einfach nur entlang ihrer

Identität. Sie tun das, was wir alle tun sollten und müssten. Es gibt keinen Grund sich zu verstecken. Es gibt nur einen Grund sich zu verbiegen, es gibt nur einen Grund ein Leben zu leben, das wir überhaupt nicht möchten: Angst. Wir haben schlichtweg Angst davor auszuscheren, weil wir nicht abschätzen können, was passiert, wenn wir tatsächlich wir selber sind. Diese Angst kommt aus zwei Richtungen: Zum einen haben wir Angst davor, wie unsere Außenwelt auf einen Veränderungsprozess zu uns selbst hin reagiert und zum anderen haben wir selber Angst davor, unser altes Leben zu verlieren. Wir wissen ja noch gar nicht, was uns erwartet, wenn wir authentisch, entsprechend unserer Identität leben. Um voranzukommen, zu uns selber zu kommen, müssen wir uns von einem Teil von uns trennen. Das ist schmerzhaft und erfordert Mut. Danach kommt aber so viel mehr, dass es sich wirklich lohnt, sich weiterzuentwickeln. Doch nur wenige Menschen trauen sich, diese eigentlich natürlichen und notwendigen Schritte zu uns selbst zu machen. Vielleicht sind sie deshalb unsere Helden, weil sie den Mut aufbringen, es wirklich zu tun, anstatt nur darüber zu reden.

Ich möchte noch ein paar Gedanken zur Identität teilen, damit Sie mich auf jeden Fall richtig verstehen. Nehmen wir mal zwei Frauen, die relativ zurückgezogen leben. Die eine von beiden fühlt sich mit sich selbst am wohlsten und braucht nur wenig Kontakt zu fremden Menschen. Sie ist zufrieden mit ihrer Partnerschaft und der einen, guten Freundin, die sie hat. Die andere Frau lebt auch zurückgezogen. Es fällt ihr schwer, mit Fremden in Kontakt zu kommen. Sie fühlt sich blockiert im Umgang zu Menschen. Sie spürt ein Verlangen nach menschlicher Nähe, sie würde gerne einen großen Freundeskreis und viele Kontakte haben. Die Zweisamkeit in ihrer Partnerschaft langweilt sie. Wo liegt der Unterschied zwischen den beiden? Die erstgenannte Frau lebt entsprechend ihrer Identität, während die zweitgenannte entgegen ihrer Identität lebt. Der entscheidende Unterschied ist, dass die erste Frau so lebt, wie sie leben möchte, die andere nicht so leben kann, wie sie es sich eigentlich wünscht. Der entscheidende Messparameter ist nicht, wie wir unser Leben führen, sondern das Gefühl, das wir dabei haben: Möchte ich so leben oder nicht? Dazwischen liegen Welten – die eine Frau ist so glücklich und die andere nicht. Von Menschen, die glücklich sind, geht eine starke Anziehung aus. Häufig spricht man hierbei auch von Charisma. Charisma ist aber nichts anderes, als sich in seiner Haut wohlzufühlen.

Wenn ich Menschen bei ihrer Persönlichkeitsentwicklung helfe, dann besteht fast immer eine Diskrepanz zwischen dem, wo die Menschen stehen und dem, wo sie gerne stehen würden. Durch diese Diskrepanz, werden dann häufig negative Gefühle ausgelöst: Traurigkeit, Ängste und andere belastende Wahrnehmungen treten auf. Wenn die Menschen über einige Zeit entgegen ihrer tatsächlichen Wünsche (und damit entgegen ihrer Identität) gelebt haben, nehmen sie vor allem die eben beschriebenen negativen Gefühle wahr. Dann fühlen sich die Menschen traurig, ängstlich oder was auch immer. Das entspricht aber nicht ihrer Identität, im Gegenteil. Die wahrgenommen Gefühle zeigen lediglich an, dass Ist und Soll auseinanderklaffen. Die Gefühle sind also im höchsten Maße nützlich, weil sie zeigen: Hier bei dir stimmt etwas nicht, du musst etwas ändern.

18.9   Werte wertschätzen und Haltung zeigen

Wie jeder Mensch haben Sie Ihre eigenen Wertvorstellungen. Ihre Wertvorstellungen sollten in Ihrer Haltung Ausdruck finden. Ihre Haltung beinhaltet Ihr Handeln. Klare Wertvorstellungen, die auch tatsächlich vorgelebt werden, verleihen Ihnen Stärke und Anziehungskraft. Auf Ihrem beruflichen und privaten Werdegang werden Ihnen immer wieder
andere Wertvorstellungen begegnen. Und das ist auch gut so. Die Welt wäre langweilig,
wenn alle Menschen so wären wie man selber, sagt man. Naja, vielleicht wäre sie auch
einfach nur großartig, wahrscheinlich je nachdem, wer man ist, so ganz genau weiß das ja
keiner. Sicher ist aber, dass es innerhalb Ihrer Wertvorstellungen Dinge geben sollte, die
unantastbar sind. So als hätten Sie einen großen Felsen in der Mitte einer Felsformation.
Außerhalb gibt es kleinere Felsen, die beweglich sind und möglicherweise im Laufe Ihres
Lebens durch andere Felsen ersetzt werden, aber in Bezug auf Ihre Werte sollte es so etwas wie eine Festung geben, die nicht antastbar ist. Genau genommen geht es darum, sich
nicht durch irgendwelche Systeme und Menschen kompromittieren zu lassen.

Wenn der Moment gekommen ist, an dem es an Ihre Festung geht, werden Sie merken,
dass Sie für sich spüren, dass es sich innerlich moralisch falsch anfühlt, so als würden Sie
sich selbst betrügen. Wenn man Ihnen etwas abverlangt, was sich etwas falsch anfühlt,
dann tun Sie es nicht. Egal wie Sie entscheiden, am Ende tragen Sie die Konsequenzen
für Ihr Handeln. Auch wenn die Entscheidung für Ihre Werte nicht immer die leichteste
sein wird, so wird es stets eine Entscheidung sein, zu der Sie stehen können. Bleiben Sie
Ihren Werten treu, sie sind ein zuverlässiger Fels in der Brandung. Geben wir unsere Werte
auf, haben wir nichts mehr, nach dem wir uns wirklich richten können. Es ist aber extrem
wichtig, dass wir etwas in uns tragen, das unantastbar ist.

18.10   Zusammenfassung

Spielen Sie in der Führungsrolle der Frau Ihre „Joker, vor allem die, die sich bereits auf
Ihrem Tablett befinden. Dazu gehört eine klare Außenwahrnehmung genauso wie natür-
liches Selbstverständnis. Investieren Sie Zeit in Ihre emotionale Intelligenz und sorgen
Sie für die richtige Rezeptur der Gefühle, die Sie bei Ihren Mitarbeitern auslösen. Tan-
zen Sie in Ihrem Tanzbereich und überlassen Sie anderen deren Tanzbereich. Werden Sie
zum Magneten für alle positiven Menschen und Zufälle, indem Sie dafür sorgen, dass Ihr
Selbstwert sich steigert, Ihre Persönlichkeit sich entwickelt, Ihre Identität gelebt wird und
Ihre Werte und Ihre Haltung unbestechlich bleiben.

18.11 Über den Autor

Floris Weber geboren 1980 in Frankfurt a. M., ist Arzt und Top Redner. Nach seinem Studium der Medizin in Heidelberg und Stippvisite in der Chirurgie, machte er sich als jüngster Hypnosearzt Deutschlands in eigener Praxis selbstständig. Heute verhilft er den Menschen mit seinen hoch geschätzten Vorträgen und Seminaren durch das Verfahren der Hypnose zu einem erfolgreicheren und unbeschwerten Leben. Als Experte auf seinem Gebiet geht es ihm um die Hauptthemen Angst und Selbstwert, um die Befreiung des Menschen von negativen Gefühls- und Gedankenmustern und um die persönliche Weiterentwicklung jedes Einzelnen. Floris Weber lebt mit Frau und Sohn in Hamburg.

Mehr unter www.floris-weber.com und www.hypnoseminar-ausbildung.de

Literatur

Deutsche Depressionshilfe (2014). *Psychische Erkrankungen sind größtes Vermittlungshemmnis bei Langzeitarbeitslosen.* http://www.deutsche-depressionshilfe.de/stiftung/media/PM_ Ausweitung_Psychosoziales_Coaching.pdf. Zugegriffen: 9.04.2015

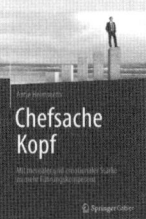

Printing: Ten Brink, Meppel, The Netherlands
Binding: Ten Brink, Meppel, The Netherlands